省级一流教材
新时代资源循环科学与工程专业重点规划教材

资源与环境材料学

吕宁宁　主编

中国建材工业出版社
北　京

图书在版编目（CIP）数据

资源与环境材料学 / 吕宁宁主编. -- 北京：中国建材工业出版社，2024.8. -- ISBN 978-7-5160-4183-3

Ⅰ. TB39

中国国家版本馆 CIP 数据核字第 2024QW6509 号

内 容 简 介

随着资源与环境问题日益突出，因环境材料具有优异的使用性能及环境协调性，大力发展环境材料已成为实现材料产业可持续发展的重要途径。本书共分 10 章，主要内容包括资源与环境现状、生命周期评价技术、物质流分析、材料的生态设计、清洁生产、环境工程材料、环境友好材料、资源与环境管理、"双碳"目标与新材料发展等。

本书可作为高等院校资源、材料、环境、化工等专业的教科书，也可供相关科研人员、工程技术人员参考和借鉴。

资源与环境材料学
ZIYUAN YU HUANJING CAILIAOXUE

吕宁宁　主编

出版发行：	中国建材工业出版社
地　　址：	北京市西城区白纸坊东街 2 号院 6 号楼
邮　　编：	100054
经　　销：	全国各地新华书店
印　　刷：	北京雁林吉兆印刷有限公司
开　　本：	787mm×1092mm　1/16
印　　张：	18.25
字　　数：	440 千字
版　　次：	2024 年 8 月第 1 版
印　　次：	2024 年 8 月第 1 次
定　　价：	**68.00 元**

本社网址：www.jccbs.com，微信公众号：zgjcgycbs
请选用正版图书，采购、销售盗版图书属违法行为
版权专有，盗版必究。 本社法律顾问：北京天驰君泰律师事务所，张杰律师
举报信箱：zhangjie@tiantailaw.com　　举报电话：(010)63567684
本书如有印装质量问题，由我社市场营销部负责调换，联系电话：(010)63567692

《新时代资源循环科学与工程专业重点规划教材》编审委员会

顾　　问：金　涌（中国工程院院士）

　　　　　余艾冰（中国工程院外籍院士）

主任委员：李　辉（西安建筑科技大学材料科学与工程学院院长）

委　　员：（按姓氏笔画排序）

　　　　　王栋民［中国矿业大学（北京）化学与环境工程学院教授］

　　　　　田文杰（洛阳理工学院环境工程与化学学院院长）

　　　　　仝玉萍（华北水利水电大学材料学院院长）

　　　　　朱书景（湖北大学资源环境学院教授）

　　　　　刘明宝（商洛学院化学工程与现代材料学院资源循环工程系主任）

　　　　　刘晓明（北京科技大学冶金与生态工程学院副院长）

　　　　　李　明（武汉纺织大学化学与化工学院教授）

　　　　　李贞玉（长春工业大学化学工程学院副院长）

　　　　　李灿华（安徽工业大学冶金工程学院教授）

　　　　　张以河［俄罗斯工程院、俄罗斯自然科学院外籍院士，中国地质大学（北京）材料科学与工程学院二级教授］

　　　　　林春香（福州大学环境与安全工程学院教授）

　　　　　周文广（南昌大学资源与环境学院资源循环科学与工程系主任）

　　　　　钱庆荣（福建师范大学环境与资源学院、碳中和现代产业学院院长）

《资源与环境材料学》编写委员会

主　　编：吕宁宁
副 主 编：苏　畅　龙红明
参　　编：方佑东　姜晓媛　杨金星　桂德培
　　　　　李　婷　陈慧方　吴　建

序一

在"十四五"时期，我国进入新发展阶段。要实现更高质量、更有效率、更加公平、更可持续、更为安全的发展，离不开循环经济的支撑。循环经济要求物尽其用、综合利用、循环利用，"以少产多"，以更少的能源资源消耗和污染物排放，获得更多、更高附加值和更具可持续性的产品和服务，其核心本质是提高资源利用效率。

发展循环经济，将循环经济理念贯彻到资源开采加工、产品生产制造、商品流通消费、废物循环处置的各环节，达到"节流"与"开源"并重，全面提高资源利用效率，是缓解经济增长与资源环境矛盾、破解资源硬约束的根本出路，是保障国家资源安全、助力"双碳"目标实现的重要选择。

当前我国制造业占世界的20%~30%，是世界上最大的工业制造国。即便到了2060年，我国仍然要保持全球制造业第一大国的地位。发展循环经济、提升资源利用效率是必须做而且必须做好的一件大事。因此，国家专门制定《"十四五"循环经济发展规划》，明确提出，到2025年资源循环型产业体系基本建立，覆盖全社会的资源循环利用体系基本建成，资源利用效率大幅提高，再生资源对原生资源的替代比例进一步提高，循环经济对资源安全的支撑保障作用进一步显现。

要实现这样的目标，关键在于人才培养，尤其需要高等院校技术人才。从2010年开始，教育部在一些重点院校批准设立了新兴交叉学科——资源循环科学与工程专业，以满足国家和社会对资源循环方面高素质人才的迫切需求。我们欣喜地看到，新专业开设10余年后，在业界各方的努力下，契合行业高等教育需求的《新时代资源循环科学与工程专业重点规划教材》即将面世。

教材编写团队牢牢掌握培养能在资源循环科学与工程领域从事科学研究、工程技术开发、工艺流程设计、产业经营管理和政策咨询等方面工作的创新型、应用型高级专门人才这一定位，实现了对材料科学、环境科学、经济、管理等诸多学科的交叉与融合，系统集成了资源循环科学与工程领域的基础理论和专业知识、发展动态和学科前沿；厘清了资源—产品—再生资源—产品的多向式资源循环与经济可持续发展规律，突出解决资源综合利用方面科学与工程实际问题的能力培养等。可以说，由中国建材工业出版社组织策划、西安建筑科技大学等多所高校参与编写的这套教材的出版是我国资源循环科学与工程领域的一项重大成果，具有十分积极的意义。

最后，我要重申，加强人才培养、提高科技水平的重要性怎么强调都不过分。破解我国经济发展面临的资源能源匮乏困扰，顺利推动我国从工业化时代转变为信息化时代，从化石燃料时代转变为可再生能源、资源循环利用时代，尤须加强资源循环领域的人才培养与技术创新。

中国工程院院士

序二

大力发展资源循环科学与技术，提高资源综合利用效率，解决资源短缺和环境污染突出问题，是可持续发展战略的重要内容，对于推进各类资源节约集约利用，加快构建废弃物循环利用体系，推动经济社会绿色低碳化发展，形成绿色低碳的生产、生活方式具有重要意义。

发展资源循环科学与技术，人才是关键。教育是培养相关科技人才，为资源循环事业源源不断提供高层次人才和后备力量的"百年大计"，必须给予足够的重视。我们欣喜地看到，经过10余年的建设与发展，目前国内已有30余所高校开设了资源循环科学与工程专业。为解决专业人才培养教材缺乏的问题，中国建材工业出版社与西安建筑科技大学等单位共同策划了《新时代资源循环科学与工程专业重点规划教材》丛书。丛书的出版将有效弥补行业专业教材不足的短板，为更好地培养资源循环相关产业人才助力。

该丛书的编写基于资源循环与经济可持续发展规律，贯彻落实国家大政方针，聚焦培养具备科学研究、工程技术开发、工艺流程设计、产业经营管理和政策咨询方面能力的创新型、应用型高级专门人才这一目标，全面介绍了资源循环科学与工程领域的基础理论与技术，并跟踪学科发展动态与前沿，努力实现材料科学、环境科学、经济、管理等诸多学科内容的交叉与融合。

优质教材建设对于支撑人才培养、学科专业和行业发展、企业管理及科学技术进步都具有重要作用。资源循环科学与工程专业尚处于发展阶段，专业人才队伍急需壮大，相关产业发展方兴未艾，《新时代资源循环科学与工程专业重点规划教材》丛书的出版正当其时。期待本套丛书的出版，在助力资源循环科学与工程专业人才培养方面发挥积极作用。

中国工程院外籍院士

丛书前言

推进资源循环利用是生态文明建设的重要举措。2005 年，国务院出台加快发展循环经济的若干意见，提出大力发展循环经济，建设资源节约型和环境友好型社会。2010 年，为了满足国家节能环保产业对资源循环利用领域高素质人才的迫切需求，教育部专门设立资源循环科学与工程专业，并将其定位为战略性新兴产业专业。资源循环科学与工程专业涉及材料科学与工程、化学工程、环境科学与工程、经济、管理等诸多学科的交叉与融合。

2020 年以来，随着"双碳"目标的确立，资源循环利用的重要作用更加显现，推动资源循环利用对减少碳排放有重要作用已成为全球广泛共识。国家《"十四五"循环经济发展规划》指出，发展循环经济是我国社会经济发展的一项重大战略。大力发展循环经济，推进资源节约集约利用，构建资源循环型产业体系和废旧物资循环利用体系，对保障国家资源安全，推动实现碳达峰碳中和，促进生态文明建设具有重大意义。

经过 10 余年的发展，目前全国有 30 余所高校设立资源循环科学与工程专业，专业办学特色各不相同，总体可以分为三类：立足材料领域开展专业建设、立足化工领域开展专业建设和立足环境领域开展专业建设。由于办学特色不同，在满足专业建设标准的基础上，各高校对该专业教材的需求也必然存在一定的差异。

为适应这一重大需求变化，更好满足我国发展对相关专业人才的需求，中国建材工业出版社与西安建筑科技大学共同策划了以材料学科与环境学科交叉融合为特色的《新时代资源循环科学与工程专业重点规划教材》丛书。本丛书由西安建筑科技大学、中国矿业大学（北京）、中国地质大学（北京）、北京科技大学、安徽工业大学、福建师范大学、华北水利水电大学、湖北大学、商洛学院、武汉纺织大学、南昌大学、福州大学、长春工业大学、洛阳理工学院等十多所院校的众多专家共同完成编写。

本丛书为高校专业教材，针对"双碳"目标实现和全面推行循环型生产方式、提升资源利用效率对资源综合利用专业人才的需求，服务于高校相关专业人才培养；旨在培养熟悉资源循环与经济可持续发展规律，充分掌握相关技术原理、工艺装备、环境理论，了解行业领域发展动态和学科前沿，具有创新意识和解决资源综合利用方面科学与工程实际问题能力的创新型、应用型高级专门人才；同时，为保障国家资源安全、推进"双碳"目标落实、构建多层次资源高效循环利用体系、促进生态文明建设提供智力支撑。

在教材编写过程中，我们力争紧跟时代发展步伐，及时体现学科和行业发展的新成果；教材内容聚焦重点、难点、热点问题，启发学生积极思考，培养学生自主学习能力；为适应传统教育和信息化教学融合，我们基于纸质教材，将相关视频资料、彩色图片、拓展知识以二维码形式体现在书中恰当位置，实现传统教材向立体化教学素材的转变；另外，书中每章后面还设置了思政小结，将课程思政元素有机融入教材中，以达到"春风化雨，润物无声"的育人效果。

丛书出版之际，我谨代表丛书编委会向为此付出辛勤劳动的作者、编委会委员和出版社的同仁们表示感谢。

西安建筑科技大学
材料科学与工程学院院长
李辉

前　　言

材料是人类赖以生活和生产的物质基础，其开发与应用推动了社会文明的进步，同时，也消耗了大量资源，造成严重的环境污染。为了解决资源日益短缺、环境污染严重等问题，党中央先后提出了生态文明建设、可持续发展战略及"双碳"目标，旨在解决经济社会发展与自然环境不和谐问题。环境材料由于具有对资源、能源消耗少，对生态环境污染小，废弃后循环再生利用率高等特点，在过去几十年受到人们的广泛关注，也已成为实现材料产业可持续发展的重要途径。

资源与环境材料学是一门研究材料的开发、生产与使用过程，资源、环境之间相互适应和相互协调的科学。其目的是寻找在加工、制造、使用和再生过程中具有最低环境负担的材料，以满足人类生存和发展的需要。其特征是从环境和资源的角度重新考虑和评价过去的材料科学及工程学，指导未来的材料科学及工程学发展。因此，开设资源与环境材料学课程的目的就是促进环境材料的进一步发展。

目前，国内外有关环境材料的图书较多，各具时代特色和不同专业特点。本书在此基础上，强调资源、环境、材料三者的相互关系，突出理论知识的实际应用。首先，从生态文明建设和可持续发展等大背景出发，结合资源消耗及环境污染现状的介绍，引出发展环境材料的意义；其次，分别介绍了生命周期评价技术、物质流分析、材料的生态设计及清洁生产等相关理论与方法，引入了大量实例，力求通俗易懂；再者，对环境工程材料与环境友好材料的性能及特点进行了总结，全景式展现了典型环境材料的开发利用现状；然后，阐述了资源与环境管理的理论及法律、经济手段，以明确管理制度与资源、环境协调发展的意义；最后，对"双碳"背景下新材料的政策、产业链结构和发展现状进行了介绍，新型材料的不断涌现也为环境材料的发展指明了方向。

全书共 10 章，由吕宁宁编写，书中图表由方佑东、姜晓媛绘制，研究生杨金星、桂德培、李婷、陈慧方、吴建参与了文献资料查找等工作，全书由苏畅和龙红明统稿。本书编写得到了安徽省教育厅质量工程项目（2023jcjs050）以及安徽省教学研究重点项目（2022jyxm194）的资助，也得到了安徽工业大学冶金工程学院领导和老师的大力支持，在此表示感谢。

由于编者水平所限，书中不足之处，敬请广大读者批评指正。

编者

2024 年 3 月

目　录

1 **绪论** ··· 1
  1.1　生态文明建设 ·· 1
  1.2　可持续发展战略 ·· 7
  1.3　环境材料概述 ·· 10
  思政小结 ·· 19
  课后习题 ·· 19

2 **资源与环境现状** ·· 20
  2.1　资源、环境与材料的关系 ································ 20
  2.2　资源概况 ·· 23
  2.3　环境问题 ·· 35
  思政小结 ·· 51
  课后习题 ·· 52

3 **生命周期评价技术** ·· 53
  3.1　生命周期评价技术的起源及定义 ························ 53
  3.2　生命周期评价的技术框架 ································ 57
  3.3　生命周期评价技术应用实例 ······························ 76
  3.4　生命周期评价数据库与评估软件 ······················· 89
  3.5　生命周期评价技术的局限性 ······························ 95
  思政小结 ·· 97
  课后习题 ·· 97

4 **物质流分析** ·· 98
  4.1　物质流分析的理论基础 ······································ 98
  4.2　元素流分析（MFA）的应用实例 ····················· 108
  4.3　物质流分析（SFA）的应用实例 ······················ 115
  思政小结 ·· 122
  课后习题 ·· 123

5 **材料的生态设计** ·· 124
  5.1　材料概述 ·· 124
  5.2　生态设计理论 ·· 129
  5.3　材料生态设计实例 ··· 134
  思政小结 ·· 141

课后习题 ……………………………………………………………… 142

6　清洁生产 …………………………………………………………… 143
　　6.1　清洁生产概述 ………………………………………………… 143
　　6.2　清洁生产评价和审核 …………………………………………… 151
　　6.3　清洁生产实践——以钢铁工业为例 …………………………… 157
　　思政小结 …………………………………………………………… 167
　　课后习题 …………………………………………………………… 168

7　环境工程材料 ……………………………………………………… 169
　　7.1　环境治理材料 ………………………………………………… 169
　　7.2　环境修复材料 ………………………………………………… 189
　　7.3　环境替代材料 ………………………………………………… 194
　　思政小结 …………………………………………………………… 202
　　课后习题 …………………………………………………………… 203

8　环境友好材料 ……………………………………………………… 204
　　8.1　天然材料 ……………………………………………………… 204
　　8.2　仿生物材料 …………………………………………………… 212
　　8.3　环境降解材料 ………………………………………………… 216
　　8.4　绿色包装材料 ………………………………………………… 222
　　8.5　生态建材 ……………………………………………………… 225
　　思政小结 …………………………………………………………… 233
　　课后习题 …………………………………………………………… 233

9　资源与环境管理 …………………………………………………… 234
　　9.1　资源与环境管理概述 …………………………………………… 234
　　9.2　资源与环境管理的理论基础 …………………………………… 237
　　9.3　资源与环境管理的法律手段 …………………………………… 245
　　9.4　资源与环境管理的经济手段 …………………………………… 254
　　思政小结 …………………………………………………………… 257
　　课后习题 …………………………………………………………… 257

10　"双碳"目标与新材料发展 ……………………………………… 258
　　10.1　"双碳"目标下的产业转型发展 ……………………………… 258
　　10.2　"双碳"目标下新材料的发展方向 …………………………… 263
　　思政小结 …………………………………………………………… 270
　　课后习题 …………………………………………………………… 271

参考文献 …………………………………………………………………… 272

1 绪 论

> **教学目标**
>
> **教学要求**：了解生态文明建设的背景、理论及政策，认识材料产业可持续发展的意义及途径，进而掌握环境材料的研究目的、研究内容，并了解目前环境材料的现状及未来的发展方向。
>
> **教学重点**：生态文明建设及可持续发展的内涵、环境材料的定义及内容。
>
> **教学难点**：生态文明建设背景下材料产业的可持续发展。

解决地球资源短缺及环境污染问题，提高人类生存质量，实现社会和经济的可持续发展，已成为目前全球所面临的重大战略问题。环境材料在保持资源平衡、能源平衡和环境平衡，实现社会和经济的可持续发展等方面发挥着重要的作用，其开发和应用不仅符合整个地球环境、社会发展、人类生存的迫切需求，也是材料自身发展的必然趋势。本章首先介绍了生态文明建设及可持续发展的内涵，分析了环境材料出现及发展的时代背景，之后又详细阐述了环境材料的起源、定义及研究内容等。

1.1 生态文明建设

文明是人类社会进步的重要标志。人类社会的发展经历了原始文明、农业文明及工业文明，文明发展的过程也是人类与环境逐步协调的过程。如今的社会正穿越高度工业化的文明阶段而进入后工业文明时代，人类对自然规律的认识达到了很高的水平，创造物质财富的能力也有了极大的提高。同时在这一阶段，人类面临着资源约束趋紧、环境污染严重、生态系统退化的严峻形势，人类的生存和发展受到了严重威胁。若要实现人类社会的可持续发展，就要构建人口、资源、环境相互协调的新型发展模式，由此催生出了"生态文明"理论。生态文明是继前三种文明之后的一种新型高级文明形态，强调人的自律与自觉、人与自然的和谐共生。

1.1.1 生态文明建设的发展历程

1. 中国传统生态文明思想

中华传统文化深受儒家、道家和佛教思想的影响，其中蕴含的丰富的生态文明思想影响着国家和社会的各各方面，从政治、社会甚至法律角度都能找到体现生态文明思想的内容。因此，把生态文明建设融入政治建设、经济建设、文化建设以及社会建设中，就要追根溯源，批判性地借用并提炼中国传统生态文明思想，让生态文明建设有据可依，有理可循。

中国儒家的生态智慧是"天人合一",肯定人与自然界的有机统一,肯定天地万物的内在价值,主张以仁爱之心对待自然,并通过家庭、社会将伦理原则扩展到自然,体现了人本价值取向和人文关怀。道家的生态智慧是顺应自然,以尊重自然规律为准则,认为大自然是一个充满生命力的整体,强调人与自然相统一的整体自然观。"众生平等"是佛教生态思想的核心价值观,包括人与人之间、生物之间、非生物之间的三种平等思想,强调对山川河流等不能随意破坏,要善待之。以上传统观点体现了丰富的生态文明理念,为生态文明建设提供了哲学理论依据。

2. 近现代生态文明思想的发展

马克思和恩格斯在批判吸收各种自然观的基础上,提出了唯物主义自然观,认为自然界是永恒发展的,人与自然是客观统一的整体,要求人类与自然必须遵循物质变换和能量平衡准则,人类的实践活动一旦不遵循自然界的物质变换准则,就会出现生态恶化现象。恩格斯明确指出:"我们不要过分陶醉于我们人类对自然界的胜利,对于每一次这样的胜利,自然界都会对我们进行报复。每一次胜利,初期确实取得了我们预期的结果,但是往后和再往后却发生完全不同的、出乎预料的影响,常常把最初的结果又消除了。"

20世纪40~90年代,环境问题突显,如1952年伦敦烟雾事件、1940—1960年美国洛杉矶光化学烟雾事件、1984年印度博帕尔毒气泄漏事件及1986年切尔诺贝利核泄漏事件等。人们开始反思现代化、工业化带来的一系列重大问题,生态问题作为一个更普遍也更深刻的世界性问题迅速突显。在传统的经济危机之后,生态危机成为人类新的忧患,并迅速成为东西方经济发展、政治合法性建构和意识形态建构的共同中心主题。在国外,伊林·费切尔于1978年在《宇宙》上发表文章,首次提出了"生态文明"的概念,指出工业文明的种种弊端及其发展方向的错误,阐述了人类走向生态文明的必要性。1984年,苏联环境学家利皮茨提出"生态文化"这一概念。1995年,美国学者罗伊·莫里森在《生态民主》一书中,又对"生态文明"进行了详细阐述。

在中国,毛泽东的生态思想强调人与自然辩证统一,毛泽东指出:"人类同时是自然界和社会的奴隶,又是它们的主人。这是因为人类对客观物质世界、人类社会、人类本身(即人的身体)都是永远认识不完全的。"这一时代提出了勤俭节约、治理江河、防洪抗旱、兴修水利、保持水土、重视资源综合利用、控制人口增长等一系列主张。以邓小平为核心的领导集体的成就之一就是将环境保护确立为基本国策,邓小平有关生态环境和可持续发展理念的论述并不多,但是邓小平提出的植树造林、推动法治建设以及重视科技发展等举措从根本上缓解了长期以来制约我国社会发展的人口、资源、环境等矛盾。以江泽民为核心的领导集体将可持续发展理念上升为国家战略,在1995年9月召开的党的十四届五中全会上把可持续发展战略写入《中共中央关于制定国民经济和社会发展"九五"计划和2010年远景目标的建议》。江泽民在1989年的国家科学技术奖励大会上提出:"全球面临的资源、环境、生态、人口等重大问题的解决,都离不开科学技术的进步",这充分说明中国共产党对利用科学技术推动生态文明建设的高度重视。江泽民同时也指出:"环境意识和环境质量如何,是衡量一个国家和民族文明程度的重要标志。"

21世纪初,改革开放持续推进,我国城市化速度加快,同时伴随而来的是生物多样性锐减，各类环境污染问题频发，生态、资源、环境问题在21世初已成为我国面临的突出问题之一。在脆弱的"生态国情"背景下，迫切需要党和政府提出新的理念以指导经济社会发展。胡锦涛充分考虑国际国内发展局势，提出了两个重要的战略思想，分别是科学发展观和生态文明建设。2003年"非典"暴发促使党中央对科学发展更加重视，《在全国防治非典工作会议上的讲话》中首次提到"可持续发展的发展观"，同年，胡锦涛在江西考察时首次提出科学发展观。2007年，"科学发展观"正式写入党章，成为党的重大战略思想。党在确定中心任务和奋斗目标的过程中，认识到资源浪费、环境污染等问题是影响我国经济社会可持续发展的重要因素，在这段时间内，我国出现多起食品安全问题，空气质量和水源质量偏低，严重威胁我国人民的生命安全及社会和谐稳定。2003年6月25日，《中共中央 国务院关于加快林业发展的决定》中提到要"建设山川秀美的生态文明社会"，"生态文明"这一术语第一次进入官方文件。2007年，胡锦涛在党的十七大报告中提出："要建设生态文明，基本形成节约能源资源和保护生态环境的产业结构、增长方式、消费模式"，强调要使"生态文明观念在全社会牢固树立"。我国把建设生态文明作为一项战略任务确定下来，首次将"生态文明"写入党代会报告，"建设生态文明"和"生态文明观念"的提出，在全社会掀起了倡导生态理念、树立生态意识、繁荣生态文化的高潮，这标志着中国共产党科学发展理念的再一次升华。

党的十八大报告更是首次将"生态文明"建设单独列为一部分，明确提出："建设生态文明，是关系人民福祉、关乎民族未来的长远大计。面对资源约束趋紧、环境污染严重、生态系统退化的严峻形势，必须树立尊重自然、顺应自然、保护自然的生态文明理念，把生态文明建设放在突出地位，融入经济建设、政治建设、文化建设、社会建设各方面和全过程，努力建设美丽中国，实现中华民族永续发展"，充分显示了中国政府努力走向社会主义生态文明新时代的信念和决心。

习近平在党的十九大报告中明确指出："各国人民同心协力，构建人类命运共同体，建设持久和平、普遍安全、共同繁荣、开放包容、清洁美丽的世界。"生态保护无边界，自工业革命以来，环境污染问题频频出现，面对全球日益严重的环境问题，我国除了要加强对山水林田湖草的统筹保护外，还要统筹好海陆生态系统保护，建设美丽中国，为世界生态文明建设作出贡献，使人与自然和谐相处。党的十九大报告描绘了生态文明建设的总体愿景，并将其与历史任务有机结合起来。2020—2050年的生态文明建设可细分为三个阶段：2020—2025年为初期阶段，这一阶段把落实绿色发展理念、实现绿色转型作为重要任务，在全社会形成低碳、节约、绿色、环保的生活方式，为建设绿色低碳、循环发展的经济体系奠定坚实的基础；2026—2035年为中期阶段，这一阶段的我国生态文明建设符合现代化国家的相关标准，在全球生态文明建设方面具有引领性，使经济发展与资源消耗、环境污染逐步实现绝对脱钩，污染控制从以人为控制为主转为以自然净化为主；2036—2050年为远期阶段，在这一阶段，我国将实现工业文明向生态文明的全面转型，生态文明占据主导地位，生态环境和社会韧性可抵御较高程度的自然风险，真正实现人与自然和谐共生。

党的二十大报告指出，尊重自然、顺应自然、保护自然，是全面建设社会主义现代化国家的内在要求，必须牢固树立和践行绿水青山就是金山银山的理念，站在人与自然和谐共生的高度谋划发展。实现生态文明建设的基本途径包括绿色发展、循环发展和低碳发展，它们在本质上也符合可持续发展的要求。

1.1.2 生态文明建设的基本途径

1. 绿色发展

绿色发展是一种新的发展理念，应建立绿色生产体系，倡导绿色生活方式，全面推动我国经济实现绿色转型，实现社会、政治、文化良性发展。绿色发展的基本要义，就是解决人与自然和谐共生的问题，是指在生态环境容量和资源承载能力的制约下，通过社会制度创新和科学技术创新，坚持保护和恢复自然生态环境，提高资源和能源利用率，推进城乡、区域协调发展，构建资源节约型、环境友好型社会，通过利用经济-社会-生态的可持续发展模式和理念，实现人与自然和谐相处。

全面深化绿色发展制度创新，一是完善绿色产业的制度设计，利用进口贸易结构升级与环境规制促进绿色技术创新，健全、推行绿色设计政策机制，建立再生资源分级质控和标识制度，推广资源再生产品和原料，规范对清洁生产的审核、评估，促进绿色技术、绿色生产推广和应用；二是完善绿色消费的制度设计，健全绿色消费法规；三是完善绿色金融的制度设计，我国绿色金融体系主要包括碳金融、绿色信贷和绿色保险，因为缺乏专业、具体的可操作细则，大部分金融机构缺乏减排积极性，所以国家应细化对金融机构的监督标准，推动金融机构进行绿色转型；四是改革生态环境监管体制，完善生态环境管理制度，建立健全自然资源和生态环境监管机构，加快建立和完善国土空间开发保护制度，划定并严守生态保护红线，明确国土空间开发和利用的边界。

绿色经济与低碳经济、循环经济有着内在的联系与明显的区别。低碳经济是能源流方面的绿色经济，要求大量使用清洁能源，提高传统能源的使用效率，控制并减少经济系统产生的碳排放；循环经济是物质流方面的绿色经济，要求减少对自然资源的开采和废弃物排放，加强对物品的重复利用，在经济系统的输出端将废弃物重新转化为资源。

2. 循环发展

循环经济是基于鲍丁在20世纪60年代的"宇宙飞船经济理论"而提出来的，强调经济系统通过物质与能量的减量化、再使用与再循环，使物质与资源在社会生产各个环节都得到有效利用与配置的状态。自20世纪末中国引入"循环经济"这一概念以来，党中央、国务院对推进循环经济发展高度重视。2002年10月16日，江泽民在全球环境基金第二届成员国大会讲话中指出："只有走以最有效利用资源和保护环境为基础的循环经济之路，可持续发展才能得到实现。"发展循环经济决策的提出，意味着我国开始用发展解决环境问题。在第十八届中央委员会第五次全体会议上，习近平指出："用循环经济和生态经济的理论来指导工业发展，实现工业化和资源、环境、生态的协调发展。"循环经济既涉及经济系统中的生产与消费问题，又关系到生态系统中的资源利用与环境污染问题，特别是对于循环利用资源，应遵历3R原则（减量化、再使用与再循环原则），3R原则有利于减少资源投入总量、提高资源回收效率、提高对排放物和废弃物的再用比率，不仅能够减少对自然资源的消耗，还能因再用排放物和废弃物而节约环境容量。循环经济模式是一种反馈式或闭环流动的经济模式,涉及的是"资源—产品—再生资源",不同于传统工业经济"资源—产品—排放物与废弃物"的单循环路线,企业在循环经济发展过程中扮演重要角色,企业从可持续生产角度出发,对内部机构、生产环节和社会整体三个层面的循环进行整合,不同行业根据自身特点研发循环技术,创新管理方法。要在社会再生产的各个环节将资源循环看作整体性的经济运作方式:在生产环节表现为进行清洁生产;在消费环节表现为生产者承担严格的产品责任,履行回收义务;在分配和交换环节表现为对废弃物的回收与利用。资源循环利用是循环经济的核心,涉及对自然资源的合理开发:在生产加工过程中,通过利用适当的先进技术将原材料加工成对环境友好的产品并且实现回收;在流通和消费过程中,实现对最终产品的理性消费;最后回到生产加工过程。自 2004 年中央经济工作会议首次明确提出将发展循环经济作为经济发展的长期战略任务后,推动循环经济发展的政策文件、法律陆续出台,例如,2005 年《国务院关于加快发展循环经济的若干意见》发布,2008 年《中华人民共和国循环经济促进法》通过,2013 年《循环经济发展战略及近期行动计划》印发,主要涉及资源综合利用示范工程、产业园区循环化改造示范工程、再生资源回收体系示范工程、农业循环经济示范工程等。随着国家对循环经济的逐步探索,资源循环利用的重心不再仅限于污染较重的行业产生的固体废物,还包括可回收的电子电器类产品、轮胎、玻璃、铅蓄电池等。发展循环经济是我国的一项重大战略决策,是落实党的十八大以来推进生态文明建设的重大举措,是加快转变经济发展方式,建设资源节约型、环境友好型社会,实现可持续发展的必然选择。

3. 低碳发展

全球气候变化是 21 世纪人类面临的挑战之一,二氧化碳的大量排放是全球变暖、冰川融化的主要原因。图 1-1 为 2015—2022 年全球二氧化碳的排放情况。2022 年全球燃烧化石燃料产生的二氧化碳高达 368 亿 t,相比 2021 年增长了近 10%,如果按照这种趋势继续下去,就可以在 9 年内让地球比工业化前温度升高 1.5℃。图 1-2 为 2022 年

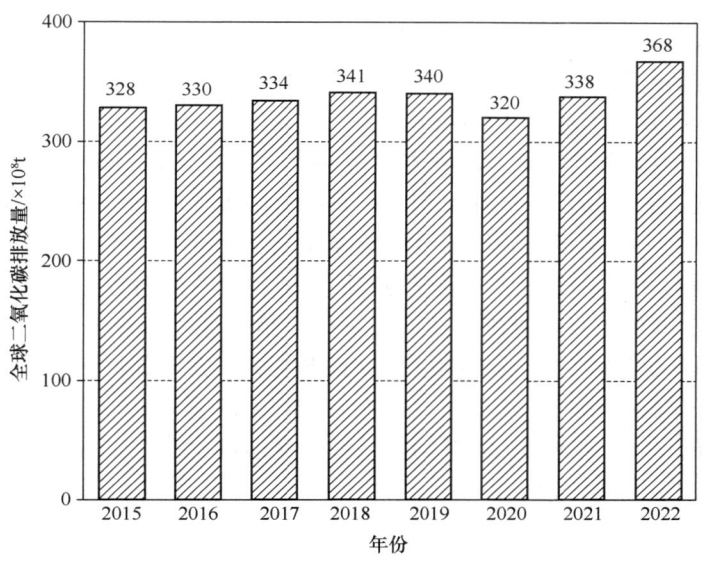

图 1-1 2015—2022 年全球二氧化碳排放量

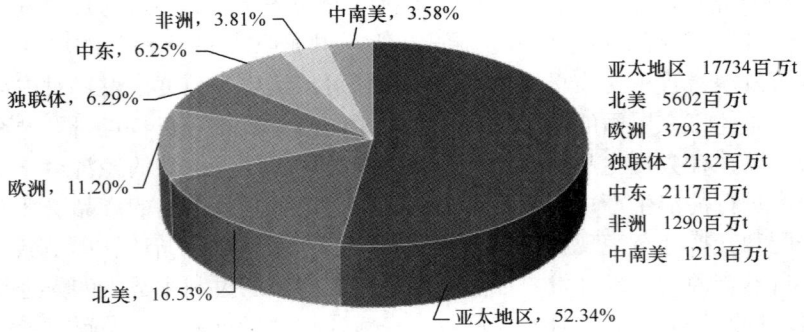

图 1-2　2022 年各地区二氧化碳排放量占比

各地区二氧化碳的排放占比。亚太地区多为发展中国家,二氧化碳的排放占比最高。

国际组织多次召开会议呼吁各国减少二氧化碳排放量,1990 年 11 月,联合国政府间气候变化专门委员会(Intergovernmental Panel on Climate Change,IPCC)指出,必须限制温室气体的排放。1992 年,《联合国气候变化框架公约》签署,这是世界上第一个全面控制二氧化碳、甲烷和一氧化二氮等温室气体排放,以应对全球气候变暖给人类经济和社会带来不利影响的公约。中国是世界第二大经济体,同时又是全球温室气体排放第一大国,为此,2020 年 9 月 22 日,国家主席习近平在第七十五届联合国大会一般性辩论上提出"中国将提高国家自主贡献力度,采取更加有力的政策和措施,二氧化碳排放力争于 2030 年前达到峰值,努力争取 2060 年前实现碳中和"。我国能源消耗量约占全世界的 25%,低碳经济发展模式成为实现可持续发展和进行生态文明建设的重要途径。国家陆续出台的促进低碳经济发展的指导文件主要针对传统工业部门,涉及两条实现低碳发展的路径:一是发展低碳技术,二是构建低碳金融市场。前者有利于减少碳排放量和降低减排的经济成本,后者有利于充分利用金融工具规制环境问题,引导进行低碳投资,解决低碳发展面临的资金缺口问题。低碳技术是指利用先进的设备工艺,采取清洁能源技术、节能技术、降低碳排放技术和碳捕获或贮存技术等,实现碳的较少排放。发展改革委编制的《国家重点节能低碳技术推广目录》(2016 年本,节能部分)涉及煤炭、电力、钢铁、有色、石油石化、化工、建材、机械、轻工、纺织、建筑、交通、通信 13 个行业,共包括 296 项重点节能技术。在我国,低碳金融的重点是推行征收碳税和建立碳排放交易市场。碳税是以化石燃料中碳含量或其燃烧产生的二氧化碳量为计算税基征收的一种从量税,征收目的是减少二氧化碳的排放。通常情况下,碳税的征收对象是燃料的一次消耗部门。碳税的实施可能在短时间内对国家经济造成一定的负面冲击,如造成 GDP 下降和进出口额下降等。但是从推动企业清洁技术发展、提高可再生能源使用效率、减少和降低碳排放总量和强度等方面来看,征收碳税有利于国家长期发展。此外,碳税对高耗能的重工业影响较大,对交通业、农业的影响较小。因此,政府应积极引导开采类企业加快能源结构转型,根据行业特性完善碳税征收办法,减少碳税对经济造成的冲击。

1.2 可持续发展战略

1.2.1 可持续发展思想的萌芽

过去几百年涉及人与自然关系的历史事件激发了事件参与者的思想转变和理论探索，为可持续发展理念奠定了理论基础。具有现代意义的"可持续性（sustainability）"一词最早产生于18世纪初期的德国。18世纪采矿业、冶金业及造船业在欧洲各国极其兴盛，对木材的消耗量极大，例如冶炼1t铁大约需要消耗30英亩（合$1.21\times10^5 m^2$）的森林一年所出的树木。这最终导致整个欧洲的森林储备持续下降，广泛的经济和社会危机随之而来。此种情形下，1713年，卡洛维茨在借鉴英、法森林研究的基础之上，编著了对后世影响深远的《森林经济》一书，系统梳理了当时欧洲盛行的林业管理知识，倡导森林的砍伐量等同于森林的复植量，即森林产品的最大获取量不能影响森林的再生能力以及稳定性。卡洛维茨还指出，面对森林严重破坏的局面，必须谨慎地使用木材，有计划地人工造林，以保证森林资源的稳定供应。这一理念很快受到其他欧洲国家的认可，为科学林学的建立奠定了基础。到了19世纪后半叶，从德国林学院毕业的森林管理人才将森林可持续产量理念带到了世界各地。之后经过不断演化，成为今天盛行的可持续林业和森林管理理念。

从森林可持续产量概念中诞生的具有现代意义的"可持续性"一词，使人类第一次认识到地球自然资源的有限性以及保证资源可持续供应的重要意义。随着世界资源保护运动，尤其是美国资源保护运动的发展，森林可持续产量理念逐渐被应用到各种生物及非生物资源的可持续管理实践当中。从此以后，人类开始意识到，人类是整个生态系统无法剥离的一部分，人类依赖自然而生存，人类需要维护自然可持续供应资源和生态服务的能力来谋求生存和发展。面对愈演愈烈的生态和社会危机，人类迫切需要找寻一条全新的能够维持人类社会与生态系统和谐共存的道路。

1.2.2 可持续发展理念的确立

如果说，森林可持续产量理念、资源保护思想和土地伦理共同奠定了可持续发展理念的理论基础，那么日益激化的人与自然矛盾则成为可持续发展理念问世的催化剂。20世纪后半叶，世界范围的工业化进程和人口数量的快速增长，给地球上日渐衰竭的森林、土地、水源、矿产、野生动植物等自然资源带来了史无前例的压力。20世纪50～60年代，伦敦烟雾事件、洛杉矶光化学烟雾事件以及日本水俣病等环境公害事件频发，便是大自然对人类疯狂掠夺行为的报复。除此之外，酸雨、石油泄漏、海洋污染等环境问题所造成的影响已经跨越了国界，扩大到全球性规模。

在这样的背景之下，越来越多的有识之士在反思人类文明发展的困境。1972年6月5日联合国在瑞典斯德哥尔摩召开人类环境会议，通过了《人类环境宣言》，提出了"只有一个地球"的口号。"可持续发展"概念最早是在1987年的世界环发委员会提出来的，其在出版的《我们共同的未来》中提出并阐释了"可持续发展"概念。该报告对可持续发展的定义是："既满足当代人需求又不危及后代人满足其需求能力的发展"，其中表达了两个基本观点：一是人类要发展，尤其是穷人要发展；二是发展有限度，不能危及后代人的发展。报告还指出：当代存在的发展危机、能源危机、环境危机都不是孤立发生的，而是传统发展战略造成的。要解决人类面临的各种危机，只有改变传统的发展方式，实施可持续发展战略。1992年，联合国在巴西里约热内卢召开环境与发展大会，共183个国家代表团参加，102位国家元首或政府首脑到会讲话。大会通过了《21世纪议程》《里约热内卢环境与发展宣言》《关于森林问题的原则声明》《生物多样性公约》等文件宣言，将可持续发展由概念、理论推向行动。

关于可持续发展的定义，不同领域有不同的理解。生态学认为，可持续发展是"保护和加强环境系统的生产和更新能力"，其含义为可持续发展是不超越环境、系统更新能力的发展。社会学认为，可持续发展是"在生存于不超出维持生态系统涵容能力之情况下，改善人类的生活品质"。经济学认为可持续发展是"在保持自然资源的质量及其所提供服务的前提下，使经济发展的净利益增加到最大限度"。科技领域认为，可持续发展就是"转向更清洁、更有效的技术——尽可能接近'零排放'或'密封式'，工艺方法——尽可能减少能源和其他自然资源的消耗"。总之，可持续发展就是建立在社会、经济、人口、资源、环境相互协调和共同发展的基础上的一种发展。以上不管哪一种定义，其基本思想和要点都是不否定经济增长，但要重新审视如何实现经济增长。经济发展要以自然资源为基础，同环境承载能力相协调。社会发展要以提高生活质量为目标，同社会进步相适应。另外，要承认并要求体现环境和资源的价值，即环境也是一种经济意义上的成本。因此，可持续发展的实质是在生产过程中尽量做到少投入、多产出，在消费过程尽量做到多利用、少排放，其最终目标是实现社会效益、环境效益和经济效益的统一。

1994年3月25日，国务院通过了《中国21世纪议程——中国21世纪人口、环境与发展白皮书》（以下简称《中国21世纪议程》）。这一白皮书的制定和实施标志着中国可持续发展战略的正式确立。它从中国的人口、环境与发展的具体国情出发，提出了促进经济、社会资源和环境相互协调和持续发展的总体战略、对策和行动方案。《中国21世纪议程》是我国可持续发展战略的指导文件，它把经济、社会、资源与环境视为不可分的整体。集中阐述了我国保护资源与环境的战略，充分注意到了我国环境发展战略与全球环境发展战略的协调。党的十八大以来，我国提出了"五位一体"总体布局和"创新、协调、绿色、开放、共享"新发展理念，党的十九大把实施可持续发展战略作为我国的七大战略之一，并提出以供给侧结构性改革为主线推进经济高质量发展，这些重大决策部署体现了以习近平同志为核心的党中央的全局视野和战略眼光，是对可持续发展理念的丰富和完善。

党的十八大以来，我国按照"五位一体"总体布局和新发展理念的指引，进一步深化可持续发展战略实施，加强生态文明建设，就推动形成人与自然和谐发展现代化建设新格局进行了系统部署；实施了精准脱贫、污染防治攻坚战等一系列专项行动，在资源能源、生态环境、公共安全、绿色技术、低碳经济等相关领域启动实施了一大批重点研发项目并取得重要技术突破，可持续发展能力明显提升。近年来，我国细颗粒物浓度明显下降，沙漠化面积不断减小，全国生态环境质量持续好转，贫困发生率下降显著。

1.2.3 材料产业的可持续发展

从资源和环境角度分析,材料的提取、制备、生产、使用和废弃过程是一个典型的资源消耗和环境污染过程。也就是说,材料一方面推动着人类社会的物质文明,而另一方面又消耗大量的资源和能源,同时在生产、使用和废弃过程中向环境排放大量的污染物,使人类赖以生存的空间恶化。这些污染物既包括直接排放的废气、废水和工业固体废弃物,也包括给环境带来的全球温室效应的气体污染物,对人体健康有影响的噪声、电磁波污染、放射性污染、光污染等。统计表明,材料产业是资源、能源的主要消耗者和环境污染的主要责任者之一。随着地球上人类生态环境的恶化,保护地球、提倡绿色技术及绿色产品的呼声日益高涨。对材料科学工作者来说,有效地利用有限的资源,减少材料对环境的负担性,在材料的生产、使用和废弃过程中保持资源平衡、能量平衡和环境平衡,是一项义不容辞的责任。另外,21世纪是可持续发展的世纪。社会、经济的可持续发展要求以自然资源为基础,与环境承载能力相协调。研究环境与材料的关系、实现材料的可持续发展,是历史发展的必然,也是材料科学的一种进步。

如图1-3所示,影响材料的可持续发展有许多因素,主要有材料的环境影响评价、投入的资源和能源利用效率、工艺过程的环境负担性及产品的环境设计等。总之,在保证材料使用性能的前提下,应尽可能节约资源和能源,减少对环境的污染。同时,改变只管生产和使用,而不顾废弃后资源再生利用及环境污染的观念。不仅讲经济效益,还要讲社会效益和环境效益。

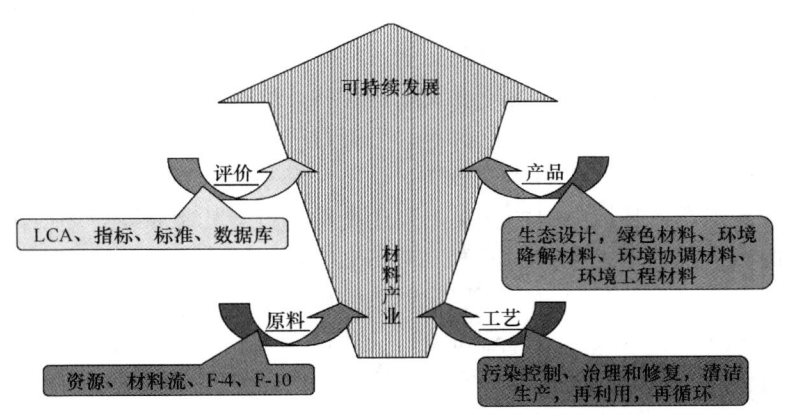

图1-3 影响材料可持续发展的因素

由图1-3还可看出,材料产业可持续发展的方向主要是将传统的高投入、高消耗、高污染通过技术革新和改造,转变成为低投入、低消耗、低污染的材料生产和使用过程,最终走向可持续发展。具体地说,用资源节约型产品替代资源消耗型产品;用环境协调型工艺替换环境损害型工艺;采用技术先进的生产过程,淘汰技术落后的生产过程;采用现代的科学管理和经营方式,摒弃粗放的经营管理方式;等等。

总之,实现材料可持续发展的关键是,在开发新材料满足其需要的使用性能及可接受的经济性能的同时,注意材料的环境性能,包括降低资源和能源消耗、减少环境污染、提高其循环再利用率。另外,材料科学技术的发展也使人类有能力考虑材料设计、生产、使用、废弃、回收等全过程的环境问题。在这个意义上，研究环境材料，考虑材料的环境性能等技术措施是关键和基础。因此，国外也将环境材料的研究称为材料产业未来的战略。

实现材料的可持续发展，既有技术方面的内容，又要从思想观念、政府作用、法律法规、管理监督、技术开发、国际合作等方面综合考虑、协调实施。目前主要有：加强资源再生利用研究，特别是废物再生循环利用的研究和应用，以提高资源效率；在生产过程中采用清洁生产的工艺，向零排放和零污染方向努力；加强环境管理，特别是 ISO 14000 国际环境管理标准的推进，有助于可持续发展战略的实施。

1.3 环境材料概述

1.3.1 环境材料的起源

材料作为社会经济发展的物质基础和先导，对推动人类文明和发展起着极其重要的作用。然而，在材料的获取、制备、生产、使用及废弃的过程中，常消耗大量的资源和能源，同时排放大量的污染物，造成环境污染，影响人类健康。自 20 世纪 90 年代以来，世界各国的材料科学工作者开始重视材料的环境性能。从理论上研究评价材料环境影响的定量方法和手段；从应用上开发具有改善环境状况功能或是环境友好型的新材料及其制品。经过几十年的发展，在环境和材料两大学科之间开创了一门新兴学科——环境材料，它要求材料在满足使用性能要求的同时，还具有良好的全寿命过程的环境协调性，即赋予材料及材料产业以环境协调功能。

最初，环境材料在欧美被称为环境友好型材料，或被称为环境兼容性材料。而在亚洲，主要是日本和中国，被称为绿色材料、生态材料、环境材料、环境柜容性材料、环境协调性材料或环境调和型材料等。表 1-1 是关于环境材料的各种语言表达。从英语、德语、法语的意思看，环境材料的含义主要还是指材料及其制品要对环境污染小或对环境友好等。应该指出的是，英语词汇 Ecomaterials 是由日本东京大学的山本良一教授及其研究小组于 1993 年率先提出的。其构成是由英语的 Materials（材料）加上 Ecology（生态学）的词头前缀（Eco-）复合而成的。1995 年，在西安举行的第二届国际环境材料大会上，与会的国际材料界各方专家经讨论，一致同意将环境友好型材料的各种表达统一为"环境材料"的汉语称谓。这就是汉语"环境材料"名称的正式来源。所以，目前在国内许多学术文章也将环境材料称为生态环境材料或生态材料。

表 1-1 环境材料的各种语言表达

语种	表达
汉语	环境材料
	生态材料
	绿色材料
	生态环境材料
	环境友好型材料
	环境协调性材料
	环境兼容性材料
	环境相容性材料

续表

语种	表达
日语	环境材料 环境调和型材料 环境协调性材料
英语	Ecologically Beneficial Materials Environmentally Friendly Materials Ecomaterials
德语	Oekologische Vorteile Material Umweltfreundliche Werkstoff
法语	Des Materiaux Favourable a L'Environment

1.3.2 环境材料的定义

到目前为止，关于环境材料尚没有一个被广大学者共同接受的定义。最初，一些学者认为环境材料是指那些不仅具有优异的使用性能，而且从材料的制造、使用、废弃直到再生的整个生命周期（life cycle）中必须具备与生态环境的协调共存性以及舒适性的材料。日本山本良一教授研究小组认为环境材料应具备以下三个特点。

（1）先进性，即环境材料首先应该具有优良的使用性能，能为人类开拓更为广阔的活动范围和环境。

（2）环境协调性，环境协调性表现在两个方面，即环境材料应该具有低的环境负荷和具有高的可再生循环性能。实际上，任何一种材料在其开发、生产、使用的过程中都会产生一定的环境负荷。环境材料同样具有环境负荷，不过其追求尽可能低的环境负荷。此外，作为一种资源，应当能够充分地循环再生。从某种意义上来说，高的再生循环率就是低环境负荷的一种表现。

（3）舒适性，即使活动范围中的人类生活环境更加繁荣、舒适。

传统结构材料主要追求材料的使用性能，忽视了其他两种特性，尤其是环境协调性。而环境材料追求的不仅是优异的使用性能，而且在材料的制造、使用、废弃直到再生的整个生命周期中，必须具有与生态环境的协调共存性。除此之外，还要求材料具有舒适性，即综合具备上述三种特性的材料才是环境材料。

经过一段时间的发展，人们认为环境材料实质上是赋予传统结构材料、功能材料以特别优异的环境协调性的材料，或者指那些直接具有净化和修复环境等功能的材料，即环境材料是具有系统功能的一大类新型材料的总称。还有一些专家认为，环境材料是指同时具有优良的使用性能和最佳环境协调性的一大类材料。概言之，环境材料是指对资源和能源消耗少，对生态环境影响小、再生循环利用率高或可降解使用的新材料。但是，许多材料学者都认为这些定义尚不完整。1998年，由科技部、国家"863"高技术新材料领域专家委员会、国家自然科学基金委员会等单位联合组织在北京召开了一次中国生态环境材料研究战略研讨会。会上就环境材料的称谓、定义进行了详细的讨论，最后各位专家建议将环境材料、环境友好型材料、环境兼容性材料等统一称为"生态环境材料",简称"环境材料",并给出了一个有关环境材料的基本定义,即生态环境材料是指同时具有满意的使用性能和优良的环境协调性,或者能够改善环境的材料。所谓"环境协调性"是指资源和能源消耗少、环境污染小和循环再利用率高。部分专家认为,这个定义也不是很完整,还有待进一步发展和完善。例如,环境材料还应该考虑经济成本上的可接受性,也即除使用性能、环境性能外,还应加入经济性能方属完整。如图1-4所示,材料只有赋予其环境性能、使用性能和经济性能,才可以称之为环境材料,即环境材料是指那些具有满意的使用性能和可接受的经济性能,并在其制备、使用及废弃过程中对资源和能源消耗最少、对环境影响最小且再生利用率最高的一类材料。

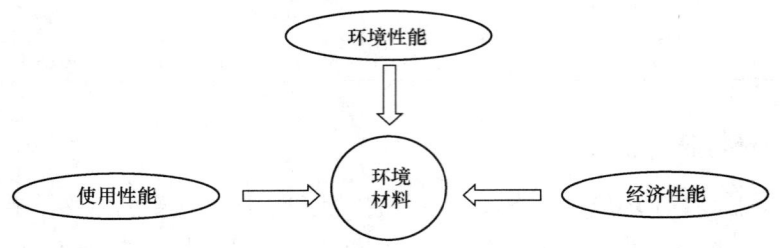

图1-4　环境材料的基本性能示意图

但不管最终大家认可的定义如何,本质上讲,环境材料研究的是材料与自然环境的关系,在材料生产和使用过程中保持生态平衡。在我国现阶段的环境状况下,通常将治理污染或修复环境所用到的一些环境工程材料也归纳到环境材料的范畴中。随着对环境材料的不断研究和发展,关于环境材料的定义将会不断完善。

除环境材料外,国内一些学者还提出了环境材料学的概念。认为环境材料学是一门研究材料的开发、生产与使用过程和环境之间相互适应和相互协调的科学。其目的是寻找在加工、制造、使用和再生过程中具有最低环境负担的人类所需材料,以满足人类生存和发展的需要。其特征在于从环境的角度重新考虑和评价过去的材料科学及其工程学,指导未来的材料科学及其工程学的发展。环境材料学的核心思想是在材料的四大传统性能基础上,加上材料的环境性能,强调材料与环境的协调性。因此,环境材料学的目的是明确的,其发展将促进环境材料的进一步发展。但是,作为一门学科,环境材料学在其基础理论、研究对象、研究内容和研究方法等许多方面还有待进一步完善。

1.3.3　环境材料的研究内容

围绕环境材料这一主题,国际与国内开展了广泛的研究。日本和欧洲的一些国家相继成立了相关的研究学会,多次召开国际性的研讨会,探讨材料与地球资源、环境问题等的关系,推动环境材料的研究和开发工作。其中,已定期召开的学术会议有:自1993年开始,每两年举行一次的生态环境材料国际会议;自1994年开始,每两年举行一次的生态平衡国际会议;自1999年开始,每一年举行一次的生态化设计国际会议;自1999年开始,每两年举行一次的全国环境催化与环境材料学术会议等。近年来,环境材料的研究主要集中在基础理论研究和应用研究两个方面。

关于环境材料的理论研究主要有环境材料的定义、范畴和内涵研究。其研究的目的是健全环境材料学科；建立材料环境负荷的量化指标；收集材料的环境影响数据，为建立材料的环境性能数据库提供框架和支持。另外，开展材料在加工、使用和废弃过程中的环境影响评价理论和评价方法研究，为环境材料的生态化设计建立理论及方法，以及环境友好型材料加工制备工艺和生产过程提供决策依据和原则。还有，研究材料科学与技术的可持续发展理论，健全材料科学与技术的资源保护及再资源化理论。再循环利用技术和清洁生产技术等也是环境材料理论研究的内容。环境材料理论研究的主要内容见表 1-2。

表 1-2 环境材料理论研究的主要内容

类别	主要内容
材料的环境性能评价	LCA 方法学、环境性能数据库
材料的可持续发展理论	资源效率、物质流分析、工业生态学
材料的生态设计	生态设计理论、非物质化理论
材料的生态加工	清洁生产、再循环利用、降解、废物处理

在进行材料的环境影响评价过程之前，首先要确定用何种指标来衡量材料的环境负担性。已提出的表达方法有能源消耗、资源消耗、环境影响因子、环境指数、环境负荷单位、单位服务的物质投入等。关于材料环境负担性的评价技术，除对废气、废液以及固态废弃物等单一影响用单因子评价方法外，用 LCA 评价材料的环境负担性已基本为科学工作者所接受。LCA 是指用数学物理方法结合试验分析对某一过程、产品或事件的资源、能源消耗，废物排放，环境吸收和消化能力等环境影响进行评价，定量确定该过程、产品或事件的环境合理性及环境负荷量的大小。目前，关于 LCA 主要集中在针对具体的工艺过程、产品或事件进行应用评价技术研究，以及如何确定被评价对象的边界范围。

环境材料理论研究的第二个重要方面就是材料技术的可持续发展理论研究。其研究目的是以自然资源为基础，与环境承载能力相协调；保持资源平衡、能量平衡和环境平衡；实现社会、经济和环境的协调发展。材料可持续发展的研究目标是建立材料开发、应用、再生过程与生态环境之间相互作用和相互制约的理论；揭示人类对材料的需求活动引起的生态环境变化规律；揭示生态环境变化对人类生存所需材料的质量和数量的影响规律。其主要内容包括资源的有效利用和二次资源化技术、再循环使用技术、物质流理论和清洁生产理论。特别是再资源化技术研究是节约资源、提高资源利用效率和废弃物的再循环利用率的一项有效措施。与此相应的是，减少物质的搬运量，降低材料链赤字也是提高资源效率，实现材料科学与技术可持续发展的一条积极途径。目前，实现材料科学与技术可持续发展的技术主要有资源保护和再资源化技术、废物再利用和再循环技术、避害技术、控制技术、补救修复技术、清洁生产技术、环境教育和管理等。在环境材料研究中，强调产品和工艺的设计对提高资源和能源的利用效率，减少污染物排放的重要性是环境材料理论研究的又一方面。将环境平衡、资源平衡和能源平衡原理用于环境材料的设计，使产品从一开始就与环境相容，避免了后处理的工序。显然，这样既追求了环境效益，也追求了社会效益和经济效益。

由于环境材料才出现几年,目前一些科学工作者对这一新兴学科的理解还不一致。无论国内还是国外,在环境材料的研究方面,目前还有许多问题有待解答,如环境材料的概念、定义、范畴、基础和应用研究内容、环境材料的发展方向、材料环境性能的具体量化指标等。研究这些基本问题,有助于环境材料的发展和完善。

目前许多关于环境材料的应用研究,大多在保证该材料具有满意的使用性能条件下,尽量降低其在加工和使用过程中对环境的负担性,或节约资源,降低能耗。换句话说,主要集中在开发环境协调性的新材料和材料的环境友好型加工工艺方面,如各种绿色材料及其制品的开发,现有材料的环境友好型改造,在生产工艺设计上采取清洁生产技术,即保持清洁的原料、清洁的工艺和制造清洁的产品,从而在材料的制备过程中也尽量地减少对环境的污染(表1-3)。

表1-3 环境材料应用研究的主要内容

类别	主要内容
环境工程材料	环境治理材料、环境修复材料、环境替代材料
环境友好材料	天然材料、仿生物材料、绿色包装材料、环境降解材料、生态建材
环境功能材料	自清洁材料,调温、调湿、调光材料,环境功能玻璃
环境材料的关键技术	无铅化进程中的元素替代技术、固体废弃物资源化利用

在环境材料应用研究中,强调材料与环境的相容性、协调性是环境材料的主要研究目的之一。开发环境相容性的新材料及其制品,并对现有的材料进行环境协调性改性,是环境材料应用研究的主要内容。从材料的功能和本身性质来看,环境材料的应用主要包括环境工程材料、环境友好材料和环境功能材料三大类。

环境工程材料,主要包括对废弃物的污染控制和处理,如大气污染、水污染、固体废弃物污染的环境治理材料,以及对已被破坏的环境,如土地沙漠化、臭氧层空洞等,进行生态化治理或预防的环境修复或替代材料。鉴于目前大气、水及固体污染对环境已经造成了极大压力,针对这类环境污染而研究开发环境治理材料是当前环境工程材料的主要研究内容。常见的环境治理材料如过滤、分离、杀菌、消毒材料,治理大气污染的吸附、吸收和催化转化材料,治理水污染的沉淀、中和、氧化还原材料,以及减少有害固态废弃物污染的固体隔离材料等。在环境材料概念指导下的环境治理材料同样要求不仅要具有环境治理功能,更强调其本身与环境的协调性。

研究开发环境友好型的新材料,也是生态环境材料研究的主要内容之一。一方面要对现有材料进行环境协调性改进,通过工艺及配方的改进,减少传统材料在生产和使用过程中对环境的影响,相应的材料如生态建材、生物医用材料等;另一方面是在新材料的开发过程中,注意环境的相容性,如加工天然材料、研制可降解的高分子塑料及绿色包装材料、对废弃物进行资源再生和回收利用等。

随着材料不断向着高性能化、功能化、智能化、生态化的方向发展,现代建筑技术不仅要求建筑材料本身具有安全、轻质、高强、耐久等特征,而且要求建筑材料在制备、使用与废弃等过程中对环境负荷小,对资源、能源消耗少。因此,开发出可自清洁、自调湿、自调温、吸波等的环境功能材料,对改善人类生活环境、促进循环经济、可持续发展具有重要的意义。

环境材料作为跨材料和环境两大领域的一门新兴交叉学科，在保持资源平衡、能量平衡和环境平衡，实现社会和经济的可持续发展等方面产生着积极的作用。将环境性能融入21世纪所有的新材料开发，完善材料环境负担性评价的理论体系，开发各种环境相容性新材料及绿色产品，研究降低材料环境负担性的新工艺、新技术和新方法，也将成为21世纪材料科学与技术发展的一个主导方向。

1.3.4 环境材料的发展趋势

欧、美、日等发达国家和地区对环境材料、生态产品及相关领域的研究与开发投入了大量的人力物力。许多国家通过立法，以及税收政策的调整促使资源利用效率的提高，推动本国环境材料和生态产品产业的发展。金融界在贷款等问题上也关注资源的效率和产业的环境问题。

日本的基本环境策略是通过推动环境兼容的产品最终实现以资源再利用为导向的社会（recycling-oriented society），物质的循环模式从原料—产品—丢弃的模式向回收生产转变，在产品设计、采购原料、制造到分解、分类、回收的整个生命周期中都体现出环境友善的理念。图1-5反映了日本资源循环利用模式。其中减量化的实例为包装的简易化、产品的长寿命化和小型化；再使用的实例为啤酒瓶和牛奶瓶等可退回的玻璃瓶、跳蚤市场；再生利用的实例为废纸、废金属、废玻璃等的再资源化。图1-6为日本循环型社会建设模式，它反映了与日本的循环型社会建设相匹配的法律体系。在进行材料加工、生产的同时伴随着强制性的法律规制和企业与消费者的自发合作。此外，近年来日本着手进行了大量的工业生态园区建设，建设了包含塑料瓶再生、办公设备再生、汽车再生、家电再生、荧光灯管再生、医疗器具再生、建筑混合废物再生、有色金属综合再生等项目的综合环保联合企业，通过各个企业的相互协作，推进零排放型环保产业联合企业化，成为资源循环基地。

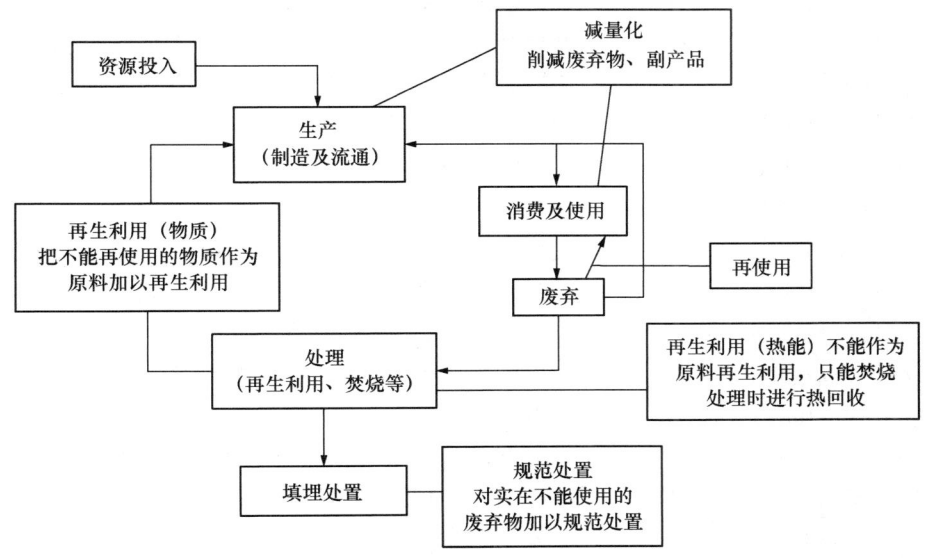

图1-5 日本资源循环利用模式

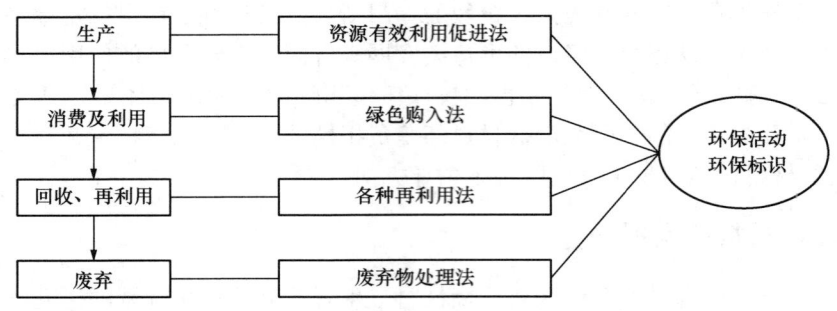

图1-6 日本循环型社会建设模式

欧洲各国相继颁布了对于生产者的责任和回收的立法。在德国、荷兰和瑞典三个国家，根据生产过程中能源物料消耗、资源转化，废物产生排放的信息，对电子电器产品设备的生命周期进行系统研究，提供了收集和处理方面定性的资料和成本的相关数据。德国对电子产品等相关产业的环境改善所使用的方法主要是基于物质毒性，尽量提高产品与技术的生物兼容性。人们发现，过去曾被认为是无公害的科技，如电子产品和可移动的能源载体（如电池），由于越来越短的产品循环与研发周期，以及研究深入和技术升级，在其生命周期会对环境产生不良的影响，即便采取依据《关于电气电子设备中禁止使用某些有害物质指令》（ROSH）这样的环保政策，也无法充分保证相关产品的资源再生与回收利用。因此，德国以非破坏性的方式对电子产品和零配件进行产品生命周期评估。对生产过程实施清洁生产的基础是以生产过程系统为对象，重点通过对构成生产过程的单元操作的功能、状态，包括废物流在内的物、能流现状的控制，最终从技术、法律与经济角度促进原材料或终端产品的生物可降解性。在瑞典，环境意识的设计已经成为产品发展相当重要的一个部分，一般消费大众对环境友善的要求日益增加，类似议题也被视为发展环境友好产品和工艺的重要策略。瑞典皇家科技协会特设了综合性产品的研发部门，专门实施生命周期评估及环境管理系统的研究，揭示生产过程系统存在的缺陷与问题，寻求资源/能源有效利用实施污染预防的途径和方法，从而提供清洁生产的方案，其前瞻性着重于产品的制造技术以及环境影响的考量。

美国近十年来对环境材料的发展非常积极，大力推动业界通过对能量和物质利用以及由此造成的环境废物排放进行辨识和量化来实施有毒化学品生命周期评价，包括从化学品最初的原材料到化学品用后的最终废弃物处理的全过程的跟踪与定量分析和定性评价。针对积累下来的污染问题，业界开发门类齐全的环境材料，对环境进行修复、净化或替代处理，逐渐改善生态环境，使之可持续发展。如美国国家环境保护局（EPA）实施的清洁技术替代方案的评估项目，重点关注工业清洁剂中挥发性有机物质（volatile organic chemicals，VOCs）的控制，目的在于减少四氯乙烯或其他干洗溶剂的暴露量，其绿色干洗技术的评估目前进一步扩展为纺织服饰护理方案（garment and textile careprogram，GTCP），并贯穿于产品、工艺和活动的整个生命周期，包括原材料提取与加工、产品制造、运输以及销售、产品的作用、再利用和维护、废物循环和最终废物处置，将纺织服饰的设计、制造、使用过程所隐藏的环境与健康风险提供给企业，使其能够进而寻求改善产品环境影响。类似清洁技术替代方案的评估在复合产品的制造行业也得到推行，其评估的项目着重于环境材料替代技术的效果、成本与风险。EPA 希望能确认更好的控制技术，通过营销手段减少环境风险暴露量。

我国已将可持续发展作为国家的发展战略目标，政府十分重视和支持生态环境材料的研究与应用开发工作。国家"973"重大基础研究、"863"计划、国家自然科学基金、发展改革委新材料高技术产业化专项以及相关部委和地方政府的科技计划等，都将生态环境材料作为重要资助方向给予大力支持。在各类基金的长期支持下，近年来，我国在生态环境材料及材料的环境协调性评价的研究方面取得了重要进展。在材料的环境协调性评价及其方法论的研究方面，比较系统地开展了钢铁、铝、水泥、建筑材料、塑料、陶瓷、涂料等典型材料的环境负荷评价研究，探索了符合我国国情的材料环境负荷指标表征和计算方法，对典型材料进行了基础数据调研、汇总，初步建立了我国自己的无机非金属材料环境协调性评价（MLCA）数据库并开发了材料环境协调性评估软件。在材料环境负荷评价的基础理论和方法研究方面，相关数学模型的建立和基础数据库的建立方面都取得了进展。在环境材料概念定位，新型环境材料，新兴环境净化材料和太阳能转化材料，有毒、有害和稀贵元素的替代，天然材料（木质陶瓷及木材表面陶瓷化、农作物秸秆等农业废弃物）的有效利用以及工业固体废弃物和再生利用等方面的研究开发也都取得了很大的进展。

尤其值得一提的是，我国在用于光解水制氢和环境净化的可见光活性的新型光催化材料研究开发方面取得了很有特色的研究成果。在世界上首次发现了可见光活性的催化剂并成功地应用于光解水制氢，在此基础上又成功开发出系列可见光活性的新型光催化材料，在环境净化和分解有毒有害物质方面取得了突破。也有学者首次定量地测定了降解中间体的成分，提出了光催化降解的机理，从结构与性能的关系出发科学阐明了同一分子内各种官能团之间的竞争分解机理。此外，在蓄能/光催化复合材料的研究方面也取得了进展，这种材料在夜晚等黑暗条件下仍具有相当好的环境净化和抗菌、杀菌作用。

再如，可降解生物材料方面，利用大豆榨油后的豆渣研制出从硬质塑料到弹性体的一系列可生物降解材料，可用于制备各种一次性绿色制品及医用生物材料等；采用稀土氧化物、纳米氧化物与层状结构无机材料进行纳米复合和有机、无机杂化，研究开发出具有空气净化、抗菌、产生负离子等多功能的新型空气净化纳米复合涂覆材料；利用气流粉碎分级技术对电厂粉煤灰进行回收利用，在对粉煤灰空心微珠精选的基础上掌握了空心微珠的表面改性、变色技术，并将空心微珠作为复合材料组分之一应用于塑料、铝基合金、涂料中，取得了良好的效果，既治理了环境，又实现了粉煤灰的高附加值的利用，并已与企业相结合实现了产业化。

在"十五"国家"863"计划中，我国设立了生态环境材料专题。围绕"西部大开发"发展战略和"科技、人文、绿色"奥运，重点突破固沙植被材料和应用技术，研制了适应我国高效农业技术的环境友好、可完全降解的膜材料。在废弃物治理、可再生资源的综合利用及清洁制备新技术方面取得有自主知识产权的新技术，研究和建设材料环境协调性评价技术体系，发展设计方法，研制和开发几类环境协调材料，包括纳米环境材料与技术、生态建筑材料，促进传统材料产业的环境协调改造升级。在"十五"期间安排的固沙植被用新材料及其低成本制备技术，二氧化碳共聚物的工业化合成及其在医学领域的应用,光催化自洁净玻璃在线制造方法,环境功能型建筑材料,材料环境协调性评价技术及其应用,环境协调材料(无铅焊接、环境友好涂料)及清洁制备技术(高效清洁催化剂),低成本全降解农用地膜,以及降解废弃物排放及综合利用的新型功能材料与技术方面的20多个研究项目,绝大部分都已经产生了一批具有自主知识产权的新技术。

近年来,我国电子行业在欧盟"双绿指令"的"压力"和激励之下,企业与有关大学、研究院所相结合,围绕高端绿色与环保材料,在开展电子电气产品急需的替代有毒、有害元素的材料研究开发方面取得了明显进展,例如,环境友好的封装材料、涂料、阻燃剂及无铅焊料等,在国内有很多企业都已成功地研发出了具有自主知识产权的新品种。此外,如钙钛矿结构的钛酸铋钠钾系列和铋层状结构的钛酸铋锶钙系列的无铅压电陶瓷材料,复合稀土钨电极及钼阴极、金属载体/极板等系列新型环境材料等,都是替代有毒有害材料的新材料。这些新材料的研制成功和实现工业化应用,标志着我国在这些方面已达到了国际水平。

以循环经济思想为指导,以提升材料产业和技术的整体水平为目标,我国在"十一五"期间进一步加大了对材料及其产业可持续发展研究的支持和资助力度。例如,"十一五"国家科技支撑计划重大项目"环境友好型建筑材料与产品研究开发"课题比较集中地对生态建筑材料进行了资助;"十一五""863"计划新材料技术领域将环境友好型新材料作为重要的资助方向之一,其主要内容包括:天然资源的清洁加工与高效循环利用技术;环境友好涂料的清洁生产技术;环境友好催化材料技术;面向应用过程的膜分离技术;复合催化的抗菌抑菌环境净化材料;低成本高效固沙植被材料;电磁兼容(屏蔽)环境材料等;而固体废物处理处置与资源化技术则是"十一五"和"863"计划都重点支持的重要内容。此外,在"十一五"国家科技支撑计划"清洁生产与循环经济的关键技术与示范工程"和"城镇人居环境改善与保障关键技术研究"等重大项目中,许多内容都与材料和产品及其制备工艺过程的生态设计或生态化改造直接相关。所有这些说明,我国在生态环境材料的研究开发,特别在材料产业的生态化改造方面,都得到了进一步的提升和发展。

需要特别指出的是,近年来在我国有关环境政策的引导和国家有关部委新材料专项以及各地方政府的支持下,国内许多企业已开始重视并积极进行生态环境材料及生态产品研究与开发。例如在生态建筑材料、冶金矿渣等各种废弃物的再资源化、粉煤灰的综合利用、吸波材料、环境净化材料及产品等方面,一些企业已实现产业化并形成了相当规模的生产。在加入世界贸易组织(WTO)后,关于环境经营、绿色生产、绿色采购、绿色标识、材料和产品的环境特性及生态设计等新概念正在被一些企业负责人思考或接受。尽管如此,我国的企业家与发达国家的相比,对于企业环境经营、循环产业等方面的认识在程度上和具体行动上,尤其在经费与人员的投入方面尚有较大差距,但近年来我国的材料产业在传统材料的生态化改造以及生态环境材料的研制方面取得的成绩是明显的。企业是材料和产品的生态化改造、实现循环型产业的主体,企业对于生态环境材料及生态设计产品的支持和积极主动的实践与实施,将对此领域今后的研究与开发起到极其重要的促进作用。

通过这些年对环境材料的研究开发实践,培养了一批有特色的生态环境材料研究力量，也使广大材料科技人员的观念发生了明显变化，资源环境意识普遍得到了提高。在教育方面，国内的许多大学都面向大学生、研究生开设了生态环境材料和生态设计的专门课程。一批生态环境材料的专著在国内出版，对宣传生态环境材料新学科、推动生态环境材料在中国的应用发展及教育等方面起到了积极的作用。由于中国经济持续高速发展和加入 WTO 后经济全球化进程的加快，中国生态环境材料与制品的研究开发，如同中国经济对世界的影响一样，已引起全球的广泛关注，世界许多相关科技活动逐步吸纳中国有关方面的研究力量共同研究、发展全球环境事业。

我国已经有了自己的战略部署和时间表。但目前欧、美、日等工业发达国家和地区正积极引导和鼓励企业普及生态设计，推行环境战略经营，使之逐步由传统的资源消耗、环境污染型产业，向资源节约和循环利用、清洁生产和零排放为特征的资源循环型产业转变。资料显示，德国、法国、英国、瑞典、丹麦等国家已纷纷出台了一系列鼓励性的法律法规和标准，各类环境材料的测试方法也在建立中，一旦这些测试程序标准化，可能首先会通过市场准入的形式产生影响，与此类规定相抵触的产品在进入市场时将受到限制或处于不利的竞争地位。带有环境标志的产品正逐渐成为国际市场的主流，消费者在购物时也将越来越重视产品的安全性能与环境价值，对环境材料的研究有助于建立更为有效的产品安全评价和污染控制体系，对这个发展趋势和动向应该予以密切关注。

思政小结

当前，我国保持经济中高速发展的同时，也面临严重的资源日趋短缺、环境污染严重等问题，为此，党中央先后提出了生态文明建设、可持续发展及"双碳"等战略，旨在解决经济社会发展与自然环境和谐共生的问题。党的十九大报告明确指出，我们要建设的现代化是人与自然和谐共生的现代化，既要创造更多物质财富和精神财富以满足人民日益增长的美好生活需要，也要提供更多优质生态产品以满足人民日益增长的优美生态环境需要。材料是国民经济发展的支柱，同时也是造成资源消耗和环境污染的主要产业，如何实现其可持续发展，对于实现生态文明建设及"双碳"目标具有重要的战略意义。环境材料由于具有资源和能源消耗少、环境污染小和循环利用率高等优点，已成为材料产业实现可持续发展的重要方向。

课后习题

1. 简述生态文明建设的内涵及意义。
2. 传统材料生产过程存在的问题有哪些？如何实现材料产业的可持续发展？
3. 你认为哪些材料属于环境材料？试从身边找出一些环境材料的例子。
4. 结合自己的体会，分析一下环境材料未来的发展趋势。

2 资源与环境现状

教学目标

教学要求：理解资源、环境与材料之间的关系，了解资源的枯竭危机，认识材料生产过程资源的消耗情况，了解环境污染的现状，掌握材料生产过程对环境污染的影响。

教学重点：材料生产过程对资源及环境的影响。

教学难点：遏制资源枯竭及治理环境污染紧迫性意识的树立。

材料在生产过程中一方面消耗了大量的资源，另一方面又产生了严重的环境污染。因此，了解并认识资源与环境的现状，可在材料生产过程中树立正确的责任意识与担当。本章首先介绍了资源、环境与材料的关系，然后详细阐述资源的定义、分类、特征及危机，最后又总结了各类环境污染的现状，包括大气污染、水体污染、土壤污染及固体废弃物污染等。

2.1 资源、环境与材料的关系

材料与资源是推动社会文明进步的车轮，是社会发展的重要标志。当代社会所使用的材料、资源太多，其结果给环境带来的压力越来越大，对环境造成的污染也越来越严重。如何既能很好地使用材料、资源，又不会给环境带来灾难，促进资源循环利用，实现人类社会的可持续发展，这就需要研究资源、环境与材料之间的关系。

材料产业是国民经济基础性、支柱性的产业之一。众所周知，材料的生产在原料开采、提取、加工、制备、使用及废弃过程中，不仅将大量的废弃物排放到环境中，造成对环境的污染，而且要消耗大量的资源。因此，对材料的生产和使用而言，资源消耗是源头，环境污染是末尾，三者之间存在着密不可分的关系。

材料的生产、使用和废弃过程涉及以下一系列过程：矿物的采掘、冶炼和合成、材料的制造、加工、使用、废弃等。在这些过程中由于消耗了资源、能源并向环境排放了废弃物，造成了资源的消耗和生态环境的破坏。从物料的流程看，任何一个有形的物品，其生产过程都是一个原料的投入和产品的产出过程，一般称其为链式生产过程。显然，由于生产效率在大多数情况下小于 100%，在生产过程中不可避免地要排放出副产品或废弃物，给环境带来影响。同时，生产效率越低，要求的原材料投入越多，资源浪费就越大，也即资源效率越低。材料的寿命周期与资源、环境的关系可概括为单向循环和双向循环两种方式，分别如图 2-1 和图 2-2 所示。

物质单向运动模式的结构是"资源开采—生产加工—消费使用—废物丢弃"。人类在地球上通过采矿、钻探、采集等得到原材料，这些原材料（矿石、矿物、煤、原油、

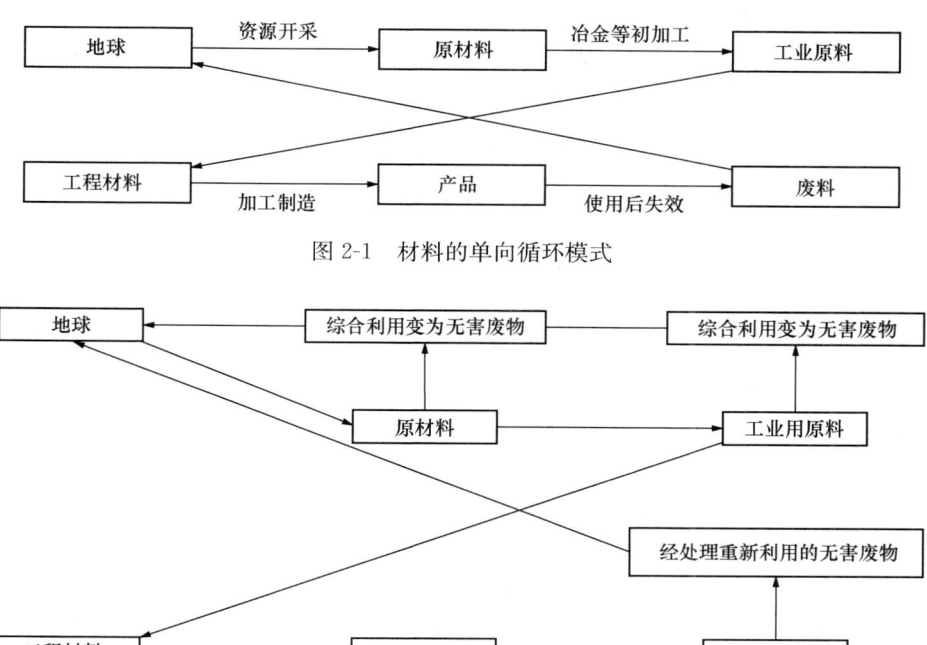

图 2-1 材料的单向循环模式

图 2-2 材料的双向循环模式

天然气、沙子、木材、生橡胶等）通过冶炼及初加工制成工业用原料（金属、化学产品、纤维、橡胶、电子晶体等），然后进一步加工成工程材料（合金、玻璃或陶瓷、半导体、塑料、合成橡胶、混凝土、建筑材料、纸、复合材料等）。这些工程材料通过完成相应设计要求的加工制造，组成结构件、机器、装置和其他社会需要的产品为人类所使用。当这些由工程材料制成的产品被人类使用后，或因服役后失效，或到了工程要求的服役期，或完成了某一特定使用要求后，人们通常把它称之为废品，这些废品作为废料又回到大地上。这种循环涉及化工、冶金、能源、材料、环境等多个学科、多个工业部门。以钢铁行业为例（图2-3），冶炼1t钢综合能耗为0.6t标准煤，需消耗铁矿石1.6t、非金属矿0.3t、新水4t，产生废水2t、废渣0.6t。此外，排放二氧化碳1.7t、

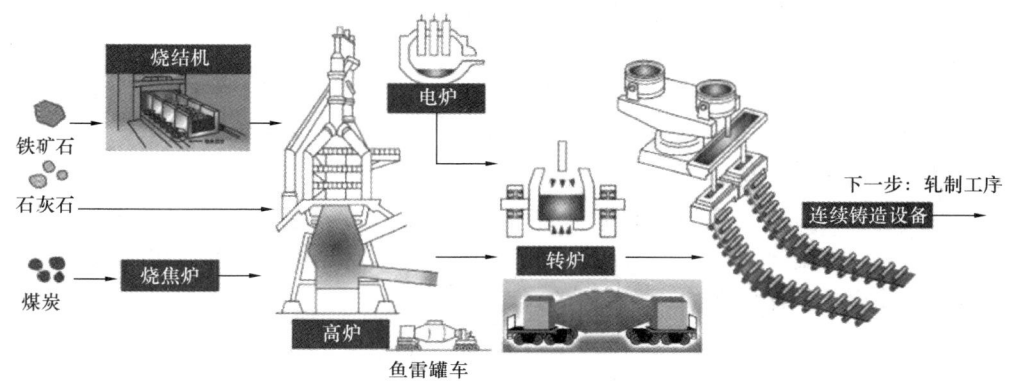

图 2-3 钢铁冶金流程图

二氧化碳 2.66kg、烟尘 0.52kg、粉尘 1.62kg。

材料与化工、冶金、能源、环境工程等被称为过程工业，过程工业从传统意义上说就是单向运动循环模式，这必然会带来地球有限资源的紧缺和破坏，同时带来能源浪费，造成人类生存环境的污染。回顾20世纪过程工业的发展历程，人们开始认识到现有的"消耗资源能源—制造产品—排放废物"这一单向生产模式已无法持续下去，而应当仿效自然生态过程物质循环的模式，建立起废物在不同生产过程中的循环，多产品共生的工业模式，即所谓的双向循环模式（或理论意义上的闭合循环模式）。在材料生产中，如果一个过程的输出变为另一个过程的输入，即一个过程的废物变成另一个过程的原料，并且经过研究真正达到多种过程相互依存、相互利用的闭合产业"网""链"，那么也就真正达到了清洁生产，达到了无害循环。

在材料的寿命周期中，资源的消耗可以概括为以下几方面：能源的消耗、矿物资源的消耗、生物资源的消耗和水资源的消耗。从能源、资源消耗和造成环境污染的根源分析，材料及其制品的生产是造成能源短缺、资源过度消耗乃至枯竭的主要原因。20世纪的前50年间，全世界金属材料消耗量约40亿t，平均每10年仅消耗8亿t左右，而在20世纪80年代的10年间，全世界金属材料消耗量即达58亿t。显然，需要加速开采大量的矿产资源，成倍开发各种能源才能满足这种快速增长的原材料消费。

在大量消耗有限矿产资源的同时，材料的生产和使用也给人类赖以生存的生态环境带来严重的负担。对生态环境的损害可以概括为：向大气环境排放的有害物质，如大气污染物的排出，具有温室效应气体的排出，破坏大气臭氧层物质的排出，酸性气体物质的排出等；向水域排放的有害物质，如危害人体和生物体健康物质的排出，影响生态环境物质的排出等；向土壤排放的有害物质，如污染土壤物质的排出，恶化土质物质的排出，危害生物链物质的排出等；其他损害环境物质的排放，如固体废物的排放，恶臭物质的排放，噪声、振动、电磁波的产生等。

国际材料界在审视材料发展与资源和环境关系时发现，过去的材料科学与工程是以追求最大限度发挥材料的性能和功能为出发点的，而对资源、环境问题没有足够重视，没有充分考虑材料的环境协调性问题。而在全球经济必须可持续发展的今天，资源的大量消耗和环境污染都不利于材料的可持续发展。为此，在理解和认识材料科学与工程的内涵时还应予以拓宽，必须注意以下几点。

（1）在尽可能满足用户对材料性能要求的同时，必须考虑尽可能节约资源与能源，尽可能减少对环境的污染，要改变片面追求性能的观点。

（2）在研究、设计、制备材料以及使用、废弃材料产品时，一定要把材料及其产品整个寿命周期对环境的协调性作为重要评价指标，改变只管设备生产、不顾使用和废弃后资源再利用及环境污染的观点。

（3）开发节约资源、低污染的生产流程。当前正在开发一种所谓"零排放"流程，即所输入的原料及能源全部生成产品而没有废物排出，这当然是一种理想状态，但是至少应尽量开发充分利用资源而少污染的生产流程。

（4）开发环境友好材料，或称环境材料。即指与环境相适应的材料，节约资源、少污染、易回收或可降解的材料。

（5）开发高性能、长寿命材料是节约资源、减少污染最有效的途径。因此，应把提高传统材料性能作为主要奋斗目标。如钢的强度大幅度提高；开发既抗腐蚀又可大幅度提高强度的水泥，以减少水泥用量，从而减少污染和节约资源。

（6）用新技术改造传统材料生产流程。一方面提高劳动生产率，改善产品质量，降低成本；另一方面使传统材料升级换代，扩大材料的用途，以增加竞争能力。

（7）材料的可持续发展战略是一个多学科、多部门联合作战的复杂系统工程，最重要的思想就是建立"生态工业园区"。所谓"生态工业园区"就是实施生态工业的系统工程基础，其目标是通过多种产业的综合协调发展，使某一个产业的副产物或废料成为另一个产业的原料被加以利用，进而形成物流的"生态产业链"或"生态产业网"，能流形成多次梯级利用，使在一定界区内的多行业、多产品联合发展，不仅可使资源在产业链中得到充分利用或循环利用，而且使能量资源和信息资源同时得到充分利用。在生态工业园区规划的过程中，会发现许多"网""链"的断点，这就为以后深入的试验研究和工业开发指明了方向。这种无限循环，不断深入研究，不断深入开发、应用，向着生态过程工业和可持续发展逐渐逼近，最终每一个环节和每一个单元都将是清洁的，用环境友好的生产工艺取代污染工艺，以实现良性循环的可持续发展的目标。

2.2　资源概况

2.2.1　资源的定义及分类

资源是人类生存与发展的物质基础。对资源这一概念的认识，人们从不同的角度，对其作出了不同的解释。联合国环境规划署关于资源的定义是：一定时间地点条件下，能够产生经济价值以提高人类当前和将来福利的自然环境因素和其他要素。从广义上理解，资源泛指一切资源，即一切可以开发为人类社会生产和生活所需的各种物质的、社会的、经济的要素，包括物质资源（各种自然资源及其转化物）、人力资源（劳动力、智力等人才资源）、经济资源、信息资源和科技文化资源等。这些资源都是人类社会经济生活发展所必不可少的基本生产要素和生活要素。从狭义上理解，资源仅指物质资源，即一切能够直接可开发为人类社会所需要的、用其作为生产资料和生活资料来源的、各种天然的和经过人工加工合成的自然物质要素，以及人们在自然资源使用过程中对产生的剩余物和弃置物通过加工重新使其恢复使用价值的物质资料。在资源循环利用中涉及的资源概念是指物质资源的循环利用。

资源的分类大致有两种方法，一是单一划分法，例如，按照资源的可更新性，分为可更新资源和不可更新资源（图2-4）。其中，可更新资源是指在人类参与下可重新产生的资源，如农田，只要耕作得当，可使地力常新，不断为人类提供新的农产品；不可更新资源，也称耗竭性资源，是指那些储量和体积均可测算出来的资源，其质量也可通过化学成分的百分比来反映，如矿产资源。可更新资源还可进一步分为可循环利用的资源（如太阳能、空气、雨水、风能、水能和潮汐能等）和生物资源（包括各种植物、动物、微生物及其周围环境组成的各种生态系统）两类。当然，可更新资源和不可更新资源的区分是相对的，如石油、煤炭和天然气是不可更新资源，但它们却是古生物（古代动、植物）遗骸在地层中物理、化学和地质长期作用变化的结果，这又说明二者之间可

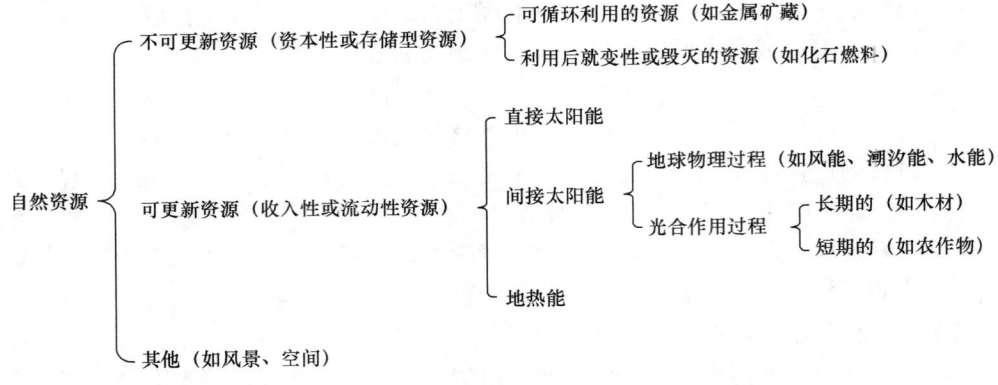

图 2-4 按可更新性划分资源

以相互转化,是物质不灭及能量守恒与转化定律的表现。又如,按照资源的不同属性,可分为自然资源和社会资源,其中自然资源是指人类可以利用的自然生成的物质与能量;社会资源是指人类通过自身劳动,在开发利用自然资源过程中提供的物质与精神财富,它不仅包括人类劳动所提供的以物质形态而存在的劳动力资源和经济资源,还包括科学、技术、文化、信息和管理等非物质形态的资源。除了按照资源的可更新性和不同属性分类,还可按资源的不同特性分为物质和能量两大类资源,按资源的不同功能可分为能源和原材料两大类资源,从资源利用的可控性程度可分为专有资源(如国家控制、管辖内的资源)和共享资源(如公海、太空和信息资源等),按产业可分为工业资源、农业资源和能源等。二是综合划分法,例如,按综合地理要素分为矿产资源(岩石圈)、土地资源(土壤圈)、水利资源(水圈)、生物资源(生物圈)和气候资源(大气圈)五大类资源;按综合资源特征分类,这些资源有可更新性、耗竭性、可变性、重复利用性和多用性。

西方资源经济学对自然资源进行的分类,多数是按照资源的循环利用状况和对国民经济各行业的贡献来划分的,如著名的资源经济学家泰坦伯格(Tietenberg)对资源的分类具有很大的实际应用价值。其主要类型有(图 2-5):一是耗竭的但不可循环的资源,主要指石油、煤炭、天然气和铀矿等能源资源;二是可循环的资源,主要指矿产、纸和玻璃等资源;三是可补给但耗竭的资源,如水资源和空气资源;四是可再生的资源,主要指农业自然资源,包括土地资源和渔业资源;五是可储藏的和可更新的资源,如森林资源和作物资源。

2.2.2 资源的基本特征

物质资源是具有自然属性和社会属性的物质综合体。资源的自然属性是资源在自然界物质运动漫长过程中产生和形成的,具有自身的自然发展规律。各种物质资源的元素结构及化学组合不同,所存在的地域环境和运动规律也不同,从而形成了不同的性质、特点和功能。多样性的物质资源相互渗透和相互依存,按照各自的特殊运动形式和规律进行物质和能量的交换、循环和转化,从而发挥着资源的不同功能和用途。资源的社会属性是资源在人类社会经济发展过程中形成和出现的,有其自身的经济发展规律。人类在发展社会经济、从事物质再生产的过程中,依靠科学技术的进步,逐步加深对资源内

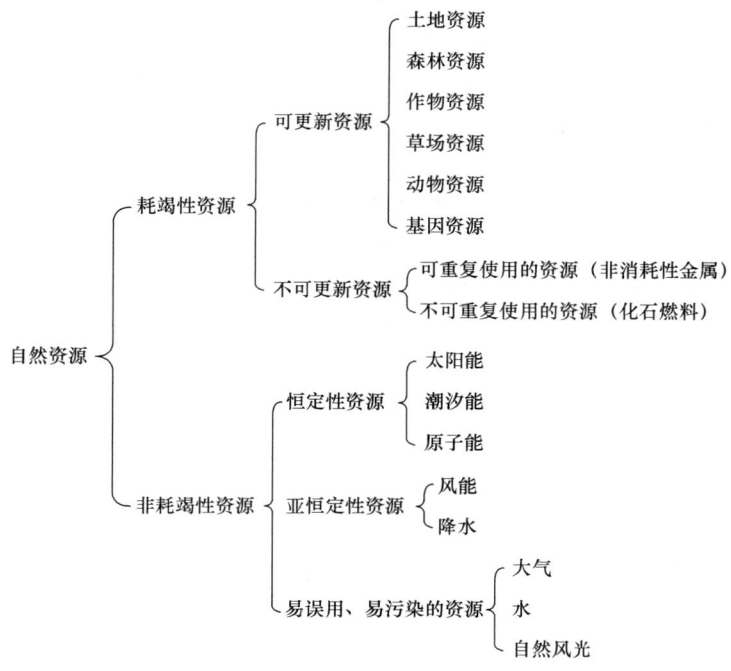

图 2-5　按耗竭性划分资源

在规律本质的认识和掌握，探索资源的性能、特点、运动形式、功能用途及其所依存的地域环境条件，进行开发利用，调整资源利用的产业结构，并不断探索扩展资源的新领域、新品种和新功能，扩大资源开发利用的规模、广度、深度和强度，更多更好地将其转化成满足社会需要的物资产品。

1. 物质资源的自然属性

（1）资源在物质结构上具有多元性。资源物理实体表现为物质形态，尽管它们以各种不同形态存在于生物圈、岩石圈、土壤圈、水圈和大气圈，但就其物质本质来讲，都是由碳、氮、氢、氧、硫和磷等元素，或与其他金属（如钠、镁、铜、锌、铁、钽和镍等）、非金属元素（如氟、氯和碘等）的相互作用和组合而成。人类社会同资源，或者说同自然物质要素进行物质和能量的交换循环，实质上就是合理有效地利用资源的物质元素，资源在物质结构上的多元素多成分性，就决定了资源使用价值的多功能性。

（2）物质资源在物理性质上具有共同性。不同类别的物质资源虽然都是由不同的物质元素、分子以不同的组合形式构成，但从其物理性质上讲，都是有某些共同的基本属性。主要表现为具有物理实体的物质引力，这一性质决定了资源物理实体具有相应的吸引力；具有物质所具有的永恒惯性，这表现为资源物理实体反抗外界对其静止状态或运动状态的任何改变，从而保持其静止状态或运动状态的惯性，惯性量度的大小反映着资源物理实体质量的大小；具有气体、液体和固体三种物质形态，不同物质形态的资源所具有的性质和功能不同，但都能在一定条件下引起相互转化；表现为一定质量的资源物理实体的物质与能量是不灭的、等价的，而且能够相互转化。研究资源物质的共同基本属性，是研究开发利用资源物质和能量功能价值的共同理论基础。

（3）物质资源在赋存形式上具有共生和伴生性以及混合生的特性。自然资源，特别是矿物资源，是漫长岁月中地质作用下的产物。由于地质作用的成因，在自然界中单一矿物或单一成分的矿物是极少的，绝大多数矿物都是两种或多种矿物元素的共生和伴生的地质综合体。其中，矿物的共生是指由于成因上的共同性，在同一成矿阶段中规律地出现不同种类矿物的现象；矿物的伴生是指不同成因或不同成矿阶段的矿物，仅在空间上共同存在的现象。而混合生是指两种或者多种物质自然混合在一起而形成一体的自然现象。例如，土壤和水通常是混存结合在一起的资源综合物质体，土壤不结合水，就没有生机功能；又如，天然水体中往往含有许多矿物质，没有这些矿物质，天然水体或许也会失去生机功能。然而，由于资源具有共生、伴生以及混合生的特点，使得资源循环利用的难度和成本加大了。可见，正确认识资源的共生和伴生以及混合生的特性，无论在实践上还是在理论上都有着重要意义。

（4）物质资源在相互联系上具有渗透结合性。各种自然资源既相互独立，又相互依存或者渗透结合在一起，构成相互制约平衡的自然物质资源体系和自然生态系统。在这个物质资源体系和生态系统中，土地是其自然物质基础，是各种自然资源的物质载体；农作物生长发育的耕地，草原中的草地，森林中的林地，水和矿物资源赖以贮存的水域地和矿藏地，包括湖泊、水库、矿山、煤田、油田和气田，以及海洋中的海底地、大陆架和滩涂等，都是承载各种自然资源的土地资源的主要构成部分。水、土资源必须良好配置结合，并分布在温度、湿度适宜的气候资源中，才能形成良好的生机功能而适宜农作物和其他生物资源的生长发育。水贮存在地表上和地下，与土地资源密不可分，并受气候的影响和制约。天上水、地表水、地下水和海洋水构成水的大循环系统，调节气候，滋润土壤，维系生物生长发育。水还构成人和生物的机体成分，是水生生物的栖息生存空间，是地球生命的源泉。由于各种自然资源存在着这种综合整体性，因而人们对任何自然资源的不合理开发利用，都会给该自然资源物质及其相关的自然资源和自然生态系统带来不良影响，甚至引起严重后果。自然资源与其转化物原材料、能源和废物（包括废弃物和废旧物资）也是相互联系、相互制约和相互影响的。资源、能源的利用率高，转化成的有用物质资料就越多，废物的产生和排放量就越少。废弃物和废旧物资回收再生利用越好，资源的物质功能和能量功能就发挥得越充分，资源、能源的综合利用率就越高，浪费就越少，就可以节省原生自然资源的消耗量。

（5）资源在实际用途上具有多功能性。由于资源具有上述各种基本特征，因而对各有关资源都可以根据其物质构成、性质、特点、赋存形式、相互关系、生机功能及其物质能量关系等特征，从不同角度，以不同方式进行科学合理的开发利用，充分发挥其多种物质功能和能量功能用途，以满足社会经济生活多方面的需要。同时，各种资源的物质和能量功能，都可在一定条件下转换新的功能用途。对资源的合理开发利用，实质上就是全面充分合理利用资源的多种物质和能量功能，减少其物质和能量功能价值的浪费和流失，促使其更多地转化成生产成品和动力，从而实现资源的高效循环利用，以供社会多种消费需要。

（6）资源在生存机能上具有可更新性。这主要是指具有生命机能的生物资源，可通过人类科学合理的培育和保护，促使其在原有基础上再生增殖，扩大资源来源的规模、速度和数量；无生命机能的水土资源，在使用后可通过人类的整治、改良、复垦和保护等措施，提高其生存机能，为社会生产和生活提供更加良好的可循环利用的水土资源条件。但对这些可更新资源，如果对其利用超过其可更新能力，破坏其生存循环规律，就会使其逐步退化成无更新能力的资源，甚至引起枯竭。因此，在开发利用可更新资源时，必须遵循自然生态规律，在保护自然生态平衡和更新能力的条件下，采取科学合理的保护性开发利用措施。

（7）资源在贮存量上的有限性。地球的面积和体积及其物质构成元素是有限的，这决定了赋存在地球上的资源贮存量是有限的。赋存在地球上的不可更新的矿物资源，是由于地质的物理作用，经过若干地质年代演变而形成，人类开发一点就少一点，在短时间内不可能再生。即使是可更新的生物资源，也因受地球表面土壤面积及其生存机能的有限性及生物资源自然生命运动和自然生态条件的制约，其更新的规模、速度和数量也是有限的。如果开发超过了其自然保护和更新的极限能力，便会引起资源衰退和枯竭。

2. 物质资源的社会属性

（1）物质资源界定的相对性。从资源的社会属性上讲，它是人类社会经济技术发展过程中的产物。要使自然界中的自然物质因素能够成为劳动对象和劳动资料，进入社会物质生产过程，从而转化成为社会成品，要受一定时间、空间内科学技术、经济条件和社会生产力发展水平的制约。对特定的自然物质因素，能否将其作为资源进行开发利用，要看其在技术上是否可行，在经济上是否合理，其内涵界定并非一成不变。如某些自然资源在过去不能被开发利用，但随着科学技术的不断进步，生产技术手段的不断改进，到现在则已被开发成为重要的资源，并被利用转化成为重要的社会产品。例如，长期埋藏在地下的铀元素，今天已被开发成为发展核工业的燃料。有人提出，如果能够进一步提高开发利用铜矿资源的科技水平，铜矿的品位将由现在的 0.4% 降低到 0.2%，则全世界的铜矿储量将可增加 25 倍，这就可以扩大铜矿资源规模而多采若干年。从战略总体上讲，地球上的一切自然物质因素，都是可以开发利用的资源或者待开发利用的潜在资源，是人类社会赖以生存发展的总资源。但在一定的时间、空间范围内和一定的经济技术条件及社会生产力发展水平下，要将某些自然物质因素确定为资源进行有效的开发利用，还要受诸多主客观条件的制约，还有个相对发展的过程。从这个意义上讲，资源应是个相对的概念。可以预见，在当代高新技术飞跃发展和社会生产力水平迅速提高的推动下，一些新的更加重要的资源将会被探索开发出来，以适应当今世界社会经济高速发展和人类生活水平不断提高的需要。

（2）资源供需的矛盾性。自然资源储量的有限性，决定了通过开发利用资源提供社会生产和生活所需物质资料的有限性。在当代，一方面由于人口的增长，社会经济的发展，高新科技成果的大量获取，社会生产力和人民生活消费水平的大幅提高，促使人类社会对资源需求量的日益剧增，从而强化了对资源开发利用的规模、强度、深度和广度，导致了某些资源的日益退化，甚至枯竭。另一方面，对资源的不合理开发利用，导致大量有用的宝贵资源未被充分合理利用而转化成为废弃物和废旧物资，造成资源的巨大浪费和流失，使资源的供需矛盾尖锐突出。这种资源含有存量和供给量的有限性，与人类对资源的消耗量和需求量的无限性，它们两者所形成的资源供需矛盾，集中表现为当今世界范围内的资源短缺与危机。例如，我国经济建设对铁、铜和石油等矿产资源的需求量日益增大，供需矛盾十分突出。正是由于资源的这种供需矛盾，促使人们必须加强高新科技开发，开辟资源的新来源、新品种和新功能，并十分注意节约、保护和合理利用资源，从而促进社会经济的进一步发展。

(3) 资源的市场交换品属性。在人类开发利用自然和改造自然的过程中，资源尤其是自然资源，是一种可以在市场经济条件下进行有偿配置转让的物质产品，也是一种可以用特殊方式进行交换的商品。因此，资源也具有一般商品所具有的使用价值。资源的这种有用性，集中表现为资源的使用价值，即资源具有的物质功能和能量功能的效用，这是资源的自然本质的反映。资源在人们开发利用之前，具有潜在使用价值；当人们对其开发利用时，就具有了现实使用价值。由于各种资源的自然属性不同，其功能也不同。一种资源的性能特征是多方面的，其功能也是多样的。探讨资源性质的多方面性和功能的多样性，人们可以根据生产和生活中的不同需要，合理开发利用资源，充分发挥资源的多种功能和用途。资源多方面效能的出现和发挥，是人类社会在开发利用资源的长期实践中，不断积累的结果。使用价值构成资源财富的物质内容，成为其进行有偿配置转让交换的物质基础。自然资源具有价值属性，其价值存在的前提是由资源对于人类生产与生活的效用性和稀缺性决定的；其价值实现的内涵与方式是由人类在开发利用资源过程中一般人类劳动的凝结所决定的。由于资源是物质财富的实际载体，资源的价值也呈现出潜在的价值和现实价值的基本特征。潜在价值是与资源的潜在使用价值相对应而存在的。现实价值是资源开发利用中凝结了一般人类劳动，进入生产、流通和消费，通过市场交换来实现的。资源的价格是价值的货币表现，受资源供求关系的影响，价格总是围绕其价值上下波动。正确认识资源的价值属性，无论从实践上还是理论上都有着极其重要的意义。

2.2.3 资源现状及危机

2.2.3.1 水资源

地球上的水资源，从广义上来说是指水圈内的水量总体。由于海水难以直接利用，因而我们所说的水资源主要指陆地上的淡水资源，其是由江河及湖泊中的水、高山积雪、冰川以及地下水等组成。水资源具有生产和生活资料的双重性。一方面，水是最重要的生活资料，是生存环境的重要组成部分；另一方面，水资源又是生产资料，在利用过程中能够创造价值。随着工业、农业和居民生活对水的需求大幅增长，淡水资源短缺和水质恶化严重困扰着人类的生存和发展。21 世纪以来，随着人口膨胀与工农业生产规模的迅速扩大，全球淡水用量飞快增长，当前，全球正面临严峻的水资源治理挑战，淡水资源稀缺逐渐被视作一种全球系统性危机，成为关系到国家经济、社会可持续发展和长治久安的重大战略问题。

地球表面 2/3 被水覆盖，总水量为 14.5 亿 km^3，但其中 97.5% 是海水，在余下的 2.5% 淡水中，其中 70% 以上被冻结在南极和北极的冰盖中，加上难以利用的高山冰川和永冻积雪，有 87% 的淡水资源难以被利用。人类真正能够利用的淡水资源是江河湖泊和地下水中的一部分，约占地球总水量的 0.3%。

淡水资源的分布极不均衡。如非洲刚果河的水量占整个大陆再生水量的 30%，但该河主要流经人口稀少的地区。再如美洲的亚马孙河，其径流量占南美洲总径流量的

60%，它也没有流经人口密集的地区，其丰富的水资源无法被充分利用。俄罗斯和中亚地区也面临类似的情况，丰富的水资源流经西伯利亚注入北冰洋，而人口众多的西部、南部、中亚地区则出现水资源短缺。巴西、俄罗斯、中国、加拿大、印度尼西亚、美国、印度、哥伦比亚等国家拥有全球水资源的 60%。

随着经济的发展和人口的增加，人类对水资源的需求不断增加，同时由于水资源的不合理开采和利用，很多国家和地区出现不同程度的缺水问题，这种现象被称为水资源短缺。水资源短缺主要分为两个方面：资源型缺水和水质型缺水。资源型缺水主要是由于水资源分布的地域性差异导致的局部区域水源分布较少而引起的缺水；水质型缺水则是由于区域内水资源的物理形态或水质恶化导致水资源无法利用而引起的缺水，水质型缺水往往发生在丰水区。

中国河川径流总量居世界第六位，但水资源可利用量、人均和亩均的水资源数量极为有限。图 2-6 为近十年中国的水资源总量变化情况，据统计，我国人均水资源占有量约为 2200 m³，而世界人口水资源平均占有率约为 9000 m³。图 2-7 为我国近十年的耗水总量变化，只有 2020 年受新型冠状病毒感染疫情、降水偏丰等因素影响，用水量降低明显，但如今我国正处于严重缺水期，预计我国在 2030 年后人口增加到 16 亿人，水资源缺口量增加到 400 亿~600 亿 m³。另外，还存在降雨时空分布严重不均，地区分布差异性大等问题。比如，水资源总量的 81% 集中分布于长江及其以南地区，其中 40% 以上又集中于西南五省，人均占有淡水资源量南方最高和北方最低可以相差 10 倍。南方地区水资源虽然比较丰富，但由于水体污染，存在水质型缺水，北方地区由于干旱性缺水也越来越严重。

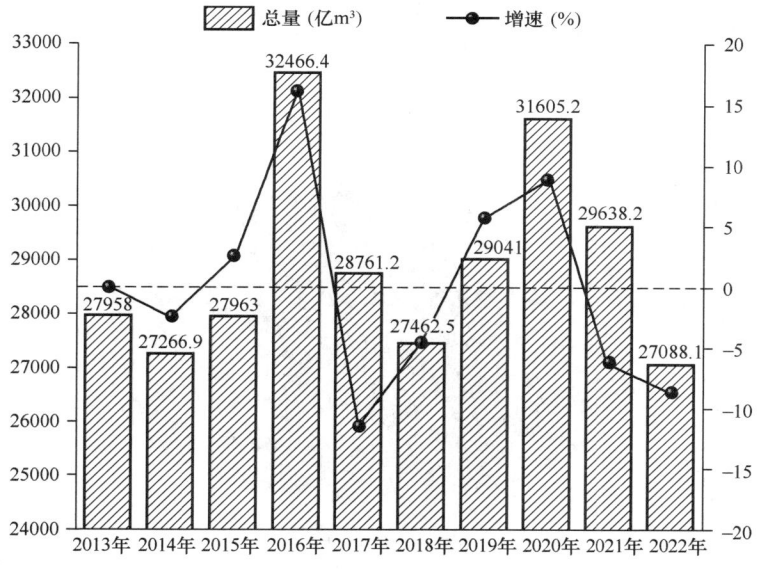

图 2-6 2013—2022 年中国水资源总量变化情况

目前，全国 600 多个城市中，400 多个缺水，其中 100 多个严重缺水，北方有 9 个省市人均占水量约占全国平均水平的 1/4，约为国际规定人均最低标准 1000 m³ 的一半，我国被列为世界贫水国之一。此外，中国还有 40 多条河流最终流向国外，占全国总流

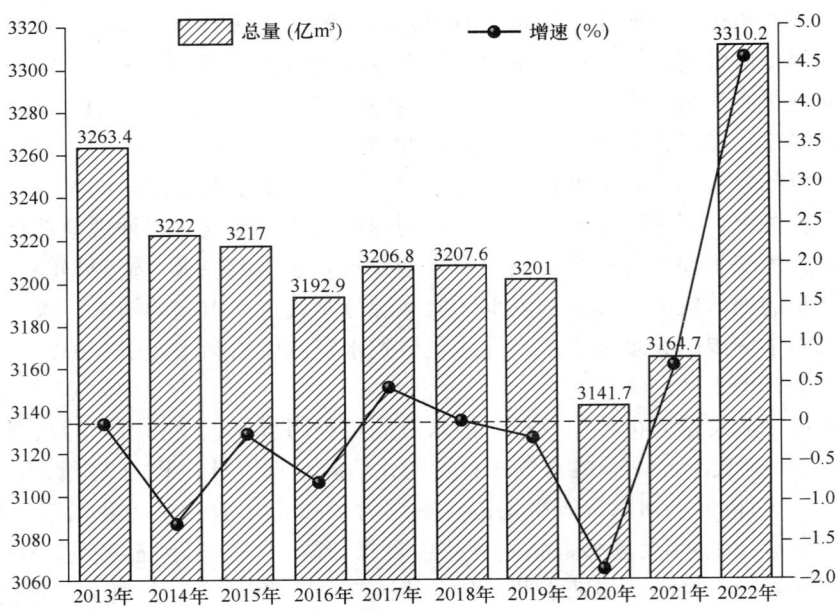

图 2-7　2013—2020 年中国用水消耗总量变化情况

量的 40%，一年流失的淡水量超过了 4000 亿 m³。

此外，我国水资源整体重复利用率较低。图 2-8 为 2022 年中国耗水量的结构，其中农业耗水占 63%，但节水灌溉面积仅占总灌溉面积的 45%，加上灌溉技术的不成熟、灌溉方式的不合理，目前农田灌溉水有效利用系数为 0.54；同时生活用水占我国总用水量的 15%，长期以来水价较低，居民缺少"水贵，节约用水"的意识，使水的重复利用率不高。

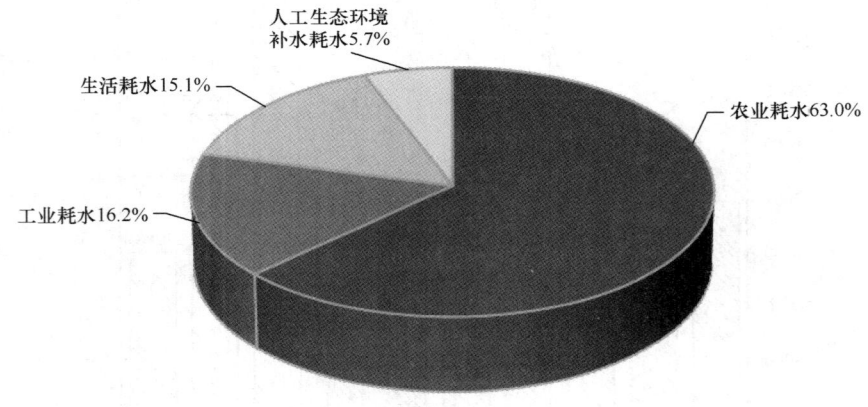

图 2-8　2022 年中国用水结构情况

目前我国已认识到水资源短缺和水污染严重的严峻形势，推出了水资源保护的多种措施和方法，从技术、经济、制度、工程和管理等诸多方面共同着手，保护水资源，改善水管理，保证水安全。

2.2.3.2　土地资源

土地资源主要指陆地面积，目前世界陆地面积约为 14950km^2，占地球表面的 29.2%。其中陆地的 2/3 集中在北半球，1/3 分布在南半球。由于分布的不同位置，加之其组成的复杂性和地区的特殊性，导致了不同类型土壤可耕种面积的差异。同时由于水土流失、海平面上升、填海造田等原因，世界土地资源面积也在逐年变化中。

从部分国家的耕地分布情况来看，耕地面积最大的国家是美国，其次是印度、俄罗斯和中国，这四个国家的耕地面积都大于 1 亿 hm^2。耕地面积占土地面积比例最高的国家是印度，超过 1/2，其次是法国和德国，约 1/3，美国约 1/5，中国和日本 1/8 左右，新西兰、加拿大则更低。

全世界土地资源变化的五大趋势：一是耕地面积普遍减少，土壤恶化严重；二是森林面积逐年减少，下降速度明显减缓；三是土地城市化快于人口城市化，城市人口密度总体下降；四是土地利用效益提升，土地平均国内生产总值（GDP）和粮食单位产出量普遍提高；五是跨国土地交易活跃，引起国际社会普遍关注。

我国位于亚欧大陆的东部，太平洋的西岸。我国土地的主要特点表现为疆域辽阔宽广，资源类型多样，山地多，平地少。我国土地资源的基本概况：

（1）经纬度差大，以中纬度为主。中国最北边在黑龙江省漠河附近，最南端为南沙群岛的曾母暗沙，南北跨纬度约 49°。虽然中国疆土约有 98% 位于北纬 20°~50° 的中纬度地区，但按温度差异，可以划分出 9 个温度带，从南到北依次为赤道热带、中热带、边缘热带、南亚热带、中亚热带、北亚热带、暖温带、温带和寒温带；此外，还有由于青藏高原干扰热量带分布而形成的特殊高寒区。中国经度位置对地理环境的影响远不如纬度位置所起的作用明显，特别在中国的北部地区，起主要作用的是海陆因素与季风的影响。

（2）季风作用强烈。中国位于欧亚大陆与太平洋之间，西南境内又有全球最高的青藏高原，季风气候异常明显，对自然地理环境的形成及差异，起着非常重要的作用。

（3）地形复杂多样，山地面积大。中国地形总的特点是：高度差大，西高东低，阶梯状下降，类型多样，山地面积大，结构复杂，地形骨架呈网格状结构。

我国现存土地资源人均占有量少、分布不均；土地总体质量不高，耕地面积较少；可开发利用土地资源不足；土地利用粗放，利用率和产出率较低；土地退化、损毁严重，生态环境遭到破坏。

中国有相当一部分土地是难以开发利用的。据统计在全国国土总面积中，沙漠占 7.4%，戈壁占 5.9%，石质裸岩占 4.8%，冰川与永久积雪占 0.5%，加上居民点、道路占用的 8.35%，全国不能供农林牧业利用的土地占全国土地面积的 26.9%。此外，还有一部分土地质量较差。有资料统计，在现有耕地中，涝洼地占 4.0%，盐碱地占 6.7%，水土流失地占 6.7%，红壤低产地占 12%，次生潜育性水稻土为 6.7%。

从人类长远利益和可持续发展角度，应合理开发利用土地资源，保护生态环境。一是要严格落实耕地占补平衡制度，加快推进永久基本农田全面划定和特殊保护工作，做到数量质量生态并重；二是科学实施耕地休耕轮作制度，减少或停止对土壤不当耕作，加强土壤污染调查监测，加大土壤修复治理技术研发和投入，恢复土壤肥力，稳定土壤有机质；三是落实严格的节约用地制度，严控新增建设用地规模、用地标准和空间管控,盘活存量建设用地和低效闲置用地,提高土地利用的质量和效率;四是加强生态用地管控和保护,加大林地、草地、湿地等资源保护,严守生态用地红线,为环境友好和生态宜居提供资源保障和修复空间;五是加强土地资源领域国际交流与合作,特别是土地科学基础理论和土地工程技术合作研究,借鉴国外土地利用与管理的成功经验,积极参与全球土地资源治理,推动我国乃至全球粮食安全、生态安全和可持续发展。

2.2.3.3 矿产资源

矿产资源是指由地质作用形成的,赋存于地壳内部或地表的具有利用价值的,呈固态、液态或气态的自然资源。它既包括在当前技术经济条件下可以开发利用的物质,又包括在未来条件下具有潜在利用价值的物质。矿产资源的范畴主要包括以下三大类:

(1) 蕴含某种形式的能,可以作为燃料的能源矿产,又称燃料矿产或矿物能源,如煤、石油、天然气等。

(2) 可以从中提取金属元素或化合物的金属矿产,如铁、锰、铜矿等。

(3) 可以从中提取非金属原料或直接加以利用的非金属矿产,后者又称工业岩石和矿物,如金刚石、石灰岩、黏土等。

此外,地下水、含矿热水、惰性气体、二氧化碳以及海底矿物资源等,也在矿产资源范畴内,称为水气矿产。矿产资源的最大特点是再生速度极为缓慢或不能再生,属于非可再生资源,其储量是有限的。

矿产资源是人类生产资料和生活资料的基本源泉之一,是发展国民经济的重要物质基础,其开发利用程度是标志一个国家经济实力和发展潜力的重要指标。矿产资源开发利用是人类社会发展的前提和动力。从石器时代到铜器、铁器时代,从木柴的燃烧到煤、石油、天然气、原子能的利用,人类社会生产的每一次巨大进步,都伴随着矿产资源利用水平的巨大飞跃。

我国幅员辽阔,地质构造条件复杂多样化,地壳活动频繁,从而形成了较为优越的成矿地质条件。我国是世界上少有的矿产品种较齐全、矿产资源较丰富的国家之一。截至2021年年底,我国已发现了173种矿产,其中能源矿产13种,金属矿产59种,非金属矿产95种,水气矿产6种(表2-1)。已发现矿床、矿点20多万处,其中有查明资源储量的矿产地1.8万余处。煤、稀土、钨、锡、钽、钒、锑、菱镁矿、钛、萤石、重晶石、石墨、膨润土、滑石、芒硝、石膏等20多种矿产,无论在数量上或质量上都具有明显的优势,有较强的国际竞争能力。但是中国人均矿产资源拥有量少,仅为世界人均的58%,列世界第53位。

表 2-1 我国矿产资源基本情况

矿类名称	已探明储量的矿种		发现的其他矿种	
	矿种数	名称	矿种数	名称
能源矿产	11	煤、石煤、油页岩、铀、钍、油砂、天然沥青、石油、天然气、煤层气、地热		
金属矿产	54	铁、锰、铬、钒、铜、铅、锌、铝、镍、钴、钨、锡、铋、镁、钼、汞、锑、金、银、铂、钯、铱、锇、铑、钌、铌、钽、铍、锂、锆、锶、铷、铯、钇、钆、铽、镝、钬、铒、镧、铈、镨、钕、钐、铕、铕、锗、镓、铟、铊、铪、铼、镉、铊、硒、碲	5	钬、铒、铥、镱、镥

续表

矿类名称	已探明储量的矿种		发现的其他矿种	
	矿种数	名称	矿种数	名称
非金属矿产	92	金刚石、石墨、自然硫、硫铁矿、水晶、刚玉、蓝晶石、夕线石、红柱石、硅友石、钠硝石、滑石、石棉、蓝石棉、云母、长石、石榴子石、叶蜡石、透辉石、透闪石、蛭石、沸石、明矾石、芒硝、石膏、重晶石、毒重石、天然碱、方解石、冰洲石、菱镁矿、萤石、宝石、玉石、玛瑙、颜料矿物、石灰岩、泥灰岩、白垩、白云岩、石英岩、砂岩、天然石英砂、脉石英、粉石英、天然油石、含钾砂页岩、硅藻土、页岩、高岭土、陶瓷土、耐火黏土、凹凸棒石黏土、海泡石黏土、伊利石黏土、累抱石黏土、膨润土、铁矾土、其他黏土、橄榄岩、蛇纹岩、辉石岩、玄武岩、角闪岩、辉长岩、辉绿岩、安山岩、闪长岩、正长岩、花岗岩、珍珠岩、浮石、霞石正长岩、粗面岩、凝灰岩、火山灰、火山渣、大理岩、板岩、片麻岩、泥炭、盐矿、钾盐、镁盐、碘、溴、砷、硼矿、磷矿	2	电气石、黄玉
水气矿产	3	地下水、矿泉水、二氧化碳	5	硫化氢气、氦气、氡气
合计	160		12	

在已发现的全部矿种中,现阶段在国民经济中扮演重要角色的有 45 种,其中包括以下三类。

能源矿产:煤、石油、天然气。

金属矿产:铁、锰、铬、钒、铝、铜、铅、锌、镍、钨、锡、钼、锑、汞、钛、金、银、铂、稀土、钽、铌、铍、锂、铀。

非金属矿产:磷、硫、钾盐、硼、芒硝、菱镁矿、萤石、石棉、滑石、重晶石、膨润土、高岭土、耐火黏土、石膏、珍珠岩、天然碱、金刚石、石墨。

根据对这 45 种主要矿产的资源形势分析和与世界资源的对比,我国矿产资源的基本特点如下。

1. 矿产种类齐全,总量大,但人均矿量严重不足。

目前,世界上已知的矿产在我国均有发现。而在已探明储量的 170 余种矿产中,有 20 多种矿产储量居世界前列,其中近 10 种可排为世界第一。按目前保有储量计,我国稀土矿储量占世界总量的 23%,锑占 52%,钨占 80%,煤占 13%,菱镁矿占 23%,重晶石占 23%,钒占 20%,萤石占 12%。按 45 种主要矿产探明储量的可比价值分析,我国约为世界总价值的 10%,列世界第三位。但由于我国人口基数大,矿产储量的人均占有值很低,仅为世界人均值的 27%,退居世界第 80 位以后。

通过对 45 种主要矿产的探明储量及其人均拥有量在世界上的地位的综合分析,可将我国矿产资源分成以下五类:

(1) 具有绝对优势的矿产,是指探明储量居世界第一、二位,人均拥有量大于世界平均值的矿种,包括稀土、钛、钽、钨、锡、钼、锑、钒、锂、石膏、膨润土、芒硝、重晶石、菱镁矿、石墨,共 15 种。

(2) 具有相对优势的矿产，即探明储量居世界第二、三位，但人均拥有量接近或低于世界平均值的矿产，包括煤、铌、铍、汞、硫、萤石、滑石、磷、石棉，共9种。

(3) 具有潜在优势的矿产，即虽然探明储量居世界前列，而人均拥有量偏低，但地质勘查工作表明资源量大，储量可以得到提高的矿种，包括锌、铝土矿、珍珠岩、高岭土、耐火黏土，共5种。

(4) 相对短缺的矿产，探明储量居世界第5~10位，而人均拥有量低于世界平均值的1/8~1/2的矿产，包括铁、锰、镍、铅、铜、金、银、石油、铀、硼，共10种。

(5) 紧缺矿产，是指我国探明储量在世界上的位次偏后，而人均拥有量低于世界平均值的1/20的矿产，包括金刚石、铂、铬、钾盐、天然气和天然碱，共6种。

2. 贫矿多，富矿少；中小型矿多，大型矿少；综合矿多，单一矿少。

我国大宗矿产的品位普遍较低。就已探明的储量看，86%的铁矿属贫铁矿，70%的铜、磷、铝土矿和50%的锰矿也为贫矿。此外，铬铁矿、钛矿、铅矿、钼矿、砷矿、硫铁矿、银矿、铂族矿、铍矿、钽矿、锆矿、硼矿等多种矿产的平均品位均低于国外同类矿种的平均品位。

我国虽有一批在世界上堪称第一的特大型矿床，如内蒙古白云鄂博稀土矿、新疆阿舍勒铜矿、湖南柿竹园钨锡多金属矿、广西大厂锡矿、湖南锡矿山锑矿、辽宁海城菱镁矿和范家堡子滑石矿、内蒙古达拉特旗芒硝矿、贵州天柱县大河边重晶石矿等，但总体上仍以中小型矿偏多。在全国已探明有储量的矿产地中，70%以上为小型矿床。

我国有一大批多组分综合性矿产，如攀枝花共（伴）生铁、钒、钛、铬矿，甘肃金川共（伴）生镍、铜、钴、铂族矿，湖南柿竹园共（伴）生锡、锑、铋、铅、锌矿，内蒙古白云鄂博共（伴）生铁、稀土、铌矿。这些综合性矿产，虽然增加了选冶难度，但如重视综合利用，则会大大提高矿产资源开发的经济效益。

3. 资源分布广泛，但储量的地理分布极不均衡。

我国已知的20多万个矿床（矿点）散布于全国各地，但大部分矿产的探明储量具有区域性集中的特点，如铁矿50%的探明储量集中于鞍本、冀东和攀西地区；煤矿储量的64%集中在山西、内蒙古和陕西；铝矿近90%的储量集中在山西、贵州、河南、广西；磷矿储量的77%分布在云南、贵州、四川、湖北、湖南。这种地理分布的不均衡性，对我国矿业布局和经济发达地区与不发达地区资源的合理配给有很大的影响；在相当长的时间内我国将维持"北煤南运""南磷北送"及"西矿东流"的局面。

地球上的非再生性资源，包括煤、石油、天然气等能源资源及各种矿物资源，其储量是有限的，经使用后就被消耗掉，变得不可恢复了。自从第一次工业革命以来，人类利用和改造自然的能力极大提高，生产力得到空前发展，对资源的消耗和环境的破坏也达到了前所未有的程度。进入20世纪，特别是第二次世界大战以后，随着世界人口的快速增长和经济的膨胀，人类对各种资源的开发利用强度越来越高，对资源的需求正在或已经超过自然资源所能承载的极限，从而造成了全球性的资源匮乏与破坏。主要表现在：矿物资源迅速耗竭，水土流失和荒漠化加剧，淡水资源不足，森林资源砍伐严重，越来越多的物种濒临灭绝。人类所面临的已是一个资源日益短缺的星球。表2-2为部分矿产资源的枯竭情况。

表 2-2 部分金属矿产的储量及可开采年限

金属	储量/（×10⁶t）	年消耗增长率/%	可开采年限/年
Fe	1	1.3	109
Al	1.17	5.1	36
Co	308	3.4	24
Zn	123	2.5	18
Mo	5.4	4.0	36
Ag	0.2	1.5	14
Cr	775	2.0	112
U	4.9	10.6	44
Ti	147	2.7	51

目前，我国的经济规模已居世界前列，发展的速度令人瞩目，对资源的需求已达到前所未有的程度。一方面某些资源短缺已对经济发展造成了一定的约束，如铁矿、铜矿、锰矿、镍矿对外依存度均超过80%，铬矿接近100%，铝土矿对外依存度超过50%。此外，铁矿石进口集中于澳大利亚和巴西两个国家的四大矿业公司，连续多年占我国进口总量的80%以上；锰矿进口集中于南非和澳大利亚，两国进口量占比超60%；铬矿进口集中于南非一国，占比超80%。另一方面，由于矿产管理、技术水平、装备等原因造成资源的不合理开发和利用，使我国资源效率一直较低，资源浪费严重。

表2-3是我国几种原材料的单位GDP资源消耗率与世界平均水平的比较。由表可见，中国几种主要原材料如钢材、铜、铝、铅、锌等单位GDP资源消耗率远高于世界平均水平。不合理的开采和浪费，更加剧了资源的短缺。表2-4是生产1t纯金属材料所消耗的资源。由表可见，铁的资源效率是最高的，也才10.4%，即将近12t原料才生产1t铁。剩下的11t废物如不综合利用，则都将排入环境，造成严重的环境负担。"高投入、低效率、高污染"的问题，在我国资源的开发和利用中仍然存在。因此，提高资源的利用效率，解决资源的供需矛盾，是实现我国社会经济的可持续发展一条必经之路。

表 2-3 我国几种原材料的单位GDP资源消耗率与世界平均水平的比较

材料	钢材	铜	铝	铅	锌
单位GDP的资源消耗率	4.7	2.5	4.1	4.5	4.4
世界平均水平	1	1	1	1	1

表 2-4 生产1t纯金属材料的资源效率

类别	煤	铁	钢	铝	水泥	铑	防水涂料	磷化膜
资源消耗量/（t/t）	1.9	7.9	12.1	15.5	1.7	540000	1.27	5330
资源效率/%	52.6	12.7	8.3	6.45	58.8	1.85×10^{-6}	78.7	1.88×10^{-4}

2.3 环境问题

环境与人类有着十分密切的关系，环境是相对于"人"而言的。"环境"的科学定义应是：以人类社会为主体的外部世界的全体。从人类诞生开始就存在着人与环境的对立统一关系，两者相互影响、相互作用、相互依存、相互制约。由于人类活动作用于周围的环境，引起环境质量变化，这种变化反过来又对人类的生产、生活和健康产生影响，这就产生了环境问题。

如果从引起环境问题的根源考虑，可以将环境问题分为以下两类。一类是自然力引起的，称为原生环境问题，又称为第一类环境问题。它主要是指地震、海啸、火山活动、崩塌、滑坡、泥石流、洪涝、干旱、台风、地方病等自然灾害。对于这一类环境问题，目前人类的抵御能力还很脆弱。另一类由人类活动引起的环境问题称为次生环境问题，也叫第二类环境问题。它又可以分为两类。一是不合理开发利用自然资源，超出环境承载力，使生态环境质量恶化或自然资源枯竭的现象，如森林破坏、草原退化、沙漠化、盐渍化、水土流失、水热平衡失调、物种灭绝、自然景观破坏等；二是由于人口激增、城市化和工农业高速发展引起的环境污染和破坏，以工业"三废"为主（其他还有放射性、噪声、振动、热、光、电磁辐射等）的污染物大量排放，可毒化环境，危害人类健康。

环境问题可以说自古就有。产业革命后，社会生产力的迅速发展，机器的广泛使用，为人类创造了大量财富，而工业生产排放出的废弃物却进入环境。环境本身是有一定的自净能力的，但是当废弃物产生量越来越大，超过环境的自净能力时，就会影响环境质量，造成环境污染。尤其是第二次世界大战以后，社会生产力突飞猛进。工业动力的使用猛增，产品种类和产品数量急剧增多，农业开垦的强度和农药使用的数量也迅速扩大，致使许多国家普遍发生了严重的环境污染和生态破坏的问题。同时，随着全球人口的急剧增长和经济的快速发展，资源需求也与日俱增，人类正受到某些资源短缺和耗竭的严重挑战。资源和环境的问题威胁着人类的生存和可持续发展。

环境污染往往是由局地向区域，再向全球逐步发展的。20世纪40~50年代人们刚刚开始认识环境污染，首先发现局地污染，然后发展到区域污染，到20世纪80~90年代全球环境问题已经提上议事日程，受到了全世界的关注。中国对环境污染的认识要比发达国家晚20多年，也是经由局地→区域→全球的过程。目前，各个国家除了密切关注本国的环境问题，已经对区域和全球的环境问题给予了充分的关注。

近代工业革命使人与自然环境的关系发生了巨大变化，环境问题已迅速从地区性问题发展成为波及世界各国的全球性问题，从简单问题（可分类、可定量、易解决、低风险、近期可见性）发展到复杂问题（不可分类、不可量化、不易解决、高风险、长期性），出现了一系列国际社会关注的热点问题，如气候变化、臭氧层破坏、酸沉降、水资源危机与海洋污染、土地退化与荒漠化、生物多样性锐减、有害废弃物的越境转移等。

2.3.1　大气污染

2.3.1.1　大气污染的含义

在干洁的大气中，痕量气体的组成是微不足道的。但是由于人类活动和自然过程引起在一定范围的大气中出现了原来没有的微量物质，其数量和持续时间，都有可能对人、动物、植物及物品、材料产生不利影响和危害。当大气中污染物质的含量达到有害程度，对人或物造成危害的现象叫作大气污染。

根据大气污染影响所及的范围可分为四类：局部性污染、地区性污染、广域性污染和全球性污染。根据能源性质和大气污染物的组成和反应，可将大气污染划分为煤炭型、石油型、混合型和特殊型污染。根据污染物的化学性质及其存在的大气环境状况，可将大气污染划分为还原型和氧化型污染。

造成大气污染的原因主要有两个：一是人类活动，人类在从事生产和生活过程中，要向大气排放各种污染物；二是自然过程，如火山爆发、森林火灾、岩石风化等也会向大气释放各种污染物质。大气污染的形成过程由三个部分组成，如图2-9所示。

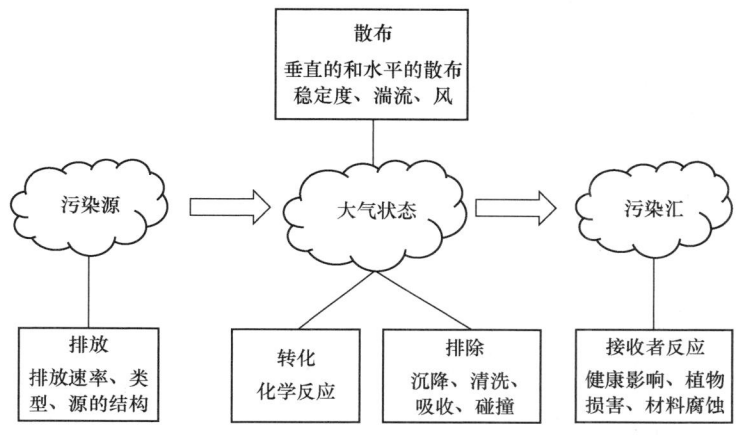

图 2-9 大气污染流程图

由污染源排放污染物进入大气中，经过混合、扩散、化学转化等一系列大气运动过程，最后到达接收者，对接收者施加作用。缺少任何一个环节，都不构成空气污染。

2.3.1.2 大气污染源

大气污染源分为自然源和人工源两大类。自然源是指火山喷发、森林火灾、土壤风化等自然原因产生的沙尘、二氧化硫、一氧化碳等，这种污染多为暂时的、局部的。人工源是指任何向大气排放一次污染物的工厂、设备、车辆或行为等。由人类活动所造成的这种污染通常是经常性的、大范围的，一般所说的大气污染问题多是人为因素所造成的。人为污染源较多，根据不同的研究目的以及污染源的特点，人工源分类如图2-10所示。

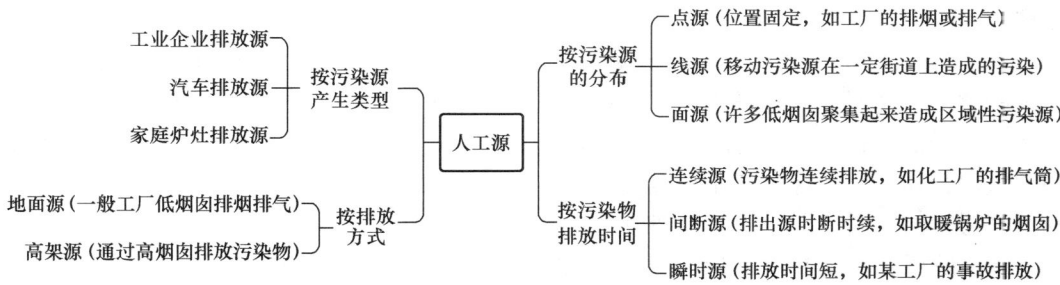

图 2-10 大气污染人工源分类

2.3.1.3 大气污染物

人类活动排出的污染物扩散到室外空气中称为大气污染物。这些物质是那些能在大气中传播的天然的或人造的元素或化合物。这些物质在化学性质上可以是有毒的也可以是无毒的，关键是能够引起可以测量的有害影响。大气污染物，尤其是城市大气污染物，主要有粉尘、SO_2、CO、CO_2、氮氧化物、臭氧以及碳氢化合物和一些有毒重金属等。表 2-5 所示为各类工业企业向大气中排放的主要污染物质。

表 2-5　各类企业向大气中排放的主要污染物质

工业部门	企业名称	排放的主要大气污染物质
化工	有色金属冶炼厂	粉尘（各种重金属：铅、锌、镉、铜等）、二氧化硫
	炼焦厂	烟尘、二氧化硫、一氧化碳、硫化氢、苯、酚、萘、烃类
	石油化工厂	二氧化硫、硫化氢、氰化物、氮氧化物、氯化物、烃类
	氮肥厂	烟尘、氮氧化物、一氧化碳、氨、硫酸气溶胶
	磷肥厂	烟尘、氟化物、硫酸气溶胶
	硫酸厂	二氧化硫、氮氧化物、砷、硫酸气溶胶
	氯碱厂	氯气、氯化气
	化学纤维厂	烟尘、硫化氢、氨、二硫化碳、甲醇、丙酮、二氯甲苯
	合成橡胶厂	丁间二烯、苯乙烯、异丁烯、异戊二烯、丙烯、二氯乙烷、乙烯
		二氯乙醚、乙硫醇、氯代甲烷
	农药厂	砷、汞、氯、农药
	冰晶石厂	氯化氢
机械	机械加工厂	烟尘
轻工	造纸厂	烟尘、硫醇、硫化氢
	仪表厂	汞、氰化物
	灯泡厂	汞、烟尘
建材	水泥厂	水泥尘、烟尘等

2.3.1.4 大气污染对全球环境的影响

全球大气污染问题的形成经历了三个阶段。

第一阶段：18 世纪末到 20 世纪中，大气污染状况随着工业的发展而加重。这一阶段大气污染主要是燃煤引起的，即所谓"煤烟型"污染。主要大气污染物是烟尘、二氧化硫等。

第二阶段：20 世纪 50~60 年代，各国工业畸形发展，汽车数量倍增，重油等燃料耗量剧增，大气污染日趋严重。这一时期的大气污染，已不再限于城市和工矿区了，而是呈现为所谓"石油型"的广域污染。飘尘、重金属、硫氧化物、氮氧化物、一氧化碳和碳氢化合物等已经普遍存在。大气污染的危害已不能用单一污染的特性加以解释，而是多种污染物协同作用的结果，即所谓复合污染。

第三阶段：20 世纪 70 年代以来，各国更加重视环境保护，花了大量人力、物力和财力，经过严格控制，综合治理，取得了显著成效，环境污染基本得到控制，环境质量明显提高。但是，由于汽车数量不断增加，一氧化碳、氮氧化合物、碳氢化合物和光化学烟雾等的污染仍是严重的。

大气污染物侵入人体的主要途径有呼吸道吸入、随食物和饮水摄入、与体表接触侵入等，如图2-11所示。近代史上有好几次重大的空气污染事故（表2-6），造成了较大的死亡率和不可逆转的伤害。

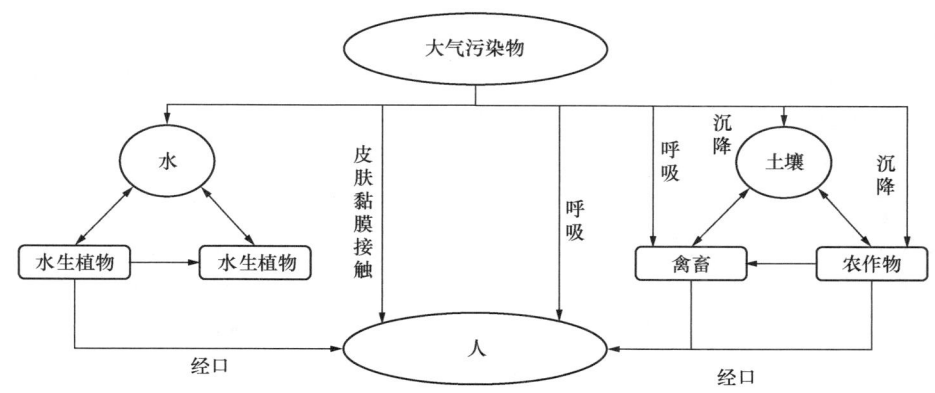

图2-11 大气污染物浸入人体的途径

表2-6 近代史上的重大空气污染事故

日期	地点	污染程度（24h平均值）	死亡人数
1930年12月	比利时马斯河谷（Meuse Valley）	SO_2，氟化物，微粒	60～80
1948年10月27—31日	美国多诺（Donora）	SO_2	20
1948年11月26日—12月1日	英国伦敦	微粒：2800 $\mu g/m^3$ SO_2：2.15mg/m^3	700～800
1952年12月5—9日	英国伦敦	微粒：4500 $\mu g/m^3$	4000
1954年	美国洛杉矶（Los Angeles）	SO_2：3.83mg/m^3，CO，NO_x，O_2，醛类	75%患眼病
1956年1月3—6日	英国伦敦	微粒：2400 $\mu g/m^3$ SO_2：1.57mg/m^3	1000
1962年12月5—10日	英国伦敦	SO_2：5.66mg/m^3 （1h平均值）	700
1962年12月7—10日	日本大阪		60
1963年1月29日—2月12日	美国纽约	SO_2：1.57mg/m^3	200～400

大气污染对全球大气环境的影响目前已明显表现在三个方面：酸雨、臭氧层破坏及温室效应。这些问题如不及时控制，将对整个地球造成灾难性的危害。

1. 酸雨问题

酸雨即酸沉降，是指降水中的pH值比未受污染的降水的pH值（约5.6）低的大气降水。雨水的酸化主要是因为污染大气中的SO_2和NO_x（主要指NO和NO_2）在雨水中分别转化为H_2SO_4和HNO_3。平均来讲，有80%～100%是硫酸和硝酸的成分。

1872年英国化学家 R. A. 史密斯在其《空气和降雨：化学气候学的开端》一书中首先使用了"酸雨"这一术语，指出降水的化学性质受燃煤和有机物分解等因素的影响，也指出酸雨对植物和材料是有害的。20世纪50年代初瑞典和挪威的淡水鱼类明显减少，原因不详。直到1959年，此现象才被挪威渔场的一名检查员揭示：这是酸雨污染造成的。1972年瑞典政府向联合国人类环境会议提出一份报告：《穿越国界的大气污染：大气和降水中的硫对环境的影响》。从此，更多的国家关注这一问题，研究的规模不断扩大。1982年6月在瑞典斯德哥尔摩召开了国际环境酸化会议。至此，酸雨被公认为是当前全球性的环境污染问题之一。

我国对酸雨的监测与研究起步较晚。1979年开始在北京、上海、南京、重庆、贵阳等地开展对降水化学成分的测定。在1981年开展了全国性酸雨普查，监测结果表明，全国有多个省、自治区、直辖市出现不同程度的酸雨，占普查数的87%，这说明酸雨已成为我国日益严重的区域性环境问题。长江以南六个城市的降水最低pH值低于4.0，其中贵阳降水pH值曾低到3.1。表2-7列出了我国部分城市降水的平均pH值。

表2-7 我国部分城市降水的平均pH

城市	pH值	城市	pH值
贵阳	4.07	石家庄	5.36
重庆	4.14	武汉	5.47
长沙	4.30	北京	5.96
南京	4.59	天津	5.96
杭州	4.72	济南	6.10
宜宾	4.87		

沉降后的酸雨对环境的主要影响有以下几个方面。

(1) 湖泊酸化。淡水湖泊酸度的增加已经成了欧洲和北美影响水生生态的主要环境因素。但是，湖水的酸化除了与大气湿、干沉降有关，还取决于流域的基岩和土壤状况、湖的水文学、地面水的化学等因素。其中尤以流域的基岩和土壤状况最为重要。软水湖通常含酸性的岩基和土壤，而硬水则含有石灰质，因而与碱性相联系的硬水具有中和或缓和入湖酸性水的作用。

(2) 对水生生态系统的影响。pH在短时间内突然下降会引起鱼的死亡，它常发生在早春，这是由于雪的融化释放出在冬季时积累的大量酸质导致水中pH的骤降。pH缓慢减少会影响产卵，并且使鱼变大和老化（即鱼群的年龄结构变成老的多，小的少）。pH的降低可以改变水生植物系的组成和结构、减少产量、改变品种等，湖水的酸化还可以引起浮游生物系、矿物质以及其他营养物的减少。所有这一切，自然也就减少了对鱼类的食物供应。

(3) 对土壤的影响。酸雨对土壤的影响视土壤的性质而异，如果土壤含有碱性物质（如碳酸钙），酸性则被中和，具有抵御降水酸化的能力；如果土壤是酸性，抵御酸化的能力就很差。至于酸沉降在土壤里长期积累将在多大程度上冲掉土壤中的养分，改变土壤的酸碱度，并最后导致土壤结构的变化还难以预测。

(4) 对建筑物的影响。酸雨中的硫酸成分能与活泼金属反应生成硫酸盐和放出氢气，使建筑物的金属表面受到腐蚀；硫酸还和 $CaCO_3$ 作用生成 $CaSO_4$ 和水，使得主要为 $CaCO_3$ 成分的纪念碑、塑像等受到腐蚀。

（5）对人类健康的影响。酸性气体通过呼吸道的渠道对人体健康的危害是十分清楚的。另外，酸雨使土壤中金属游离后通过食鱼和饮水而危害人体。

2. 臭氧层破坏

臭氧在大气辐射过程中起着两个重要而又相互关联的作用。第一，它吸收波长范围为 290~320nm 的紫外光，保护了地球上的生命，使之不受这种辐射的有害影响；第二，臭氧层通过吸收紫外辐射将平流层加热，造成平流层温度逆增，并使低层大气（对流层）难以和高空大气相混合。这种作用，无疑对地球气候有重大的影响。对于臭氧层破坏的原因，科学家们有多种见解。多数科学家认为是由于人类活动排放的一些气体，进入大气平流层，与臭氧发生化学反应，大幅度削减了 O_3 的含量。

大气光化学研究已经表明，平流层臭氧破坏率的急剧增大，与某些催化剂的存在分不开。其中最重要的催化剂之一是氮的氧化物：

$$NO + O_3 \longrightarrow NO_2 + O_2 \tag{2-1}$$

$$NO_2 + O \longrightarrow NO + O_2 \tag{2-2}$$

两个化学反应的净效应是：

$$O_3 + O \longrightarrow 2O_2 \tag{2-3}$$

这两种氮氧化物，可以用通式 NO_x 来表示，它们来源于对流层。对流层的氮氧化物是以 N_2O（氧化亚氮）形式进入的。这个第三种氮氧化物在土壤反硝化细菌对氮氧化合物进行反硝化过程中产生。在当前大规模推广化学氮肥情况下，就有可能对臭氧产生严重的影响。

对于臭氧层含量有影响的物质是水汽分子。平流层中有天然的水汽分子存在，在紫外线的照射下，水汽分子可以裂解为氢原子、氢氧基和过氧氢基，它们可以通称为 HO_x。这些化合物能够去除臭氧分子（或组成臭氧分子的氧原子）。在平流层所产生的臭氧，约有 11% 通过与 HO_x 反应的方式而消失。

臭氧还有一个很次要的天然破坏过程，这与从对流层上升进入平流层的含氯物质有关。这里所说的含氯物质是指天然产生的，例如火山喷发物或其他天然含氯化合物。它们包括氯原子、一氧化氯及其他，可用通式 ClO_x 表示。它们在平流层中所发生的化学反应可达 20 多种形式。

人类活动把相当数量人工合成的含氯化合物加入到平流层中，其中最重要的是含氯氟烃（氟利昂）的广泛使用，这是一种用作气溶胶喷雾剂和冰箱空调制冷剂的常用含氯化合物，所有这些物质都将使臭氧减少。氯原子能毁灭臭氧，并产生 ClO，后者能去除氧原子，而氧原子则有助于臭氧的形成。氯原子可以再次产生，因而每一个氟利昂分子的解体，都能够引起化学连锁反应，导致成百个、上千个臭氧分子的毁灭。

虽然目前还不能精确预测臭氧层含量降低可能造成的环境效应的全貌，但已认识到大气中的臭氧层破坏后，照射到地球上的紫外线辐射就会急剧增加，对人类、生态系统会产生严重的危害。

（1）对人类健康的影响。紫外线辐射会使人患上皮肤癌和白内障疾病。研究表明，平流层中臭氧含量减少 1%，则人类的皮肤癌的发病率就会增加 3%。紫外线辐射还会加速人的皮肤老化和损坏人的免疫能力。

(2) 对动物的危害。紫外线辐射可轻而易举杀死动物产出的卵，影响卵生动物的正常繁殖，进而影响整个生态系统结构。紫外线辐射也会减少动物的生存寿命。

(3) 对植物的危害。植物受紫外线辐射后，叶片变小，减少了光合作用的面积，导致植物生长的不正常甚至死亡，引起农作物产量急剧减产。

(4) 对材料的危害。紫外线辐射还会影响材料的使用寿命，如塑料老化、油漆裂化等。

(5) 臭氧消耗的气候效应。平流层的温度在很大程度上由于臭氧吸收太阳辐射与臭氧、二氧化碳和水汽辐射的红外辐射相互平衡而保持不变。用一维模式估算得出：如果臭氧柱总量稳定消耗15%，那么在40km高度上的局部臭氧就可能减少到45%，这种臭氧的局部消耗将造成局部温度下降10℃，从而引起区域气候的变化。氟利昂和一些其他的卤素混合物在部分红外光谱中有强烈的吸收谱带，在这部分光谱中，其他的微量气体是"透明"的，因此对流层中的这些混合物含量的增加将通过它们的"温室效应"引起气候的变化。

3. 温室效应

近地大气中的某些微量气体，对太阳辐射不能接收或很少接收，对地面的长波辐射却强烈吸收，导致大气升温，这种现象称为温室效应。大气中 CO_2、O_3、水蒸气、悬浮水滴和云层中冰晶以及卤代烃等微量物质能有效吸收地面辐射的各波段谱线，即有相当一部分能量被大气中的这些组分吸收。随后，吸收的辐射能又被这些气体以相同波长发射，其中一部分返回地面。这样，大气就像一个"玻璃屋顶"（"屋顶"高度约在距地面15km处，地面长波辐射到此已大部分被吸收），"屋顶"与地面之间形成一个"温室"，对地面起保温作用。

大气由许多气体组成，其中氮、氧虽占了总体积的99%，但主要影响温室效应的却是众多的微量气体，这些气体可以让太阳的短波辐射自由通过，同时吸收地面发出的长波辐射。当它们在大气中的含量增加时，就会加剧"温室效应"，引起地球表面和大气层下沿温度升高，因而，这些气体就被统称为"温室气体"。它们主要有二氧化碳、臭氧、甲烷、氟利昂、一氧化二氮等。

19世纪初工业化以前，大气中 CO_2 质量浓度为 $530mg/m^3$，而到1988年已上升到 $688mg/m^3$，一百多年增长了将近30%。大气中 CO_2 含量急剧增加的原因主要有两个：首先，随着工业化的发展和人口剧增，人类消耗的矿物燃料迅速增加，燃烧产生的 CO_2 释放进入大气层，使大气中 CO_2 含量增加。其次，大片森林的毁坏一方面使森林吸收的 CO_2 大量减少，另一方面烧毁森林时又释放大量的 CO_2，使大气中 CO_2 含量增多。目前，矿物能源消耗达70亿TDE（吨石油当量），占全部能源消耗的90%。热带森林每年也以千万公顷的速率从地球上消失。19世纪60年代每年排放到大气中的 CO_2 只有0.9亿t左右，而到1985年已达50亿t。大气中的 CO_2 主要是燃烧矿物燃料产生的，约占排放总量的70%，其余为森林毁坏造成的，主要在发展中国家，尤其是热带雨林地区，如巴西、印度尼西亚等。另外，排放到大气中的 CO_2 有45%（体积分数）被生物（主要为陆地植物、海洋浮游生物等）吸收和溶于海水，人们在开发利用煤炭、石油和天然气等由亿万年前生物形成的资源时，相当于把远古时期禁锢的 CO_2 释放到现代大气中。

未来大气中 CO_2 含量的增长率，取决于世界各国的能源需求变化，即未来的能源战略。不同研究者对未来世界能源消耗的估计不同，推测出的结果也就不同，实际的估算过程是非常复杂的，有许多不确定因素，其一般思路是：首先估算未来全球矿物燃料消耗量的增长，以及排放到大气中 CO_2 的数量；其次估算生物对 CO_2 吸收量和海水对 CO_2 溶解量及其变化，还需考虑未来石灰石生产和其他社会活动释放的 CO_2 及其进入或退出大气的途径。

甲烷的温室效应比 CO_2 大 20 倍，因此其含量的持续增长也是不容忽视的。根据南极冰芯成分的分析，工业化以前大气中甲烷质量浓度仅为 $0.5mg/m^3$ 左右，目前则为 $1.179mg/m^3$，近一百年增长了 1 倍多，而且正以每年 1.1% 的速率增加。据研究，大气中甲烷的含量与世界人口密切相关，在过去 600 年中大气中甲烷含量的增长与世界人口的增长趋势是一致的。

氟氯烃是人类的工业产品，其中起温室作用的主要是 $CFCl_3$ 和 CF_2Cl_2，其半衰期可达 70～80 年。近几十年来，由于人为的因素，向大气中排放的氟利昂大增。1980 年年初，对流层下沿 CFC_{11} 的平均质量浓度估计达到 $0.00102mg/m^3$，每年递增 5.7%，CFC_{12} 质量浓度估计达 $0.00152mg/m^3$，每年递增 6%。按照这样的增长率，氟利昂将在 21 世纪成为温室效应的第二大促成因素，仅次于 CO_2。

温室效应对人类的影响主要表现在全球气候变暖。1861 年以来，全球平均表面温度（即近地面空气温度和海洋表面温度）已经明显上升，不同时期的变暖情况很不相同，其中主要温升发生在 20 世纪中，该一百年温度上升了 $0.6℃±0.2℃$，而且主要发生在 1910—1945 年和 1976—2000 年两个时期。全球而言，20 世纪 90 年代是最温暖的 10 年，而 1998 年是最热的一年。对于北半球，20 世纪的温升可能是过去 1000 年中最高的。

根据观测，1950—1993 年陆地上夜间日平均最低温度升温速率为 $0.2℃/10$ 年，这是白天日平均温度增幅 $0.1℃/10$ 年的两倍。这种现象使得许多中纬度和高纬度地区的非冰冻期明显延长。同一时期，海洋表面温度升幅大约是陆地平均地面空气温度升幅的一半。20 世纪 50 年代末开始了较精确的天气气球观测，结果显示近地面 8km 高度以内的大气温升与地面空气温度情况类似，升幅为 $0.1℃/10$ 年。1979 年开始了卫星观测，卫星和天气气球观测结果显示，近地面 8km 大气全球平均温度增幅为 $(0.05℃±0.1℃)/10$ 年，但是地面空气温度全球平均增幅高达 $0.15℃±0.05℃$。

全球气候变暖一方面会使两极和高山上的冰盖融化，另一方面随着温室效应增强，气温升高，海水温度也随之升高，海水由于升温而膨胀，从而使海水平面上升。海水平面上升主要使沿海地区受到威胁，沿海低地有被淹没的危险，还会引起海水倒灌、洪水排泄不畅、土地盐渍化等后果。全球气候变暖会引起温度带的北移，温度带北移会使大气运动发生相应的变化，全球降水也会发生变化。对于大多数干旱、半干旱地区，降水的增多可以获得更多的水资源，这是十分有益的。但是对于低纬度热带多雨地区，则面临着洪涝威胁。气候变暖对农业的影响也有利有弊，使农业生产的不稳定性增大，使生物多样性发生变化等。

2.3.2 水体污染

水体污染是指污染物进入河流、海洋、湖泊或地下水等水体后,使其水质和沉积物的物理、化学性质或生物群落组成发生变化,从而降低了水体的使用价值和使用功能,并造成了影响人类正常生产、生活以及影响生态平衡的现象。水体污染根据来源的不同,可以分为自然污染和人为污染两大类。

自然污染是指自然界自行向水体释放有害物质或造成有害影响的现象。例如,岩石和矿物的风化和水解、大气降水以及地面径流所挟带的各种物质、天然植物在地球化学循环中释放出的物质进入水体后,都会对水体水质产生影响。通常把由于自然原因造成的水中杂质的含量称为天然水体的背景值或本底浓度。

人为污染是指人类生产和生活活动中产生的废物对水体的污染,对水体造成较大危害的现象,包括工业废水、生活污水、农田水的排放等。此外,固体废物在地面上堆积或倾倒在水中、岸边,废气排放到大气中,经降水的淋洗以及地面径流挟带污染物进入水体,都会造成水污染。

据国家监察委员会统计,近10年来我国水污染事件高发,水污染事故近几年每年都在1700起以上。全国城镇中,饮用水源地水质不安全涉及的人口约1.4亿人。2021—2022年全国地下水总体水质状况如图2-12所示,在监测的1890个地下水考核点位中,Ⅰ～Ⅳ水质点位占77.6%,Ⅴ类占22.4%,水体受污染比例依旧较高。

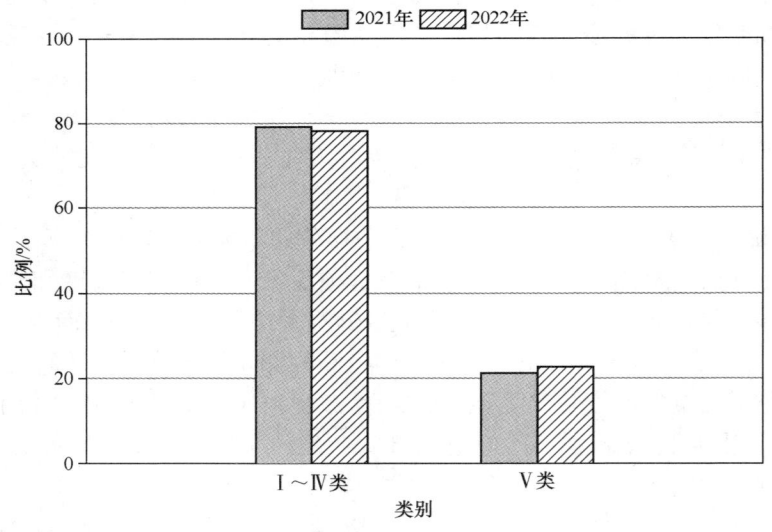

图2-12 2011—2022年中国地下水总体水质状况

造成水体污染的因素是多方面的,如向水体中排放未经过妥善处理的城市生活污水和工业废水;施用的化肥、农药及城市地面的污染物被雨水冲刷,随地表径流进入水体;随大气扩散的有毒物质通过重力沉降或降水过程进入水体等。工业废水和城市生活污水的排放是水体污染的主要因素。随着工业生产的发展和社会经济的繁荣,水体污染日益严重。

大量的无机、有机污染物进入水体,不仅破坏水生生态系统,还危害到人体健康,造成水质性缺水，使工农业生产、生活受到影响。水污染的主要危害如下。

1. 危害人体健康

被污染的水体中含有农药、多氯联苯、多环芳烃、酚、多种重金属、氰、放射性元素、致病细菌等有害物质，它们具有很强的毒性，有的是致癌物质。这些物质可以通过饮用水和食物链等途径进入人体，并在人体内积累，造成危害，甚至可能通过遗传殃及后代。

2. 造成水体富营养化

当含有大量氮、磷等植物营养物质的生活污水、农田排水进入湖泊、水库、河流等缓流水体时，造成水中营养物质过剩，可发生富营养化，导致藻类大量繁殖，水的透明度降低，失去观赏价值。同时，由于藻类繁殖迅速，生长周期短，在短时间内大量死亡并被好氧微生物分解，消耗水中的溶解氧，使鱼类和其他水生生物因缺氧而大量死亡。死亡的藻类也可被厌氧微生物分解，产生硫化氢等有害物质。

3. 破坏水环境生态平衡

良好的水体内，各类水生生物之间及水生生物与其生存环境之间保持着既相互依存又相互制约的密切关系，处于良好的生态平衡状态。当水体受到污染时，水环境条件发生改变，不同的水生生物对环境的要求和适应能力不同，因而会产生不同的反应。这将导致种群发生变化，从而破坏水环境的生态平衡。

4. 其他影响

水污染还直接影响工农业生产。一些工厂因水质污染引起产品质量下降甚至停产，造成经济损失；水产品和农作物因水体污染而减产或无法食用，给渔业和农业生产带来了很大的损失。水体污染还破坏了宝贵的水资源，使本来就十分紧张的水资源更加短缺。

2.3.3 土壤污染

土壤污染是指人类活动产生的污染物质通过各种途径进入土壤，其数量和速度超过了土壤净化作用的速度，破坏了自然动态平衡，使污染物质的积累逐渐占据优势，导致土壤正常功能失调，土壤质量下降，从而影响土壤动物、植物、微生物的生长发育及农副产品的产量和质量的现象。

从上述定义可以看出，土壤污染不但要看含量的增加，还要看后果，即进入土壤的污染物是否对生态系统平衡构成危害。因此，判定土壤污染时，不仅要考虑土壤背景值，更要考虑土壤生态的变异，包括土壤微生物区系（种类、数量、活性）的变化、土壤酶活性的变化、土壤动植物体内有害物质含量、生物反应和对人体健康的影响等。

有时，土壤污染物超过土壤背景值，却未对土壤生态功能造成明显影响；有时，土壤污染物虽未超过土壤背景值，但由于某些动植物的富集作用，却对生态系统构成明显影响。因此，判断土壤污染的指标应包括两方面，一是土壤自净能力，二是动植物直接或间接吸收污染物而受害的情况。

2.3.3.1 土壤污染物

通过各种途径进入土壤环境的污染物种类繁多，可通过迁移转化污染大气和水体环境，并可通过食物链最终影响人类健康。从污染物的属性考虑，一般可分为有机污染物、无机污染物、生物污染物和放射性污染物四大类。

1. 有机污染物

有机污染物主要有合成的有机农药、酚类化合物、腈、石油、稠环芳烃、洗涤剂以及高浓度的可生化性有机物等。有机污染物进入土壤后可危及农作物生长和土壤生物生存，如稻田因施用含二苯醚的污泥曾造成农作物的大面积死亡和泥鳅、鳝鱼的绝迹；农药在农业生产中起到良好的效果，但其残留物却在土壤中积累，污染了土壤和食物链；近年来，农用塑料地膜的广泛应用，由于管理不善，部分被遗弃田间成为一种新的有机污染物。

2. 无机污染物

土壤中无机物有的是随地壳变迁、火山爆发、岩石风化等天然过程进入土壤，有的则是随人类生产和生活活动进入土壤。如采矿、冶炼、机械制造、建筑、化工等行业每天都排放出大量的无机污染物质，生活垃圾也是土壤无机污染物的一项重要来源。这些污染物包括重金属、有害元素的氧化物、酸、碱和盐类等。其中尤以重金属污染最具潜在威胁，一旦污染，就难以彻底消除，并且有许多重金属易被植物吸收，通过食物链危及人类健康。

3. 生物污染物

一些有害的生物，如各类病原菌、寄生虫卵等从外界环境进入土壤后，大量繁殖，从而破坏原有的土壤生态平衡，并可对人畜健康造成不良影响。这类污染物主要来源于未经处理的粪便、垃圾、城市生活污水、饲养场和屠宰场的废物等。其中传染病医院未经消毒处理的污水和污物危害最大。土壤生物污染不仅危害人畜健康，还能危害植物，造成农业减产。

4. 放射性污染物

土壤放射性污染是指各种放射性核素通过各种途径进入土壤，使土壤的放射性水平高于本底值。这类污染物来源于大气沉降、污灌、固废的埋藏处置、施肥及核工业等几方面。污染程度一般较轻，但污染范围广泛。放射性衰变产生的α、β、γ射线能穿透动植物组织，损害细胞，造成外照射损伤或通过呼吸和吸收进入动植物体，造成内照射损伤。土壤环境主要污染物质见表2-8。

表2-8 土壤环境主要污染物质

污染物种类			主要污染物
无机污染物	重金属	汞（Hg）	制烧碱、汞化物生产等工业废水和污泥，含汞农药，汞蒸气
		镉（Cd）	冶炼、电镀、染料等工业废水、污泥和废气，肥料杂质
		铜（Cu）	冶炼、铜制品生产等废水、废渣和污泥，含铜农药
		锌（Zn）	冶炼、镀锌、纺织等工业废水和污泥、废渣，含锌农药、磷肥
		铅（Pd）	颜料、冶金工业废水、汽油防爆燃烧排气、农药
		铬（Cr）	冶炼、电镀、制革、印染等工业废水和污泥
		镍（Ni）	冶炼、电镀、炼油、染料等工业废水和污泥
		砷（As）	硫酸、化肥、农药、医药、玻璃等工业废水、废气，农药
		硒（Se）	电子、电器、油漆、墨水等工业的排放物

续表

污染物种类			主要污染物
无机污染物	放射性元素	铯（^{137}Cs）	原子能、核动力、同位素生产等工业废水、废渣，核爆炸
		锶（^{90}Sr）	原子能、核动力、同位素生产等工业废水、废渣，核爆炸
	其他	氟（F）	冶炼、氟硅酸钠、磷酸和磷肥等工业废水、废气，肥料
		盐、碱	纸浆、纤维、化学等工业废水
		酸	硫酸、石油化工、酸洗、电镀等工业废水，大气酸沉降
有机污染物	有机农药		农药生产和使用
	酚		炼焦、炼油、合成苯酚、橡胶、化肥、农药等工业废水
	氰化物		电镀、冶金、印染等工业废水、废气
	苯并[a]芘		石油、炼焦等工业废水、废气
	石油		石油开采、炼油、输油管道漏油
	有机洗涤剂		城市污水、机械工业污水
	有害微生物		厩肥、城市污水、污泥、垃圾

2005年4月至2013年12月，我国开展了首次全国土壤污染状况调查，结果表明，全国土壤总的超标率为16.1%，其中轻微、轻度、中度和重度污染点位比例分别为11.2%、2.3%、1.5%和1.1%。污染类型以无机型为主，有机型次之，复合型污染比重较小，无机污染物超标点位数占全部超标点位的82.8%。全国土壤环境状况总体不容乐观，部分地区土壤污染较重，耕地土壤环境质量堪忧，工矿业废弃地土壤环境问题突出。工矿业、农业等人为活动以及土壤环境背景值高是造成土壤污染或超标的主要原因。

2.3.3.2 土壤污染源

土壤是一个开放的体系，土壤与其他环境要素间不断地进行着物质与能量的交换，因而导致污染物质来源十分广泛。有天然污染源，也有人为污染源。天然污染源是指自然界的自然活动（如火山爆发向环境排放的有害物质）。人为污染源是指人类排放污染物的活动。后者是土壤环境污染研究的主要对象。根据污染物进入土壤的途径可将土壤污染源分为污水灌溉、固体废物土地利用、农药和化肥等农用化学品施用及大气沉降等几个方面。

1. 污水灌溉

污水灌溉是指利用城市生活污水、某些工业废水或生活和生产排放的混合污水进行农田灌溉。由于污水中含有大量作物生长需要的N、P等营养物质，使得污水可以变废为宝。因而污水灌溉曾一度广为推广，然而在污水中营养物质被再利用的同时，污水中的有毒有害物质却在土壤中不断积累导致了土壤污染。

2. 固体废物的土地利用

固体废物包括工业废渣、污泥、城市生活垃圾等。由于污泥中含有一定养分，因而常被用作肥料施于农田。污泥成分复杂，与灌溉相同，施用不当势必造成土壤污染，一些城市历来都把垃圾运往农村，这些垃圾通过土壤填埋或施用农田得以处置，但却对土壤造成了污染与破坏。

3. 农药和化肥等农用化学品的施用

施在作物上的杀虫剂大约有一半流入土壤。进入土壤中的农药虽然可通过生物降解、光解和化学降解等途径得以部分降解，但对于有机氯等这样的长效农药来说，降解过程却十分缓慢。化肥的不合理施用可促使土壤养分平衡失调，如硝酸盐污染。另外，有毒的磷肥，如三氯乙醛磷肥，是由含三氯乙醛的废硫酸生产而成的，施用后三氯乙醛可转化为三氯乙酸，两者均可毒害植物。

4. 大气沉降

在金属加工过程集中地和交通繁忙的地区，往往伴随有金属尘埃进入大气（如含铅污染物）。这些飘尘自身降落或随雨水接触植物体或进入土壤后被动植物吸收。通常在大气污染严重的地区会有明显的由沉降引起的土壤污染。此外，酸沉降也是一种土壤污染源。我国长江以南的大部分地区属于酸性土壤，在酸雨作用下，土壤进一步酸化、养分淋溶、结构破坏、肥力下降、作物受损，从而破坏了土壤的生产力。此外，还有其他重金属、非金属和放射性有害散落物也可随大气沉降造成土壤污染。

2.3.4 固体废弃物污染

我国于1995年颁布的《中华人民共和国固体废物污染环境防治法》给出了固体废物的法律定义：固体废物是指在生产建设、日常生活和其他活动中产生，在一定时间和地点无法利用而丢弃的污染环境的固态、半固态的废弃物质。

这里所说的生产建设，不是具体的某个工程项目的建设，而是指对国民经济建设而言的生产及建设活动，是一个大范围的概念，包括工厂、矿山、建筑、交通运输、邮电等各行业的生产和建设活动；这里所说的日常生活是指人们吃、住、行等活动，亦包括为保障人们居家生活而提供的各种社会服务及保障的活动；这里所说的其他活动，主要是指商业活动及医院、科研单位、大专院校等非生产性的，又不属于日常生活活动范畴的正常活动。

2.3.4.1 固体废弃物的来源

固体废物的来源大体上可以分为两类：一类是生产过程中产生的废物（不包括废气、废水），另一类是产品在流通过程和消费使用后产生的固体废物。表2-9列出了从各类发生源产生的主要固体废物。

表2-9 各类发生源产生的主要固体废物

发生源	产生的主要固体废物
矿业	废石、尾矿、废木、砖瓦和水泥、砂石等
冶金、金属结构、交通、机械等工业	金属、渣、砂石、模型、陶瓷、管道、绝热和绝缘材料、黏结剂、污垢、废木、塑料、橡胶、纸、各种建筑材料、烟尘等
建筑材料工业	金属、水泥、黏土、陶瓷、石膏、石棉、砂、石、纸、纤维等
食品加工业	肉、谷物、蔬菜、硬壳果、水果、烟草等
橡胶、皮革、塑料等工业	橡胶、塑料、皮革、布、线、纤维、染料、金属等
石油化工工业	化学药剂、金属、塑料、橡胶、陶瓷、沥青、污泥油毡、石棉、涂料等
电器、仪器仪表等工业	金属、玻璃、木、橡胶、塑料、化学药剂、研磨料、陶瓷、绝缘材料等
纺织服装工业	布头、纤维、金属、橡胶、塑料等
造纸、木材、印刷等工业	刨花、锯末、碎木、化学药剂、金属填料、塑料等

续表

发生源	产生的主要固体废物
居民生活	食物、垃圾、纸、木、布、庭院植物修剪物、金属、玻璃、塑料、陶瓷、燃料灰渣、脏土、碎砖瓦、废器具、粪便、杂品等
商业、机关	同上，另有管道、碎砌体、沥青、其他建筑材料，含有易爆、易燃、腐蚀性、放射性的废物以及废汽车、废电器、废器具等
市政维护、管理部门	脏土、碎砖瓦、树叶、死禽畜、金属、锅炉灰渣、污泥等
农业	秸秆、蔬菜、水果、果树枝条、糠秕、人和禽畜粪便、农药等
核工业和放射性医疗单位	金属、含放射性废渣、粉尘、污泥、器具和建筑材料等
旅客列车	纸、果屑、残剩食品、塑料、泡沫盒、玻璃瓶、金属罐、粪便等

2.3.4.2 固体废弃物的分类

固体废物是一个极其复杂的非均质体系，为了便于管理和对不同的废物实施相应的处理、处置方法，需要对废物进行分类。

固体废物分类的方法有很多。按化学组成可分为有机废物和无机废物，按其对环境与健康的危害程度可分为一般废物和危险废物，按其形态可分为固态（块状、粒状、粉状）、半固态废物（污泥）、液态（气态）废物（在有关危险废物的条文中包括了液态和气态的部分物质）。

《中华人民共和国固体废物污染环境防治法》（2020 修订）将固体废物分为工业固体废物、生活垃圾、建筑垃圾、农业固体废弃物及危险废物进行管理。

1. 工业固体废物

《中华人民共和国固体废物污染环境防治法》（2020 修订）定义工业固体废物为：在工业生产活动中产生的固体废物。

2. 生活垃圾

《中华人民共和国固体废物污染环境防治法》（2020 修订）定义生活垃圾为：在日常生活中或者为日常生活提供服务的活动中产生的固体废物，以及法律、行政法规规定视为生活垃圾的固体废物。图 2-13 为 2016—2022 年我国一般工业固体废物产生量。

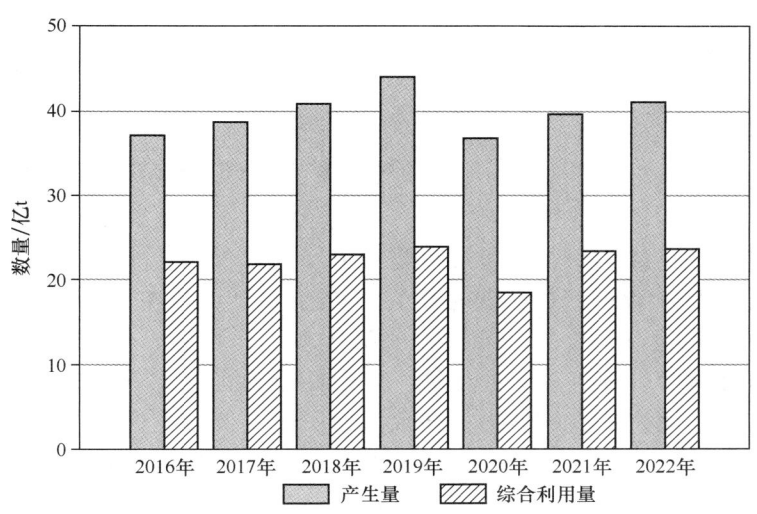

图 2-13 2016—2022 年我国一般工业固体废物产生量

3. 建筑垃圾

《中华人民共和国固体废物污染环境防治法》（2020修订）定义建筑垃圾为：建设单位、施工单位新建、改建、扩建和拆除各类建筑物、构筑物、管网等，以及居民装饰装修房屋过程中产生的弃土、弃料和其他固体废物。

4. 农业固体废物

《中华人民共和国固体废物污染环境防治法》（2020修订）定义农业固体废物为：在农业生产活动中产生的固体废物。

5. 危险废物

《中华人民共和国固体废物污染环境防治法》（2020修订）定义危险废物为：列入国家危险废物名录或者根据国家规定的危险废物鉴别标准和鉴别方法认定的具有危险特性的固体废物。

2.3.4.3 固体废弃物的危害

固体废物对人类环境的危害很大。一方面，固体废物是各种污染物的终态，特别是从污染控制设施排出的固体废物，浓集了许多污染物成分，而人们对这类污染物却往往产生一种稳定、污染慢的错觉；另一方面，在自然条件影响下，固体废物中的一些有害成分会转入大气、水体和土壤，参与生态系统的物质循环，具有潜在的、长期的危害性。因此，对于固体废物，特别是有害固体废物的处理、处置不当，会严重危害人体健康。固体废物对环境的危害主要表现在以下几个方面：

1. 侵占土地

固体废物如不加以利用，就需占地堆放，堆积量越大，占地越多。随着生产的发展和消费的增长，垃圾占地的矛盾日益尖锐，即使是固体废物的填埋处置，若不着眼于场地的选择评定及场基的工程处理和填埋后的科学管理，废物中的有害物质还会通过不同途径进入环境中，并对生物包括人类产生危害。比如，生物群落，特别是一些水生动物的休克死亡，可以认为是废物（包括垃圾）处置场释出污染物质的前兆；雨季由于填埋场填埋不当，地表径流或渗滤液中的化学毒素进入江、河、湖泊引起大量的鱼群死亡，这类危害效应可从个体发展到种群，直至生物链，并导致受影响地区营养物循环的改变或产量降低。

2. 污染土壤

固体废物及其淋洗和渗滤液中所含有害物质会改变土壤的性质和土壤的结构，并对土壤中微生物的活动产生影响。这些有害成分存在不仅阻碍植物根系的发育和成长，还会在植物有机体内积蓄，通过食物链危及人体健康。土壤是许多细菌、真菌等微生物聚居的场所，这些微生物形成了一个生态系统，在大自然的物质循环中，担负着碳循环和氮循环的一部分重要任务。工业固体废物，特别是有害固体废物，经过风化、雨雪淋溶、地表径流的侵蚀，产生高温和毒水或其他反应，能杀灭土壤中的微生物，使土壤丧失腐解能力，导致草木不生，例如我国包头市的某尾矿堆积量已达1500万t，使大片土地污染，居民被迫搬迁。固体废物进入土壤后，还可能在土壤中积累，我国西南某市因农田长期施用垃圾，土壤中汞、铅、铜的浓度大大超过了本底值，对农作物的生长带来危害。来自大气层核爆炸实验产生的散落物，以及来自工业或科研单位的放射性固体废物，也能在土壤中积累，并被植物吸收，进而通过食物进入人体。

3. 污染大气

堆放的固体废物中的细微颗粒、粉尘等可随风飞扬，从而对大气环境造成污染，研究表明：当风力在 4 级以上时，在粉煤灰或尾矿堆表层的直径为 1.5cm 以上的粉末将出现剥离，其飘扬的高度可达 20～50m。而且堆积的废物中某些物质的分解和化学反应可以不同程度地产生毒气或恶臭，造成地区性空气污染，如煤矸石自燃会散发大量的二氧化硫。辽宁、山东、江苏三省的 112 座矸石堆中，自然起火的就有 42 座。废物填埋场中逸出的沼气也会对大气环境造成影响，它在一定程度上会消耗其上层空间的氧，从而使种植物衰败，并抑制植物的生长发育，若在缺少植物的地区，则起侵蚀作用而使土层的表面剥离。此外，固体废物在运输过程中也能产生有害气体和粉尘。

4. 污染水体

在世界范围内，有不少国家直接将固体废物倾倒于河流、湖泊或海洋，甚至将后者当成处置固体废物的场所之一，这是有违国际公约的，理应严加管制。固体废物随天然降水或地表径流进入河流、湖泊，或随风飘迁落入河流、湖泊，污染地面水，并随渗滤液渗透到土壤中，进入地下水，使地下水受到污染。废渣直接排入河流、湖泊、海洋，能造成更大的水体污染。即使无害的固体废物排入河流、湖泊，也会造成河床淤塞，水面减小，水体污染，导致水利工程设施的效益减少或废弃。我国沿河流、湖泊、海岸建设的企业，每年向附近水域排放大量灰渣，有的电厂的排污口外的灰滩已延伸到航道中心。

5. 影响环境卫生

我国的生活垃圾、粪便的清运能力不高，无害化处理率低，很大一部分垃圾堆放在城市的一些死角，严重影响环境卫生，对人们的健康构成潜在的威胁。

6. 其他危害

某些特殊有害固体废物的排放，除以上各种危害外，还可能造成燃烧、爆炸、接触中毒、严重腐蚀等特殊危害。

思政小结

材料服务于国民经济、社会发展、国防建设和人民生活的各个领域，是国民经济和社会发展的基础和先导。随着社会的发展与经济的进步，在材料生产过程中，大量不可再生资源和能源被消耗，如果按照现在的开采速度，大多数不可再生资源将在一百年内被消耗殆尽。另外，我国目前的环境污染也较为严重，以工业固废为例，每年产生几十亿吨的固体废弃物，不仅占用大量土地，而且也污染了地下水。因此，在材料生产过程中提高资源使用效率、加强环境保护已刻不容缓。

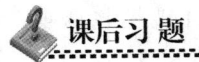**课后习题**

1. 以一种金属或非金属材料为例，列举其生产过程中消耗的资源及产生的环境污染。
2. 简述我国资源及能源的现状。
3. 以一种材料的生产全过程为例，分析如何提高资源使用效率及减少环境污染。
4. 简述大气、固废及水污染对人类的危害。

3 生命周期评价技术

教学目标

教学要求：理解生命周期评价技术的含义，掌握生命周期评价技术的理论框架。初步学会利用生命周期评价技术对某一产品、过程的环境影响进行分析，了解目前生命周期评价常用的数据库及分析软件。

教学重点：生命周期评价技术的理论框架及应用。

教学难点：生命周期评价技术各步骤的内涵及作用。

目前，材料不仅被要求具有优异的使用性能，而且在制造、使用、废弃及再生的整个寿命周期中，必须具有与生态环境的协调共存性。评价一种材料是否为环境材料，首先必须确定其评价标准。从环境材料的定义看，制定评价标准实际上是对材料的环境协调性、经济性、功能性等几个主要方面进行定量化分析。本章首先介绍了生命周期评价技术的起源及定义，之后详细阐述了生命周期评价技术的理论框架，对生命周期评价的应用实例进行了分析，介绍了生命周期评价的数据库与评估软件，最后分析了生命周期评价技术的局限性。

3.1 生命周期评价技术的起源及定义

3.1.1 早期的环境评价指标

在进行材料的环境影响评价过程之前，确定用何种指标来衡量材料的环境负担性显得尤为必要。衡量材料环境影响的定量指标，已提出的表达方法有能耗、环境影响因子、环境负荷单位、单位服务的材料消耗、生态指数、生态因子等，这些环境指标的建立对材料的环境协调性评价起很大的促进作用。

1. 能耗

能耗即能源的消耗，其中的单位能耗是反映能源消耗水平和节能降耗状况的主要指标，是一次能源供应总量与国内生产总值（GDP）的比率，是表示能源利用效率的指标。该指标说明一个国家经济活动中对能源的利用程度，反映经济结构和能源利用效率的变化。早在20世纪90年代初，欧洲的一些旅行社为了推行绿色旅游和满足环保人士的度假需求，曾用能耗来表达旅游过程的环境影响。例如，对某条旅游路线，坐飞机的能耗是多少、坐火车的能耗是多少、自驾车的能耗是多少，这是最早采用能量的消耗来表示过程对环境影响的方法。

2. 环境影响因子

刘江龙、左铁镛等学者在考察金属元素分布的环境特征和生物效应的基础上，定义了环境影响因子 EAF（environmental affect factor，EAF），用 EAF 来表达材料对环境的影响，EAF 如式（3-1）所示：

$$EAF = \{资源、能源、排放物、生物效应、区域性、\cdots\} \quad (3-1)$$

利用 EAF 值可以定量地对各种金属材料的环境作用进行相互比较，EAF 值越大，该材料的环境负荷越重。相对于能耗表示法，环境影响因子考虑了资源、能源、污染物排放、生物影响和区域性的环境影响等因素，把材料的生产和使用过程中原料和能源的投入及废物的产生都考虑进去了，比能耗指标要综合一些。但是，EAF 的衡量首先要在环境影响因子模型中确定，关于权重的确定仍是难点之一。

3. 环境负荷单位

环境负荷单位（ELU）是指某一具体材料在其生产、使用、消费或再生产过程中耗用的自然资源数量，以及其向环境体系排放的各种废弃物（如气态、固态和液态废物）的总量。这一工作主要是由瑞典环境研究所完成的。目前在欧美国家，这一方法仍较为流行。

4. 单位服务的材料消耗

德国渥泊塔研究所的斯密特教授（Schmidt）于1994年提出了一种表达材料环境影响的指标方法——单位服务的材料消耗量（materials intensity perunit of serice，MIPS）。MIPS 指在某一单位过程中的材料消耗量，这一单位过程可以是生产过程，也可以是消费过程。

5. 生态指数

除上述表示材料的环境影响指标外，国外还有一种生态指数表示法，即对某一过程或产品，根据其污染物的产生量及其他环境作用的大小，综合计算出该成品或过程的生态指数，判断其环境影响程度。例如，根据计算，玻璃的生态指数为148，而在相同条件下，聚乙烯的生态指数为220，由此认为玻璃的环境影响比聚乙烯小。由于同环境负荷单位，环境影响因子相同，指数表示法也是无量纲单位表示法。计算新产品或新工艺的环境影响的生态指数是一个很复杂的过程，因此目前这些表达法都不通用。

6. 生态因子

以上环境的表达指标都只是计算了材料和产品对环境的影响，在这些影响中并未考虑其使用性能。由此，有些学者综合考虑各种材料的实用性能和环境性能，提出了材料的生态因子表示法（Eco-indicator，ECOI），如式（3-2）所示。主要考虑了两部分内容：一部分是材料的环境影响（environmental impact，EI），包括资源、能源的消耗以及排放的废水、废气、废渣等污染物，加上其他环境影响，如温室效应、区域毒性水平，甚至噪声等因素；另一部分是考虑材料的使用或者服务性能（service performance，SP），如强度、韧性、线性膨胀系数、电导率、电极电位等力学、物理和化学性能。

$$ECOI = EI/SP \quad (3-2)$$

式中，$ECOI$ 为材料的生态因子；EI 为材料的环境影响；SP 为材料的使用性能。

因此，对某一材料或产品，用式（3-2）来表示其生态因子，在考虑材料的环境影响时，基本上扣除了其使用性能的影响，在比较客观的基础上进行材料的环境性能比较。

7. 环境熵值

环境熵值（EQ）是综合考虑材料和产品生成过程中产生废弃物量的多少、物化性质及其在环境中的毒性行为等的评价指标，用以衡量合成反应对环境造成影响的程度，也是环境效益的一个评价指标。可用式（3-3）来表示：

$$EQ = E \times Q \tag{3-3}$$

式中，E 为环境因子；Q 为根据废物在环境中的行为给出的废物对环境的不友好程度。

EQ 值的相对大小可以作为考虑材料和产品环境协调性的重要因素。例如，可以将无毒的氯化钠和硫酸铵的 Q 定义为 1。对于有害重金属离子的盐类、有机中间体和含氟化合物等，根据其毒性的大小，Q 的取值为 100～1000。因此，可以用 EQ 的大小来衡量或者选择合理的生产工艺路线，评估不同的生产方法。

3.1.2 生命周期评价方法的起源

采用单因子表达法对材料进行环境影响评价时，存在指标繁多而且难以进行平行比较的问题。因此，后来提出了不少综合性的比较方法，如生态指数、生态因子等。这些指标在部分范围内得到了一定认可，但并未在全球范围内流行起来。20 世纪 90 年代初，一些专家提出了后来得到全世界认可的综合性评价方法——环境协调评价，即通常所说的生命周期评价（life cycle assessment，LCA）方法。LCA 是一种评价产品在整个寿命周期中所造成的环境影响的方法。这种方法已经广泛地为国际上的许多研究机构、企业和政府部门所接受，并得到了大量的推广和应用。

生命周期评价概念于 20 世纪 60 年代末至 70 年代初最早在美国出现，其开始的标志是 1969 年美国中西部研究所对可口可乐公司饮料包装瓶进行的评价研究。这项研究对可口可乐公司的饮料包装瓶（图 3-1）进行研究和评价，旨在确定

图 3-1　可口可乐的不同包装材料

对周围环境造成污染最小的饮料包装瓶。研究人员量化了每一种饮料包装瓶的原材料以及饮料包装瓶在生产过程中对环境承载力的影响，涉及玻璃、钢铁、铝、塑料和纸等多种材料以及相关支撑部门。研究人员分析了约 40 种材料，这项研究得出的结论使可口可乐公司"舍弃"长期使用的玻璃瓶包装而选择塑料瓶包装。

20 世纪 70 年代出现的能源危机使人们意识到，人类赖以生存和发展的基础资源是有限的，特别是那些不可再生资源。从人类社会现在的发展方式及速度来看，许多重要的资源在不久的将来可能会消耗殆尽。因此，节约资源、高效利用资源、实现资源的循环再生成为人们进行环境保护的重要方式，大量环境保护组织的成立和各类媒体进行的宣传使人们意识到保护资源的重要性，也使人们的环保意识不断增强。美国和欧洲的一些研究机构按照分析资源与环境的方法对资源消耗、废物排放的影响进行了研究。美国国家环保局在 1974 年发表了一份公开报告，这份报告涉及一系列与生命周期评价相关的内容。瑞士联邦研究机构在 1984 年进行了一项与包装材料有关的研究，相关学者第

一次在研究中使用了健康标准评估系统，这引起国际学术界的广泛关注。瑞士联邦研究机构以这次研究为基础，建立了完善的数据库，其中包含许多重要工业部门的生产数据和能源数据。此时，利用生命周期评价进行的研究主要在工业企业内部展开，研究的结论仅作为企业进行内部管理的决策支持工具。

进入20世纪90年代，资源消耗、环境污染问题日益突显，引起人们的广泛关注，酸雨、臭氧层空洞、全球变暖等严峻的环境问题使环境保护成为人类发展的重要组成部分。许多大型企业对生产过程中的资源使用情况和环境保护政策进行了分析，在产品开发、制造、销售、使用、回收及废弃环节都始终贯彻保护资源和环境的理念，相关研究方法逐渐成为生命周期评价方法的雏形。如1991年瑞士联邦研究机构开发出商业化计算机软件，这是生命周期评价方法形成的重要基础。苏黎世大学冷冻工程研究所在瑞士联邦研究机构和荷兰莱顿大学建立的数据库基础上，对生命周期评价进行了较为系统的研究，这对生命周期评价方法的形成起到了决定性作用。

3.1.3 生命周期评价方法的定义

国际环境毒理学和化学学会（SETAC）1990年主持召开了关于生命周期的国际学术会议，并在此次会议上第一次提出生命周期评价的概念，确定使用生命周期评价这个专业术语。国际环境毒理学和化学学会对生命周期评价的定义是：生命周期评价是一种对产品、生产工艺及相关活动的环境负荷进行评价的客观过程，是通过对物质和能量的利用及由此产生的排放进行识别和量化的过程。生命周期评价的目的在于评估物质和能量的利用、废弃物的排放情况对环境的影响，进一步寻求消除对环境不利影响的机会，并利用这种机会。评价贯穿产品、生产工艺和相关活动的整个生命周期，包括原材料的获取、生产、加工、运输、分配、销售、使用、再使用、维护、循环回收、废弃及最终处置等。

国际标准化组织在 ISO14040 系列标准中对生命周期评价的定义是：对一个产品系统的生命周期中（能量和物质的）输入、输出及潜在的环境影响的汇编和评价。其中，"产品系统"是指通过物质和能量联系起来的，具有一种或多种特定功能的操作单元的集合，既指一般制造业的产品系统，也指服务业提供的服务系统。"生命周期"是指产品系统中前后衔接的一系列阶段，包括从产品原料的获取到产品的最终处置阶段。

美国国家环保局对生命周期评价的定义是：生命周期评价是对从地球中获得原材料到所有物质返回地球的任何一种产品或相关活动产生的排放及对环境的影响进行的评估。

联合国环境规划署对生命周期评价的定义是：生命周期评价是评价一个产品系统从原材料的提取和加工到产品生产、包装、营销、使用、再使用和维护，直至再循环和最终进行废物处置的各个环节的环境影响的工具。

在众多机构对生命周期评价进行的定义中，国际标准化组织和国际环境毒理学和化学学会的定义较具代表性和权威性。可以看出，生命周期评价就是对产品全生命周期，即原料的获取、加工、生产、包装、运输、消费、回收和最终处理等阶段进行的环境影响评价。生命周期评价对产品生命周期内的能量和物质消耗进行辨识和量化，评价这些消耗对环境产生的影响,发现能量和物质消耗对环境产生不利影响的机会,并减少这样的机会。生命周期评价注重产品系统、资源环境系统和人类健康之间的关系及与之相关的影响。

3.2 生命周期评价的技术框架

在生命周期评价理论逐渐完善后,国际标准化组织(ISO)的相关人员进行了大量研究,使生命周期评价标准化,将生命周期评价作为ISO14000环境管理体系的重要组成部分。1993年6月,国际标准化组织成立了环境管理标准化技术委员会(TC207),这个委员会负责进行环境管理体系的标准化工作。

1997—2000年,TC207陆续制定并发布多个国际标准,表3-1是ISO14000国际环境管理系列标准的框架示意,可见ISO14000主要分为六个系列,即环境管理、环境审计、环境标志、环境行为评价、环境影响评价、术语和定义等。在环境影响评价中,ISO14040为原理及框架(也称目的与范围的确定)、ISO14041为编目分析(也称清单分析)、ISO14042为环境影响评价、ISO14043为结果解释。

表3-1 ISO14000国际环境管理系列标准框架示意

分类	标准
环境管理系统(EMS)	14001 环境管理系统:分类和指南 14004 环境管理系统:原理、系统和支撑技术
环境审计(EA)	14010 环境审计:原理 14011 环境审计:审计程序 14012 环境审计:审计资格 14015 环境地域评价
环境标志(EL)	14020 环境标志:原理 14021 环境标志:术语和定义 14022 环境标志:符号 14023 环境标志:测试及认证方法 14024 环境标志:类型Ⅰ——原则及程序 14025 环境标志:类型Ⅲ——原则及程序
环境行为评价(EPE)	14031 环境行为评价:原理
环境影响评价(LCA)	14040 环境影响评价:原理及框架 14041 环境影响评价:编目分析 14042 环境影响评价:环境影响评价 14043 环境影响评价:结果解释
术语和定义(TD)	14050 环境管理:术语和定义 14060 产品标准的环境因素

参照已有国际标准,我国制定并发布了基于生命周期评价的有关环境管理的一系列国家标准,主要有《环境管理 生命周期评价 原则与框架》(GB/T 24040—2008)、《环境管理 生命周期评价 要求与指南》(GB/T 24044—2000)等。ISO14000环境管理体

系将生命周期评价方法纳入 ISO14000 系列标准中,并将其视为一种重要的环境管理工具,表明生命周期评价方法具有适用的广泛性和管理的重要性。

3.2.1 目的与范围的确定

目的与范围的确定是生命周期评价中的第一步,也是至关重要的一步。确定目的与范围的重要性在于为何要进行某项生命周期评价(包括对其结果的应用意图),并表述所要研究的系统和数据类型。研究的目的、范围和应用意图涉及研究的地域广度、时间跨度和所需数据的质量等因素,它们将影响研究的方向和深度。

生命周期评价研究的目的与范围必须明确规定,并与应用意图相一致。研究目的必须明确陈述应用意图,进行该项研究的理由以及它的使用对象,即研究结果的预期交流对象。应当认识到 LCA 研究是一个反复的过程。随着对数据和信息的收集,可能需要对研究范围的各个方面加以修改,以满足原定的研究目的。在某些情况下,由于未曾预知的局限、制约,或获得了新的信息,可能要对研究目的本身加以修改,应将这些修改及其论证及时形成文件。

在确定生命周期评价研究范围时需要分析的因素主要有:研究范围的修改及论证、功能、功能单位、系统边界、数据类型、输入输出初步选择准则、数据质量要求等。

3.2.1.1 产品系统和单元过程

产品系统是由提供一种或多种确定功能的中间产品流联系起来的单元过程的集合。图 3-2 为一个产品系统的示例。对产品系统的表述包括单元过程、通过系统边界(无论是输入或输出的)的基本流和产品流以及系统内部的中间产品流。一个产品系统的基本性质取决于它的功能,而不能仅从最终产品的角度来表述。

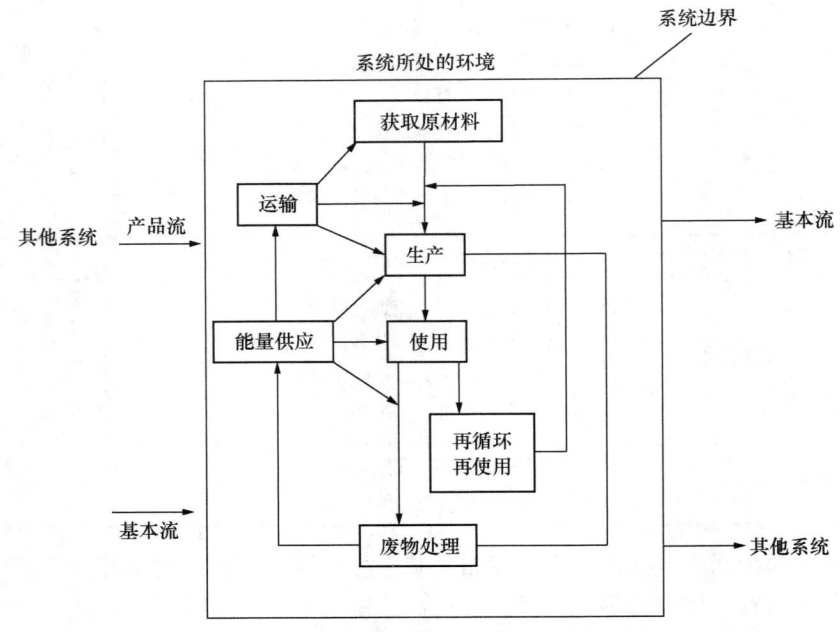

图 3-2 生命周期清单分析的产品系统实例

产品系统可进而划分为一组单元过程。单元过程之间通过中间产品流和待处理的废物相联系，与其他产品系统之间通过产品流相联系，与环境之间通过基本流相联系。资源能源属于单元过程的基本流输入，向空气、水体以及土壤的排放属于基本流输出。基本材料、装配组件等属于中间产品流。将一个产品系统划分为单元过程，有助于识别产品系统的输入与输出。在许多情况下，某些输入参与输出产品的构成，而有些输入（辅助性输入）仅用于单元过程的内部而不参与输出产品的构成。作为单元过程活动的结果，还产生其他输出（基本流和产品）。单元过程边界的确定取决于为满足研究目的而建立模型的详略程度。由于系统是一个物理系统，每个单元过程都遵守物质和能量守恒定律。物质和能量平衡可用来验证对单元过程表述的有效性。图3-3是一个产品系统内的单元过程示例图。

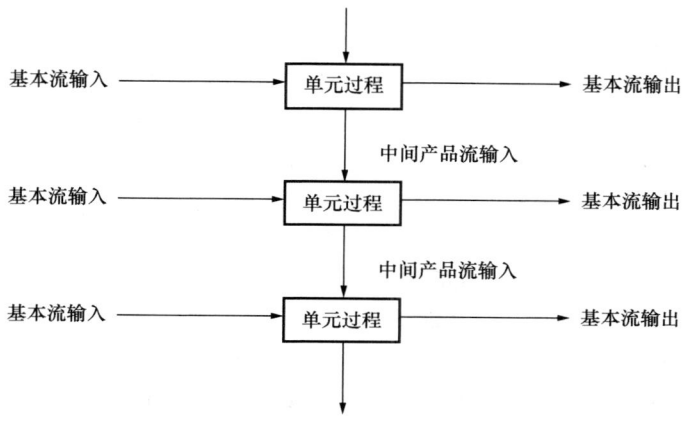

图3-3　产品系统内一组单元过程示例

3.2.1.2　系统边界和功能单位

确定系统边界，即确定要纳入到模型化系统的单元过程。在理想情况下，建立产品系统的模型时，应使其边界上的输入和输出均为基本流。但在许多情况下，没有充足的时间、数据或资源来进行这样全面的研究，因而必须决定在研究中对哪些单元过程建立模型，并决定对这些单元过程研究的详略程度。不必为量化那些对总体结论影响不大的输入和输出而耗费资源。此外，还必须决定应予评价的环境排放类型以及评价的详略程度等。在许多情况下，随着研究的进展，还要在前期工作成果的基础上对上述初步确定的系统边界加以修改。对选择输入和输出的准则应予以清晰表述，使之易于理解。任何忽略生命周期内的阶段、过程或输入和输出的决定都必须予以明确陈述和论证。确定系统边界所依据的准则对于保证研究结果的可靠性和实现研究目的具有决定性作用。例如图3-4是一个确定的包装纸系统边界图，对于包装纸的生命周期评价，由于时间和资金的限制只能在其生命周期内选择对环境影响较严重的部分（图3-4中矩形框内的部分）来进行评价。

在确定生命周期研究的范围时，必须明确陈述产品的功能单位，选定的功能单位必须与研究的目的与范围相符。功能单位的主要作用是提供一个统一计量输入与输出的基准。因此，功能单位必须是明确规定并且可测量的。一旦确定了功能单位，就必须确定

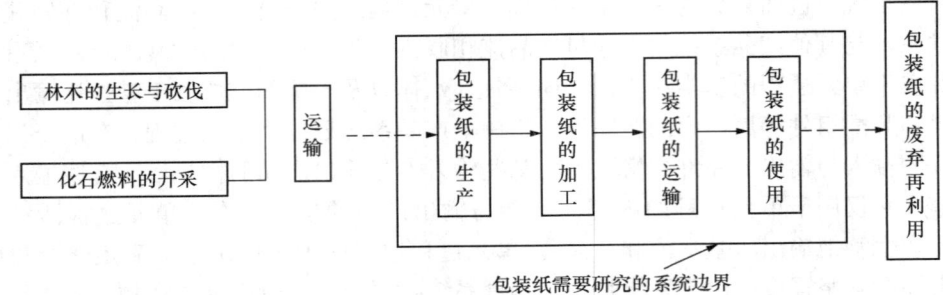

图 3-4　包装纸生命周期系统边界

实现相应功能所需的产品数量,此量化结果为基准流。基准流被用来计算系统的输入与输出。系统间的比较必须基于同样的功能,以相同功能单位所对应的基准流的形式加以量化。例如,对提供"干手"功能的纸巾和空气干手机两种系统的研究,可将相同的干手数量作为两种系统共同的功能单位,并确定各自的基准流。在这两种情况下,相应的基准流分别为一次擦(烘)干所需纸巾的平均质量和热空气的平均体积。接下来就可以根据基准流编制出输入和输出的清单。在最简单的情况下,可以认为使用纸巾时,它与纸巾的消耗量有关,使用空气干手机时,则主要与输入到空气干手机的能量有关。在对功能单位进行比较时,如果对系统的某些额外功能未予以考虑,则这些省略必须形成文件。例如,系统 A 和 B 分别具有功能 x 和 y,都以选定的功能单位表示。但系统 A 同时还具有功能,未以功能单位表示,则必须将此形成文件。另一种方案是将提供功能的系统加入到系统 B 的边界之内,使两个系统更具可比性。在这两种情况下,必须将选用的过程形成文件并加以论证。

3.2.1.3　研究范围中输入输出初步准则

在确定研究范围时,应初步选定用清单的一组输入输出。在此过程中将所有输入和输出都纳入产品系统进行模拟分析是不现实的。识别应追溯到环境的输入输出,亦即识别应纳入所研究的产品系统内,产生上述输入或承受上述输出的单元过程,这是一个反复的过程。一般都是先利用现有数据作出初步识别,并随着研究进程中数据的积累对输入和输出作出更充分的识别,最后通过敏感性分析加以验证。

在此,必须对输入输出选择准则及其所依据的假定作清晰的表述,并在最终报告中评价与表述选用的准则对研究结果的潜在影响。对于物质输入的分析,首先是初步选择待研究的输入。这一选择应基于所识别的每个有待模型化的单元过程的输入。可以采用从特定现场或公开文献收集到的数据。这一选择的目的是确定与每个单元过程有关的重要输入。

在 LCA 实践中存在一些准则,用来识别应予以纳入研究的输入,包括物质、能量、环境关联性等准则。如果初步识别输入时仅着眼于物质方面,就可能在研究中遗漏重要的输入,因而这一过程还应考虑能量与环境关联性准则。

1. 物质

在运用物质准则时,当物质输入的累计总量超过该产品系统物质输入总量一定百分比时,就要纳入系统输入。例如,在包装纸的生产过程中,某一化学品的用量超过了

1kg 包装纸的 1%，则必须纳入包装纸生产系统内。

2. 能量

在运用能量准则时，当能量输入的累计总量超过该产品系统能量输入总量一定百分比时，就要纳入系统输入。

3. 环境关联性

在运用环境关联性准则时，当产品系统中一种数据类型超过该类型估计量一定百分比时，就要纳入系统输入。例如，以二氧化硫为一个数据类型，先对产品系统二氧化硫的排放规定一个百分比，当输入大于这一百分比时，则将其纳入系统输入。

3.2.1.4 研究范围中数据类型和数据质量要求

生命周期评价研究中，数据的类型取决于研究目的。这些数据可从系统边界内与单元过程有关的生产现场收集，也可以从公开文献中直接获取或通过计算得到。在实际操作中，所有数据类型中都可能含有通过测量、计算和估算取得的混合数据。在确定研究中要使用的数据类型时，应对这些数据类型加以考虑。为满足研究目的的需要，对于个别数据类型还应做进一步细化。在进行生命周期评价研究时，对能量的输入输出必须与其他输入输出同等对待。在各种类型的能量输入输出中，必须包括与模型化系统内所使用的燃料、原料能和过程能量的生产与输送有关的输入输出。向空气、水体和土地的排放通常为有控制的点源或面源排放。另外，还应包括较重要的无组织排放。排放也可采用指示参数表示，如生化需氧量（BOD），可进行输入输出数据收集的其他数据类型还有噪声与振动、土地利用、辐射、恶臭和余热等。

收集到的数据，无论是通过测量、计算还是估计出来的，都是用来量化单元过程的输入和输出。数据可归入的主题主要包括：能量输入、原材料输入、辅助性输入、其他物理输入、产品、向空气的排放、向水体的排放、向土地的排放、其他环境因素等。在这些主题中，单个数据类型还必须进一步细化，以满足研究的需要。例如向空气的排放，可对具体数据类型分别标明，如一氧化碳、二氧化碳、硫氧化物、氮氧化物等。

表述数据质量要求对于正确认识研究结果的可靠性，以及恰当解释研究结果都是很重要的。必须规定数据质量要求以满足研究目的与范围。数据质量应通过定性、定量及数据收集与合并方法来表征。数据质量要求应包括下列方面：

(1) 时间跨度

所需数据年限（如最近 5 年内）和从中收集数据的最短时段（如 1 年）。

(2) 地域广度

为满足研究目的，从中收集单元过程数据的地理范围（如局域、区域、国家、洲、全球）。

(3) 技术覆盖面

技术组合（如实际工艺组合、最佳可行技术、最差作业单元的加权平均）。

此外，还必须考虑决定数据属性的其他因素，如它们是从特定现场还是从出版物或统计资料收集来的，是否应进行测量、计算或估算等。

经敏感性分析确认的贡献大部分物流和能流的系统单元过程，应采用从特定现场取得的数据，或有代表性的平均值数据。产生影响环境的排放物的单元过程，也应采用从特定现场取得的数据。在生命周期评价研究中，必须考虑下列的数据质量要求，其详略程度取决于研究目的与范围：

（1）准确性

对每一数据类型中数据值的可变性的测算（如方差）。

（2）覆盖率

一个单元过程中，就每一数据类型报送基本数据的地点数占实际存在的地点总数的百分比。

（3）代表性

对数据集合反映实际关注群（即地域广度、时间跨度、技术覆盖面）的定性评估。

（4）一致性

对研究方法学运用于不同分析内容的统一程度的定性评估。

（5）可再现性

对其他执业人员采用同一方法学和数据值信息获取相同研究结果的可能性的定性评估。

3.2.2 编目分析

编目分析是对产品、工艺流程、活动等研究系统整个生命周期阶段的资源和能源使用以及向环境（如空气、水、土壤）排放的废弃物进行定性、定量的分析过程。编目分析开始于原材料的开采，中间产品的制造、加工、分配、运输、利用、维护过程，以及最后的产品处置。编目分析的关键是形成以产品功能单位表述的产品系统的资源、能源的输入以及废弃物的输出。如生产1kg新闻纸的资源、能源输入和对环境的排放。编目分析的步骤可以根据图3-5展开。

3.2.2.1 数据收集的准备

生命周期评价研究的目的和范围确定后，单元过程和有关的数据类型也就初步确定了。由于数据的收集可能包含若干个报送地点和多种出版物，为了保证对模型化产品系统的统一和一致要求，必须进行数据的准备步骤，这些步骤应包括：

（1）绘制具体的过程流程图，以描绘所有需要建立模型的单元过程和它们之间的相互关系；

（2）详细表述每个单元过程，并列出与之相关的数据类型；

（3）编制计量单位清单；

（4）针对每种数据类型，进行相关数据收集和计算技术的表述，使报送地点的人员理解该项生命周期评价相关的信息；

（5）对报送地点发布指令，要求将涉及所报送数据的特殊情况、异常点和其他问题予以明确的文件记录。

3.2.2.2 数据的收集

数据来源包括企业数据和报告、政府文件和报告、杂志以及参考书等，见表3-2。编目分析中所用的数据其实就是原始数据和间接数据的集合。原始数据是指企业特有，经过测算、模拟或评价过的数据。原始数据能精确地反映产品生产过程，所以，企业的这些特有数据最具有代表性，但因为它们往往涉及一些公司的机密，一般情况下，公众

3 生命周期评价技术

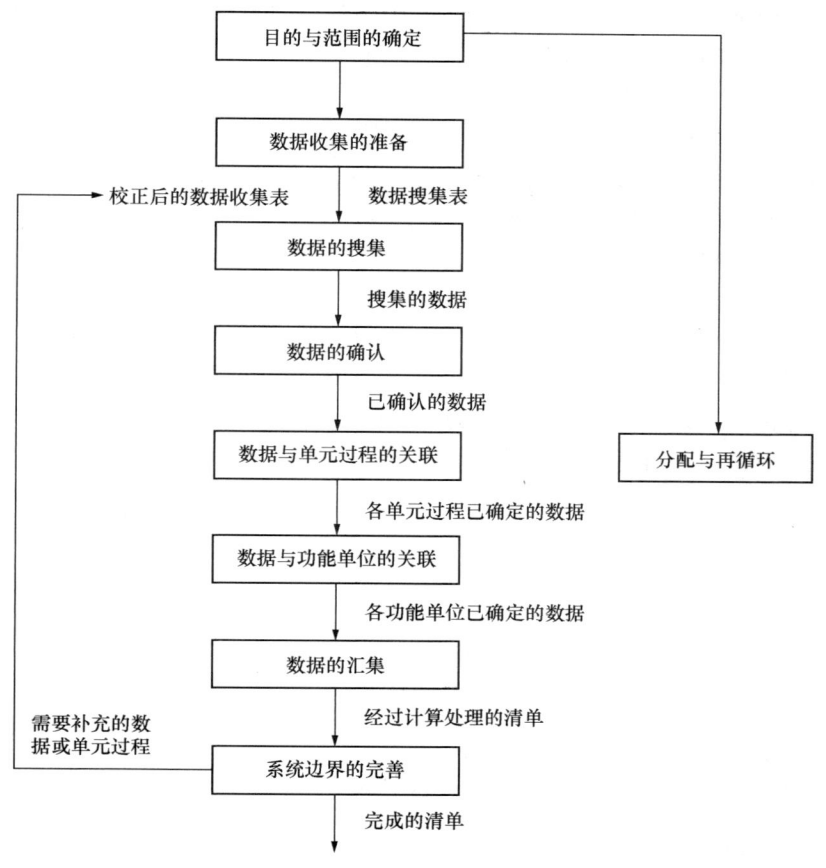

图 3-5 编目分析程序简略图

很难收集到这类数据。在某些时候也许可以获得最终结果的数据，但其中并不一定包括企业的真正专有数据，因而，最终结果的数据质量就难以保证，更无法证实。

表 3-2 数据来源与数据类型

数据来源 （原始与间接数据）	数据类型	数据来源 （原始与间接数据）	数据类型
企业数据、报告	测算数据	参考书	集合数据
试验数据	模拟数据	行业联合会	个体观察
政府文件、报告	取样	相关的 LCA	时间上的平均
其他	未经测算数据	产品和生产过程说明书	空间上的平均
杂志、论文、专利	调整过的		

除了企业的特有数据，另一类原始数据是行业数据（企业总体情况）。在某些情况下，行业数据比企业特有数据更具代表性。例如，一个钢罐生产企业要在钢铁市场购进钢材，但不能确定这些钢材是在哪里生产和怎样生产的。此时，使用企业特有数据的代表性就会比使用反映整个生产钢材的企业平均数据要差。

间接数据是指那些不是特意为建立编目分析而收集的数据，即通过报刊、说明书、报表等收集的数据。间接数据较原始数据更难以进行评价，因为它们不包括数据收集方法和对数据变异性的解释。间接数据一般为均值，用于评价产品和生产过程时需要进行一定的处理。

在生命周期评价研究中，数据收集程序会因不同系统模型中的各单元过程而变，同时也可能因参与研究人员的组成和资格，以及满足产权和保密要求的需要而有所不同。应将这类程序和采用该程序的理由形成文件。

数据收集需要对每个单元过程透彻了解。为了避免重复计算或断档，必须对每个单元过程的表述予以记录。这包括对输入和输出的定量和定性表述，用来确定过程的起始点和终止点，以及对单元过程功能的定量和定性表述。通常，一个产品系统的相关输入与输出数据如图3-6所示。如果单元过程有多个输入（如进入污水处理系统的多个水流）或多个输出，必须将与分配程序有关的数据形成文件和报告。能量输入和输出必须以能量单位进行量化，有时还应对燃料的质量或体积予以记录。

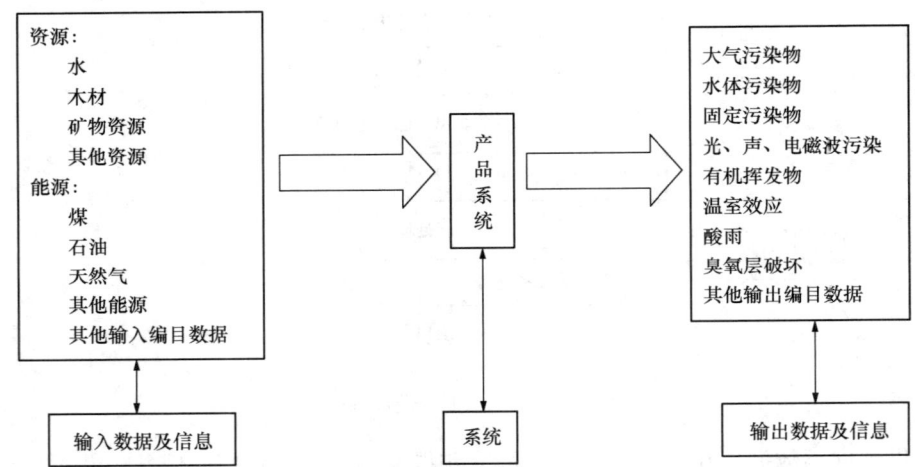

图3-6 一个产品系统的相关输入与输出数据

3.2.2.3 计算程序

收集数据后，要根据计算程序对该产品系统中每一单元过程和功能单位求得清单结果。这就需要一个计算步骤。生命周期评价中编目分析的计算程序包括数据的确认、数据与单元过程的关联、数据与功能单位的关联和数据的汇集以及系统边界的完善等步骤。

1. 数据的确认

在数据收集过程中必须检查数据的有效性。数据有效性的确认可包含建立物质和能量平衡和进行排放因子的比较分析。在此过程中如发现明显不合理的数据，就要予以替换。对于每种数据类型或每个报送地点，如发现数据缺失，应对缺失数据的处理情况形成文件。

2. 数据与单元过程的关联

必须对每一单元过程确定恰当的基准流（如1kg材料或1MJ能量等），并据此计算出单元过程的定量输入和输出数据。

3. 数据与功能单位的关联和数据的汇集

根据流程图和系统边界可以将各单元过程相互关联,从而对整个系统进行计算。这一计算是以统一的功能单位作为该系统所有单元过程中物、能流的共同基础,求得系统中所有的输入和输出数据。在进行产品系统的输入和输出数据汇集时应当慎重。汇集程度应足以实现研究目的。仅当数据类型是涉及等价物质并具有类似的环境影响时才允许进行数据汇集。如要求更详细的汇集规则,应在确定研究目的与范围阶段加以论证,或者留到此后的影响评价阶段论证。

4. 系统边界的完善

反复性是生命周期评价的固有性质,必须根据由敏感性分析所判定的数据重要性来决定数据的取舍,从而对初始分析所取得的结果加以验证。初始产品系统边界必须依据确定范围时规定的划界准则进行适当的修改。若使用敏感性分析判定数据可能排除一系列的非重要性的单元过程或输入输出。此外,进行敏感性分析还有助于把数据处理限制在生命周期评价研究的目的和范围内。

3.2.2.4 物流、能流和排放物的分配

生命周期编目分析将产品系统中的单元过程以简单的物流或能流相联系。实际上,只产出单一的产品,或者其原材料输入与输出仅体现为一种线性关系的工业过程极为少见。大部分工业过程都是产出多种产品,并将中间产品和弃置的产品通过再循环用作原材料。因此,必须根据既定的程序将物流、能流和环境排放分配到各个产品中去。

清单是建立在输入与输出的物质平衡的基础上的,因而分配程序应尽可能反映这种输入与输出的基本关系与特性。对于生命周期评价中的共生产品、内部能量分配、服务(如运输、废物处理),以及开环或闭环的再循环必须有相关的分配准则。例如,在研究中必须识别与其他产品系统共用的过程,并按相关的程序加以处理;单元过程中分配前与分配后的输入、输出的总和必须相等;对存在若干个可采用的分配程序,必须进行敏感性分析,以说明采用其他方法与所选用方法在结果上的差别;必须将每个要进行输入、输出分配的单元过程所采用的分配程序形成文件并加以论证。此外,在分配准则的基础上,物流、能流和排放物的分配必须遵循相关的程序和步骤如下:

(1) 只要有可能,就应避免进行分配,可以将要分配的单元过程进一步划分为两个或更多的子过程,并对这些子过程收集输入输出数据;还可以把产品系统加以扩展,将与共生产品有关的功能包括进来。

(2) 当分配不可避免时,应将系统的输入和输出划分到其中的不同产品或功能上,应能反映它们之间的相应物理关系,即输入和输出如何随着系统所提供的产品或功能中的量变而变化的。但最终的分配结果不一定要和简单的测量值成比例。

(3) 当单纯的物理关系无法建立或无法用来作为分配基础时,应以能反映它们之间其他关系的方式将输入在产品或功能间进行分配。例如可以根据产品的经济价值按比例将输入和输出数据分配到共生产品。

(4) 有些输出可能同时包含共生产品和废物两种成分,此时须确定两者的比例,因输入和输出只对其中共生产品部分进行分配。对系统中相似的输入和输出,必须采用同样的分配程序。例如用于输出系统的有用产品的分配程序必须和用于输入系统的同类产品的分配程序相同。

在现实的生命周期评价中，需要物流、能流和排放物的分配一般是共生产品以及开环再循环的生产工艺。下面将举例描述共生产品系统和开环再循环的生产工艺分配方法。

共生产品系统是指一套工艺生产出多种产品的系统。共生产品系统的物流、能流和排放物的分配需要找到一个分配参数，这个分配参数一般是按产品的物理性质来选择的，例如按照产品的质量、体积、面积、能量等。图 3-7 是一个共生产品按质量分配的典型实例，根据产品 1、产品 2 的质量，将原料、能量以及废物按它们各自的质量比分配到产品 1、产品 2 中去。

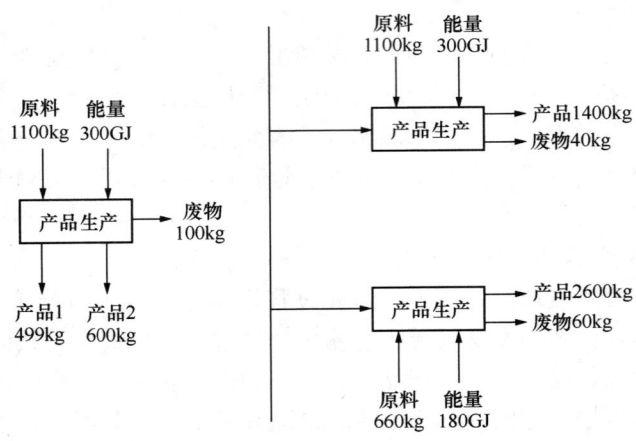

图 3-7　共生产品的质量分配方法

开环再循环是指一个生产工艺的副产品、废弃物或产品在使用报废后被收集、处理后，再被作为另一种产品生产工艺的原材料。开环再循环一般采用的是对等分配方法，该方法是 SETAC 在 1990 年的生命周期评价研讨会上提出来的。该方法认为原材料生产过程以及产品作为废弃物处理过程中造成的环境负荷由原材料生产和废弃物处理过程各占一半；开环再循环过程中，由提供循环材料的生产过程和接收循环材料的生产过程各负担一半。假设图 3-8 中系统 1 中一共生产了 10kg 的产品 1，其中 4kg 被回收重新作为生产 8kg 产品 2 的原料之一，产品 2 在使用后进行了最后的处理。则产品 1 的环境负荷包括：产品 1 加工、生产、使用产生的环境负荷 X_1，产品 1 回收过程产生的环境负荷 X_2，产品 2 的最终处置过程产生的环境负荷 Y。根据开环再循环的分配原则，产品 1 的环境负荷为：

$$X_a = 0.5 \times (0.5 \times Y + X_2 + 0.4 \times X_1) \tag{3-4}$$

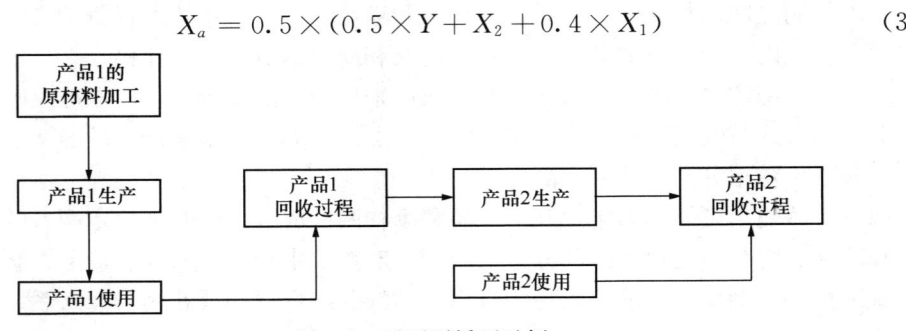

图 3-8　开环再循环示例

3.2.3 生命周期影响评价

生命周期影响评价是生命周期评价的第三个阶段,它有别于环境性能评估、环境影响评价和环境风险评价,但是分析中应用的某些数据却可以来自这些技术。生命周期影响评价是理解和评价产品系统潜在环境影响大小和重要性的阶段。其目的是评估产品系统的生命周期清单结果,将编目分析结果转化为资源消耗、人类健康影响和生态影响等方面的潜在环境影响,以了解产品系统对环境的影响程度。生命周期影响评价阶段将所选择的环境问题模型化,并使用类型参数来精简和解释生命周期清单结果。类型参数用于表示每项影响类型的总污染排放或资源消耗量。生命周期影响评价作为整体生命周期评价的一部分,可用于:

(1) 识别产品生命周期各个阶段对环境影响的贡献;
(2) 给产业、政府或非政府组织中的决策者提供信息(例如为战略规划、确定优先项、对产品或过程的设计或再设计);
(3) 选择有关的环境绩效参数,包括测量技术;
(4) 营销(如实施生态标准制度、发表环境声明或发布产品声明)。

对于产品系统进行广泛评价是相当困难的,且可能需要使用数种不同的环境影响评价技术。目前,生命周期影响评价被公认为是 LCA 中技术含量最高、难度最大,同时也是发展最不完善的一个技术环节。生命周期影响评价是由两个要素组成的,分为必备要素和可选择性要素,如图 3-9 所示。

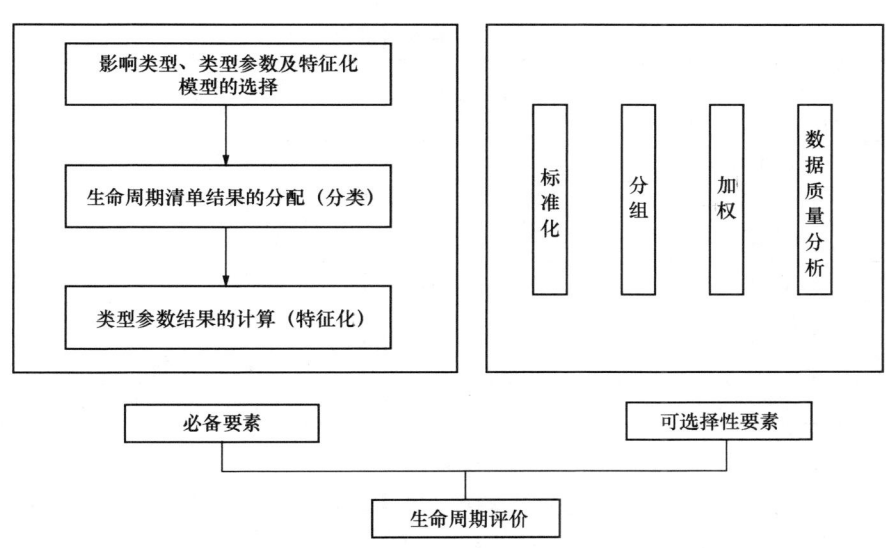

图 3-9 生命周期评价要素

3.2.3.1 影响类型、类型参数及特征化模型的选择

该步骤中,需要辨识和选择环境影响类型、相关类型参数与特征化模型、类型终点及与其相关的编目分析结果。环境影响类型的选择既可以与传统类型相一致,如温室效应、酸雨、资源消耗等,也可以由决策者根据实际来确定影响类型。环境影响类型的选择包括以下几个关键步骤:

(1) 环境影响类型应该根据综合性保护主题（人类健康、自然环境和资源）中需要重点关注的问题而进行选择与定义。

(2) 环境影响类型还应优先考虑根据环境影响机理来确定。环境影响机理是环境问题因果关系的基础，也决定了研究过程中的自然科学基础水平。

(3) 为每个影响类型确定表征参数。这需要根据环境问题因果关系来建立模型。表征参数的确定还需要考虑编目分析结果与环境影响特征因子之间的关系，以及表征参数所代表的编目分析结果的累加计算。

(4) 确定与选定的环境影响类型和表征参数相关的基础数据，为清单数据的合理收集提供指导方针。

事实上，LCA 分析本身作为一个系统的、反复的过程，各个实施步骤之间的相互作用非常明显，尽管生命周期影响评价作为生命周期编目分析的后续步骤，但环境影响类型和表征指数的确定直接影响到清单数据的收集。也就是说，清单数据的收集范围及质量由生命周期影响评价来决定，这也恰恰说明 LCA 分析中总体规划和研究目的与范围确定的重要性。

在环境影响类型的选择与定义过程中，通常遵循的基本准则有：环境影响类型及其表征参数的确定尽可能基于自然科学基础；应该考虑环境影响类型及其表征参数覆盖面的全面性；考虑各个影响类型之间的独立性，以避免影响作用的交叠及随后的重复计入；考虑到实际决策过程的需要，环境影响类型总数不宜过大。例如，气候变化影响类型代表温室气体排放（编目分析结果）情况，用红外线辐射强度来作为类型参数，见表 3-3。

表 3-3 标准术语范例

术语	范例
影响类型	气候变化
编目分析结果	温室气体
特征化模式	IPCC（国际气候变化委员会）模式
类型参数	红外线辐射强度（W/m^2）
特征化因子	每种温室气体的全球变暖潜力（$kgCO_2$ 当量/kg 气体）
参数结果	CO_2 当量（kg）
类型终点	珊瑚礁、森林、农作物
环境相关性	类型参数与类型终点间的关联程度

3.2.3.2 分类

分类是将编目分析中的输入和输出数据与环境损害种类相联系并分组排列的过程。如在某工业生产过程中可能排出一种易挥发的有机清洁剂三氯乙烷（TCA）。在进行环境影响评价时，首先将 TCA 以单位产品的输入量列在分析清单中；然后被分配在一个或更多的环境影响因子类别中。影响因子是指一些能导致某种环境影响的因素。生命周期各阶段所使用的物质和能量以及所排放的污染物经分类整理后，可作为影响因子。在定义具体的影响类型时，应该关注相关的环境过程，这样有利于根据这些过程的知识来进行影响评价。另外，一种具体类别可能会同时具有直接和间接两种影响效应。表 3-4 列出了一些影响因子和其可能的环境影响。

进行分类的首要工作就是确定在个案研究中要关心哪些类别的环境影响。在要关心的环境影响类别确定之后，环境负荷或污染排放因子就要归类到该环境影响类别之下。不同的因子可能引发相同的环境影响，而一个因子也可能引发数类的环境影响。至于分类的方式，SETAC建议可分为生态健康、人类健康、资源消耗等。表3-5为此三大影响类别的影响形态。

表 3-4 影响因子和其可能的环境影响

清单项目	直接影响	间接影响
酸性物质的排放	光化学酸雨	湖泊酸化
光化学氧化物质	光化学烟雾	健康危害
温室效应气体	全球变暖	海平面上升
臭氧层破坏物质	臭氧层破坏	皮肤癌
固态废弃物	危害土地使用	健康危害
化学物质释放进入地下水	地下水影响	
石化燃料的使用	资源耗竭	

表 3-5 影响类别的影响形态

影响类别	影响形态
生态健康	结构：种群和生态系统、营养阶层、栖地 功能：种族繁衍、物质循环（如碳、氮、硫的循环） 生态多样性：栖地丧失、稀有及濒临灭绝物种
人类健康	急性效果：安全议题如意外、暴露和火灾等 慢性效果：疾病议题如癌症等 审美观：如视觉、噪声、恶臭等议题
资源消耗	不可再生资源（存量），可再生资源（流量） 空气、水及土地之质或量（如使用危害等） 自然资源生产力（如鱼、木材、作物等的产量）

也有其他学者提到不同的分类方式，如吉尼（Guinee）等在1993年指出，一般性的环境问题可分为：耗竭性问题，如非生物性资源、生物性资源；污染性问题，如臭氧层破坏、全球暖化、酸雨、光化学烟雾、水体富营养化、噪声、对人类毒性、对生态毒性等；扰动性问题，如沙漠化、废弃物掩埋等。Guinee等人进一步指出，相对于一般性的应用，还有三种形态的问题没有列出来，分别是空间的使用、能源的消耗和最终的固态废弃物。空间的使用没有在表中列出的原因是，虽然最后的空间使用量会是一个限制，而空间也会被列为消耗性资源的一种，但它顶多只能算是一种物理性的规划问题而不是一个环境问题。能源的消耗也不是一个环境问题，但它可能会导致一连串的环境问题，诸如资源耗损（包括生物和非生物的能量承载介质）、全球暖化、酸雨、水体富营养化和一些扰动问题。对于最终的固态废弃物也是如此，虽然最终的固态废弃物不是一个问题，但在用经济方式处理（固态废弃物的贮存）的时候，会有渗出水的渗漏、气体的溢散和土壤的流失、空间的浪费等，而产生的甲烷气体则可以是潜在的能量来源。

影响类别是根据环境协调性评价的范围来确定的。综上所述，产品生命周期内的环境影响可以归结为三个大的方面，即资源的影响、非生命生态系统的影响、人类健康和生态毒性的影响。具体影响类别分别纳入相应的类别。接下来的工作是要找出在清单分析中系统输入与输出和影响分析的对应关系。图3-10为生命周期影响评价分类的概念模型，其分类在很大程度上依赖于清单分析的项目是属于输入还是输出。某个清单分析项目可能有多重性质，而且可能有多重影响。

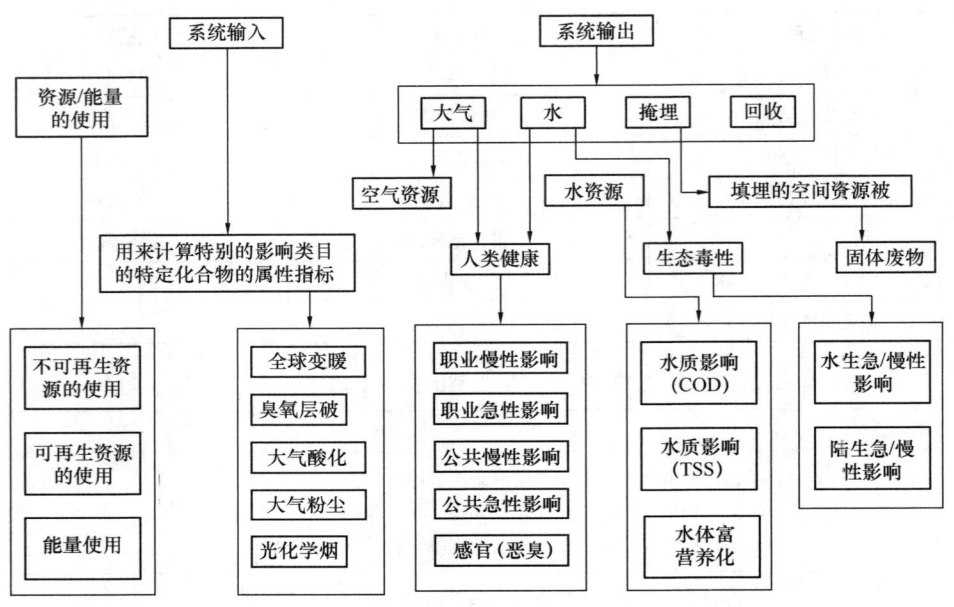

图3-10 生命周期影响评价分类的概念模型

3.2.3.3 特征化

特征化就是对比分析和量化环境影响类别程度的过程。它是一个定量的、基本上基于自然科学的过程。通常在表征中都采用了计算"当量"的方法来比较和量化这种程度上的差别。将当量值与实际清单数据的量相乘，比较相关清单条目对环境影响的严重程度。它可以利用不同影响类别的指标结果来共同展现产品系统的编目分析特征。其计算过程包括利用特征化因子将清单分析结果换算成通用单位，并将同一影响类别的换算结果累加，得到量化的指标结果。不同编目种类造成同一种环境损害效果的程度不同，例如二氧化硫和氧化氮都可能引起酸雨，但同样的量引起的酸雨浓度并不相同。

在特征化阶段，编目数据被转化为各个环境影响类别的指标结果。其转化过程是基于环境影响机理来构建影响类别特征模型，具体内容包括：用相关的物理、化学、生物和毒性数据来描述与编目参数相关的潜在影响，然后将这种信息与分类的编目数据联系起来描述每一影响种类潜在的或实际的影响。

实际应用中主要是建立特征数学模型，将生命周期清单分析提供的数据和其他辅助数据，转译成描述影响的叙词。例如编目列表中 CO_2、CH_4 及 NO_2 等的量可转换成全球变暖潜能。增强温室效应的物质，其作用大小由全球变暖化潜势 GWP 夹表示，GWP 通常以 CO_2 的作用为参照标准。

目前的特征数学模型主要有负荷评估模型、当量评价模型、毒性和持续性及生物累积性评估模型、总体暴露效应模型、点源暴露效应模型,下面简要介绍这五种模型。

1. 负荷评估模型

在负荷评估模型中,编目分析的结果可以简单地罗列出来,也可以根据它们的潜在影响加以分类,然后根据物理量大小来评价生命周期编目分析提供的数据。特征化的方式取决于各影响因子所造成的环境影响重要性的差异以及各影响因子的环境影响相对大小等。如一个产品系统产生的二氧化硫为1kg,另一个产品系统生产等效量的产品时释放的二氧化硫为2kg,则认为前者对大气环境的影响更小。这种方法并不考虑各影响因子间的替代效应,也无法完全反映各影响因子的浓度或排放量的差异。

2. 当量评价模型

在当量评价模型中,使用当量系数(如1kg甲烷相当于21kg二氧化碳产生的全球变暖潜能)来汇集生命周期编目分析提供的数据。这就要求汇总的当量系数能衡量潜在的环境影响。这套模型的原理是在质量相同的条件下,利用不同环境胁迫因子对同一种环境影响类型的贡献量差异,以其中某一种胁迫因子为基准,把其影响潜力看作1,然后将等量的其他污染物与其做比较,这样就可以得到各类胁迫因子相对于基准物的影响潜力大小,即当量系数,最后可根据各胁迫因子间的当量关系,汇总得到以基准物质量为单位的影响潜力大小。例如,可以根据某种产品生命周期全过程所排放的二氧化碳量和甲烷量以及它们之间的当量关系进行汇总,最后得到总的全球变暖潜能值。表3-6列出了部分污染物的全球变暖当量因子,根据此表中的部分数值可计算某一产品生命周期内的全球气候变暖潜能。

大气排放物(kg)可以转换为相等温室效应的CO_2量(kg),其计算见式(3-5):

$$温室效应(kg) = \sum_i GWP_i \times 对大气的排放量(kg) \quad (3-5)$$

假设生产某一产品产生的废气分别为CO_2、CH_4、CH_2Cl_2三种温室气体,则该产品对全球气候变暖总的贡献计算过程见表3-7。

表3-6 部分污染物的全球气候变暖当量因子

物质	分子式	全球变暖潜值(CO_2 kg 当量)		
		20年	100年	500年
二氧化碳	CO_2	1	1	1
甲烷	CH_4	62	25	7
三氯甲烷	$CHCl_3$	100	30	9
CO	CO	1.5714	1.5714	1.5714
NO_2	NO_2	275	296	156
HCFC-22	CHF_2Cl	4800	1700	540
HCFC-123	CH_3Cl_3	390	120	36
HFC-134a	CH_2FCF_3	3300	1300	400
HCFC-141b	$CFCl_2CH_3$	2100	700	220
HCFC-142b	CF_2ClCH_3	5200	2400	740
HFC-152a	CHF_2CH_3	410	120	37
CFC-11	$CFCl_3$	6300	4600	1600
CFC-12	CF_2Cl_2	10200	10600	5200

表 3-7 全球气候变暖潜能计算简表

物质	质量（kg）	全球气候变暖当量因子	影响潜能（CO_2 kg 当量）
CO_2	12	1	12
CH_4	0.01	25	0.25
CH_2Cl_2	0.005	1300	6.5
总的	—	—	18.75

当量评价模型是建立在科学研究基础上的，同一种胁迫因子，无论其暴露途径、暴露地点等条件如何不同，它所能产生的潜在环境影响都认为是一样的。因此其结果不受时间和地理因素的影响。

当量评价模型的主要优点有：对每类环境影响专题皆可得到总体性的效应值，简单明了；对于非专业背景的环境管理决策者而言，此模型所得的结果更容易让其了解产品或活动的环境影响情况。此模型的主要缺点则有：并非所有类别的环境影响都可得到一般性的暴露效应值；利用现有科学知识所确定的相应指标值，在准确性方面存在相当的困难；随科学知识的累积和进步，模型中的环境影响效应值必须不断加以修正。

3. 毒性、持续性及生物累积性评估模型

毒性、持续性及生物累积性评估模型以释放物的化学特性，如毒性、可燃性、致癌性和生物富集等为基础，来汇总生命周期编目分析数据。前提是这些标准能将生命周期编目分析数据归一化，以计算其潜在的环境影响。

危害排序法是毒性、持续性及生物累积性评估方法的一种。它是根据产品在生命周期中所排放出的污染物，考查其致癌性、生物累积性、生物降解速度及程度，或是根据生物急性毒性、慢性毒性等试验数据，进行定性评估，以其危害性低、中、高的方式加以排序。此方法对没有建立毒性资料的排放物不适用，目前此方法主要用于人体健康影响评估。

4. 总体暴露效应模型

总体暴露效应模型是针对某些特殊物质的排放所导致的暴露和效应作一般性（而非特定）的分析，来估计潜在的环境影响，有些时候也会加入对背景浓度的考查。面向效应法是以面向问题的方式，将清单项目中的各影响因子，根据其可能有的环境影响赋予单位排放量的影响指数，如 $1kgN_2O$ 气体排放量的全球变暖潜力相当于 $270kgCO_2$ 的排放。

总体暴露效应模型的主要优点有：对每类环境影响专题皆可得到总体性的效应值，简单明了；对于非专业背景的环境管理决策者而言，此模型所得的结果更容易让其了解产品或活动的环境影响情况。此模型的缺点则有：并非所有类别的环境影响都可得到一般性的暴露效应值；利用现有科学知识所确定的相应指标值，在准确性方面存在相当的困难；随科学知识的累积和进步，模型中的环境影响效应值必须不断加以修正。

5. 点源暴露效应模型

点源暴露效应模型以点源相关区域或场所的影响信息为基础，针对某些特殊物质的排放所导致的暴露和效应作特定位置的分析，来确定产品系统实际的影响。在此模型中，排放物影响的加和必须考虑到特定位置的背景浓度。

上述五种模型中,负荷评估方法不针对系统的输入和输出所造成的环境后果来加以分析,并不符合进行影响评估的目的,事实上只是汇总了清单中的数据,而不去做进一步的分析。点源暴露效应模型在众多不同流程的 LCA 分析中并不实际,而更适合用在环境影响评估中。因此,当量评价模型,毒性、持续性和生物累积性评估模型,以及总体暴露模型较为可行。

3.2.3.4 标准化

对参数结果进行标准化的目的是更好地认识所研究的产品系统中每个参数结果的相对大小。根据基准信息对参数结果的大小进行计算(标准化)是一种可选要素,可有助于检查不一致性,提供和交流关于参数结果相对重要性的信息,为其他步骤如分组、加权、生命周期解释等做准备。

在标准化中,通过一个选定的基准值作除数对参数结果进行转化。基准值可以是特定范围内(如全球、区域或局域)的排放总量或资源消耗总量,也可是特定地域范围内以单位人口或类似量度为基准的总排放量或资源消耗量。

对基准系统的选择宜考虑环境机制和基准值在时间和空间范围上的一致性。参数结果的标准化将改变生命周期影响评价必备要素的结果,可能需要使用若干个基准系统以体现对该结果的影响。敏感性分析可能提供关于选择基准的额外信息。标准的参数结果集合反映标准化的生命周期影响评价概要。表 3-8 列出了 CML2001 方法的标准化值。

表 3-8 CML2001 的标准化值

环境影响类型	单位	标准化值
全球气候变暖(CO_2)	kg 当量/a	4.15×10^{13}
臭氧层损耗(CFC-11)	kg 当量/a	5.15×10^{8}
人体毒性(1,4-二氯苯)	kg 当量/a	1.88×10^{11}
淡水沉积毒性(1,4-二氯苯)	kg 当量/a	2.04×10^{12}
海水沉积毒性(1,4-二氯苯)	kg 当量/a	5.12×10^{14}
陆地生态毒性(1,4-二氯苯)	kg 当量/a	2.69×10^{11}
光化学氧化(乙烯)	kg 当量/a	9.59×10^{10}
酸化效应(SO_2)	kg 当量/a	3.22×10^{11}
富营养化(NO_x)	kg 当量/a	3.90×10^{11}
放射性	DALYs(E,H)/a	1.34×10^{5}

3.2.3.5 分组

分组是把影响类型划分到在目的和范围确定阶段预先规定的一个或若干组影响类型中去,其中可包括分类和排序。分组是一种可选要素,包括以下两个可能的步骤:

(1) 根据性质对影响类型进行分组,例如属于排放还是资源消耗,是全球性、区域性还是局域性的分组。

(2) 根据预定的等级规则对影响类型进行排序,例如属于高、中、低级优先度。

分组方法的使用应与研究目的和范围一致并具有充分的透明度。由于不同的个人、组织和人群可能具有不同的倾向性,他们对于同样的参数结果或标准化的参数结果可能得出不同的排序结果。表 3-9 列出了 SETAC 的分组方案。

表 3-9 SETAC 的分组方案

分组	影响类型
资源使用	生物资源的使用 非生物资源的使用 土地资源的使用 水资源的使用
全球变化	全球气候变暖 热辐射和放射性辐射
污染物产生（排放）	臭氧层破坏 光化学反应 酸化 富营养化 臭味 噪声
毒性方面	人体毒性 生态毒性

3.2.3.6 加权

加权是使用基于价值选择所得到的数值因子对不同影响类型的参数结果进行转换的过程，其中可包含已加权的参数结果的合并。加权的目的是比较和量化不同种类的损害。为了实现量化，通常对清单分析和表征结果数据采用加权或分级的方法进行处理。这样就必然引入了来自个人和社会的主观因素和价值判断，这也是引起争议的原因。如果使用了评价过程，最重要的是必须清楚地描述出在过程中用到的假设和价值判断。加权是一种可选要素，包括两个步骤：用选定的加权因子对参数结果或归一化的结果进行转换；对各个影响类型中转换后的参数结果或归一化的结果进行合并。

加权方法的使用应与研究目的和范围一致并具有充分的透明度。由于不同的个人、组织和人群可能具有不同的倾向性，他们对于同样的参数结果或归一化的参数结果可能得到不同的加权结果。在一项生命周期评价研究中可能要使用若干不同的加权因子和加权方法，并进行敏感性分析来评价不同的价值选择和加权方法对生命周期影响评价结果的影响。

以某啤酒包装系统为例，对全球性环境影响采用全球尺度的基准；地区性则采用中国的相应基准；对于局地性影响通常采用国内地区的相应基准。为了将全球性和区域性以及局地性影响在同一水平上进行比较，建立了标准空间当量模型，并采用目标距离方法确定权重因子，其具体的标准化值、权重因子、加权后值见表 3-10。

表 3-10 某啤酒包装系统各环境影响类型的加权值

环境影响类型	标准化值	权重因子	加权后值
全球气候变暖	0.0099	1.01	0.010
酸化效应	0.011	1.05	0.012
富营养化	0.039	1.07	0.042
固体废弃物	0.013	0.66	0.009
烟尘和粉尘	0.0065	1.17	0.008

最后，将所使用的加权方法和具体做法形成文件以提供透明度，宜将加权前所取得的数据和参数结果或归一化的结果和加权结果一同予以提供，以确保决策者和其他使用者能知悉所做的权衡和其他信息。

3.2.3.7 数据质量分析

为了更好地认识生命周期影响评价结果的重要性、不确定性和敏感性，可能需要更多的方法和信息，以便判别是否存在重要差异，去掉可忽略的编目分析结果以及指导生命周期影响评价的反复性过程。

对方法的需求和选择取决于实现研究目的和范围所需的准确和详尽程度。具体方法及其作用说明如下：

（1）重要度分析（如帕雷托分析）是一种用来识别对参数结果具有最重要影响的数据统计程序。将识别的数据进行优先研究，以确保作出正确决定。

（2）用不确定性分析说明数据集的统计变化性，旨在确定来自同一影响类型的参数结果之间是否存在重大差异。

（3）用敏感性分析它评价变化（如在编目分析结果中或特征化模型中变化）对类型结果的影响程度。类似地，它还能用来评审计算程序中的修改对 LCA 概要的影响程度。

由于生命周期评价是一个反复的过程，数据质量分析结果可能对生命周期解释阶段也具有指导作用。

3.2.4 评价结果解释

在 20 世纪 90 年代初 LCA 方法刚提出时，LCA 的第四部分称为环境改善评价，目的是寻找减少环境影响、改善环境状况的时机和途径，并对这个改善环境途径的技术合理性进行判断和评价，即对改换原材料以及变更工艺等之后所引起的环境影响以及改善效果进行解析的过程。其目的在于表明所有的产品系统都或多或少地影响着环境，并存在着改进的余地。另一方面也强调了 LCA 方法应该用于改善环境，而不仅仅是对现状的评价。由于许多改善环境的措施涉及具体的技术关键、专利等各种知识产权问题，许多企业对环境改善评价过程持抵触态度，担心其技术优势外泄。而且环境改善过程也没有普遍适用的原则，难以将其标准化。例如，同样是污水排放和处理，有的有机物含量高，有的有害金属离子含量高，有的需采用氧化法处理，有的需采用还原法处理，不可能采用同一种工艺或同一种方法来处理所有的废水。鉴于此原因，1997 年，国际标准化组织在 LCA 标准中去掉了环境改善评价这一步骤，但这并不是否定 LCA 在环境改善中的作用。

在新的 LCA 标准中，第四部分由环境改善评价修改为解释过程。主要是将编目分析和环境影响评价的结果进行综合，对该过程、事件或产品的环境影响进行阐述和分析，最终给出评价的结论及建议。例如，对于决策过程，依据第一部分中定义的评价目标和范围，向决策者提供直接需要的相关信息，而不仅仅是单纯的评价数据。按照 ISO14043 中的内容，生命周期结果解释主要由三个要素构成（图 3-11），即重要结果的验证、完整性检查、敏感度检查、一致性检查、其他检查、结论、建议和报告。

经过近 30 年的发展，作为一种有效的环境管理工具，LCA 方法已广泛地应用于生

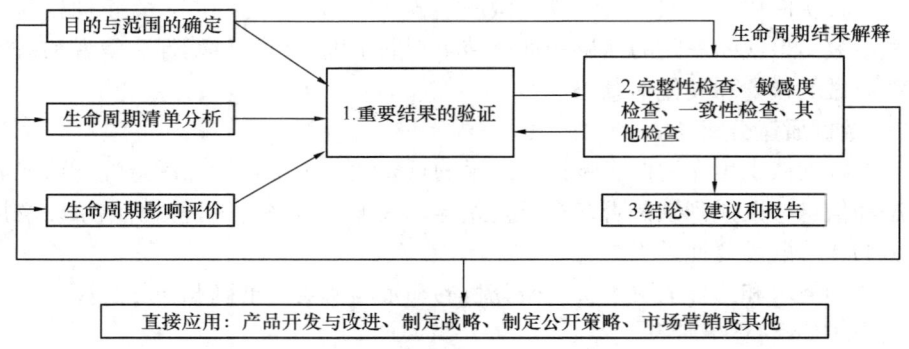

图 3-11　生命周期结果解释——三个要素与其他部分的关系

产、生活、社会、经济等各个领域和活动中，评价这些活动对环境造成的影响，寻求改善环境的途径，在设计过程中为减少环境污染提供最佳判断。

3.3　生命周期评价技术应用实例

3.3.1　包钢 U76CrRE 钢轨的生命周期评价分析

钢铁产品是现代工业应用最广、产量最大的重要基础材料，对钢铁产品进行 LCA 研究和绿色产品的认定具有重要意义。包钢是国内高速钢轨主要生产企业之一，U76CrRE 钢轨属于高强度钢轨，该钢种添加了具有包钢资源特色的稀土元素，比普通钢轨在强度、硬度、耐磨性等方面都有明显提高。对 U76CrRE 钢轨进行 LCA 研究，是探究该钢种的资源环境属性和产品绿色度的有效手段。

1. 目的与范围的确定

以包钢生产的 U76CrRE 钢轨为研究对象，研究目的是获得该产品的生命周期环境信息，并分析生产过程的环境负荷，为进一步寻找减少产品环境负荷和环境影响的方向提供参考。系统的功能单位是生产 1kg U76CrRE 钢轨，研究边界为从包钢白云鄂博矿的开采开始，到产品的生产完成，并包括了废钢循环利用和副产品再利用，即系统边界分三个阶段：原辅料与能源开采、生产和运输阶段；U76CrRE 钢轨生产阶段；循环再利用阶段，不含下游使用过程，如图 3-12 所示。

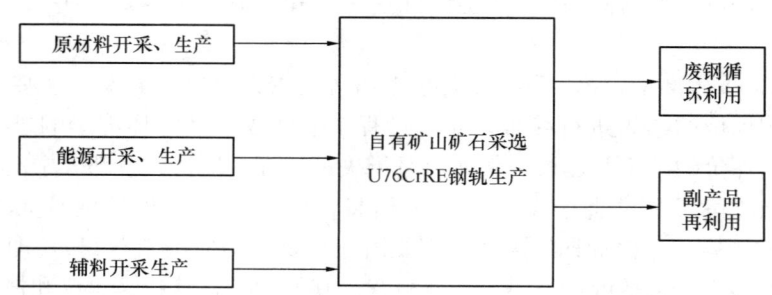

图 3-12　U76CrRE 钢轨 LCA 研究边界

2. 编目分析

U76CrRE 钢轨数据收集时间区间为 1 年，生命周期清单的数据来源分为包钢内部和包钢外部数据两类。包钢内部的数据通过调查问卷的形式收集，内容包括：产品、原料、能源、辅料、副产品、大气排放、水体排放以及原、燃料运输的方式和距离。上游阶段等数据来源于文献和其他数据库，其质量比包钢内部数据差，因此，在清单数据汇总时，分包钢内部和包钢外部，从而最大限度消除外部数据质量对清单结果实际应用价值的影响。生命周期清单的任务是计算边界内的基本流输入和输出，将实物流转化为基本流，清单计算过程涉及大量的分配问题。按照世界钢铁协会的清单研究方法，结合包钢生产系统的原燃料和排放的具体特点，生命周期清单数据分成资源消耗、能源消耗、大气排放物、水体排放物、副产品和固体废弃物 5 类指标。通过模型计算生命周期清单得到产品生命周期过程中众多环境负荷因子的结果。

3. 生命周期影响评价

依据生命周期环境影响评价的标准和方法论，结合包钢产品及地区实际情况，U76CrRE 钢轨 LCA 研究确定了资源损耗、能源损耗、全球变暖、酸化、富营养化 5 个环境影响类型，特征化模型类型见表 3-11。通过特征化和归一化计算得到产品的环境影响结果。

表 3-11 生命周期影响评价特征化模型

环境影响指标	特征化模型类型
全球变暖	温室气体 100 年内的全球变暖潜力（kg CO_2 eq.）
酸化	物质的酸化潜力（kg SO_2 eq.）
能源消耗	能源的折算为标准煤系数（kgce）
不可再生资源消耗	资源耗竭潜值（kg Sb eq.）
富营养化	物质的富营养化潜力 [kg $(PO_4)^{3-}$ eq.]

计算得到的 1kgU76CrRE 钢轨产品生命周期环境影响结果见表 3-12。

表 3-12 1kgU76CrRE 钢轨产品生命周期影响评价结果

环境影响评价类型	单位	数量
不可再生资源消耗潜力（ADP）	kg Sb eq. /kg	0.0051
能源消耗潜力（EDP）	MJ/kg	15.3648
全球变暖潜力（GWP 100）	kg CO_2 eq. /kg	1.5997
酸化潜力（AP）	kg CO_2 eq. /kg	0.0040
富营养化潜力（EP）	kg eq. /kg	0.00014

根据环境影响类别和研究边界，将 U76CrRE 钢轨产品生命周期过程划分为包钢内部负荷、外部运输负荷、上游阶段负荷以及副产品循环收益四个阶段。"包钢内部"主要指在包钢内部的生产过程；"外部运输"主要指铁矿石、煤炭、石灰石等大宗原材料、能源、辅助材料从产地运输到钢铁企业的过程；"上游阶段"主要指钢铁企业生产用外购原材料、能源、辅助材料等在钢铁企业外部的开采、生产过程，并包含钢铁副产品在企业外部产生的环境收益，如高炉渣用作水泥原材料等；"副产品循环收益"主要指包

钢生产过程中副产品在外部利用产生的环境收益,即由于副产品的利用减少了外部环境负荷。分析了 U76CrRE 钢轨产品生命周期各阶段对环境相应贡献,结果见表 3-13。

表 3-13 U76CrRE 钢轨生命周期各阶段对环境相应贡献   %

项目	资源消耗	能源消耗	全球变暖	酸化	富营养化
包钢内部	80.3	69.0	73.0	12.3	41.0
外部运输	0	2.4	1.7	9.2	47.5
上游阶段	22.5	32.7	31.4	88.1	12.5
副产品循环收益	-2.8	-4.1	-6.1	-9.6	-1.0

4. 评价结果解释

通过分析 U76CrRE 钢轨的各生产工序的输入输出情况,结合表 3-13 结果,可知资源消耗、能源消耗、全球变暖负荷 70%～80% 以上发生在包钢内部制造过程;酸化主要在上游阶段产生,富营养化主要在包钢内部和运输过程产生。资源消耗主要由煤炭、铁矿石等主要原材料和能源以及石灰石、白云石等辅助材料构成。能源消耗来自煤炭的消耗,包括炼焦用煤、高炉喷吹用煤等。导致全球变暖的 CO_2 排放来源主要是能源的燃烧以及石灰石、白云石等矿石的分解。

对 U76CrRE 钢轨在包钢内部各个生产工序的能源消耗情况进行统计分析,由图 3-13 可知,高炉炼铁工序是最大的能耗工序,该工序节能减排工作是降低全流程环境负荷的关键。通过分析外购产品对 U76CrRE 钢轨产品碳排放的构成比例,可知炼钢(精炼)用的钒铁合金是最大的碳排放来源,其他各种合金也是上游碳排放的重要来源。同样分析其他环境影响因素,可以获得全面的产品环境负荷信息,为全流程节能减排提供数据参考。

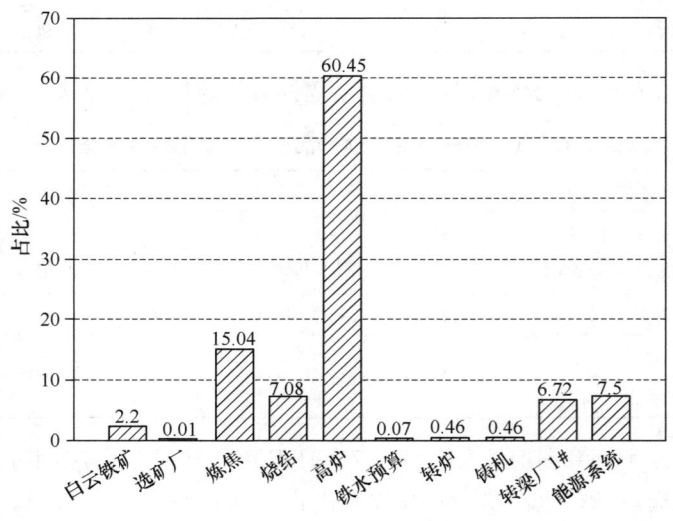

图 3-13 U76CrRE 钢轨产品能耗在各个工序的分布

3.3.2 电解铝的生命周期评价分析

目前中国电解铝产能已超过3650万t，是国民经济发展的重要基础材料之一。铝冶炼环节的碳排放占中国有色金属工业碳排放的42%以上，是有色行业工业节能减排最具潜力的研究领域。下面将运用生命周期评价方法，对某企业电解铝生产过程中能源、资源消耗，环境排放进行特征化分析，定性、定量研究电解铝产品生产各环节环境影响，识别环境负荷较大的生命周期阶段，分析能耗和碳排放，为铝行业绿色发展提供数据支撑。

1. 目的与范围的确定

基于对电解铝产品的生产过程的调研，定义系统边界为"摇篮"到"大门"阶段，即原材料获取（氧化铝、预焙阳极、氟化铝等）、运输、电解（600kA电解槽）、烟气净化脱硫阶段，不包括产品的使用、废弃和回收阶段，如图3-14所示。设定功能单位为1t电解铝水。

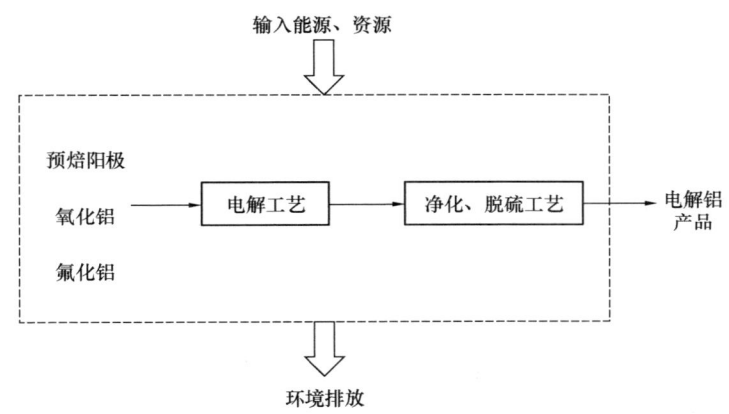

图3-14 电解铝生命周期评价系统边界

铝电解生产采用"氧化铝-冰晶石融盐电解法"，将氧化铝、冰晶石、氟化铝加入预焙阳极电解槽中，通入强直流电，并发生复杂的电化学反应，在阴极（电解槽底部）上析出铝液，定期用真空包抽出送往铸造车间浇铸成铝锭或生产成电工圆铝杆。在电化学反应过程中，碳素阳极与氧反应生成CO_2和CO而不断消耗，通过定期更换预焙阳极块进行补充。

2. 编目分析

电解铝生产过程中原辅材料及能源消耗包括一级数据和二级数据。一级数据通过对上下游企业进行访问、调研后收集数据。二级数据为背景数据，来源于有色金属生命周期数据库。本书中电解铝生产所需氧化铝、氟化铝生产采用二级数据，预焙阳极生产、铝电解、烟气净化脱硫采用一级数据，预焙阳极生产主要包括备料、煅烧、成型及焙烧。编目分析的结果见表3-14～表3-16。

表 3-14 生产 1t 电解铝数据清单

输入		单位	数量	数据来源
资源消耗	氧化铝粉	t	1.901	企业生产数据
	预焙阳极	t	0.516	
	氟化铝	t	0.018	
能源消耗	综合电量	kW·h	13713.505	
输出	残极（回用）	t	0.101	
	碳渣（资源化利用）	kg	3.26	
	大修渣	kg	10.100	
	SO_2	kg	1.889	企业在线监测
	NO_x	kg	0.041	
	烟尘	kg	0.011	
	氟化氢	kg	0.028	
	CF_4	kg	0.03	根据 CF_4 和 C_2F_6 的排放因子计算
	C_2F_6	g	3	
	CO_2	t	1.021	根据 IPCC 煤排放系数计算

表 3-15 生产 1t 铝电解用预焙阳极数据清单

输入		单位	数量	数据来源
资源消耗	石油焦	t	1.03	企业生产数据
	电石渣	t	0.064	
	液体沥青	t	0.138	
	冶金焦	t	0.029	
	残极	t	0.102	
	生碎	t	0.048	
能源消耗	电力	kW·h	174.38	
	天然气	m^3	48.40	
	生产水	m^3	0.379	
	除盐水	m^3	1.28	
输出	SO_2	kg	0.232	企业在线监测
	NO_x	kg	0.516	
	粉尘	kg	0.0395	

表 3-16 烟气净化脱硫工艺数据清单

输入		单位	数量	数据来源
资源消耗	SO_2	kg	8.45	企业生产数据
	电石渣	kg	42.33	
能源消耗	电力	kW·h	131.36	
	水	t	0.92	
输出	脱硫石膏	t	0.20	企业在线监测
	脱硫废水		0	
	脱硫后 SO_2 排放	kg	0.42	

3. 环境影响评价

针对电解铝生产中对环境产生影响的几种主要排放物二氧化碳、二氧化硫、氟化物、颗粒物、残极、碳渣和铝灰，评价指标选取六种：温室效应、颗粒物形成、陆地酸化、陆地生态系统毒性、淡水生态系统毒性、土地破坏与占用。确定环境影响指标后，计算生产1t电解铝各环节环境影响，见表3-17。

表3-17　生产1t原铝生命周期评价环境影响特征化分析

环境影响指标	单位	电解过程	电力	氧化铝	阳极碳素	氟化铝	脱硫工艺	原铝生产
温室效应	kg CO_2 eq.	1784.03	15204.81	2179.36	294.97	25.04	168.27	19656.47
颗粒物形成	kg $PM_{2.5}$ eq.	4.46×10^{-3}	24.43	2.12	0.40	0.08	0.41	27.43
淡水生态系统毒性	kg 1,4 DB eq.	—	1.95	0.21	0.49	5.71×10^{-3}	0.26	2.91
土地破坏与占用	Annual crop eq. y		24.23	47.34	0.59	0.41	0.47	73.02
陆地酸化	kg SO_2 eq.	1.46×10^{-2}	50.18	6.60	1.28	0.25	1.03	59.35
陆地生态系统毒性	kg 1,4-DB eq.	—	62136.99	1196.11	191.58	29.19	621.37	64175.24

4. 评价结果解释

以温室效应为例，每生产1t原铝，电解过程（不计间接排放）共计产生碳排放1784.03 kg CO_2 eq.，其中阳极消耗排放的二氧化碳当量为1.5t。全生命周期范围内共计产生碳排放 19656.47 kg CO_2 eq.。吨铝耗电量为13713.50kW·h，对应二氧化碳排放当量为15204.81kg，这个排放量为煤矿开采至发电厂生产电这一生命周期内，不在电解铝厂中排放。电解过程排放1.76t CO_2 eq.，其中1.5 t是阳极消耗的 CO_2 直接排放量，剩下的为 CF_4 和 C_2F_6 的二氧化碳排放当量，根据中国有色金属工业协会制定的排放因子计算得出。其他环境影响指标分析与温室效应类似。

由表3-17可知，在温室效应环境影响类型的生命周期各阶段贡献比例中，电力生产所占贡献为77.35%，为15204.81 kg CO_2 eq.，电解过程由于阳极效应产生的温室气体对温室效应的贡献率达到了9.08%，约为1784.03 kg CO_2 eq.，其次是氧化铝的生产过程产生的温室气体贡献了11.09%，其余阶段的贡献占比不到1.5%；颗粒物形成主要来源于电力过程，达到89.05%，氧化铝占到7.72%。

在淡水生态系统毒性中依然是电力占到了66.77%，为1.95kg 1,4 DB eq.，阳极碳素生产对淡水生态系统毒性贡献了16.69%，约为0.49 kg 1,4 DB eq.，脱硫工艺产生0.26 kg 1,4 DB eq.，占该影响类型的9.04%，电解过程无影响，其余阶段影响占比均较小。

土地破坏与占用主要来自氧化铝生产，占比达到64.83%，主要是氧化铝生产涉及铝矿开采所产生的固体排放物堆积和填埋造成的；环境影响类型陆地酸化和陆地生态系统毒性同样是来源于电力生产过程，其余阶段占比较小。

因此降低吨铝耗电量，提高电解铝电解技术，提高能源利用效率，是电解铝行业节能减排最佳路径。降低电解铝生产成本主要是降低电能消耗、人工费用和阳极消耗。主要技术经济指标就是高产率、高电流效率和低电耗。这三个指标相互影响，在保持电解槽不变的情况下，提高阳极电流密度（提高产率）往往会降低电流效率并增大内耗。如果追求低电耗，则对产率和电流效率有负面影响。因此需根据实际情况，如当时的铝价、电价等选择合适的电流密度，以调节最佳参数，获得最大的经济效益，降低槽平均电压和提高电流效率都可以降低电耗，但前提是要减少电解槽的散热损失，否则会破坏电解槽的能量平衡。

3.3.3 高纯镁砂生产的生命周期评价分析

高纯镁砂在冶金、建材、化工等领域应用广泛，与普通镁砂、中档镁砂相比，高纯镁砂结构更致密、抗渣性更强、热振稳定性更好，具有更好的高温电气绝缘性，是制备高档镁砖及不定形耐火材料的重要原料。目前，高纯镁砂生产企业大多仍采用传统工艺，生产方式简单落后，能源消耗大，污染物排放种类多、浓度高，造成整个镁质耐火材料行业的环境污染控制治理难度较大，阻碍了镁质耐火材料行业的可持续发展。因此，评估高纯镁砂生命周期内的环境影响并科学地分析其具体原因，对提高高纯镁砂产品的绿色效益至关重要。

1. 目的与范围的确定

高纯镁砂生产流程如下：开采阶段采用露天开采和地下矿开采方式进行，分别占总开采量的90%和10%；运输阶段采用重型柴油货运汽车将经开采得到的菱镁矿石运送至生产车间，运输距离约2km；轻烧阶段首先选取粒度为150~300mm的菱镁矿石装入轻烧反射窑中，一般窑温控制在800~900℃，菱镁矿石分解后从轻烧窑炉燃料罐中排出的物料为轻烧镁粉；细磨阶段是利用粉磨机对轻烧镁粉进行细磨；研磨好的物料由螺旋输送机送入压球机进行压球；重烧阶段是轻烧镁粉经研磨、压球后，在温度约2000℃的高温竖窑中进行。在此运行中，窑内装满了球料，轻烧氧化镁球料不断地从窑顶加入，最终的煅烧成品不断地从底部排出。

本研究方法通过识别每1t高纯镁砂产品生命周期内环境影响较大的生产阶段和潜值较大的环境影响类型，以期为高纯镁砂生产过程改进提供依据。根据从企业生产实践中获得的数据，本文选取1t高纯镁砂产品作为功能单位。

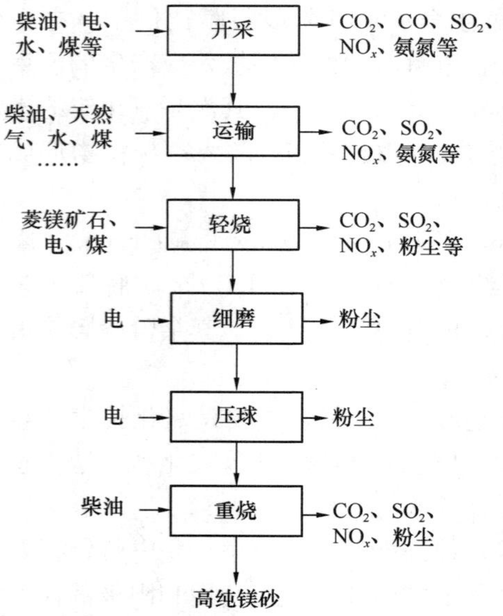

本研究以菱镁矿石开采作为起点直至高纯镁砂成品生产完成结束，将研究范围统一确定为"从摇篮到大门"，包括从菱镁矿开采、运输、产品生产到产品出厂的全过程以及所有与环境相关的辅助单元，例如煤炭开采、电力生产、柴油生产、自来水供应等。

根据系统边界及高纯镁砂生产工艺，选取高纯镁砂生产的主要阶段包括开采阶段、运输阶段、轻烧阶段、细磨阶段、压球阶段、重烧阶段。系统边界范围以及各阶段的具体输入、输出情况详如图3-15所示。

图3-15 高纯镁砂生产系统边界

2. 编目分析

在本研究中，表 3-18 所示的清单分析数据是由原始数据统一换算为 1t 高纯镁砂产品的消耗及排放量。开采、轻烧、细磨、压球、重烧环节的生产数据通过企业调研获取。货车运输、电能、煤炭、柴油及其上游追溯数据是从 eBalance 软件数据库中直接获取。

表 3-18 高纯镁砂生产生命周期清单

项目	物质名称	单位	开采	运输	轻烧	细磨	压球	重烧
输入	菱镁矿石	t	2.25	—	2.10	—	—	—
	煤	kg	—	—	278	—	—	—
	电	kW·h	0.59	—	8.13	5.83	2.19	—
	货车运输	t·km	1.36	2.05	—	—	—	—
	柴油	kg	0.48	—	—	—	—	67.83
	水	kg	11.70	—	—	—	—	—
输出	粉尘	kg	0.02	—	33.20	17.90	2.74	26.52
	CO_2	kg	12.50	—	1154.97	—	—	305.70
	NO	kg	0.19	—	—	—	—	—
	SO_2	kg	—	—	4.40	—	—	4.68
	NO_x	kg	0.01	—	13.75	—	—	3.09
	杂质	kg	—	—	23.39	—	—	—
	炉渣	kg	—	—	34.80	—	—	—
	废矿石	kg	91.80	—	—	—	—	—
	尾矿粉	kg	61.20	—	—	—	—	—

本研究假设：各生产环节间的中间产品运输在实际生产过程中有采用人力推送的环节，该环节的环境影响极小，故忽略该部分；建模遵循取舍原则，通常规定质量低于产品的 1% 或环境影响低于 1% 可以忽略，但总忽略量不超过 5%。

3. 生命周期影响评价

本研究采用 eBalance 软件，该软件采用国际生命周期基准数据库公开版，内置中国生命周期基础数据库（CLCD、瑞士的 Ecoinvent 数据库等），包含了常用的十几种特征化指标及面向全国节能减排政策目标的指标，特征化及归一化模型选择环境影响类型为：非生物资源消耗潜值（ADP）、酸化潜值（AP）、中国资源消耗潜值（CADP）、一次能源消耗（PED）、化学需氧量（COD）、富营养化效应潜值（EP）、全球变暖效应潜值（GWP）、工业用水量（IWU）、氨氮（NH_3-N）、可吸入无机物（RI）、固体废弃物（WS）、淡水消耗量（WU），这 12 类环境影响类型基本涵盖了目前中国所面临的环境热点问题。6 种主要环境影响类型指标及其他次要环境影响类型指标总和具体数值见表 3-19。

表 3-19 LCA 归一化结果

指标	ADP	AP	EP	GWP	RI	WS	其他	合计
开采	6.58×10^{-16}	3.30×10^{-16}	4.68×10^{-16}	2.19×10^{-16}	2.98×10^{-16}	3.65×10^{-14}	1.01×10^{-15}	3.95×10^{-14}
运输	5.38×10^{-17}	6.64×10^{-17}	1.16×10^{-16}	2.42×10^{-17}	2.43×10^{-17}	1.51×10^{-16}	1.21×10^{-16}	5.56×10^{-16}
轻烧	4.14×10^{-16}	3.85×10^{-13}	4.76×10^{-13}	5.83×10^{-13}	3.88×10^{-13}	6.75×10^{-14}	3.86×10^{-13}	2.29×10^{-12}
细磨	6.81×10^{-18}	1.04×10^{-17}	7.19×10^{-18}	1.60×10^{-13}	1.49×10^{-13}	3.45×10^{-15}	1.75×10^{-17}	1.53×10^{-13}
压球	1.57×10^{-17}	2.39×10^{-17}	1.66×10^{-17}	3.70×10^{-17}	2.30×10^{-15}	7.97×10^{-15}	4.05×10^{-17}	1.04×10^{-14}
重烧	1.50×10^{-13}	1.95×10^{-13}	1.18×10^{-13}	2.40×10^{-13}	2.64×10^{-13}	4.23×10^{-13}	3.46×10^{-13}	1.74×10^{-13}
合计	1.52×10^{-13}	5.81×10^{-13}	5.94×10^{-13}	8.24×10^{-13}	8.04×10^{-13}	5.39×10^{-13}	7.33×10^{-13}	4.23×10^{-12}

4. 评价结果解释

由表 3-19 可知，高纯镁砂生产生命周期 6 种主要环境影响类型的环境影响潜值顺序为全球变暖效应潜值（GWP）＞可吸入无机物（RI）＞水体富营养化效应潜值（EP）＞酸化潜值（AP）＞固体废弃物（WS）＞非生物资源消耗潜值（ADP）。GWP 的环境负荷主要由轻烧阶段的燃煤以及重烧阶段的燃油所造成，硬煤以及柴油均是化石燃料，燃烧后会产生大量的 CO_2，成为 GWP 的重要来源。另外，菱镁矿石的主要成分是 $MgCO_3$，煅烧菱镁矿石使 $MgCO_3$ 分解过程也会产生大量的 CO_2。因此，高纯镁砂生产生命周期内，GWP 占总环境影响比重较高；RI 的环境负荷来源于细磨阶段以及压球阶段所产生的大量粉尘；EP 的环境负荷来源于轻烧阶段大量的燃煤以及重烧阶段大量的燃油所产生的大量的 SO_2 和 NO_x；此外，燃煤以及燃油产生的 SO_2、CO_2、NO_x 等物质是 AP 的主要来源。

高纯镁砂生产生命周期内，各生产阶段对环境影响顺序为轻烧阶段＞重烧阶段＞细磨阶段＞开采阶段＞压球阶段＞运输阶段。其中，轻烧阶段需要将经开采得到的菱镁矿石投入轻烧反射窑中进行煅烧，需要消耗大量的煤炭、电力等资源，也会排放大量 CO_2、NO_x、SO_2 等有毒有害气体，对环境造成较大影响。轻烧阶段的环境影响为 2.29×10^{-12}，占总环境影响的 54.14%，主要贡献来源于 GWP、EP、RI、AP，占轻烧阶段总环境影响的比例分别为 25.46%、20.79%、16.94%、16.81%。

重烧阶段需要将压球成型的团球投入 2000℃ 以上的高温竖窑中进行煅烧，资源消耗量大、污染排放量也大，需要消耗柴油、电力等资源，同时排放大量的 CO_2、NO_x、SO_2 等有毒有害气体。重烧阶段的环境影响为 1.74×10^{-12}，占总环境影响潜值的 41.13%，主要贡献来源于 WS、RI、GWP 和 AP，占重烧阶段总环境影响的比例分别为 24.31%、15.17%、13.79% 和 11.21%。

细磨阶段、开采阶段和压球阶段与轻烧阶段、重烧阶段相比，对环境产生的影响较小，环境影响分别为 1.53×10^{-13}、3.95×10^{-14}、1.04×10^{-14}，分别占总环境影响的 3.62%、0.93%、0.25%。此外，运输阶段的环境影响很小，主要原因是运输距离较短、资源与能源消耗小，污染物排放较少。

依据本研究结果，高纯镁砂生产污染排放主要集中在轻烧、重烧两个生产阶段，且主要污染来源于煅烧产生的 CO_2、NO_x、SO_2 等有毒有害气体，其中以 CO_2 产生的环境影响最大，因此，减少 CO_2 排放量对于降低高纯镁砂生产的环境影响至关重要，可以进一步通过改变能源结构、采用清洁能源替换传统能源；增加轻烧、重烧等生产环节末端除尘、脱硫、脱硝处理；探究新型节能减排工艺等途径降低高纯镁砂生产的环境影响，高纯镁砂生产行业及相关企业应该从源头减排、过程控制、末端治理等方面着重探究节能降耗的工艺改进。

3.3.4 一次性纸杯生产过程的生命周期评价分析

一次性纸杯作为生活中的日常必需品，在生活中的应用很广泛，目前，全球每年要使用 3000 亿个一次性纸杯。一次性纸杯主要分为 3 个部分，分别是杯底、杯身和表面涂覆的有机聚合物，主要原材料为纸张和不同种类的聚合物，一次性纸杯主要有淋膜纸杯和上蜡杯 2 种类型。目前我国尚未形成一次性纸杯的回收体系，如何有效准确地评价一次性纸杯对资源环境和人体健康的影响，是可持续发展包装领域的一个重大问题。下面以聚乙烯（PE）淋膜纸杯、聚乳酸（PLA）淋膜纸杯和丙烯酸聚合物涂层纸杯 3 种一次性纸杯为研究对象，评估和比较不同纸杯对人体健康和环境的影响，可为纸杯企业与行业提供参考。

1. 目的与范围的确定

选取了 PE 淋膜纸杯、PLA 淋膜纸杯和丙烯酸聚合物涂层纸杯 3 种纸杯（容量均为 473mL），其具体规格参数见表 3-20。

表 3-20 3 种纸杯的生产规格

评价对象	淋膜（涂层）方式	淋膜（涂层）定量/(g/m^2)	纸杯纸定量/(g/m^2)	单杯质量/g
PE 淋膜纸杯	单淋膜	15	210	8.52
PLA 淋膜纸杯	单淋膜	30	210	9.08
丙烯酸聚合物涂层纸杯	单涂层	10	210	8.26

淋膜纸杯和涂层纸杯的生产过程类似，都要经过淋膜（涂层）、印刷、模切和黏合成型 4 个过程，再加上内包装和外包装这两个环节。生命周期评价的系统边界为从原料采集到完成生产阶段，不评价使用阶段和回收处理阶段的输入输出影响，基于纸杯的生产工艺流程确定的具体系统边界，即从纸浆造纸和采购 PLA/PE 粒子（或丙烯酸聚合物）开始，到纸杯装入外包装纸箱结束。生产过程中排出的有机废气均有组织排放，废水排放到污水处理厂处理，一般工业固废中的废纸由相关公司回收利用，废包装桶由供方回收利用，污泥则委托相关单位集中处理。纸杯生产在同一厂房进行，运输、贮存产生的成本和环境影响可忽略。详细的系统边界流程如图 3-16 所示。

以生产 10 万个纸杯作为单位，原因是纸杯使用个为单位，固定纸杯生产总质量无法均等地体现出纸杯的使用价值，且定为 10 万个可减少数据过小产生的误差。根据 10 万个纸杯的生产实际情况，3 种纸杯生产数据的基本信息见表 3-21。

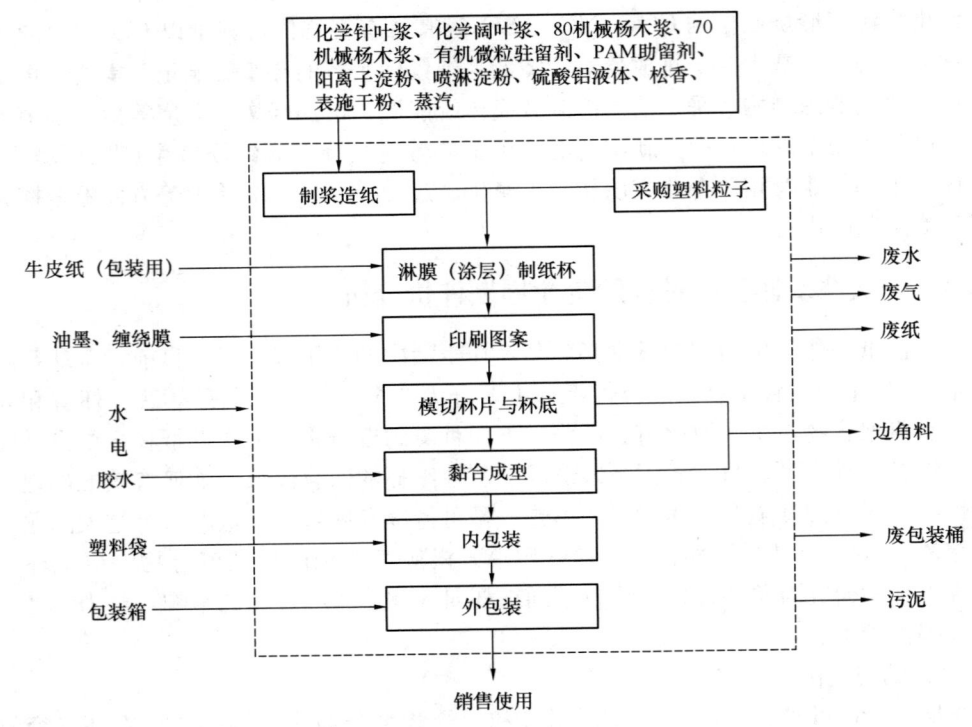

图 3-16 纸杯生产的系统边界

表 3-21 纸杯生产数据的基本信息

过程名称	过程边界	主要原料	工艺设备	主要能源
淋膜（涂层）	将纸张和粒子生产成为淋膜（涂层）纸	PE（PLA、丙烯酸聚合物）粒子、纸杯原纸、纸箱	淋膜（涂层）机	电能
印刷	利用油墨将淋膜（涂层）纸进行印刷	油墨、缠绕膜、纸箱、淋膜（涂层）纸	印刷机	电能
模切杯片	将印刷好的纸杯纸模切成为杯片（杯盖和杯底）	印刷淋膜（涂层）纸、缠绕膜	模切机	电能
成型	将杯片制造成为纸杯	杯片	制杯机	电能
内包装	将纸杯进行内包装装袋	纸杯、包装袋、标签纸		
过程名称	过程边界	主要原料	工艺设备	主要能源

2. 编目分析

在生产系统边界内，产品生产过程中的物耗和能耗的数据清单见表 3-22，其中，PE 淋膜纸杯、PLA 淋膜纸杯和丙烯酸聚合物涂层纸杯生产过程中的物耗和能耗数据均来自国内某公司。

表 3-22 纸杯加工过程输入数据清单

纸杯类型	质量/kg										电能/(kW·h)
	纸杯原纸	PE	纸板	油墨	牛皮纸	缠绕膜	包装袋	标签纸	包装箱	封箱胶带	
PE 淋膜	1240	89.5	8.5	10.6	8.5	2.2	22.9	0.5	10.1	0.9	1051
PLA 淋膜	1240	178.6	8.5	10.6	8.5	2.2	22.9	0.5	10.1	0.9	1189
丙烯酸聚合物涂层	1240	48.3	8.5	10.6	8.5	2.2	22.9	0.5	10.1	0.9	980

3. 生命周期影响评价

根据 LCA 模型的计算，5 种环境影响指标见表 3-23，3 种纸杯的环境影响指标数值如图 3-17 所示。

表 3-23　5 种环境影响指标介绍

环境影响类型	指标介绍	主要影响物质	单位
全球变暖效应潜值（GWP）	温室气体排放指标	CO_2、CH_4、CH_3Br 等	kg CO_2 eq.
酸化潜值（AP）	衡量酸性污染物对环境产生的酸化影响	SO_2、HCL、NO_x、NH^{4+} 等	kg SO_2 eq.
水体富营养化效应潜值（EP）	排放物对环境产生的富营养化影响	PO_4^{3-}、NO_x、$NH^{4-}N$ 等	kg $(PO_4)^{3-}$ eq.
可吸入无机物（RI）	衡量可吸入无机物对环境和人体健康的影响	PM_{10}、$PM_{2.5}$ 等	kg $PM_{2.5}$ eq.
光化学臭氧合成潜值（POCP）	衡量碳氢化合物与氮氧化物在紫外线作用下发生光化学反应造成二次污染的影响	非甲烷总烃（NMHC）等	kg Ethene eq.

4. 评价结果解释

在单淋膜（涂层）的工艺下全球变暖效应潜值（GWP）的影响从大到小分别为 PLA 淋膜纸杯、PE 淋膜纸杯和丙烯酸聚合物涂层纸杯。影响 GWP 的主要参数是产生的二氧化碳当量。由于 PLA 淋膜纸杯比 PE 淋膜纸杯使用的粒子质量要大，所以其生产过程比 PE 淋膜纸杯的生产过程产生了更多的二氧化碳。

在酸化潜值（AP）指标中，PLA 淋膜纸杯（10.75kg SO_2 eq.）远高于其他 2 种纸杯。AP 衡量的是酸性污染物对环境产生的酸化影响，造成 PLA 淋膜纸杯与另外几款纸杯差别如此大的原因在于 PLA 淋膜纸杯使用的 PLA 粒子在生产的过程中会产生乳酸，乳酸具有一定的酸性，会对酸化指标产生一定的贡献。

3 种纸杯的水体富营养化效应潜值都较为接近。根据结果的累计贡献分析可知，对富营养化影响较大的过程为淋膜过程，其累计贡献率达到了 80% 以上，主要影响物质为纸杯原纸，因此这 3 种使用原纸定量相同的纸杯在富营养化指标上的差距并没有很大。

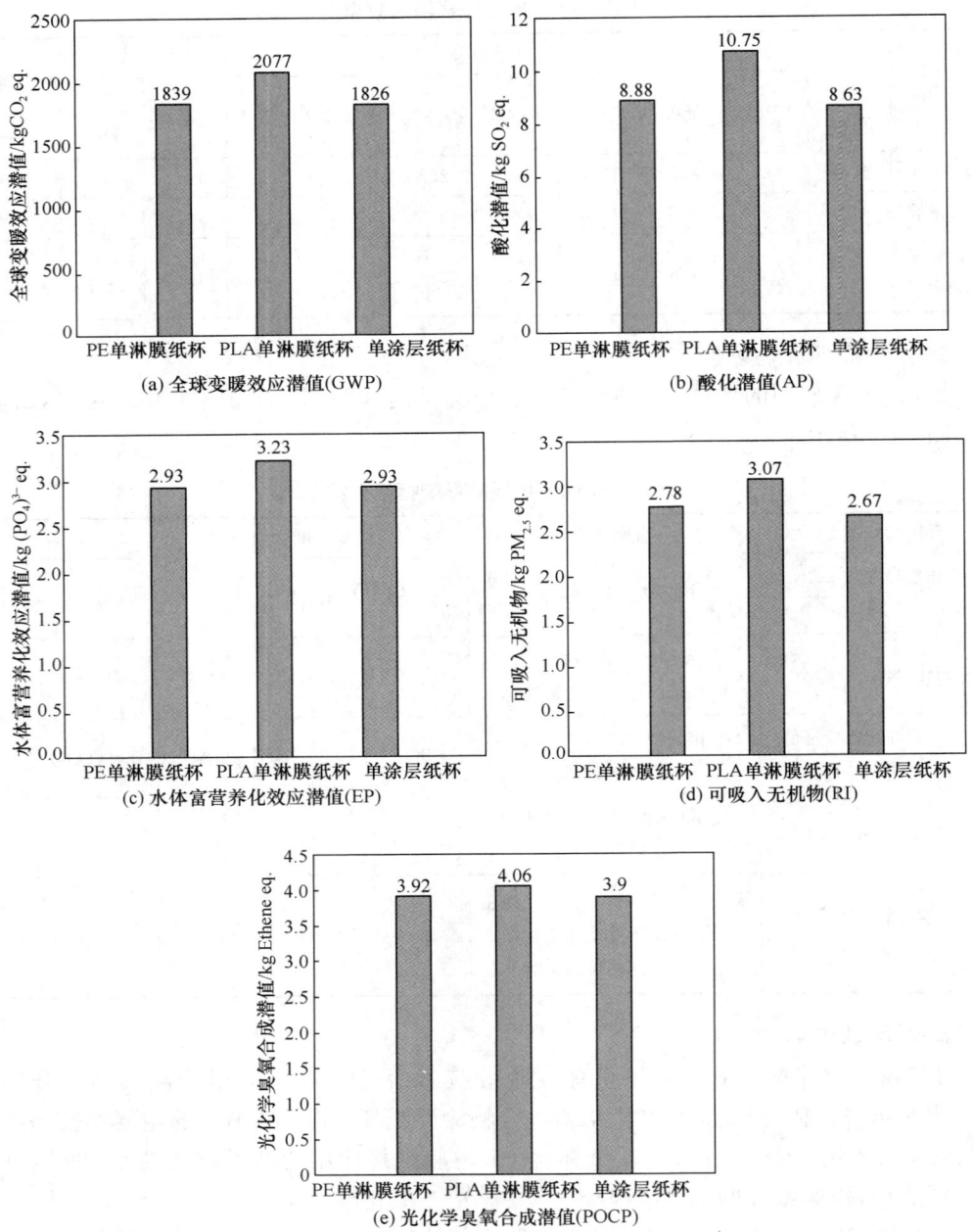

图 3-17 10 万个一次性纸杯生产过程的环境影响

3 种纸杯对可吸入无机物（RI）指标的影响从大到小为 PLA 淋膜纸杯、PE 淋膜纸杯、丙烯酸聚合物涂层纸杯。使用聚乳酸进行生产排放的可吸入无机物是 3 种纸杯中最多的，因此想要降低可吸入无机物的排放量，要尽量减少有机塑料粒子的使用。

在光化学臭氧合成潜值（POCP）指标上，3 款纸杯中差别并不是很大，这是因为主要影响光化学臭氧合成潜值的原材料为纸杯原纸，而 3 种纸杯使用纸杯原纸的定量是相同的，所以反映到指标上差别很小。

综上所述，大部分的环境影响主要源自纸杯生产过程中所消耗的电能，除未计耗电的内包装与外包装环节，剩余4个生产流程，即淋膜（涂层）、印刷、模切、成型皆需要消耗电能。如何减少电能的消耗和使用清洁能源也是一个重要的改进方向。首先需在保证纸杯产量与市场需求的同时，优化生产线结构，使用更为科学节能的机器，最大化利用电能，减少电能损耗；其次，应逐渐减少排放大量温室气体和有害物质的火力发电在电网中的占比，选用清洁能源，如太阳能、风能、水能、核能等，火力发电所排放的气体与物质更应加强监管，必须经过处理再排放。

不同的生产工艺也会对环境指标产生影响，尤其是塑料粒子定量的降低，对减小5种环境指标都有着积极的影响。在实际的生产过程中要不断地改进生产的工艺，尽量减少原材料，尤其是塑料粒子的使用。纸杯原纸的使用对环境的影响也是较大的，在各项指标中都贡献较大。在实际的生产过程中主要有两个改进方向：首先，在保证消费者使用体验的基础上，尽量使用定量较小的纸杯原纸；其次，要进一步完善对纸杯原纸的分离回收工艺，对使用完成后的纸杯进行回收，并用到其他非食品领域。

3.4　生命周期评价数据库与评估软件

LCA的整个评价过程，实际是对环境影响数据的处理过程。按应用系统的数据处理分类，可以分为编目分析数据和评价软件分析（计算）数据。编目分析数据是对环境负荷数据的采集、分析、建模等生成的基础数据；评价软件分析数据则是在编目分析数据的基础上，应用评价方法生成的评价数据，可以是文本文字、数据表、图形、图像，也可以是一些中间过程数据。

对编目分析数据、评价软件分析数据的管理，应用数据库技术是最有效的数据管理和处理方法。基于数据库基础的数据管理软件和评价的开发，是当今LCA的主要应用开发领域之一，这些LCA软件在促进LCA的发展和数据交流方面，起到了非常重要的作用。

3.4.1　生命周期评价数据库

LCA的研究与应用不仅依赖于标准的制定，也依赖于评估数据与结果的积累。在绝大多数的LCA个案研究中，都需要一些基本的生命周期清单分析数据，如能源、运输和基础材料相关的清单分析数据。对于一般的研究小组或中小型企业而言，如果LCA评估总是要从产品寿命周期的原材料开采阶段开始评估的话，其工作量将是非常大而难以承受的。所以，不断积累评估数据，并将这些数据组织为数据库的形式，在LCA研究中是非常重要的工作。这些数据库的功能在于将生命周期清单分析所获取的相关数据，如空气污染方面SO_2的排放、水污染方面重金属的排放、臭氧层破坏气体的排放量、温室效应方面CO_2的排放量及化石燃料的消耗等，进行冗长的计算，包括标准化、平均、总计等，再将计算结果换算成对各种环境的影响或针对某种特定环境负荷，为设计或决策人员提供参考。

LCA的研究基本上经历了从具体的LCA个案分析到建立环境影响数据库这样一个过程。以日本国家资源与环境研究所（NIRE）的LCA研究工作为例，在1993—1996

年主要集中在家用电器的 LCA 评估以及基础数据的收集上，从 1997 年起则开始着手建立一个 LCA 公共数据库系统。从 LCA 的出现到今天的广泛开展，全世界围绕 LCA 研究建立的环境影响数据库已超过 1000 个，著名的也有 20 个（表 3-24）。到目前为止，材料类别及其用途等方面的 LCA 数据库，几乎都在不断建立和完善。不同国家和地区的资源、能源占有量各不相同，各自的科技水平也不平衡，这些体现在 LCA 数据上，表现为很强的地域性，几乎各个国家和地区都需要建立自己的环境影响数据库。目前，发达国家在 LCA 研究中占据了重要地位，著名的 LCA 数据库几乎都是发达国家建立的，并且这些数据库中的数据在不断地更新，并得到了很好的维护。

表 3-24　一些典型的 LCA 数据库

数据集（库）名称	建立国家或组织	主要内容	数据提供方式
Ecopro	欧洲塑料协会	塑料	商业数据库
ECOINVENT	瑞士	能源	EXCEL、SPOLD 格式
ETH-ESU	苏黎世高等工业学校	能源	商业数据库
BUWAL 250	瑞士联邦环境局与包装协会	包装材料	EXCEL、SimaPro 软件
IVAM	荷兰	建筑	SimaPro 软件
SimaPro	荷兰	材料、产品	Simapro、SPOLD 格式
FEFCO	荷兰	造纸	Simapro、SPOLD 格式
IDEMAT	荷兰	材料	SimaPro、EcoScan 软件
PEMS	英国	材料产品	EXCEL、ACCESS
Boustead model	英国	国际经合组织数据	
GaBi	德国	工序过程	GaBi 软件
Umberto	德国	材料产品	
Euklid	德国	产品、能源、服务	Euklid、ETRIC 软件
VITO	比利时	材料、产品	
KCL ECODATA	芬兰	造纸	KCL-ECO 软件
Eco Manager/REPAQ	美国 Franklin 公司	包装材料	REPAQ 软件
TEAM/DEAM	美国 Ecobilan	产品、能源、运输	TEAM 软件
LCAD	美国	日用品	Life Cycle Advantage 软件
CLEAN	加拿大	燃料、电力	
SPOLD	国际 LCA 发展组织	部分混合数据	软件、Internet 网络

随着我国对产品生命周期评价技术的日益重视，近年来在生命周期数据库的建设方面也取得了长足的进步，国内比较知名的研究团队如下。

1. 北京工业大学

北京工业大学以左铁镛院士、聂祚仁院士为代表的材料科技工作者在国内率先提出发展生态环境材料，将生命周期思想引入材料的设计、制造、使用、废弃处置、循环利用等过程，并把资源、环境等指标纳入材料的综合性能评估中，进一步扩展了材料科学与工程四要素的内涵。在国家"863"计划、科技支撑计划、重点研发计划等课题的持续支持下，开发出面向多层次应用的材料生产环境负荷网络数据库和分析、管理软件系统，解决了复杂材料生产流程中多因素、多层次、多目标环境负荷辨识难题。

2017年获批建设工业大数据应用技术国家工程实验室。实验室自批准以来，加强了流程工业信息化基础建设，与北京生态设计与绿色制造促进会、北京金隅股份有限公司、中国质量认证中心等合作单位开展深度融合发展。与数百家材料行业重点企业长期合作，积累了流程工业领域300余条生产线数据，并具备了处理PB级实时工业大数据的能力。目前已开发出百多个流程工业产品的LCA商业数据集，涵盖钢铁和有色冶金、建材和化工等各类大宗基础材料及零部件制造流程工业产品。平台发布的数据已提供给中国质量认证中心等国家级检验认证机构应用于标准制定和产品评估，先后提供给中国建筑材料联合会、中国有色金属学会、中国金属学会等应用于指导生产工艺改进、技术优选、制定国家/行业标准和准入条件等。

2. 中国科学院生态环境研究中心

中国科学院生态环境研究中心是我国第一个全国性生态环境领域综合性研究机构。杨建新研究员课题组主要从事产业生态学理论与方法、生命周期评价（LCA）方法、城市生态过程及物流代谢研究、废物生命周期管理、物质流分析（MFA）等方面的研究。课题组通过综合分析研究国内外固体废物的管理现状，建立了我国工业固体废物生命周期理论框架；运用生命周期分析理论和方法，开展了典型行业固体废物减量化过程分析、废物再生利用和安全处置的环境影响分析、环境和经济成本分析，提出一套适合我国国情的工业固体废物全过程综合管理模式和环境管理技术体系；基于生命周期评价思想，开展了技术创新对电子废弃物管理的影响研究，面向处理量规划和产品系统环境影响，提出了量化技术创新影响的方法；提出了多生命周期评价方法，以评估代际产品更替引起的环境影响的变化等。

3. 山东大学

山东大学洪静兰教授课题组开发了基于企业生产过程的原始数据集合基础上的中国生命周期清单基础数据库（Chinese Process-based Life Cycle Inventory Database，CPLCID），提出了生命周期基本函数演变法，构建了以泰勒系列展开模型为基础的生命周期评价用不确定解析模型。针对我国产业活动—环境释放—环境效应—经济影响量化方法匮乏的困境，依据ISO14040系列标准，基于我国地理、环境、气象、人口、饮食、水消耗、卫生、人类发展指数、土壤修复等数据，采用多介质逸度模型、多路径摄入模型、剂量-反应模型疾病成本法和修正的人力资本法，创建了可呈现我国区域差异的、包含3万个左右的特征化因子当量系数的本土化全过程生态与健康足迹量化模型，并进一步构建了集400余万条基础环境与指标数据于一体的、基于"环境风险控制"的绿色产品环境与经济量化管理技术体系。首创了集水稀缺影响、水污染生态与健康风险量化为一体的且适用于我国国情的全过程水足迹量化模型。创建了集"全过程误差防控—动态水足迹清单构建—全过程水消耗与水污染引发环境与经济影响集成量化—风险预警—红线划定"等技术为一体的绿色产业水系统集成量化管理关键技术体系与支持平台等。

4. 南京大学

南京大学袁增伟教授课题组在终端消费品方面开展了一系列的生命周期评价工作，

如服装、床上用品、家电等，也对湿法炼焦、污水处理与回用、光伏发电等过程进行了 LCA 研究工作。应用 LCA 方法，探究了氮磷循环的生态环境效应；基于磷元素流生命周期各过程质量守恒原理，构建了中国磷循环分析框架与核算模型；基于课题组建立的中国涉磷活动信息数据库，重建了中国 1600—2012 年的磷循环格局演变过程，并在此基础上绘制 2012 年中国人类活动磷排放的富营养化潜势图谱；对区域人类活动的资源环境效应进行了评估，构建了人类活动清单，建立了归趋模型和效应模型；探究产品/物质生命周期资源环境效应，构建了具有行业技术代表性的单位产品 LCI，开展了基于产品 LCA 的环境标识制度、绿色采购及供应链管理研究等。

5. 上海第二工业大学

上海第二工业大学电子废弃物资源化协同创新中心生命周期管理研究所主要聚焦于电子废弃物的逆向物流研究、环境风险评价研究、物联网管理研究、生命周期评价研究、碳足迹核算及清洁生产工艺过程诊断的技术研发、循环经济优化设计构建、指标体系、技术集成与区域示范研究等内容。其基于产学研合作模式，构建了涵盖电子废弃物收集、运输、拆解、再生利用、末端处置全过程的生命周期信息数据库，包括典型电子废弃物关键组分和生命周期清单两类核心数据。在此基础上开发数据征集系统和决策支持工具，实现各相关方有效信息的贡献、共享和深度挖掘。支持环境主管部门开展电子废弃物全过程综合管理；提供电子废弃物资源化价值与环境效益分析的自助式解决方案；用于电器电子产品生产企业开展生态设计和工艺优化，并为电子废弃物回收处理企业资源化技术方案的比较与优选提供方法和数据支撑。基于生命周期思想，解析典型电子废弃物资源化过程及其关键的碳排放和碳减排来源，在此基础上提出了电子废弃物资源化碳减排效益评估方法和模型，并开发了碳减排效益模拟计算器等。

3.4.2 生命周期评价评估软件

由于 LCA 评估中需要处理大量的数据，借助于计算机可以较好地完成 LCA 评估。近年来已经开发出数十个用于 LCA、LCI 的计算机软件，以及用于环境管理系统（EMS）的管理软件。各软件的名称、提供者、国家、数据库、主要特点和网址链接见表 3-25。它们支持用户管理大量的数据，为产品系统建立模型，能够进行不同类型的计算，并帮助生成评估报告，但评估质量仍取决于用户。

表 3-25 国内外主要 LCA 软件汇总表

软件名称 Name	当前版本 Version	国家 Country	提供者 Producer	数据库 Database	特点 Characters	网站 Website
GaBi	GaBits	德国 Germany	Thinkstep	GaBi database, ecoinvent	用户界面友好；支持智能搜索数据库对象；评价结果预览功能；提供报告模板等软件操作难度较大，适合于工业领域专家和产品设计人员	http://www.GaBi-software.com/international/index/

3 生命周期评价技术

续表

软件名称 Name	当前版本 Version	国家 Country	提供者 Producer	数据库 Database	特点 Characters	网站 Website
SimaPro	SimaPro 8	荷兰 Netherlands	PRé Consultants	ecoinvent HLCD, EU&DK	环境影响数据库丰富；多种评价方法；图形化界面显示；软件操作难度较大，适合学术领域LCA专家	https://www.presustainability.com/simapro
LCAIT	LCAIT 4	瑞典 Sweden	Chalmers Industriteknik	数据库数据范围有限，仅包括能源类、化学物质类、纸浆及纸制品类等内容	可同步链接其他数据库，适合物质能量流动初学者使用	http://lcait.com/
GREET	GREET.net 2015	美国 USA	Argonne 国家实验室	燃烧数据包括石油、天然气、生物燃料、氢气以及电能等方面	包括从油井到车轮的燃料循环，以及材料回收和处理的车辆循环。可让研究人员评价多种汽车和燃料的不同组合性能	https://greet.es.anl.gov/
TEAM	TEAM 5.1	美国 USA	Ecobalance	ecoinvent	因为其输出界面并未使用图形界面，使用者操作起来较不方便，较适合生命周期评估高阶需求	http://www.ecobalance.com/uk_lcatool.php
PEMS	PEM 4.7	英国 UK	Pira International	数据库包含109种材料、49种能源、37种废弃物管理及16种物流等	参数主要源自欧洲本土化数据，可文字或图表化界面显示。初学者及专业人士皆可适用	http://pems.dot.ca.gov/
eBalance	eBalance 3.0	中国 China	四川大学，亿科环境科技有限公司	CLCD, HLCD, ecoinvent, 数据库正逐渐完善中	支持各种基于LCA方法的碳足迹Ⅲ型环境申明、企业社会责任报告等环境报告及第三方认证；显示界面友好。可智能汇总过程数据，但无法查看详细单元过程数据	http://www.ike-global.com/

这些软件中，比较知名软件的主要来自欧洲，如 GaBi 软件由德国斯图加特大学（University of Stuttgart）IFK 研究所和德国 PE 公司共同研发，该软件拥有完整的数据库，偏重工业应用领域。SimaPro 软件由荷兰 PRéConsultants 公司开发，该软件使用 ecoinvent 数据库，侧重于基础理论研究。LCAIT 软件由瑞典 Chalmers Industriteknik 公司开发。PEMS 软件由英国 Pira International 公司研发。另外还有美国 Ecobalance 公司开发的 TEAM 等。在我国，亿科环境科技有限公司（IKE）2009 年推出了 eBalance 软件，这是国内首个具有自主知识产权的通用型生命周期评价（LCA）软件，该软件已组建了国内目前最为完善的 LCA 数据库 CLCD。

下面重点介绍下两款目前最受欢迎和广泛使用的生命周期评价软件：SimaPro 软件和 GaBi 软件。图 3-18 和图 3-19 分别为 GaBi 软件和 SimaPro 软件的操作界面。

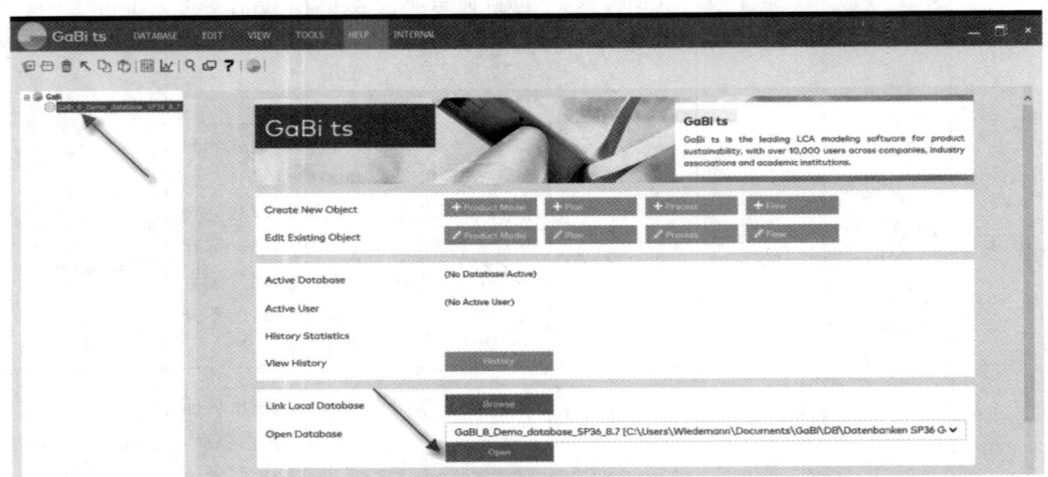

图 3-18　GaBi 主操作界面

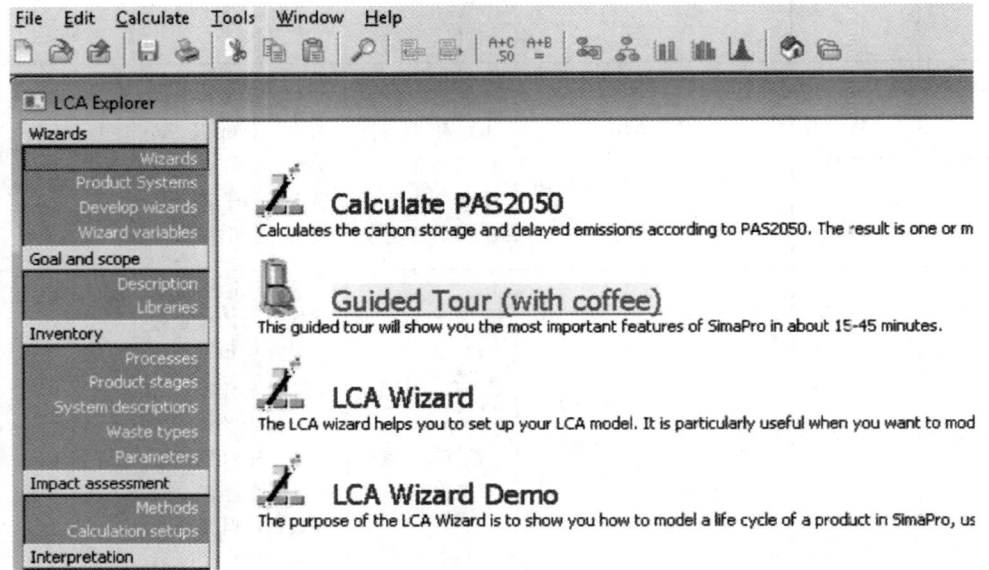

图 3-19　SimaPro 主操作界面

就操作便捷性而言，二者比较接近，但就数据库而言，SimaPro 和 GaBi 各有侧重，SimaPro 更倾向于为学术研究服务，GaBi 则更多应用于工业企业的生命周期评价。SimaPro 数据库主要由如下联合数据库组成：Eco Invent、BUWAL250、Data Archive、ETH-ESU 96 Unit process、IDEMAT2001、Dutch Input Output Database95，数据库中的数据包括物料输入输出数据、能源基础生产数据、包装材料的生产数据，以及全球气候变暖、酸雨效应等数据，这些数据主要来源于各类文献学术研究。SimaPro 软件主要用于计算碳足迹、产品生态设计、产品或服务的环境影响、关键性能指标的决策等。GaBi 软件则涵盖了不同能源与材料的生产流程，基础数量种类多达 800 种，几乎全部来源于产业界与研究单位的清单数据库。GaBi 主要支持生命周期评价项目、碳足迹计算、生命周期工程项目（技术、经济和生态分析）、生命周期成本研究、原始材料和能量流分析、环境应用功能设计、二氧化碳计算、基准研究、环境管理系统支持等项目，主要使用的评价方法包括：CML 2001、Ecoindicator 99、EDIP 97、EPFL 20C2+、EDIP 2003 等。

3.5 生命周期评价技术的局限性

企业的生产运营模式从资源获取、制造装配、产品使用到最终处置，无论在技术上还是地域上都变得越来越多样化，具有全球意识已经成为现代企业的当务之急。同时随着可持续发展观念的深入人心，对于像 LCA 这样具有整体性特征的环境管理工具的需求从未像今天这样迫切。LCA 已经从最初的比较产品对环境产生的影响发展成为行业和政府实现环境可持续性提供坚实科学基础的标准化方法。虽然 ISO 标准中规定了开展 LCA 的一般框架，但仍然留给实践者很大的操作空间，以至于 LCA 经常被批评对于看上去相同的产品却得不到相同的评价结果。关于 LCA 能做什么、不能做什么以及如何与面向可持续发展的战略层面的方法配合使用仍然比较混乱，在很多方面还存在较大的局限性。

3.5.1 应用范围的局限性

传统的 LCA 只关注产品系统对环境的影响，只涉及评价对象在生态环境、人体健康、资源和能源消耗等方面的问题，反映该对象在其整个生命周期内的环境冲击或环境影响。ISO 的 14040 系列标准也把 LCA 的研究范围局限在环境影响方面，因此，传统的 LCA 也被认为是环境 LCA（Environmental LCA，E-LCA）。然而，产品系统在其生命周期过程中除了对环境产生影响外，不可避免地要同时对经济和社会产生相应的影响，单纯地从 LCA 得出的建议不能反映在一个产品系统生命周期内，需要在环境保护和经济社会发展之间作出的权衡。从可持续发展的观点来看，无论是在可持续生产（即对于以可持续发展为目标的企业来讲）方面，还是在可持续消费（即对于制定减少不可持续消费趋势政策的政府）方面，环境问题和经济社会问题的分割将限制 LCA 作为决策支持工具的使用。从纯粹的经济的角度，环境评价和经济评价的分割使分析者很少能把握由于施行相关决策而造成的环境和成本方面的后果及其之间的联系，从而有可能导致错失机会或者使 LCA 在决策制定过程中只能发挥有限的作用，而这一后果在私营机构会显得尤为突出。

3.5.2 数据获取的局限性

LCA 需要大量的基础数据,一个充分的 LCA 项目涉及的数据数目往往成千上万。据估计,一个较完整的材料的 LCA 通常需要达 60 多万条的基础数据。而与此形成强烈对比的是,现实中相关的数据非常缺乏。数据收集与数据缺口之间的矛盾一直困扰着人们,而且也将继续成为 LCA 实际应用的一个主要障碍。另外,LCA 本身就很复杂,它包括了许多变量和原始数据,数据的可得性可能变化很大。而大多数企业往往不可能收集到所有的数据,需要研究人员经常依靠典型的生产工艺、全国的平均水平、工艺的工程估计或专业判断来获取数据,这就有可能导致结果的偏差。商业软件在某种程度上可以使这一问题变得容易些,但是对于其中的数据是如何处理的却并没有进行清楚的表述。

3.5.3 评价方法的局限性

LCA 的评价方法既包括客观因素,也包括一些主观成分,例如系统边界的确定、数据来源的选择、环境损害种类的选择、计算方法的选择以及评价过程的选择等。无论其评价的目标和范围定义如何,所有的 LCA 过程都包含假设、价值判断和折中这样的主观因素。所以,对运用 LCA 评价得出的结论,需要给出完整的解释说明,以区别由试验测量得到的结果和基于假设和判断得出的结论。

评价方法的局限性首先体现在 LCA 的标准化方面。LCA 作为一种环境影响的评价方法,最重要的是保证其评价结论的客观性。由于评价目标以及所采用的量化方法的可选择性,使其对 LCA 结果的客观性有很大的影响。减少这种影响的唯一途径是实施 LCA 的标准化。其目的在于确立普遍适用的原则与方法,为 LCA 的应用提供统一的方案和指南。只有通过标准化的评价过程,才能减少人为的影响因素,提高评价结果的客观性和一致性,从而有利于评价结论的互换和交流。

由于缺乏普遍适用的原则与方法,在 LCA 实施的许多环节中很难实现标准化,而只能提供一些指导性的建议。事实上,由于环境问题的复杂性,在 LCA 的每个环节上实现完全的标准化是不可能的。换句话说,LCA 实施的每一步既依赖于 LCA 的标准,也依赖于实施者对 LCA 方法的理解和对被评价系统的认识,以及自身积累的评价经验和习惯。显然,这些难以完全避免的非标准化的因素会影响到 LCA 评价结果的客观性。

另外,评价方法的局限性表现在数据的量化过程中。首先是在编目分析过程中产生的量化问题。编目分析是量化评价的开始,在收集和计算输入输出的量化数据时,采用的数据来源、计算方法并不是唯一确定的,而取决于实施者的主观选择。原则上讲,在评价一个事件、产品或过程的环境影响时,该系统应包括所有的输入输出数据并进行具体的量化处理。但当一个系统有多个过程时,或一个过程有多个子系统时,各子系统或过程相互间的输入输出对应关系并不是绝对的,如何进行量化数据的分配是一个十分困难的问题。尽管 ISO14041 和 ISO14049 给出了一些指导性的意见,但没有一个通用的方法,只能取决于实施者的选择。

在数据量化处理过程中，权重因子的选择和定义也是一个不确定的问题。量化有利于概括和理解某产品、事件或过程的环境影响，给出一个确定的结果。但在量化过程中对不同类型的环境影响进行比较和叠加时，由于量纲定义上的差异，必然引入一些无量纲的权重因子。而这些权重因子往往由 LCA 实施者来自由选择和定义，由此必然引入一些主观因素，从而产生了数据量化与客观性之间的矛盾。通常希望将 LCA 尽量建立在自然科学的基础上，避免价值判断等主观因素的影响，获得一个客观的评价结果。但事实上在很多环节仅仅依靠自然科学是不足以实现量化的。反过来讲，通过引入大量的主观参数去量化环境影响，其评价的结果必然是因人而异的，没有重复性并且难以验证，使得其客观性受到损害，也就很难得到认同。

思政小结

当前，生命周期评价（LCA）已成为国际公认的绿色产品对话语言，自 2016 年《巴黎协定》实施以来，一些具有前瞻性的企业，如苹果、亚马逊、通用、华为、联想等，将此看作机遇，已经积极展开了各项环境影响核算、披露、减排等行动，并取得了良好的商业声誉和市场回报。绿色贸易在国际贸易中将扮演重要角色，但目前我国大部分企业还徘徊在绿色贸易的门槛之外，部分企业在 LCA 评价方面的工作也相对粗放，因而产品生命周期评价技术的发展，不仅关乎生态文明建设，更是我国增强国际竞争力，跻身"制造业强国"的重要保障。

课后习题

1. 试比较生命周期评价技术与其他环境影响评价方法的区别。
2. 选择一个你所熟悉的产品、事件或过程，用 LCA 方法进行环境影响评价。
3. LCA 包括哪几个阶段？每一个阶段起的作用是什么？
4. 目前较为常用的 LCA 分析软件有哪些？各自的特点又是什么？
5. 简述生命周期评价技术的局限性。

4 物质流分析

> **教学目标**
>
> **教学要求**：理解物质流分析的定义及分类，了解物质流分析方法的发展历史，掌握 MFA 和 SFA 的方法体系，初步学会用物质流分析方法对某一系统或元素的流向进行分析评价。
>
> **教学重点**：物质流分析方法的理论体系及应用实例。
>
> **教学难点**：MFA 和 SFA 的方法体系及相关指标或要素的含义。

当前，物质流分析研究因其强烈的政策导向而受到国内外的关注，通过物质流分析，可以控制物质的投入和流向，分析物质流的使用总量和使用强度，从中找到节省自然资源、改善环境的途径，为环境政策提供新的方法和视角，为决策者提供参考。本章首先介绍了物质流分析的理论基础，包括物质流分析的定义、分类、发展历史及方法框架，之后又对 MFA 和 SFA 的应用实例进行了详细分析。

4.1 物质流分析的理论基础

4.1.1 物质流分析的定义及分类

物质流分析是指在一定时空范围内关于特定系统的物质流动和贮存的系统性分析或评价。它将物质流动的来源、路径、中间过程及最终去向联系在一起。物质流分析以质量守恒定律为基本依据，将通过经济系统的物质分为输入、贮存与输出三大部分，通过研究三者的关系，跟踪、定位物质利用及迁移、转化途径。根据质量守恒定律，物质流分析的结果总是能通过比较其所有的输入、贮存及输出过程以控制其简单的物质平衡。正是物质流分析的这种显著特征，使得其成为资源管理、废弃物管理和环境管理等方面极具魅力的决策支持工具。

根据研究对象的不同，物质流分析可分为元素流分析（Substance Flow Analysis，SFA）、原料或产品的物质流分析（Material Flow Analysis，MFA）。SFA 主要研究某种特定的物质流，如涉及铁、铜、锌、锰等对国民经济有着重要意义的物质流，涉及砷、铅、汞、镉等对环境有较大危害的物质流和涉及钢铁、化工、林业等产业部门的物质流。MFA 主要研究国家经济系统的物质流入与流出情况。在广义 MFA 的定义中，material 既包括物质（substance），也包括产品（goods）。在这个意义上，广义 MFA 包含了 SFA。狭义 MFA 的研究对象为既定系统内的综合流，这与 SFA 研究既定系统内某一特定物质流是不同的。

按照研究系统空间边界的不同，物质流分析又可以分为对全球、国家、地区或企业等不同尺度的研究，其中全球或国家层面的物质流分析属于宏观层次，区域或城市的研究是中观层次，而针对企业或特定产品的研究可算作微观层次。

从时间角度来看，物质流分析可分为静态和动态两种，前者又叫定点观察法，描述特定时间范围内（通常是1年）物质的流动和库存情况，不考虑物质的平均使用寿命，基于简单的质量守恒定律来理解系统；后者也叫跟踪观察法，时间范围通常是一个时间段，更关注系统内流量和存量随时间的变化趋势，且可以对未来一定时间内的发展趋势和环境影响进行情景模拟。

4.1.2 物质流分析的发展历程

物质流研究的基本准则——质量守恒定律或"投入等于产出"思想最早可以追溯至2000年以前，由古希腊哲学家提出。直到18世纪，法国化学家Antonie Lavoisier才通过实验证实："化学过程并不改变物质的总质量，质量不会平白无故地增加或减少"，自此质量守恒定律得到公认。物质流分析真正起源于"社会代谢论"，19世纪50年代，Jarob Moleshott在生物学领域提出："生命是一种代谢现象，是能量、物质和环境的交换过程"。此后，尽管物质流分析的概念和方法还未建立，质量守恒定律这一准则已被逐渐应用于医药、化学、社会学、生态学和生命科学等领域。

20世纪30年代，Leontief将投入-产出表用于经济领域核算体系中，为该方法在解决经济问题中的广泛应用奠定了基础。1969年首个国家尺度经济领域的物质流分析研究诞生。此后，经济系统中应用物料平衡的方法研究物质流动的应用逐步得到发展。20世纪70年代，资源保护与环境管理领域中首次出现了该方法的应用，分别是对城市新陈代谢和流域等污染物的调查研究。此外，这一时期德国与荷兰的相关部门开始应用该方法为磷等特殊化学物质制作平衡表，这些实践为物质流分析的发展奠定了基础。

20世纪80年代，随着可持续发展概念的提出，物质流分析作为衡量与反映经济发展与环境影响的理论应运而生，其概念于1988年被Udo de Haes首次提出。同时期，"工业代谢"的概念和研究目的被进一步明确，即工业代谢是指把物质和能源通过劳动力转化成产品和废物的整个过程，其目的是通过系统中物质的流动情况来更好地理解环境污染的原因和改善途径。由此，物质流分析作为产业生态学领域的分析工具开始得以发展。Ayres等人对1885—1985年哈德逊—拉里坦盆地主要污染物的来源、路径和贮存进行分析，探索了人类活动对水生环境的长期影响，特别是对哈德逊河湾鱼类种群的影响。同时期，丹麦国家环保署应用该方法对一些有毒重金属及多氯联苯（PCBs）和氯氟烃（CFCs）进行了国家尺度的物质流研究，进一步促进了物质流方法在实践中的应用。

20世纪90年代，物质流分析迈入快速发展的新阶段。Baccini，Brunner和Bader引入了"人类活动"和"人类代谢"的概念，通过全面系统地定义MFA方法，进一步拓展了它的应用。日本、奥地利、德国相继应用该方法针对本国开展了经济系统核算，进而拉开了物质流方法在全球范围广泛应用的序幕。1996年欧盟委员会成立"协调账户（ConAccount）计划"，这一举措被称为物质流研究进程中具有里程碑意义的行动。1997年，Fischer-Kowalsky等人将社会科学与物质流方法相结合，研究了从早期农业社会到现在增强的人类代谢的转变。此后，国家层面的研究日益增多，1997年世界资源研究所对美国、奥地利、日本、德国、荷兰5个国家进行了经济系统核算。之后，还有很多国家对本国经济系统进行了研究，如芬兰、瑞典、法国、意大利、丹麦、英国等。伍珀塔尔气候、环境、能源研究所对来自欧洲、亚洲和美洲几个国家的物质流动信息进行收集和比较。马修斯及其同事在《国家的权重》中记录并比较了五个工业经济体（奥地利、德国、日本、荷兰和美国）的物质流出，并建立了物理指标以弥补国内生产总值等经济指标忽略环境成本的缺陷。与此同时，学者 Van der Voet Ester 和 Udo de Haes 对 SFA 的研究框架进行了明确，包括"目标和系统边界""结果解释"，进一步促进了物质流研究在产业生态学领域内的应用。

2000年，来自耶鲁大学工业生态研究中心的同行启动了针对国家和全球尺度的铜、锌两种元素的物质流研究，即所谓的存量和流量项目，旨在通过识别金属整个生命周期过程的流量和库存，从中找到提高资源利用率和改善环境的措施。2001年，欧盟统计局发布了国家经济体系 MFA 的指导性文件（EUROSTAT, 2001），提出了国家经济系统 MFA 研究的方法，为经济领域的相关研究提供了官方指南。2004年，由 Brunner 和 Rechberger 合著的 *Practical Handbook of Material Flow Analysis* 一书问世，该书是唯一一本与物质流研究相关的书籍，从物质流分析的定义、发展历史、应用范围和研究目的着手，对 MFA 进行了全面介绍，并结合案例分析，描述了相关数据库管理和软件操作的具体方法。

近年来，可持续发展问题成为各学科的研究热点之一，金属资源代谢问题也受到越来越多的关注，物质流特别是 SFA 在产业生态学领域的应用蓬勃发展。很多学者对金属资源在世界、国家和地区不同层面的代谢问题进行了研究，表 4-1 列举 2000 年以来国内外对单个元素物质流的代表性研究，从表中可以看出，铁、铜、铝、铅、锌等大宗矿产的研究已经比较多见，这些研究为产业发展和资源回收利用提供了重要信息，同时也为环境影响和评价提供了理论依据。

表 4-1 国内外对单个元素物质流分析的研究进展

层次	静态	动态
全球	铁、铜、铝、铅、锌、镍、稀土元素	铁、铝、铜、锡、铅、钴、磷
大洲	氮、铝、磷、铬、铁、镍、铜、锌、银、铅	铝、铜、铅
国家/地区	美国：铁、铜、铝、锗、钨、锑 日本：铁、铜、铝、铬、镍、钴、镓、锗、硒、锆、钼、镉、铟、铅、铋 中国：铁、铜、铝、铅、锌、铟	美国：铁、铜、铝、钴、钨 日本：铁、铜、铝、铬、镍、钴、铟、锑、铅、镉 中国：锡、铁、铜、铝、钨、锂、镍、钴、石墨、磷

4.1.3 物质流分析方法的框架

4.1.3.1 MFA 的方法体系

MFA 包括经济系统物质流分析、产业部门物质流分析和产品生命周期评价 3 个层次。它以质量守恒定律为基本依据,将通过经济系统、产业部门和企业的物质分为输入、贮存与输出三大部分,通过研究三者的关系,跟踪、定位物质利用及迁移、转化途径。物质流分析方法对区域经济系统物质流动状况进行研究的框架如图4-1所示。

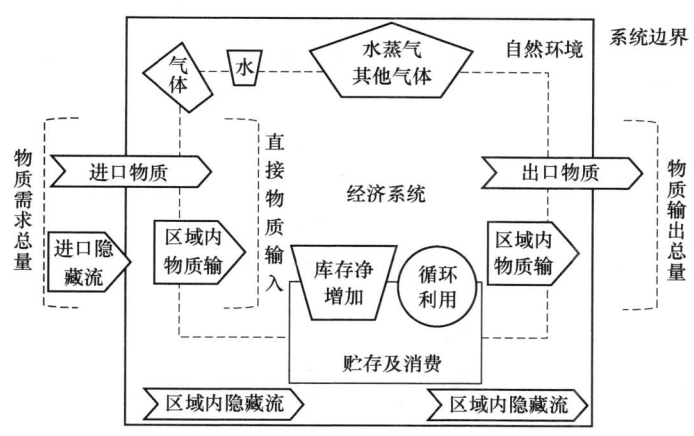

图4-1 物质流分析研究框架

在物质输入端,进入经济系统的自然物质分为直接物质输入和隐藏流两个部分。直接物质输入是指直接进入经济系统的自然物质,包括生物质、固体非生物物质(包括化石燃料、工业矿物、建筑材料等)、水、空气四大类。隐藏流也称生态包袱,是指人类为获取直接物质输入而必须动用的数量巨大的环境物质,主要包括开采化石能源、工业原材料时移动的表土量和引起的水土流失量,生物收获的非使用部分(木材砍伐的损失、农业收割的损失等),建筑遗弃土方及河流疏浚,自然环境水土流失量。通常用隐藏流系数来衡量不同直接输入物质的隐藏流。直接物质输入和隐藏流又分为区域内部开采和进口两部分。在物质输出端,物质输出总量由出口物质、区域内物质输出、区域内隐藏流三部分组成。其中,区域内物质输出由经济系统排出的固体废弃物、废水、废气组成。输入和输出物质的具体分类分别见表4-2和表4-3。

表4-2 输入物质的分类

物质分类		可选指标
区域内物质输入	非生物质	化石燃料	煤、石油、天然气、其他
		金属矿物	铁矿石、有色金属矿石
		工业矿物	黏土、砂石等
		建筑材料	砂砾、石灰石、砖石、石材等
	生物质	农产品	水果、蔬菜、其他作物等
		农业副产品	具有价值的农作物残余
		林业产品	木材、除木材以外的其他原材料
		牧业产品	永久性草场的牧草等
		渔业产品	海洋鱼类、淡水鱼类等
		其他产品	蜂蜜等

续表

物质分类		可选指标
进口物质	原材料	化石燃料、矿物质、生物质等
	半成品	以化石燃料、矿物质、生物质等为基础的半成品
	成品	以化石燃料、矿物质、生物质等为基础的成品
	其他产品	其他生物质产品、非生物质产品
平衡项		燃烧含碳、氢、硫元素的物质等需要的氧气，呼吸需要的氧气，生产过程中需要的氧气
区域内隐藏流		开采化石燃料、工业原料时产生的隐藏流
		部分未被使用的生物质
进口隐藏流		进口化石燃料、矿物质时的直接隐藏流和间接隐藏流

表 4-3 输出物质的分类

物质分类		可选指标
区域内物质输出	气体污染物	CO_2、SO_2、NO_x、VOC、CO、N_2O、NH_3等
	固体污染物	城市生活垃圾、工业和商业固体废弃物、污染治理中产生的固体污染物
	液体污染物	含氮、磷的液体污染物，其他液体污染物
	耗散性物质	农业中化肥的耗散、产品因磨损和侵蚀等的耗散
出口物质	原材料	化石燃料、矿物质、生物质等
	半成品	以化石燃料、矿物质、生物质等为基础的半成品
	成品	以化石燃料、矿物质、生物质等为基础的成品
平衡项		燃烧过程中产生的水、生产过程中产生的水、代谢过程中产生的水
		代谢过程中产生的 CO_2
区域内隐藏流		开采化石燃料、工业原料时产生的隐藏流
		部分未被使用的生物质
出口隐藏流		出口化石燃料、矿物质时的直接隐藏流和间接隐藏流

在对经济系统进行物质流分析的基础上，可得到输入指标、输出指标、消耗指标、平衡指标、强度和效率指标、综合指数六大类共十多个物质流分析指标，这些指标的计算公式见表 4-4。

表 4-4 MFA 指标分类及其计算公式

	指标	简写	计算公式
输入指标	直接物质输入	DMI	区域内物质开采＋进口
	物质总投入	TMI	直接物质投入＋区域内隐藏流
	区域内物质总需求	DTMR	区域内物质开采＋区域内隐藏流
	总物质需求	TMR	物质总投入＋进口隐藏流

续表

	指标	简写	计算公式
输出指标	区域内加工产出	DPO	废物排放＋产品浪费和损失
	直接物质产出	DMO	区域内加工产出＋出口
	区域内总产出	TDO	区域内加工产出＋区域内隐藏流
	物质总产出	TMO	区域内总输出＋出口
消耗指标	区域内物质消耗量	DMC	直接物质输入－出口
	物质总消费	TMC	物质需求总量－出口及其隐藏流
平衡指标	物质库存净增量	NAS	物质总需求－物质总输出
	实物贸易平衡	PTB	进口－出口
强度和效率指标	物质消耗强度	MCI	区域内物质消耗量÷人口基数 或 区域内物质消耗量÷GDP
	物质生产力	MP	GDP÷区域内物质消耗量
	环境效率	EE	GDP÷废弃物产生量
综合指数	分离指数	DF	经济增长速度－物质消耗或污染排放增长速度
	弹性系数	EC	物质消耗或污染排放增长速度÷经济增长速度

输入指标：直接物质输入衡量的是经济发展中生产和消耗所需要的物质投入总量，等于区域内资源开采量与进口资源量之和；总物质需求指的是除了总物质投入外，还包括进口资源量以及对其他国家或区域环境造成影响的部分，它衡量的是经济发展所需要的总的物质基础。需要说明的是，由于尺度的不同，这里的进口指从其他国家或区域进入本研究区域的过程，出口指从本研究区域输出到其他国家或区域的过程，以下不再单独说明。

输出指标：区域内加工产出，主要指的是用于区域内经济活动的总物质量。这些物质主要用于生产和消费过程中加工、制造、使用以及最终处理和处置。出口的资源和产品不包括在内，因为它们使用后最终处理在其他国家或区域。区域内总产出主要指的是区域内加工产出加上区域内资源开采出来不能利用的部分。它反映了国家经济活动中物质流与环境压力的关系。直接物质产出是区域内加工产出和出口的总和。

消耗指标：区域内物质消耗量衡量的是经济发展所需要的直接物质消耗量，不包括隐藏流，它等于直接物质输入减去出口量；总物质消耗衡量的是区域内消耗活动所需要的一次性总物质需求，它等于物质需求总量减去出口量以及所产生的隐藏流。

平衡指标：库存净增加衡量的是经济发展的物质增长。每年新的物质通过新增建筑物和其他基础设施建设，新的耐用消费品如汽车、工业机械、家用电器等增加到经济系统中，而同时一些老的建筑物被拆除，耐用消费品被处理、处置等，二者之差就是库存净增加；物质贸易平衡衡量了一个经济系统的物质贸易盈余或赤字，它等于进口物质量与出口物质量之差。

强度和效率指标：强度指标衡量的是人均或者单位 GDP 消耗的物质量或排放的废物量，即资源消耗强度和污染强度。资源消耗强度可以衍生出能源消耗强度、水资源消耗强度、矿产资源消耗强度等更多的专项指标，污染强度也可分为水污染强度、大气污染强度、固体废弃物排放强度等。效率指标衡量的是资源消耗、污染排放等与经济投入有关的生态效率指标，如物质效率指标、环境效率指标等。物质效率又称物质生产力，它表示每单位区域内物质消耗量的国内生产总值，可细化为能源生产力、水资源生产力、矿产资源生产力等指标。环境效率指标表示每单位污染物质排放量的产业增加值，强度指标与效率指标互为倒数。

综合指数：循环经济发展的目的就是将经济增长与物质消耗和环境退化分离或者脱钩，随着经济的快速增长，资源和物质消耗量也逐渐增长，对环境的压力越来越大，而循环经济发展的模式就是为了达到在节约资源、减少物质消耗的同时，延缓甚至阻止生态环境退化的趋势，从而实现经济的持续增长和社会秩序的稳定。分离指数和弹性系数就是用来衡量物质消耗、环境退化与经济增长之间相关性的综合指数，具体来说，分离指数表示研究区经济产值年均增长速率与环境压力年均增长速率之间的差异值；弹性系数表示环境压力的年均增长率与经济产值的年均增长率之间的商值，这两种指标在近年来的经济增长与环境压力的"耦合"或"脱钩"的研究中占有越来越重要的地位，并为当地政府和相关研究领域或部门在发展经济与资源环境保护的决策中提供科学的理论依据。

无论是宏观层面、中观层面还是微观层面的物质流分析，都包括如下步骤：

(1) 确定研究范围

确定研究范围指确定研究的时间和空间范围，其中，时间范围比较容易确定，就是研究对象的时间跨度；空间范围的确定，即研究对象的系统边界确定，可以按照研究目的和需要，选定一个国家、一个地区、一个行业或一个企业等。

(2) 确定代谢主体和物质流种类

根据研究对象的特点，可以有选择性地确定符合需要的代谢主体。物质流种类可按照欧盟统计局对有关物质输入、输出的分类细目确定。

(3) 构建物质流账户并进行物质流核算

根据研究范围和物质分类构建各环节的物质流账户，并对其进行核算。这涉及物质输入、输出和存量环节，构建物质流账户后，每一个环节包括不同物质流账户指标。

(4) 分析与评价结果

对物质流的定量核算结果进行分析与评价，可以实现预先设定的研究目的，如分析资源利用效率、确定特定目标等。

4.1.3.2 SFA 的方法体系

SFA 主要包括物质、过程、库存与流四个要素。

1. 物质

物质是 SFA 的研究对象，这里的"物质"是从化学意义上来理解的，一般指特定化学元素或者化合物，也可以是特定物质或者材料。在具体分析时，会涉及物质的不同形态。例如，研究铜的代谢时，一定会考虑铜在系统中转换的各种途径及其所存在的形态，包括铜矿（和其他含铜矿石）、纯铜、铜合金、各类含铜制品等。

2. 过程

指物质在系统中的转化、输送或贮存，也可以称之为整个研究系统内的子系统。物质在整个产业经济体系中存在不同层面的转化过程，如生产过程、消费过程和在自然系统中的转化。输送指物质形式并未转化而位置发生改变，该过程包括所有的为输送而发生的物质流动和废物排放过程。在分析中，有时将过程看作黑箱而只分析输入和输出情况，但如果有必要，这些过程可以被细分为两个或者多个子过程，以便于更细致地分析整个过程。

3. 库存

在"过程黑箱"中，物质停留在该系统内而没有发生转化及运行的过程称为贮存，而物质的存储数量一般被称为物质的库存。库存的质量和变化速率（累积或者损耗）都是描述存储过程的重要指标。如果物质在某一过程中停留很长时间（如超过 1000 年），此时该过程称为最终的汇。严格来说，在社会经济系统内的每一个子系统内都有可能产生库存，而在自然环境中的库存一般称之为汇。

"过程"是进行物质流分析的基本单位，如图 4-2 所示。针对一个研究对象，如一个国家，可以先描绘出这个系统的主要输入（1，2，3）及输出过程（4，5），然后进一步分析系统内的主要过程及子过程，并分析各过程之间的物质流（6，7，8）。当然，分析的详尽程度视研究目的和研究条件而定。

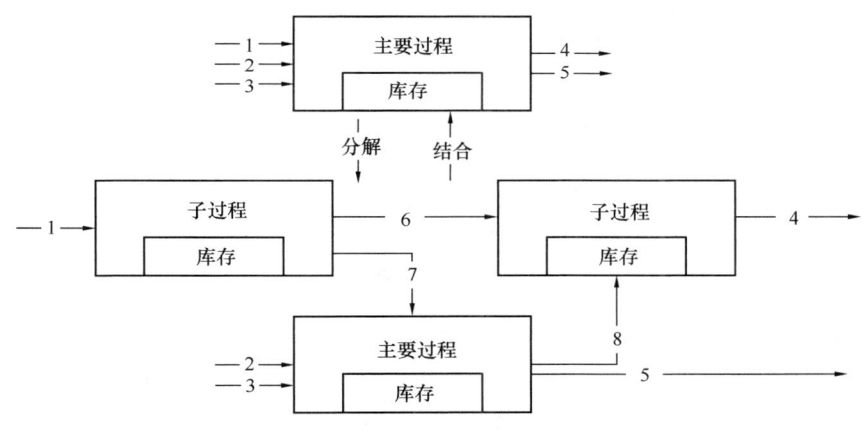

图 4-2 SFA 中的"过程"分析

4. 流

系统内的每一个过程都有一个输入流端和输出流端，过程与过程之间通过各"流股"相联系。流量和流速用来表征这些物质流的强度和速度，但在常见的 SFA 研究中，一般关注的是每年"流量"（也可用"流"来指代），而不涉及流速。

从 SFA 方法出现以来，相关领域内出现了诸多的研究成果。但迄今为止，SFA 研究并没有公认的标准化方法体系。其在荷兰莱顿大学的 Udo de Haes 等人于 20 世纪 90 年代提出的技术框架的基础上，结合对已有的 SFA 实证研究成果的总结，可以将 SFA 的基本程序概括提炼为：

（1）目标和系统界定

必须明确所要解决的问题，然后根据问题确定研究目标。系统的界定主要包括三个方面，即物质、时间、空间，另外在有必要的情况下也要对系统内的子系统进行界定。

（2）SFA 分析框架确定

对于 SFA 研究来说，非常重要的一步是确定 SFA 所涉及的系统的拓扑结构，也就是对（1）所界定的系统进行细化，识别需要分析的过程单元和流股。

（3）数据获取与计算

（4）SFA 结果的解释

由以上分析可见，SFA 研究是对进出某一经济实体（区域、国家甚至全球）或者地理范围内的某种物质的迁移路径绘制流程图，建立分析模型，并进行结果解释的一个过程。SFA 的一般性研究框架可以表示为图 4-3。

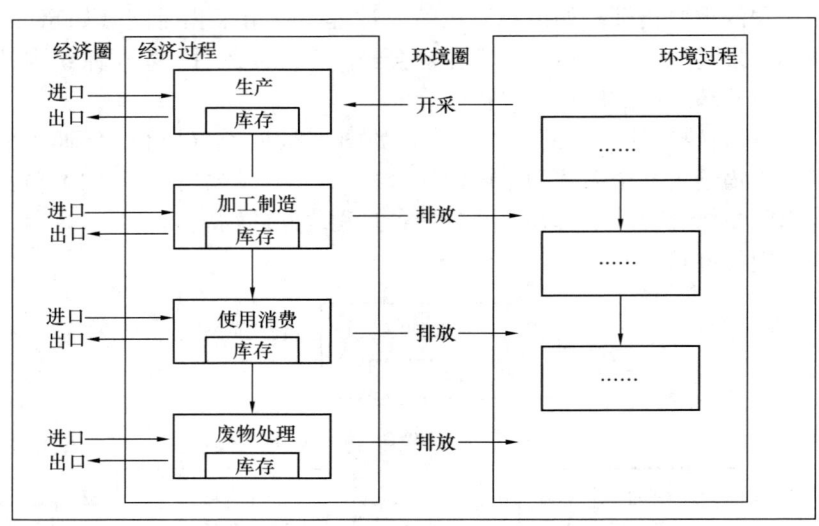

图 4-3　SFA 分析框架

具体来说，物质在经济系统中所有的路径，应从矿石开采起，经过生产、加工制造到消费使用，再到最后的废物处理和再生利用；物质在环境系统中的迁移路径一般不在分析范畴内，但物质从经济系统向环境系统的排放是很多 SFA 研究的重点所在。

物质流一般包括：基于产品或者原料供应关系的正向流，废弃产品流，基于废物循环利用的逆向流，最终废物的处理流，过程损耗而产生的向环境排放的流，贸易进出口流。

库存包括经济系统中的库存和环境系统中的库存两大类。前者包括尚未使用的工业中的产品和原材料、社会使用中的产品、社会不再使用但仍未废弃的产品，后者包括岩石圈中的自然资源和填埋废物。

就研究对象视角的差异而言，SFA 可分为定点观察法和跟踪观察法。

1. 定点观察法

为了研究某种产品生命周期中的物流状况，选定物流中的一个区间作为观察区，观察区间内物流的变化，弄清这一区间内生命周期各阶段流入和流出的有关物质量。如果把物料的流动比喻成一条河流，那么用这种方法研究物流好比是站在一座桥上，进行定点观察。这座桥的位置一般都选在某一年度的产品生命周期的始端，从这里能观察到上一个生命周期的回收阶段和本生命周期的生产、制造阶段以及部分使用阶段。

基于这一方法，可以建立一个实际应用模型。以研究一个国家或地区在一段时间内金属的贮存及流动状况为例,绘制出流程图(图 4-4)。以第 t 年为研究对象,各股物流的流量,都按它们各自的成分换算成金属 M 的流量。第 t 年 M 产品和制品的产量分别为 P_t 和 M_t;N 为可回收的报废金属制品量;R 为生产中投入的矿石量;I_1、I_2、I_3 和 I_4 为净进口(进口－出口)的作为金属 M 生产、制品加工制造、使用和废物处理阶段的物质量,C_1 和 C_2 分别为生产和加工制造阶段 M 的损失量;A 和 B 分别为生产阶段投入的折旧废金属和加工废金属量;D 为废物处理阶段损失的 M 量。

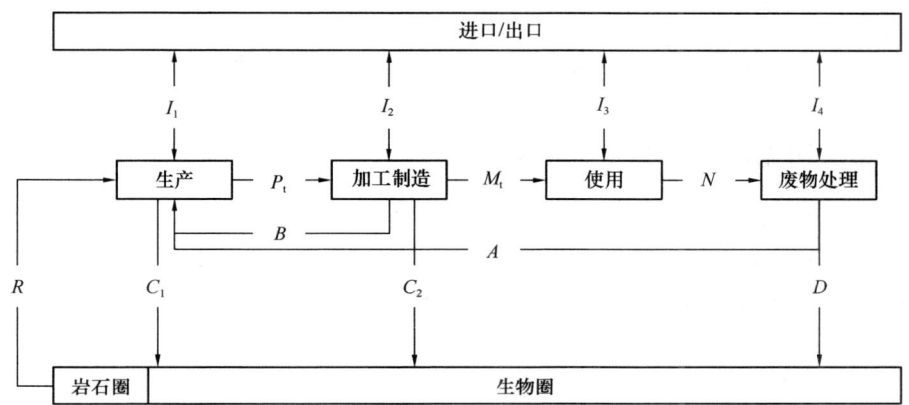

图 4-4 定点观察法的实际应用模型

2. 跟踪观察法

为了研究某种产品生命周期中的物流状况,可以选定一定数量的该种产品,作为观察对象。然后,沿着这些产品生命周期的轨迹,对它进行观察。如果仍用河流比喻物流,那就好比是坐在一条船上,顺流而下,对选定的那些物料对象,进行跟踪观察。跟踪的行程,至少要从某一个生命周期的起点,一直到它的终点,途中经过产品的生产、制造、使用和报废后的回收等阶段。必要时,甚至要连续观察一个以上的生命周期。在跟踪观察每一个生命周期的航程中,会看到两条支流:一条在它的始端,向生产阶段输入天然资源;一条在它的末端,向周围环境输出未回收的废弃物。

基于这一方法,可以建立 SFA 的物流跟踪模型。举例来说,若选定的观察对象是一个国家或地区在某一年(第 t 年)内生产的全部某种金属产品,可以绘制如图 4-5 所

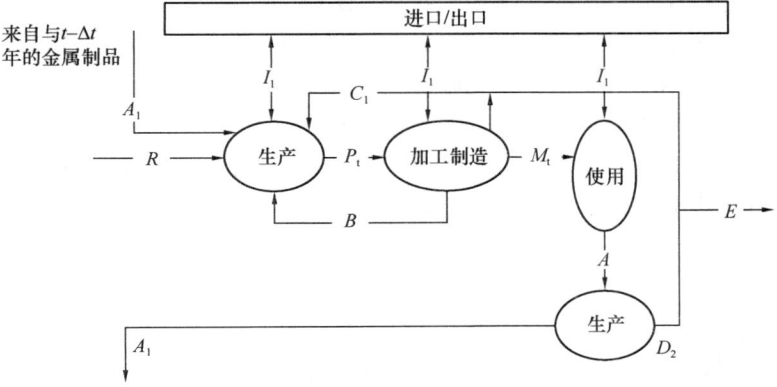

图 4-5 跟踪观察法的实际应用模型

示的该种金属产品生命周期的金属流图。以第 t 年为基准年，假设这种金属制品的平均使用寿命为 Δt；P_t、M_t、R、C_1、C_2、I_3 的定义同图 4-5，A_1 为回收利用的折旧废金属，来自第 $t-\Delta t$ 年生产的经使用报废的金属 M 制品；I_1 和 I_2 分别为净进口（进口－出口）的作为金属生产和制品制造阶段的物质量；D_2 和 A_2 分别为第 $t+\Delta t$ 年回收第 t 年生产的金属制品时损失和回收的金属量；E 是金属制品一个生命周期内损失到环境中的金属量。

4.2 元素流分析（MFA）的应用实例

4.2.1 重庆市循环经济情况的分析

1. 研究目的与范围

基于物质流分析方法，核算 2000—2017 年重庆市社会经济系统和自然环境系统间的物质流，通过分析重庆市输入和输出经济系统边界的物质流量和结构组成变化，测度其环境可持续发展能力。

2. 物质流种类及数据来源

各物质流种类及指标具体见表 4-5。数据来源主要包括：主要数据来源于《重庆市统计年鉴》《中国统计年鉴》；生物质数据来源于《中国林业统计年鉴》《中国农业年鉴》《中国农村统计年鉴》《重庆调查年鉴》；非生物质数据来源于《中国工业统计年鉴》《中国能源统计年鉴》；区域过程排放核算的大部分数据来源于《中国环境统计年鉴》《中国循环经济年鉴》；调入和调出物质数据来源于《重庆市统计年鉴》《中国海关统计年鉴》。

3. 物质流核算

物质流分析主要核算经过社会经济系统和自然环境系统边界的物质，分为输入端和输出端两大部分。输入端主要核算物质包括区域内资源开采和区外调入两部分，区域资源开采主要包含生物质、化石燃料、其他矿物三大类；区外调入主要包括原材料、半成品和成品两大类。输出端主要核算物质包括区域过程排放和区内调出两部分，区域过程排放主要包括各类污染排放物和耗散性物质流失量；区内调出与区外调入核算物质种类一致。除了直接参与经济系统加工生产和直接排放到自然环境系统的废弃物外，物质流分析还核算了参与经济生产活动但不纳入指标体系的气体，如：氧气、二氧化碳，这部分气体用来平衡输入与输出的质量守恒等式。另外，关于隐藏流的计算和分析也是本文的重点，这部分物质虽然不参与经济生产活动却因为数量庞大、质量巨大给自然环境带来巨大压力，因此关于区域内隐藏流、调入和调出隐藏流的计算也是不容忽视的。水的输入和输出量要比其他物质输入和输出量的总和高 2～3 个数量级，如果将水和其他物质加总分析会冲淡其他物质的作用，故本研究不对水进行核算。

4. 评价结果分析

根据物质流核算原则和方法，计算得到重庆市 2000—2017 年物质流分析指标，见表 4-5。

表 4-5 重庆市物质流分析指标

年份(年)	输入项			输出项				消耗项			平衡项		效率与强度			综合指数	
	直接物质输入/万t	物质总输入/万t	区域内物质需求/万t	物质总需求/万t	区域过程排放/万t	区域内物质输出/万t	直接物质输出/万t	物质总输出/万t	区域内物质消耗/万t	物质消耗总量/万t	贮存净增量/万t	物质贸易平衡/万t	物质消耗强度/(t/人)	物质生产力/(元/t)	环境效率/(万元/t)	分离指数	弹性系数
	DMI	TMI	RTMR	TMR	RPO	TDO	DMO	TMO	RMC	TMC	NAS	PTB	IMC	MP	EE	DF	EC
2000	—	—	—	—	1066	28766	1456	29156	—	—	—	—	—	—	1.68	—	—
2001	—	—	—	—	985	37089	1486	37591	—	—	—	—	—	—	1.99	0.17	—
2002	19328	57083	56484	58384	986	38742	1517	39272	18798	57322	17811	69	6.68	1118.12	2.19	0.10	−0.20
2003	18995	59648	59235	60538	974	41627	1604	42257	18366	59278	17391	−216	6.55	1270.82	2.48	0.13	0.88
2004	20781	67740	67132	69039	965	47924	1372	48330	20375	68226	19409	201	7.29	1306.80	2.81	0.13	0.85
2005	23257	75052	74002	77297	977	52772	1818	53613	22416	75615	21439	209	8.01	1305.52	3.11	0.11	−0.18
2006	22901	78127	77229	79978	876	56102	1873	57099	21904	77984	21028	−100	7.80	1491.53	3.90	0.23	0.16
2007	24274	83478	81714	87251	800	60004	2621	61826	22453	83609	21653	−57	7.97	1632.28	4.95	0.25	0.68
2008	26512	93022	89715	100329	863	67373	2703	69213	24673	96650	23809	1468	8.69	1712.70	5.26	0.07	0.03
2009	26793	97359	93230	106772	840	71406	2862	73428	24771	102727	23931	2107	8.66	1950.71	6.22	0.18	1.17
2010	31663	108448	104084	118276	869	77654	2773	79558	29759	114469	28890	2460	10.32	1934.56	7.05	0.14	0.74
2011	34924	119484	114040	131797	732	85292	2305	86866	33350	128649	32618	3871	11.43	2041.56	9.75	0.32	−0.11
2012	34303	136793	130670	151374	712	103203	2172	104663	32842	148454	32130	4663	11.15	2361.24	11.38	0.16	0.18
2013	35115	159501	153790	173685	700	125085	2235	126621	33580	170614	32880	4175	11.31	2590.29	13.00	0.14	0.03
2014	35270	204267	198497	218330	720	169717	2293	171290	33696	215182	32976	4196	11.26	2860.07	14.01	0.08	1.20
2015	39234	204211	196382	223104	732	165708	1806	166782	38160	220955	37428	6754	12.65	2853.88	15.30	0.09	1.20
2016	39044	194720	188135	210093	685	156360	2134	157809	37595	207194	36911	5136	12.33	3174.59	18.11	0.17	−0.14
2017	36352	186519	178674	205175	689	150856	1519	151686	35522	203516	34833	7015	11.55	3726.88	19.65	0.09	−0.59

由表 4-5 可知，在输入端，2002—2014 年重庆市区域内物质需求、物质总输入、物质总需求三者逐年增加，且增长趋势基本一致。物质总需求从 2002 年的 58384 万 t 逐年增加到 2017 年的 205175 万 t，净增加 146791 万 t，增长幅度为 251.42%，年均增长率为 8.74%。直接物质输入从 2002 年的 19328 万 t 波动增加到 2017 年的 36352 万 t，净增加 17024 万 t，涨幅 88.07%，年均增长率 4.30%。输入端指标间相比，其他三者不仅在实物量上远高于直接物质输入，而且增幅和年均增长率均高于直接物质输入，物质总需求的年均增长率是直接物质输入年均增长率的 2.03 倍，差距主要源于区域内隐藏流和调入隐藏流。虽然输入端物质量仍然居高不下，但以 2015 年为分界点到研究末期，四个指标连续下降，直接物质输入、区域内物质需求、物质总输入、物质总需求降幅分别为：7.35%、9.02%、8.66% 和 8.04%。

以上说明，一方面，重庆自然环境系统仍然需要为支持社会经济系统运转提供大量的资源，来满足经济快速增长及提高人民生活水平的物质需求，资源依赖下的经济发展对环境压力的影响还将持续；但另一方面，重庆经济高速增长的同时伴随着技术进步和产业结构调整优化，资源利用效率也在明显提高，进而出现近几年物质输入量逐年降低的良好趋势。在继续保持物质相对减量化良好态势的情况下，应进一步对输入端占比极高的区域内隐藏流进行合理利用，减轻环境压力，促进重庆市环境可持续发展。

图 4-6 为直接物质输入的组成，由图可知，重庆市本地资源开采量所占比例从 2002 年的 96.90% 波动下降到 2017 年的 78.42%，说明随着重庆物质需求的不断提高，不能只单纯依靠本区域内的资源开采来发展经济，而将部分环境压力转移到本区域外。虽然通过区外调入的方式减轻了重庆本地资源的消耗及环境压力，但如果将地球作为一个整体系统来考虑，重庆社会经济发展动用整个自然界物质的总量仍居高不下。

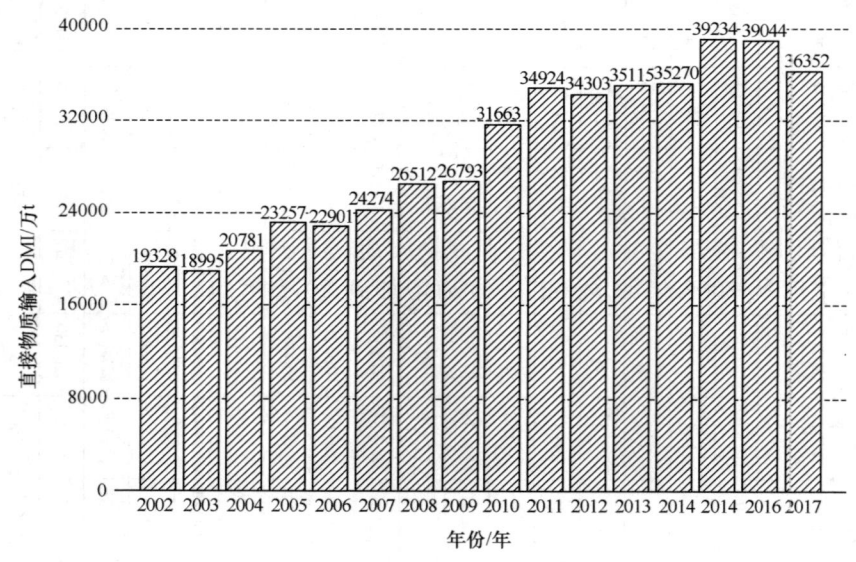

图 4-6 直接物质输入的组成

在输出端，2000—2014 年重庆市物质流输出总量保持快速增长，物质总输出从 2000 年的 29156 万 t 逐年增加到 2014 年的 171290 万 t，期间净增加 142134 万 t，累计增幅为487.49%。以2014年为分界点,物质总输出逐年下降至2017年的151686万t,降幅为11.44%。区域内物质输出只与物质总输出相差一个重量相对很小的调出物质量,所以区域内物质输出变化规律与物质总输出基本完全一致。两者呈现上述变化趋势,主要原因在于调出物质及调出隐藏流的减少,2017年调出物质相比2014年减少了774万t,同时期内调出隐藏流减少了1826万t。

比较物质总输出和直接物质输出,明显看出隐藏流对物质输出规模影响巨大,研究期内隐藏流占物质总输出的比重一直在95%以上。结果进一步表明,资源开采过程中隐藏流带来的环境压力不容小觑,但这部分却往往容易被人们忽视,人们将更多的注意力放到常见的碳排放、二氧化硫、重金属污染等方面,提醒我们应该加大对隐藏流的关注力度。另外,还说明物质流分析将各种污染物质同等看待,其实不同污染物质对自然环境造成的影响有很大区别,同样质量的废砂石和含重金属的原料在自然环境中的贮存和流动带来的危害天壤之别,这一点值得我们注意和反思。

消耗项方面,区域内物质消耗是直接物质输入和调出物质之差,表示社会经济系统内部本地直接使用物质的总量,不包含未直接使用的隐藏流。物质消耗总量是物质总需求减去调出和调出隐藏流的差值,反映生产、加工、消费等社会经济活动中消耗物质总量,包括区域内隐藏流和调入隐藏流。物质消耗总量变化趋势与物质总需求基本一致,说明区域内隐藏流在其中起了主导作用,虽然区域内开采物质的未使用部分并未直接参与到经济活动中,但它也成为社会留存量算作间接消耗物质,还会对自然环境产生负面影响。区域内物质消耗从2002年的18798万t增加到2017年的35522万t,净增量16724万t,累计增长88.97%,说明重庆市经济发展主要依靠消耗本地直接使用物质。

在平衡项的指标方面,贮存净增量从2002年的17811万t增长到2017年的34833万t,增加了约0.96倍,其变化趋势与区域内物质消耗基本一致,重庆市物质贸易平衡除2003年、2006年、2007年外一直保持物质贸易顺差,且整体来看呈波动增长的趋势,调入物质实物量远高于调出物质实物量。说明一方面,重庆市利用区外资源发展本地区经济,将缓解的本地环境压力转移到了区外;另一方面,也反映出重庆市调入区外重量较大的物质资源,如矿物原料等,在本区域内进行加工生产,再将大量成品调出区外,通过调入调出贸易流通累计财富。

物质消耗强度是平均每人每年的直接物质消耗(不包含隐藏流)。由表4-5可知,物质消耗强度从2002年的6.68t/人波动增加到2017年的11.55t/人,增长速度为72.97%,年均增长率为3.72%。2015年人均直接物质消耗量达到最大12.65t,之后才开始缓慢下降。伴随着人口规模不断扩大,人均消耗物质量反而减少,主要有两方面的原因:一是技术水平的提升,不仅提高了资源利用效率,而且优化了能源消费结构,矿物原料输入量逐渐减少,进而降低了直接物质消耗量;二是随着城镇化进程推进,人口素质普遍提升,环保理念深入人心,反对过度包装、铺张浪费等加剧物质消耗的行为。重庆市的环境效率从2000年的1.68万元/t逐年上升到2017年的19.65万元/t,提高了10.70倍,年均增长率为15.56%。单位区域过程排放产生的经济效益大幅度提高,主要得益于重庆市环境污染治理和监管力度加大,废弃物循环利用加强,有效降低了污染物排放量。

重庆市弹性系数在2010年和2015年均大于1,依靠巨大的物质资源输入发展经济,这种"复钩"状态带来的代价会导致区域环境不可持续。2003年、2006年、2012年、2016年、2017年弹性系数均为负值,处于理想的绝对"脱钩"状态,说明这5年依靠技术进步、产业结构优化升级等带来的经济增长脱离物质资源的限制。其余年份弹性系数介于0和1之间,依靠较少的物质资源投入带来经济增长,处于相对"脱钩"状态。

4.2.2 湖南省工业生态效率的评价

1. 研究目的与范围

基于物质流分析法,分析2012—2014年湖南省工业直接物质输入和生产过程输出情况,将物质流指标与工业增加值、区域面积相结合,在空间上与全国水平作横向比较,并分析湖南省工业生态效率及物质流结构。

2. 物质流种类及数据来源

各物质流种类及指标具体见表4-4。数据来源主要包括:《湖南省工业统计年鉴》《湖南省统计年鉴》《中国统计年鉴》。统计数据中的工业主要产品产量反映了工业主要投入的物质,包含区域采掘的工业资源性物质、区域外流入的部分半成品以及区域加工生产的产品。在统计年鉴能源综合平衡表中反映了工业行业消耗的煤炭、石油等资源性物质。国家和省级层面统计部门的进口商品表有关从国外进口的数据,主要包括了矿产、煤炭、原油、成品油、化学原料等工业资源物质及铜材等半成品,省级层面的区域进口只考虑从国外进口,无须再考虑从外省流入本区域的原材料或半成品等,因为主要产品产量表中已经模糊了所采集资源或产品的区域性。

3. 物质流核算

本节在相关MFA数据的基础上,引入工业经济有关指标(规模工业增加值、区域面积),与物质流指标结合,通过与物质流有关的生态环境影响指标与经济价值指标相比,反映工业经济发展的生态效益。主要生态效率指标:(1)工业物质使用强度,通过单位工业增加值需要的直接物质投入量来衡量,测度一年之中区域内直接物质输入使用效率的指标,等于区域工业经济系统的直接物质输入除以规模工业增加值。区域工业生产力水平和产业结构是影响工业物质使用强度的主要因素。该指标值越低表示工业直接物质使用强度越高,也就是单位工业经济的产出越高。(2)工业废物排放强度,通过单位工业增加值对应排放到环境中的工业废弃物量来衡量,测度一年之中区域内工业生产过程中的废弃物输出量,等于区域工业经济系统的工业生产过程输出除以规模工业增加值。该指标越低表示工业生产过程中的废弃物越少,也就是单位工业经济排放的废弃物越少。(3)工业物质提取密度,衡量一年之中区域单位面积工业经济系统的物质提取量的指标,等于区域工业直接物质输入量除以区域面积。该指标值越低表示单位面积提取的工业物质越少,工业经济发展对生态环境的影响越小。(4)工业废弃物排放密度,衡量一年之中区域单位面积工业废弃物排放量的指标,等于区域工业生产过程输出量除以区域面积。该指标值越低表示单位面积排放的工业废弃物越少,工业经济发展对生态环境的影响越小。

4. 评价结果分析

湖南省工业直接物质投入情况见表4-6,工业主要污染物排放情况见表4-7。根据工业直接物质输入、工业生产过程排放数据,计算工业物质使用强度、工业物质提取密度、工业生产排放强度、工业废弃物排放密度等指标值，见表4-8。

表4-6　工业直接物质投入情况　　　　　　　　　　　　　　　　万 t

物质投入指标	2012年湖南省	2013年湖南省	2014年湖南省	2014年全国
工业主要产品产量	33874.33	33398.95	33017.48	1091069.80
工业生产中煤炭、石油等能源性物质投入量	10851.72	9612.76	9158.86	420751.60
工业进口物质量	2134.45	2134.45	2513.99	166624.00
工业直接物质输入量DMI	46860.50	45374.86	44690.33	1678445.40

表4-7　工业主要污染物排放情况

污染物类别	工业主要污染物排放	2012年湖南省	2013年湖南省	2014年湖南省	2014年全国
废水中主要废弃物	化学需氧量/万t	126.34	124.90	122.90	2294.59
	氨氮/万t	16.13	15.77	15.44	238.53
	总氮/万t	22.05	22.07	22.29	456.14
	总磷/万t	2.67	2.38	2.71	53.45
	石油类/t	784.50	585.00	542.70	16203.60
	挥发酚/t	19.90	19.50	18.40	1378.40
	铅/kg	38607.30	24318.60	21609.30	73184.70
	汞/kg	236.90	234.70	151.70	745.90
	镉/kg	13516.80	6746.90	6536.50	17251.20
	六价铬/kg	2098.90	1025.00	1252.50	34925.30
	总铬/kg	18168.90	11366.90	5918.90	132797.40
	砷/kg	53524.90	42572.30	35794.20	109729.80
废气中主要污染物	SO_2/万t	64.50	64.13	62.37	1974.42
	氮氧化物/万t	60.72	58.82	55.28	2078.00
	烟粉尘/万t	34.07	35.87	49.62	1740.75
固体废弃物	一般工业固体废物产生量/万t	8115.92	7805.68	6933.47	325620.02
	区域工业生产过程输出DPO/t	83324126.15	81296890.53	72640912.00	3344260997.84

表4-8　工业物质输入及生产过程输出有关强度

MFA及生态效益有关指标	2012年湖南省	2013年湖南省	2014年湖南省	2014年全国
工业直接物质输入量DMI/t	468605000.00	453748600.00	446903300.00	16784453300.00
工业生产过程输出DPO/t	83324126.00	8129891.00	72640912	3344260998.00
规模工业增加值/亿元	8567.51	9788.46	10488.15	228176.19
区域面积/km²			211800.00	9634057.00

· 113 ·

续表

MFA 及生态效益有关指标	2012 年湖南省	2013 年湖南省	2014 年湖南省	2014 年全国
工业物质使用强度＝工业直接物质投入量/规模工业增加值/(t/亿元)	54695.59	46355.46	42610.31	73559.18
工业物质提取密度＝工业直接物质投入量/区域面积/(t/km^2)	2212.49	2142.34	2110.03	1742.20
工业生产排放强度＝废弃物排放/规模工业增加值/(t/亿元)	9725.60	8305.38	6926.00	14656.49
工业废弃物排放密度＝工业废弃物排放量/区域面积/(t/km^2)	393.41	383.84	342.97	347.13

由以上结果可知，湖南省经济、资源和生态环境实现了相对协调发展，在规模工业增加值保持了较快增长的前提下，工业直接物质输入、工业生产过程输出却持续下降，表征工业生态效率的工业物质使用强度、工业物质提取密度、工业生产排放强度、工业生产排放密度等指标值逐年趋好，年湖南省工业物质使用强度、工业生产排放强度、工业生产排放密度指标均优于全国平均水平。从工业生产废弃物排放的结构来分析，湖南省工业生产过程中排放的铅、汞、镉、砷等废弃物明显偏多。值得警醒的是，随着技术的进步和产业优化，虽然工业物质使用强度、工业生产排放强度等指标在下降，但资源消耗和排放的绝对量仍在增加，生态环境仍在恶化。

2012—2014 年，在湖南省规模工业增加值保持了正增长的前提下，工业直接物质输入和工业生产过程输出却持续下降，工业直接物质输入由 2012 年的 46860.50 万 t 下降到 2014 年的 44690.33 万 t，表明湖南省工业以较少的物质输入，支撑了较快的经济增长，意味着工业加工制造的效率明显提高。

工业生产过程输出由 2012 年的 8332.4 万 t，下降到 2014 年的 7264.1 万 t，其中 2013 年工业生产过程输出同比下降 2%，2014 年工业生产过程输出同比下降 9%，表明工业经济保持了较快增长，工业生产排放的废弃物却更少了，意味着高排放的产业得到了一定程度的遏制，产业精深加工的能力更强了，产业结构得到一定改善，资源利用的效率提升。

湖南省规模工业增加值每 1 亿元消耗输入物质由 2012 年的 54695.59t 下降到 2014 年的 42610.31t，表明湖南省规模工业单位增加值所消耗的物质量出现一定幅度下降，意味着物质投入产出的效率提高了。湖南省工业物质使用强度明显优于全国平均水平，2014 年全国规模工业增加值每 1 亿元消耗输入物质 73559.18t。表明湖南省与全国相比，实现单位增加值所消耗的输入物质低于全国水平，意味着资源加工的效率总体高于全国平均水平。

湖南省工业生产排放强度指标逐年趋好，规模工业每实现 1 亿元增加值由 2012 年对应排放废弃物 9725.60t，到 2014 年对应排放废弃物 6926.00t，表明湖南省规模工业单位增加值对生态的扰动影响作用在减弱。2014 年全国规模工业每 1 亿元增加值对应排放废弃物14656.49t，湖南省工业单位增加值所排放的废弃物低于全国平均水平，工业单位增加值对环境的扰动影响好于全国水平。

湖南省工业废弃物排放密度指标逐年趋好，2012年、2013年湖南省每1km²排放废弃物393.41t、383.84t，明显高于2014年的342.97t，表明湖南省单位面积排放的废弃物在逐年下降。2014年全国每1km²排放废弃物347.13t，湖南省单位面积工业废弃物排放量略少于全国单位面积废弃物排放量，废弃物排放的形势不容乐观。

综上，通过分析输入输出的物质流结构，能够更加精准地分析和判断生产环节的生态效率，还可以通过物质流结构来分析产业结构，分析输出物质特别是关键输出物质对生态环境的扰动作用。

4.3 物质流分析（SFA）的应用实例

4.3.1 黄磷生产过程的磷物质流分析

黄磷是一种重要的基础工业原料，在国民经济中具有重要地位，广泛应用于农药、燃料、食品、香料、肥料、医学试剂、防火剂等领域，其化合物可作为曳光弹、燃烧弹、烟幕弹，是国防工业不可缺少的材料。黄磷是一种高能耗、高物耗、高污染的化工产品，其生产过程产生的含磷有毒有害物质种类多且数量大，如泥磷、黄磷尾气、炉渣和污水等。在当前污染防治攻坚和能源紧缺的严峻形势下，厘清磷在黄磷生产过程的物质流向，对于黄磷企业实施清洁生产尤为重要。

1. 目标和系统界定

选择贵州某磷化工企业为研究对象，该企业年产黄磷15万t，采用国内典型的15000kV·A黄磷电炉，开展磷化工行业黄磷生产工艺的磷物质流分析，构建磷平衡图，提出磷污染减排措施，以期为黄磷企业磷污染防治及相关部门监管提供技术支撑。

2. 分析框架确定

根据磷在整个工艺流程中各环节的分配和流动情况，以元素衡算反映各环节处理前后磷的浓度，明确在此过程中磷的走向及分布状况，分析磷的存在对环境的影响。具体步骤：确定磷在生产的整个工段的输入和输出相关数据；制作磷的分布走向图；编制磷物料平衡图；对磷的数据与物质输入和输出的统计表进行对照分析；综合分析磷物质流结果，并提出污染关键环节及防控思路。

3. 数据获取与计算

对黄磷生产全过程中涉磷的原辅材料的输入产出进行了定量化分析。数据主要包括周期内磷的矿物量（包括磷矿石），生产产生的黄磷、斜板槽回收磷、尾气、尾气水洗、喷淋水以及磷渣、冲渣水、磷铁等环节的磷浓度。以上数据通过标准采样和检测方式进行确定，集合构建磷物质流数据库系统。

结合该企业磷矿石用量、品位，黄磷产品产量、纯度，黄磷尾气磷检测以及磷铁等相关数据，建立磷平衡数据表，见表4-9。

资源与环境材料学

表 4-9 磷平衡数据

项目	名称		磷单位浓度	磷浓度 (kg/t,以产品计)	去向
原料输入	磷矿石（P_2O_5, 29.52%）		12.89%	111.58	筛分
原料筛分出项	矿石粉（P_2O_5, 27%）		11.79%	5.29	外售
	合格磷矿石（P_2O_5, 29.52%）		12.89%	106.18	磷炉
	无组织排放（P_2O_5, 11%）		4.81%	0.01	排放
出项	黄磷（P_4, 99.95%）		99.95%	86.55	外售
	斜板槽回收磷（P_4, 99.95%）		99.95%	3.30	外售
	尾气（P_4,PH_3等）	锅炉燃烧	1600mg/m³	0.08	排放
		泥磷转锅（燃烧）		0.05	
		微粉生产		0.08	
		燃烧排放（未利用）		0.19	
	尾气水洗	水洗降磷	400mg/m³	0.10	循环
	污水沉降	污水沉降池 黄磷（P_4）	99.95%	3.23	外售
		磷泥（P_2O_5, 36%） 炉灰（P_2O_5, 13%）	5.68%	0.49	
	磷渣（P_2O_5, 3.5%）	微粉	1.52%	7.52	外售
		剩余磷渣		2.21	
	冲渣水（P_4,PH_3等）	无组织含磷蒸气	20mg/m³	0.10	排放
		冲渣水	1000g/m³	2.76	循环
	磷铁（Fe_3P、Fe_2P、FeP_2等）		18%	2.33	外售

根据黄磷生产工艺过程，磷矿石经过矿石筛分与白煤和硅石共同进入电炉进行反应，大部分元素磷随炉气进入炉气洗涤系统，少部分元素磷与铁反应形成磷铁，未还原的磷进入冲渣池形成磷渣。进入炉气洗涤系统的元素磷以液态形式与气体分离，液态磷经精制和过滤得到产品黄磷，少量磷随尾气形成黄磷尾气，还有少量进入含磷废水，并部分沉淀为泥磷。根据表 4-9 中磷平衡数据绘制出工艺过程元素磷分布走向，结果如图 4-7 所示。

按照企业磷分布走向图及数据的输入与输出情况，构建磷物质流平衡图，结果如图 4-8 所示。从图 4-8 可以看出，含磷物料输入项为磷矿石，其在进入生产系统前，要进行筛分，筛掉不合格的矿石粉（5.29kg/t，以产品计），约有 95.24% 的合格磷矿石进入黄磷生产系统；另外，约有 0.01kg/t 产品以颗粒粉尘的形式无组织排放，如不加以控制，不仅污染厂区，还会对周边环境产生影响。

4. 结果解释

磷输出占比如图 4-9 所示。从图 4-9 可以看出，磷的输出项共有 4 类：(1) 产品和副产品，主要包括黄磷产品（79.48%）、斜板槽回收磷（3.03%）、转锅精制磷（2.97%）、磷铁（2.14%），总占比为 87.62%。均作为产品进行妥善收集、存放并外

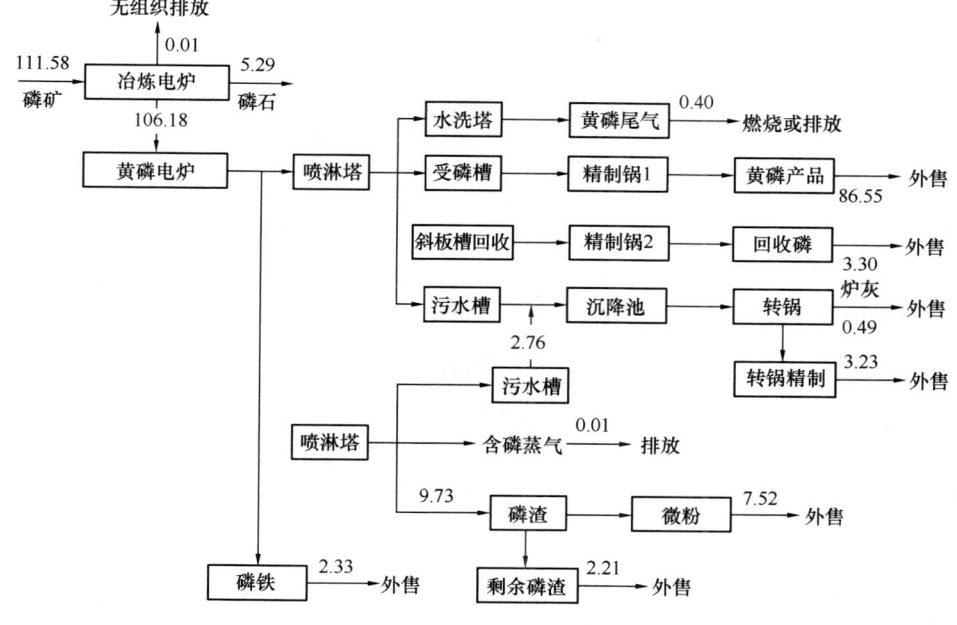

图 4-7 磷分布走向

注：图中数字单位为 kg/t（以产品计）

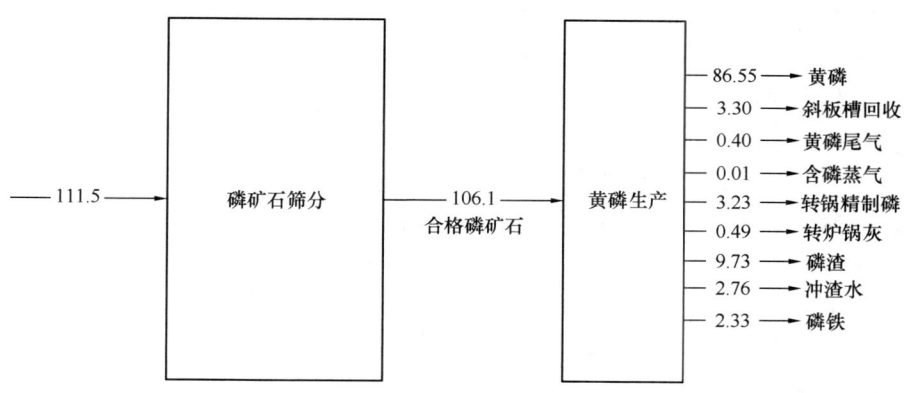

图 4-8 磷物质流平衡图

注：图中数字单位为 kg/t（以产品计）

售，对环境影响较小。（2）固体废物，主要为磷渣（8.93%）和转锅炉灰（0.45%），总占比为 9.38%。磷渣和转锅炉灰均有附加利用价值，以外售为主，对环境影响较小。（3）黄磷尾气，占比为 0.37%。黄磷尾气中除富含 CO，还含有磷、硫、砷、氟等微量杂质，制约了黄磷尾气的利用。黄磷尾气无论是放空还是燃烧，都会造成较严重的大气污染。此外，含磷蒸气占比 0.09%。（4）冲渣水，占比为 2.54%。冲渣水临时贮存在污水沉降池作为循环水使用，如果长时间不处理，池底将沉积大量含少量磷的污泥，即弱泥磷。虽然弱泥磷在水中封存，但仍有部分会缓慢浮出水面并自燃释放出 P_2O_5 烟雾，从而污染空气，甚至由于沉降池防渗措施不当，出现渗漏，引起周边水体污染。

综上，结合地方实际调研提出黄磷生产过程应重点防控的问题环节：（1）废气环

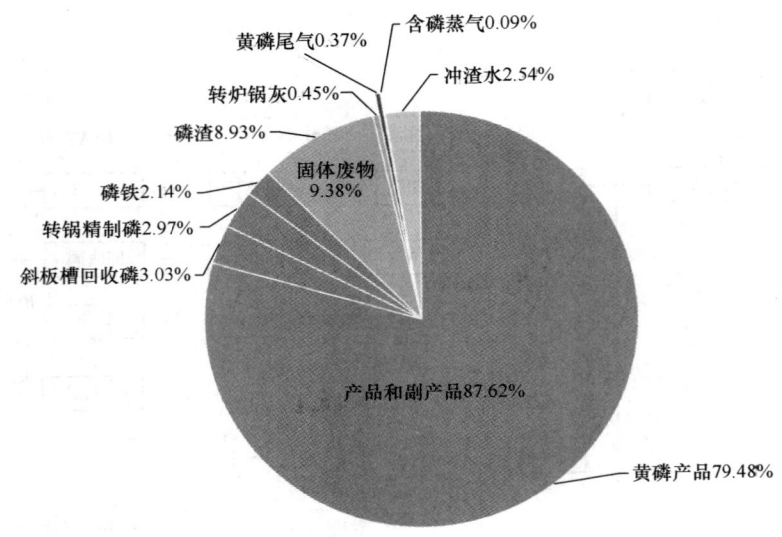

图 4-9　磷输出占比

节，包括原料在筛分过程由于废气污染治理设施运行不稳定产生的无组织颗粒物、黄磷尾气以及含磷污水循环池的无组织蒸气排放，磷产生量约 0.42kg/t。（2）废水环节，主要为冲渣水，其中磷产生量约为 2.76kg/t。另外，废水池、应急池、循环水池可能出现渗漏现象等问题也是导致废水排放污染风险环节。（3）固体废物环节，主要为污水池沉降的泥磷以及企业转锅拆除后的泥磷，磷产生量约为 5.99kg/t。

污染减排的建议如下：（1）应加强对原料系统的颗粒物收集，建议在原料堆场处建设粉尘回收处理装置，对筛分、粉料输送、烘干 3 处收集的粉尘进行回收处理，制作匹配集尘罩，同时对输送皮带落料点设置负压吸尘（有条件的企业可考虑更换管式皮带输送），物料经烘干机烘干后进入电炉系统。（2）针对水淬渣和循环水池的无组织排放蒸汽，需对水淬渣池进行全密封，水淬渣蒸气通过负压收集系统集中收集治理达标后排放；循环水池前端应加盖并对蒸发气体进行集中收集。（3）加强生产厂区污水基础设施的防渗处理，重点对精制锅下磷泥池、受磷槽下磷泥池、地坑池、污水沟、漂洗取水池、渣池、污水循环池和生产区域地面等环节进行全面排查，梳理渗漏区域。（4）提高含磷尾气的深度净化和综合利用率，重点对黄磷尾气进行脱磷、脱硫深度净化，并进行资源化和能源化利用。其中资源化可将净化尾气用于烘干系统、CO 提纯生产碳酸二甲酯、高纯草酸和醛酮酸等副产品；能源化可将净化尾气通入锅炉系统后作为热源使用。（5）对泥磷进行综合利用与处置，主要在泥磷产生源头进行除尘净化并回收磷，大幅度减少泥磷的产生，后续可对产生的泥磷进行制酸处理。

4.3.2　重金属元素的物质流分析

重金属元素本身具有较强的迁移、富集和隐藏性，可通过空气、水、食物链等途径进入人体，危害人体健康。目前，国内由于工业布局不合理、生产技术落后、治理水平不高等原因，造成重金属污染防治节依然薄弱。因此，可通过物质流分析方法展示某种元素进出某区域/企业的流动模式，从而评估元素在产品生命周期的某一阶段对工艺、产品和环境产生的潜在影响,从而有针对性地提出高效、合理的防控方案。

1. 目标和系统界定

以砷元素为研究对象,通过2家涉砷企业的案例,分析生产过程中砷元素的分布、贮存与走向,在此基础上明确了砷污染控制的关键环节和防控方向,为企业实现重金属总量削减、环境改善及清洁生产目标提供依据。

2. 分析框架确定

重金属元素物质流的定量研究首先要界定研究的体系范围,主要借鉴矿产品物质流的定量研究方法,具体分析方法为:根据某一重金属元素在整个工艺流程中各工序的分配和流动情况,以元素衡算反映各工序处理前后元素的多少,明晰在该过程中元素的走向及分布状况,重点分析元素存在对工艺、产品和环境的影响。元素衡算是以质量守恒定律和化学计量关系为基础,其基本原则是物料平衡,即进入系统的全部元素量等于离开系统的全部产物量和损失掉的有价元素量之和。理论上的元素衡算是根据反应平衡方程式的计量关系进行的,如果已知反应方程式便可进行元素衡算。在实际生产过程中,需要考虑实际因素的影响,诸如原料和最终产品、副产品的实际组成,反应剂的过剩系数,转化过程中产物的损失量等。在本研究中,主要目的是明晰生产过程中重金属元素的走向及分布情况,并以此分析元素在生产过程对工艺、产品及环境的影响,暂不考虑气相中元素损失量。

具体步骤如下:(1)研究重金属元素在生产的整个/部分工段的输入和输出相关数据;(2)制作涉重金属元素的分布走向图;(3)编制与生产系统对应的物质输入和输出统计表;(4)对研究周期内重金属元素的数据与物质输入和输出的统计表进行对照分析;(5)据实际生产过程相关指标,综合分析形成重金属元素物质流分析结果;(6)提出污染关键环节及防控思路。一般涉重金属行业物质走向流程如图4-10所示。

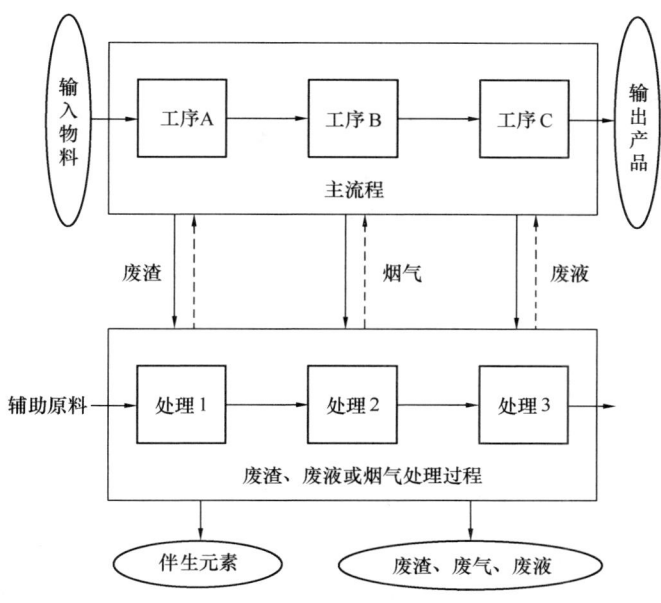

图 4-10 一般涉重金属行业物质流走向流程

重金属元素物质流分析过程中,需综合考虑以下指标,便于系统分析和评估。

数量指标:主要从适用范围、经济积累、排放总量、环境积累及污染输出等方面对比元素的储存和流动量,并对元素指示参量来源和潜在污染问题进行简要说明。

环境指标:主要是元素在与人类和环境的接触中产生的流动,具体分析元素在社会环境区域内的某一环节及时间点发生的流动。如进入环境的浓度指数和人类日平均吸收量等。

资源经济指标:主要分析元素自身和间接因素影响,即元素自身的资源情况(包括消耗性损失、元素积存量与元素循环等)和导致其他物质材料及产品使用限制因素等。

影响能力指标主要从环境管理角度的经济、立法、心理学和社会影响等方面综合考虑,评估各部分元素物质流动对整个系统产生的影响。

3. 数据获取与计算

对生产全过程中含有重金属元素的原/辅材料的输入/产出进行定量化分析。数据主要包括周期内该元素的矿产量(包括原辅料的本地产量和进口量),生产及加工过程的物质输入与输出,消费过程的物质输入与消耗、积存量,以及在废物处理阶段的循环物料量和最终废弃量。元素在使用和废物处理过程中向环境的流失量目前并不在量化分析的数据范围内。以上数据集合构成重金属元素物质流数据库系统。

(1) 氟硅酸镁企业的砷元素物质流数据

对某工业园区内某企业在生产磷酸过程中砷的物质流数据进行了收集,湿法磷酸生产过程中砷元素主要来自原料磷矿石和硫酸,该企业原料磷矿石含砷 34mg/kg,硫酸含砷 0.136mg/kg,其中 As^{3+} 占 65%,As^{5+} 占 35%。1t 氟硅酸镁的砷物质流平衡情况如图 4-11 所示,由图 4-11 得到湿法磷酸生产中砷的主要分布见表 4-10。

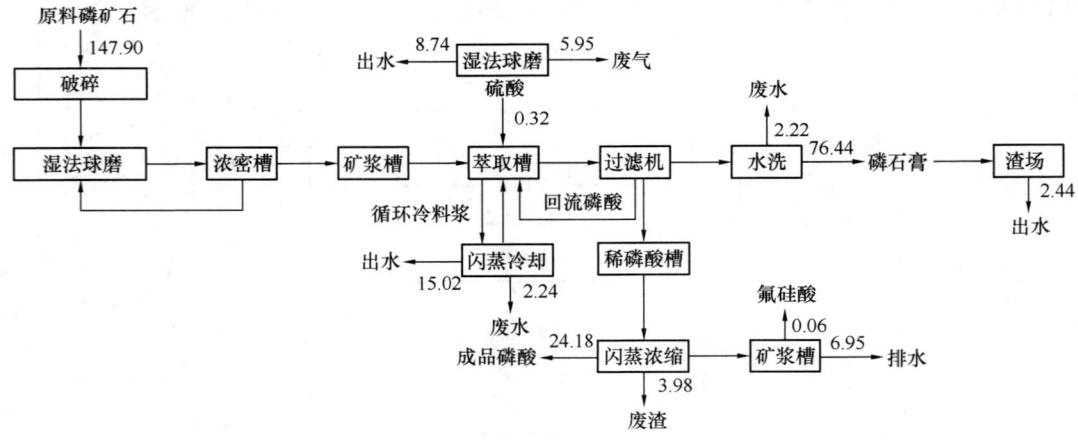

图 4-11 湿法磷酸生产中砷的平衡图

注:图中数字单位为 g/t(以砷计)

表 4-10 湿法磷酸生产中砷的分布

项目	进料			出料				
	磷矿石	硫酸	总计	磷石膏	成品磷酸	气相	水体	总计
砷含量/(g/t)	147.90	0.32	148.22	76.44	24.18	8.19	39.41	148.22
所占比例/%	99.79	0.21	100	51.57	16.31	5.53	26.59	100

（2）硫铁矿制酸企业的砷元素物质流数据

选取湖北某硫铁矿制酸企业，分析研究整个生产过程中砷的分布与平衡。企业选用的原料硫铁矿砷含量约0.1%，为高砷矿。每消耗1t硫铁矿砷的物质流平衡情况如图4-12所示。由图4-12得到每消耗1t硫铁矿制酸中砷的走向，结果见表4-11。

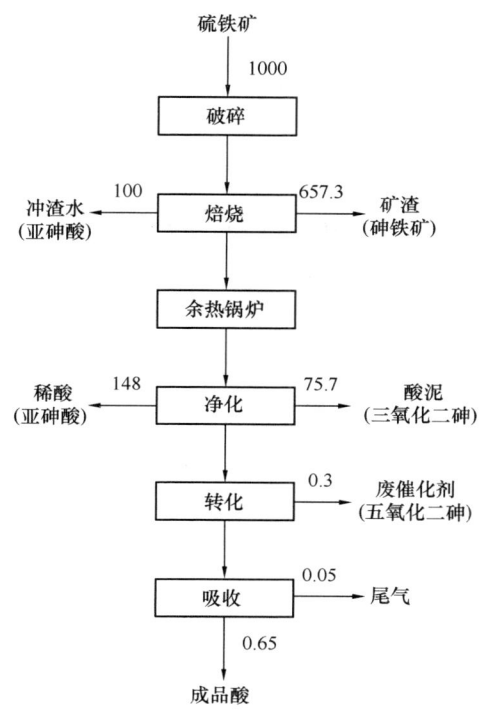

图4-12 硫铁矿制酸过程中砷的平衡图
注：图中数字单位为g/t。

表4-11 硫铁矿制酸过程中砷的分布

项目	硫铁矿	冲渣水	矿渣	稀酸	酸泥	废催化剂	尾气	产品
砷含量/（g/t）	1000	100	675.3	148	75.7	0.3	0.05	0.65
所占比例/%	100	10	67.5	14.8	7.57	0.03	0.005	0.065

4. 结果解释

（1）图4-11及表4-10的结果显示，每生产1t磷酸，由原料带入148.22 g砷。而产品带出的砷为24.18g，占总砷量的16.31%。从整个生产过程分析砷的分布与走向可知，对工艺、产品和环境有影响的环节主要在原材料、萃取浓缩、水洗和成品工段。原材料是该企业存在重大砷污染隐患的主要环节，据统计该企业磷矿石用量约870t/d，进入系统的砷达29.58kg，砷经过不断积累后对于当地环境影响显见。萃取浓缩工段及水洗工段均产生大量含砷废水，目前企业一直将工艺出水汇入循环水站，进而重复应用于生产过程，砷不断循环于生产工艺过程，对后期的产品以及系统工段影响负担很大。水洗工段产生的磷石膏堆放于渣场，企业每天产生1092t磷石膏，年产近30万t，由于砷的存在，渣场需做特殊防渗措施，并且渗滤液需进行除砷治理，治理成本较大。若磷石膏砷含量较高，将导致其从一般二类固体废物变为危险废物，环境风险巨大；含砷的磷酸产品不仅影响产品质量，其用于化工或其他用途也将给环境带来风险。

由砷物质流分析可见，为了减少对后续工段和产品的影响，原材料需做脱砷预处理或者采用原材料替代即采用低砷或无砷磷矿石，目前国内常用技术为药剂浮选脱砷技术。与此同时，企业需对循环水中砷进行长期监测和采取必要防治措施。

(2) 从图 4-12 和表 4-11 可知，在物料转移过程中，砷的存在形式主要是三氧化二砷和五氧化二砷。元素砷在生产系统中约有 24.8% 转移到废水，75.07% 转移到废渣。对工艺及环境有较大影响的节点主要为焙烧工段、废水处理、转化工段及产品。焙烧过程产生的硫铁渣砷含量较大，如不对渣进行无害化处理直接外销，环境风险较大；含砷废水经过沉淀处理后，砷以沉淀渣和污泥形式排出，堆放于渣场，长期堆存对周边土壤威胁很大；少量砷以气态形式进入转化工段，触媒长期处于砷环境下，会使其中毒，降低转化效率；砷随产品进入磷化工段或其他工业生产，对产品质量及后期应用于农业、化工有较大的经济和环境负担。所以对于硫铁矿制酸行业当前面临的主要环保问题是对砷的处理。

砷的存在对人类和环境具有极大的环境风险，需要采取有效的解决方案进行砷元素总量消减，根据目前国内现有技术及政策来看，源头消减和过程控制对企业及环境风险控制有着很好的保障作用，即通过原材料替代或者采用低砷矿以及生产工艺过程优化处置，或采用先进的工艺控制砷的流动量，末端治理即采用国内相关示范技术（沉淀法较为常见）进行消减。

思政小结

物质流分析作为循环经济的重要调控手段，主要从资源利用效率、物质循环效率与静脉产业的发展两个方面体现物质流分析对我国环境保护政策制定的意义。在资源利用效率方面，随着我国经济中高速增长，物质消耗量呈现急剧增加的趋势，环境污染和生态破坏程度进一步提高。在长三角和珠三角等经济发达地区，资源和环境因素已经成为经济发展面临的瓶颈。同时，这些地区还存在资源短缺和资源浪费等现象。与发达国家和一些发展中国家相比，我国在资源利用效率方面还存在明显的差距。因此，想要从根本上化解资源环境和经济发展之间的矛盾，相关政策应当鼓励提高资源利用效率、生产技术和工艺水平等。同时，环境保护政策的重心应当上移，强调从末端控制向源头和过程控制方面转变。在财政、税收、进出口和政府采购等方面也要针对提高资源利用效率制定相应的政策。

在物质循环效率发展方面，我国正处于资源消耗高峰期，在一些地区，由于经济增速较快，仅靠资源和能源利用效率的提高，仍然无法满足经济发展对物质的需求，资源匮乏、能源短缺和环境污染已经成为阻碍我国经济可持续发展的主要因素。通过进行物质流分析，可以发现不同行业的物质、能量的流动方式和效率，并在此基础上制定有关资源循环利用和静脉产业发展的一系列方针和政策。

课后习题

1. 简述物质流分析的定义及分类。
2. 简述 MFA 及 SFA 的方法体系及基本步骤。
3. 选择一个你所熟悉的材料产品或过程,用物质流方法进行资源效率分析,并就如何提高资源效率提出具体的技术措施。

5 材料的生态设计

> **教学目标**
>
> **教学要求**：了解材料的发展历史及分类，掌握生态设计的定义及内涵，理解生态设计的原则及主要内容，初步学会对某种材料或产品进行生态设计分析。
> **教学重点**：生态设计的定义及原则。
> **教学难点**：材料生产过程中生态设计原理的应用。

材料在生产、使用和废弃过程中均对环境造成影响，为了从根本上解决环境污染的问题，必须从材料或产品的生产技术的设计阶段就考虑到环境影响的因素，适当的设计可以较少或避免90％以上的环境污染。本章首先对材料的发展历史及分类进行了总结，之后对生态设计理论进行了详细阐述，包括生态设计的定义、原则及主要内容等，最后介绍了生态设计在金属材料、无机非金属材料、高分子材料、复合材料及包装材料中的应用实例。

5.1 材料概述

材料是指人类社会可接受、能经济地制造有用器件（或物品）的固体物质。其中包括天然生成和人工合成的材料，以及由它们组合而成的复合材料。材料是人类社会进步的里程碑，材料的研究和应用促进了人类社会的进步，而人类社会的不断发展刺激了材料的不断创新。目前，世界上传统材料已有几十万种，而新材料的品种正在以每年大约5％的速度增长；世界上现有800多万种人工合成的化合物，而且还以每年25万种的速度增长，其中相当一部分将成为工业化生产的新材料，为人类社会和科学技术的发展服务。

5.1.1 材料的发展历史

在历史上，材料曾被作为文明社会进化的标志，如将历史划分为石器时代、青铜器时代、铁器时代、钢铁时代、新材料时代（图5-1）。因此，人类社会的历史就是一部利用材料和制造材料的历史，正是形形色色的材料构成了世间万物，人类的发明创造丰富了材料世界，而材料的不断更新与发展推动了人类社会的进步。

公元前10万年，人类开始利用石材制造各种打猎和耕作的工具，石器时代诞生。石器时代又可分为旧石器和新石器时代，40万～50万年以前的北京猿人就处于旧石器时代，他们群居洞穴，以狩猎为生，使用的工具是石器和骨器，这些工具制作粗糙，用途尚未分化。到新石器时代，人们逐渐掌握了从地层里开采石料的技术，对石料的选

5 材料的生态设计

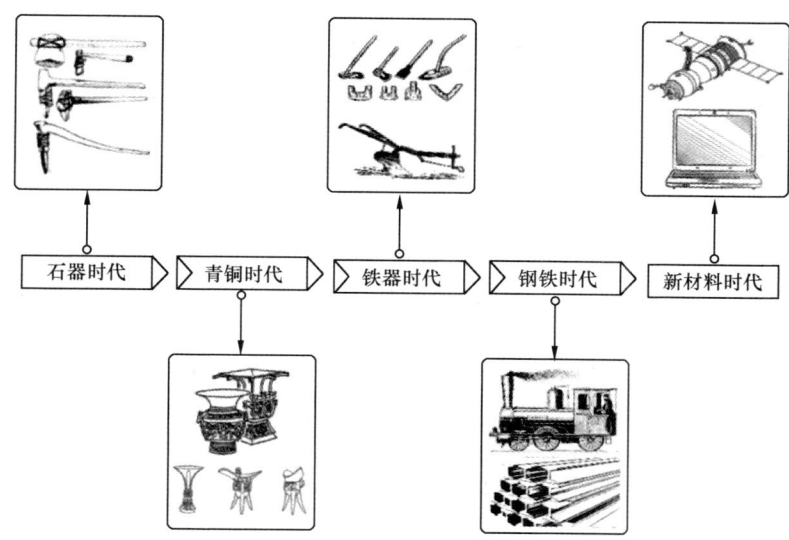

图 5-1 人类社会所经历的不同时代

择、切割、磨制、钻孔、雕刻等工序已有一定的要求，获得了较为锐利的磨制石器。

到公元前 6000 年，人类根据长期的体验，创造了冶金术，开始了用天然矿石冶炼金属，在西亚出现了铜制品；发展到公元前 3000 年，出现了铜合金（添加锡、铅的青铜），形成了青铜器时代。由于青铜熔点低，铸造性能良好，它作为制造武器、生活用具以及生产工具等物品的材料，曾大显身手，在人类文明史上产生过重要作用。我国商、周时期，是使用青铜器的鼎盛时代，祭祀的香炉、铜鼎等都是用青铜铸造的。至于春秋战国时代的青铜兵器，更流传着许多动人的故事。越王勾践和吴王夫差的宝剑相继出土，使埋藏地下 2500 多年的秘密大白于天下，证实了诗人"越民铸宝剑，出匣吐寒芒"的赞誉。

人类在新石器时代晚期就开始使用天然金属。到公元前 3800 年，出现人工冶炼的铜器，在伊朗、美索不达米亚和埃及，出现了含少量砷或镍的铜器。公元前 2800 年，在美索不达米亚出现锡青铜。我国在公元前 3000 年出现锡青铜——甘肃东乡马家窑文化的青铜刀（含 6%～10% Sn）。商、周时期是中国青铜器的鼎盛时期。

大约在公元前 1500 年，人类借助风箱，发明了在高温下用木炭还原优质铁矿石生产铁的方法，并在半熔状态下进行锻造制作各种器具和武器，开创了铁器时代。用上述方法制备的铁器，即使长期放置在大气中也基本不生锈，它具有和青铜不同的金属光泽，强度较高，而且可加工性能良好。由于铁具有比青铜更高的强度，所以它除可用于制造武器外，还可用作结构材料制造器件。我国的铁器时代由何时开始，至今尚难断言，但这项技术至迟始于春秋战国时期。

公元前 1200 年，铁器在地中海东岸地区使用较广。到公元前 1000 年，铁工具比青铜工具应用更普遍。公元前 800 年—公元前 700 年，北非和欧洲相继进入铁器时代。我国铁的冶炼技术在春秋末期有很大的突破，特别是炼制生铁技术日臻完善，并发明了生铁退火制造韧性铸铁和以生铁制钢的技术，如生铁固体脱碳成钢、炼制软铁、灌钢等。这标志着生产力的重大进步。在战国出土的大批具有马氏体组织的钢剑，表明此时钢的淬火等热处理工艺已被广泛应用。

材料发展史上的第一次重大突破，是人类学会用黏土烧结制成容器。人类第一个划时代的发现就是，大概在公元前50万年发现了火。随着对土壤可塑性的感性认识，以及对火的使用和控制经验的积累，人类开始用黏土制作简单的原始陶器。最早的陶器是在竹编、木制容器上涂敷烂泥而烧成的。后来才发现把黏土直接加工成型、烧制，也能达到同样的目的。中国在公元前8000—公元前6000年、新石器时代早期开始制作陶器。公元前4000年左右，古巴比伦的城市已采用砖来筑城。

随着金属冶炼技术的发展，在公元元年左右，人类掌握了通过鼓风提高燃烧温度的技术，发现一些高温烧制的陶器，由于局部熔化而变得更加坚硬，完全改变了陶器多孔与透水的缺点而成为瓷器。这是陶器发展过程的重大飞跃。中国的瓷器大约始于魏、晋、南北朝时期，至宋、元时发展到很高的水平。瓷器作为中华文明的象征，大量运往欧亚各地，以至形成了中国与瓷器（china）同词的美谈。

到了17世纪，炼铁生产趋向于大型化。欧洲在中世纪出现了高炉，燃料还原剂由木炭改为煤炭，从18世纪进而改为焦炭，以焦炭为燃料的炼铁术在欧洲得到推广应用，高炉的规模逐渐扩大，产量也随之增加。随后，当人类发现钢铁在高温下也具有高强度这一事实后，出现了以钢铁为结构材料，将蒸汽的热能转变为机械能的蒸汽机。从此，人类开始掌握了人工产生机械动力的方法，用来开动机械设备进行大规模生产，这使人类的思想和社会结构发生了巨大变革。钢铁的使用标志着社会生产力的发展，人类开始由农业经济社会进入工业经济的文明社会。人们称这个时期为钢时代。

钢铁材料的广泛应用，带来了大规模的机械化生产，极大地丰富了人类社会的物质文明，引起了第一次产业革命，即工业革命。自18世纪60年代起，英国以纺纱机的问世为标志，开始了工业革命，到19世纪30年代蒸汽机的广泛应用、小汽车和轮船的出现，第一次产业革命基本完成，前后历时70载。法国的工业革命始于18世纪80年代，到19世纪中叶完成。德国的工业革命大约从19世纪30年代开始，80年代基本完成。俄国、美国到19世纪80年代也已完成了工业革命。

第二次工业革命，就是起源于19世纪70年代的工业技术革命，其主要标志是：内燃机、电动机代替蒸汽机，新炼钢方法的迅速推广，电力的广泛应用和化学方法的采用。在新技术的带动下，电力工业、石油工业、化学工业等新兴的工业部门迅速建立。产业结构也随之发生变化，以钢铁材料的生产及应用为代表的冶金、机械制造等重工业部门，逐渐在工业生产中占据优势。在这次工业技术革命中处于领先地位的是德国和美国，英、法紧随其后。这几个资本主义国家，在工业革命的基础上于19世纪末20世纪初都实现了工业化，成为典型的工业国。金属补充了石块和木材，铁路、汽车和飞机取代了牛、马和驴，蒸汽机、内燃机代替人和风力来推动车船，大量合成纤维织物与传统的棉布、毛织品和亚麻织物竞争，电使蜡烛黯然失色，并已成为只要按动开关，便可做大量功的动力之源。

现代冶金技术的发展自19世纪中叶的转炉炼钢和平炉炼钢开始。19世纪末的电弧炉炼钢和20世纪中叶的氧气顶吹转炉炼钢及炉外精炼技术，使钢铁工业实现了现代化，在非铁金属冶金方面，19世纪80年代发电机的发明，使电解法提纯铜的工业方法得以实现，开创了电冶金新领域。同时，用熔盐电解法将氧化铝加入熔融冰晶石，电解得到廉价的铝,使铝成为仅次于铁的第二大金属。20世纪40年代,用镁作还原剂从四氯化钛制得纯钛,并使真空熔炼加工等技术逐步成熟后,钛及钛合金的广泛应用得以实现。同时,其他非铁金属也陆续实现工业化生产。

伴随钢时代的发展,电子技术的发展极大地提高了物质文明,现代人类社会几乎各种工业领域都享受到这一发展所带来的硕果。1883年,爱迪生把一个和电路中阳极相连的金属板封在电灯泡里,当和阴极相连的灯丝通电发亮的时候,发现在互不接触的灯丝和金属板之间有电流通过。这个现象就叫爱迪生效应,这是电子工业的基础。1897年,英国物理学家汤姆逊在皇家学会的演说中,论述了电子的存在,使人们认识到爱迪生效应是热电子的发射。利用这一原理,1904年,英国工程师弗莱明发明了二极管,1906年,美国发明家富雷斯特制成了世界上第一只三极管,开创了电子管时代,出现了无线电报、电话、导航、测距、雷达、电视等产品。

但是,电子管的致命弱点是体积较大,无法适应电子器件小型化的要求。20世纪中叶,随着硅、锗半导体材料的出现,人类进入了硅时代。1956年,美国贝尔电话实验室的巴丁、肖克莱和布拉坦等合作发明了晶体管,晶体管逐渐代替了电子管,到了1959年,人们利用单晶硅开始工业化生产集成电路,使得电子产品不断微型化和家庭化。从20世纪最伟大的发明——电子计算机,到家用电器,它们无不深刻影响着人类社会的发展,极大地丰富了人类的物质文明。于是人类社会进入了贝尔的"后工业社会"、托夫勒的"第三次浪潮社会"、奈斯比特的"信息社会"。

进入20世纪90年代,人类不断发展和研制新材料,这些新材料具有一般传统材料所不可比拟的优异性能或特定性能,是发展信息、航天、能源、生物、海洋开发等高技术的重要基础,也是整个科学技术进步的突破口。人类从此进入了新材料时代。新材料按其在不同高技术领域中的用途可分为三大类,即信息材料、新能源材料,以及在特殊条件下使用的结构材料和功能材料,如砷化镓等新的化合物半导体材料,用于信息探测传感器的碲镉汞、锑化铟、硫化铅等敏感类材料,石英型光导纤维材料,铬钴合金光存储记录材料,非晶体太阳能电池材料,超导材料,高温陶瓷材料,高性能复合结构材料,高分子功能材料,特别是纳米材料等。新材料的广泛使用给社会带来了有目共睹的进步。

21世纪科学技术的进步、人类生活水平的提高对材料科学技术提出了更高的要求,特别是由于世界人口迅速增加,资源迅速枯竭,生态环境不断恶化,对材料生产技术的开发与有效利用提出了许多新要求。在这种背景下,知识经济的蓬勃发展与信息的网络化正促进着材料科学技术突飞猛进。以半导体材料和光电子材料为代表的信息功能材料仍是最活跃的领域;可再生能源的加速开发,核能的新发展,最重要的节能材料——超导材料的室温化,作为能源使用的磁性材料的继续发展,对储能材料的高度重视,提高燃效减少污染的燃料电池的开发等,使能源功能材料取得突破性进展;以医用生物材料、仿生材料和工业生产中的生物模拟为代表的生物材料在生命科学的带动下将有很大发展;智能材料与智能系统将受到更大重视;随着资源的枯竭、环境的恶化,环境材料日益受到重视;高性能结构材料的研究与开发将是永恒的主题;材料制备工艺和测试方法则是制约材料广泛应用的重要因素;21世纪将逐渐实现按需设计材料。

5.1.2 材料的分类

材料按照化学成分可分为金属材料、无机非金属材料及高分子材料；按物理性质可分为导电材料、绝缘材料、半导体材料、磁性材料、透光材料、高强度材料、高温材料、超硬材料等；按用途可分为电子材料、电工材料、光学材料、感光材料、耐酸材料、研磨材料、耐火材料、建筑材料、结构材料、包装材料等；按物理效应分为压电材料、热电材料、铁电材料、非线性光学材料、磁光材料、电光材料、声光材料、激光材料等。传统上，材料主要是按照化学成分进行分类，见表5-1。

表 5-1　传统材料的分类

材料分类	典型材料
金属材料	碳钢（工具钢及结构钢）、合金钢（锰钢、铬钢、铬镍钢）、铸铁、轻金属（铝、镁、锂）、重金属（铜、锌、镍、铅）、贵金属（金、银、铂族）、稀有金属（钛、锆、钨、钼）
无机非金属材料	玻璃、陶瓷、水泥、耐火材料、复合材料、非金属矿物材料
高分子材料	天然高分子材料、半合成高分子材料、合成高分子材料（橡胶、纤维、塑料）

5.1.2.1 金属材料

金属材料一般分为两大类：黑色金属和有色金属。黑色金属是指铁、铬、锰及钢铁和其他铁基合金，黑色金属以外的金属及合金称为有色金属，如铝、铜、钛、镁及其合金等。二者总称为金属材料。

金属材料是重要的工程材料，包括纯金属和以纯金属为基体的合金。大部分金属的结合键为金属键，过渡族金属的结合键为金属键和共价键的混合键，但以金属键为主。金属键的性质决定了金属材料在固态下具有以下一系列特性。

（1）良好的导电性和导热性。

（2）正的电阻温度系数，即随温度升高电阻增大。绝大多数金属具有超导性，即在温度接近于绝对零度时电阻突然下降，趋近于零。

（3）良好的反射能力、不透明性及金属光泽。

（4）良好的塑性变形能力。

金属材料是现代文明的基础。从历史的发展来看，人类由石器时代进入青铜器时代，生产力产生了一次飞跃；进入铁器时代，生产力又得到迅猛发展；目前，人类还处在金属器时期。虽然无机非金属材料、高分子材料的使用量与日俱增，但在可预见的时期内，仍不会改变这种状况。从总产量来看，钢铁材料的产量占绝对优势，占世界金属总产量的95%。而且有许多良好的性能，能满足大多数条件下的应用，故用量最大，且价格低廉。

5.1.2.2 无机非金属材料

无机非金属材料的提法是20世纪40年代以后，随着现代科学技术的发展从传统的硅酸盐材料演变而来，是与有机高分子材料和金属材料并列的三大材料之一。无机非金属材料是以某些元素的氧化物、碳化物、氮化物、卤素化合物、硼化物以及硅酸盐、铝酸盐、磷酸盐、硼酸盐等物质组成的材料,是除有机高分子材料和金属材料以外的所有材料的统称。传统的无机非金属材料其化学组成主要属于硅酸盐范畴。无机非金属材料种类繁多,具体可分为陶瓷、玻璃、水泥、耐火材料、复合材料、非金属矿物材料等。随着科学技术的发展,又不断出现许多具有特殊性能和用途的新型无机非金属材料,如新型陶瓷、无机涂层、无机纤维等,它们的化学组成已超出硅酸盐的范畴,如氧化物、碳化物、氮化物、硼化物等。新型无机非金属材料是 20 世纪中期以后发展起来的,具有特殊性能和用途的材料。它们是现代新技术、新产业、传统工业技术改造、现代国防和生物医学所不可缺少的物质基础。主要有先进陶瓷、非晶态材料、人工晶体、无机涂层、无机纤维等。

5.1.2.3 高分子材料

高分子材料是以高分子化合物为基材的一大类材料的总称。高分子化合物常简称高分子或大分子,又称聚合物或高聚物。高分子化合物的最大特点是分子巨大。大分子由一种或多种小分子通过共价键相互连接而成,其形状主要为链状大分子或网状大分子。高分子材料的许多奇特和优异性能,如高弹性、黏弹性、物理松弛行为等都与大分子的巨大相对分子质量相关。按照高分子材料的来源可以分为天然高分子材料、半合成高分子材料和合成高分子材料。

按照高分子材料的性能和用途,合成高分子主要可以分为橡胶、纤维、塑料三大类,常称之为三大合成材料。合成橡胶的主要品种有丁苯橡胶、顺丁橡胶、氯丁橡胶、异戊橡胶、丁基橡胶和乙丙橡胶。合成纤维的主要品种有涤纶、锦纶、腈纶、维纶和丙纶。塑料还可分为热塑性塑料和热固性塑料,前者为线形聚合物,受热时可熔融、流动,可多次重复加工成型,主要大品种有聚乙烯、聚丙烯、聚氯乙烯和聚苯乙烯;后者是体形聚合物,在加工过程中固化成型,此后不能再加热塑化、重复成型,主要大品种有酚醛树脂、不饱和聚酯、环氧树脂。此外,聚合物作为涂料和黏合剂来使用,而且越来越广泛,也有人将它们单独列为两类,所以按聚合物的应用分类应包括上述五大类合成材料。近年来,着眼于它所具有的特定的物理、化学、生物功能的功能高分子也已成为新的重要一类。

5.2 生态设计理论

传统经济社会的基本特征是"大量生产、大量消费和大量废弃"。当前,材料科学工作者一直致力于研究和开发更适合在严酷环境条件下使用的高强度、高韧度、高性能材料,结果是开发出的材料种类越来越多、组成越来越复杂,而在材料的研制和开发过程中基本上忽略了节约资源、材料再生循环利用和环境保护等问题。事实上,大多数的环境污染在材料设计时就已经决定了,只有设计关把好了,后续的产品生产和制造过程,以及材料使用过程对环境的影响就会减小到最低程度。国外曾有统计,通过适当的工艺设计,可以减少或避免 90% 的环境污染。因此,要实现材料产业的可持续发展,首先就要进行卓有成效的生态设计。

5.2.1 生态设计的定义及内涵

20世纪70年代，一些从事工艺技术的有识之士就提出了生态设计的概念，当时称作"环境设计"或"环保设计"，其目的就是在传统的经济活动中保持生态平衡。近年来，有关的设计组织及学者在工业生态设计方面有了很大进展，逐步完善了生态设计的概念。生态设计是指产品在整个生命周期设计中充分考虑对资源和环境的影响，设法使性能，包括安全性、实用性、美观性和寿命等趋于最大；使成本和对生态环境的影响趋于最小。

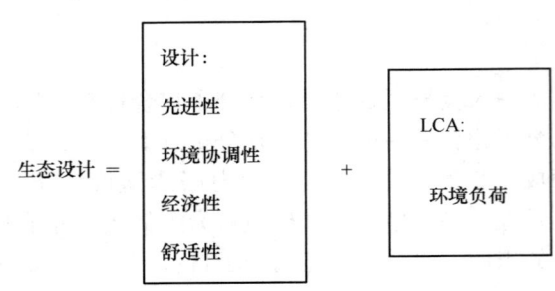

图 5-2　生态设计的概念图

日本山本良一教授于1990年首先提出了环境材料的概念，根据他的观点，生态设计就是设计＋LCA。生态设计的概念如图5-2所示。

随着ISO14000和环境标志在全世界的推行，在材料、产品的设计与开发过程中，不引入LCA的方法是不可能的。生态设计的目标就是降低各个过程综合环境负荷指标和降低总影响评价值。设计者设计完成材料生命周期要经过四个过程，即LCA概念→瓶颈LCA→合理化LCA→完整LCA，要求如下：

(1) 调查各个生命阶段资源、能源消耗量和排放量清单分析；
(2) 掌握消耗量和排放量（环境负载）最大生命阶段；
(3) 掌握影响评估的各类目之间负载量相对大的类目；
(4) 根据环境负载的空间规模（地球规模或地域规模等）考虑权重系数；
(5) 将环境负载的时间非可逆性纳入权重系数；
(6) 根据产品销售、使用地区有关政策、法规，决定重点降低的环境负载；
(7) 根据总影响评估权重的总和，提出材料、产品环境质量改进方向分析和新产品设计方案。

其中(2)、(3)为研究瓶颈LCA，(4)～(6)为研究合理化LCA，通过(7)提出生态设计方案，设计过程通过LCA的反馈，不断修正，最后达到生态设计标值。

生态设计是一个内涵相当宽泛的概念，它是当今世界的"绿色环境"命题，是关于自然、社会与人的关系的思考在产品设计、生产、流通领域的表现。

狭义的生态设计，是以环境友好技术为前提的工业产品设计。其运用主体是企业或组织里的设计者和决策者，其研究和改进的对象则是企业或组织提供的产品及其采用的技术。与传统环境科学着眼于区域环境问题不同，生态设计针对的是与产品系统相关的环境问题，其核心是分析并改善为提供单位数量的使用价值所造成的总的环境影响。

广义的生态设计，则从产品制造业延伸到与产品制造密切相关的产品包装、产品宣传及产品营销各环节，并进一步扩大到全社会的生态环境服务意识、环境友好的文化意识等。生态设计方法应用的对象也超出了具体的产品和技术，可以归纳为以下几个方面：一是扩大到对产品—服务体系的研究，不仅仅是去设计物质化的产品，而是分析并改进一种服务系统来满足消费者的需求；二是进一步扩大对消费模式的研究，改进大众的生活方式，改善对环境的影响；三是扩大对工业生态的研究，实现工业系统内部的物质循环与重复利用。当然，随着研究对象的扩展，生态设计也必将涉及政府、消费者等更广泛的社会层面。

著名的生态设计学家德国德尔夫特理工大学 Han Brezet 教授把生态设计区分为 4 个动态阶段：产品改进、产品再设计、功能创新、系统创新。第一阶段为产品改进。产品改进就是应用污染预防与清洁生产观念来调整和改进现有产品，而总的产品技术基本维持现状，如组织轮胎回收系统、改变某产品零件的原材料等。第二阶段为产品再设计，即产品概念将保持不变，但该产品的组成部分被进一步开发或用其他东西代替。从污染预防和清洁生产角度对现有产品结构和零部件重新设计。第三阶段为功能创新，改变满足产品功能的方式，如用 E-mail 代替纸张传递信息等。第四阶段为产品系统创新，出现了新的产品和服务，需要改变有关的基础设施和组织，系统创新涉及整个产品与服务的创新，要求相关的基础设施与社会观念发生变革，如用生态建材取代传统建材等。

5.2.2 生态设计的原则

生态设计必须在使用资源丰富的材料的同时有效地利用可再生资源；必须认识到存在隐含于资源中的物质流问题，尽量设法使用物质集约度更低的物品；必须选择材料环境影响值更低的物品。这里的环境影响值是表示综合环境影响的指标，一般而言再生材料的环境影响值要比新鲜材料的小。但由于循环再生要耗能、要排出，造成环境负荷的物质，因此，希望产品具有长寿命。从生态学观点出发给产品设定适当的寿命也是必要的。

对于在使用状态下负荷大的产品，尤其像家电、汽车、建筑物等，必须采用节能、省资源等一切可以减轻环境负荷的措施，力求彻底降低环境负荷，尽可能不使用有毒物质或者采取替代措施，不得已而使用时必须做到完全循环再生。对于那些还不清楚的人工化合物质，要做到在科学上还未查明、解除疑团之前不使用，要彻底贯彻预防为主的原则。

1. 与材料有关的原则

（1）少用短缺或稀有的原材料，多用废料、余料或回收材料作为原材料，尽量寻找短缺或稀有原材料的代用材料，提高产品的可靠性和使用寿命。

（2）尽量减少产品中的材料种类，以利于产品废弃后的有效回收。

（3）尽量采用相容性好的材料，不采用难以回收或无法回收的材料。

（4）尽量少用或不用有毒有害的原材料。美国环保局 1988 年公布了 33/50 计划，要求制造业使用的 17 类有害化学品，于 1992 年其使用量削减 33%，于 1995 年削减 50%，这一计划已经顺利地超额完成。如果必须使用有害材料，尽量在当地生产，避免从外地运来。

（5）优先选择天然材料代替合成材料。法国一家公司开发了竹自行车，其骨架是用束紧的竹子做成的。竹子的主要优点之一是它的强度比较高，可快速再生且广泛易得。

（6）选择低能耗的原材料。

（7）尽量从再循环中获取所需的材料。

2. 与产品结构设计有关的原则

产品结构设计是否合理对材料的使用量、产品的维护、产品废弃后的拆卸回收等有着重要的影响。在设计时应遵循以下设计原则：

（1）减量化、轻量化原则。应在结构设计中树立"小而精"的设计思想，在同一性能情况下，无论使用什么材料，用量越少，成品和环境优越性越大，因此，可通过产品的小型化以节约资源的使用量，如采用轻质材料、去除多余的功能、避免过度包装等减轻产品质量。

（2）简化产品结构，提倡"简而美"的设计原则。如减少零部件数目，这样既便于装配、拆卸、重新组装，又便于维修及报废后的分类处理。

（3）采用模块化设计。模块化产品是由各种功能模块组成，既有利于产品的装配、拆卸，也便于废弃后的回收处理。

（4）在保证产品耐用的基础上，赋予产品合理的使用寿命，同时考虑产品报废的因素，努力减少产品使用过程中的能源消耗。

（5）在设计过程中注重产品的多品种及系列化，以满足不同层次的消费需求，避免大材小用，优品劣用。

（6）简化拆卸过程，如结构设计时采用易于拆卸的连接方式、减少紧固件数量、尽量避免破坏性拆卸方式等。

（7）尽可能简化产品包装，采用适度包装，避免过度包装，使包装可以多次重复使用或便于回收，且不会产生二次污染。

3. 与制造工艺有关的原则

制造工艺是否合理对加工过程中的能量消耗、材料消耗、废弃物产生量等有着直接的影响，生态制造工艺技术是保证产品绿色属性的重要内容之一。与制造工艺有关的原则包括以下几方面：

（1）优化产品性能，改进工艺、提高产品合格率。

（2）采用合理工艺，简化产品加工流程，减少加工工序，谋求生产过程的废料最小化，消除不安全因素。

（3）减少产品生产和使用过程中的污染物排放，如减少切削液的使用或采用干切削加工技术。

（4）在产品设计中，要考虑到产品废弃后的回收处理工艺，使产品报废后易于处理，且不会产生二次污染。

5.2.3 生态设计的主要内容

1. 原材料的生态设计

（1）减少原材料的使用量。通过生态设计，在为人类提供同样的经济功能的同时相对或绝对地减少原材料的使用量。

（2）采用再循环材料。尽量避免使用不可再生，或者需要很长时间才能再生的原料，如矿物燃料、金属铜等。尽量使用可以再循环利用的原材料，可以减少原料在采掘和生产过程中的能耗。例如，日本的 Beauty 工业利用废旧的玻璃作为原料，生产的免烧瓷砖可以节省大量的资源和能源，而且这种瓷砖可以再利用。

（3）采用低能值原料。在原料的采掘和生产过程中，需要的工艺过程越复杂，所消耗的能源就越多。这种在采掘和生产过程中消耗大量能源的原料称为高耗能原料。但必须注意：必须采用系统和全生命周期的观点，即全局看待其原料采掘、生产和使用过程。例如，碳纤维属于高耗能材料，但是其后续的使用过程中因为具有良好的强度、硬度、抗老化等优良特性而节省能源。

2. 产品的生态设计

（1）整合产品功能。将几种功能或产品组合进一个产品中，则可节约大量的原料和空间。例如，德国 Viessmann 公司开发了多功能集成的太阳能收集阳台栏杆，这种栏杆是一种真空管收集器，它可用于取代大的太阳嵌板。厚硼硅酸盐玻璃和耐用的真空管玻璃收集器保证了安全性和长寿命。由于这一创新，阳台栏杆和太阳能收集器不再需要独立的创造，节省了能源和材料，而且这种收集器比平板收集器效率高 30%。

（2）优化产品结构。优化产品结构通过优化产品结构可以达到优化产品功能及延长产品使用寿命的目的。

（3）产品部件的功能优化。产品部件的功能优化通过部件的标准化、规格化，有利于维修、更换、回收再利用。

（4）模块化设计。模块化设计指对一定范围的不同功能、不同性能、不同规格的产品进行分析、划分并设计出一系列功能模块。通过模块的选择和组合可以组成不同的产品，以满足市场需求。同时，模块化设计也有利于产品使用后的拆卸，最大限度提高产品的可更新性，以满足不断变化的用户需求。模块化的产品设计方法可使新技术能与落后的产品迅速结合，使得在产品生命周期内对部件进行升级以减少用户对新产品的需求。

（5）易于维护和维修。生态设计应保证产品易于清洁、维护和维修，以延长产品的使用寿命。维护和维修包括用户和制造商两方面。对用户，厂家应该提供维护和维修说明。对厂商，在设计时考虑产品的易运输性、维护的技能及有关工具的开发；产品的难易程度；可否进行模块化。

（6）易于再循环。产品设计人员在设计产品的时候，就要考虑产品生命终结后的去处，要充分考虑它们的再利用。例如，废旧轮胎目前被利用主要途径是在回收厂里，被破碎和分解成小的轮胎块、钢丝和碎渣。

3. 生产过程的生态设计

（1）尽可能减少生产环节。
（2）选择对环境影响小的生产技术。
（3）使用清洁能源和材料。
（4）建立 ISO14001 环境管理体系。

4. 产业生态系统的生态设计

将产业生产过程比拟为一个自然生态系统，对系统的输入（能源与原材料）与产出（产品与废物）进行综合平衡，推动产业系统的演进，使之由低级生态系统向三级生态系统转化。产业生态系统的演进可体现不同的层次，小到工业共生体系，大到整个社会经济体系。

5. 材料再生设计

材料再生设计是指在设计阶段就充分考虑材料的循环再生性。金属材料可再生循环设计是通过加入最少循环容许的合金元素，或通过固溶强化、微细化强化、加工强化、相变组织强化等保障材料性能，使材料可以循环再生。

5.3　材料生态设计实例

5.3.1　金属材料的生态设计

金属材料由于广泛以合金的形式使用，往往在一种金属材料中存在多种元素，这使金属再生循环变得困难。在金属材料的废屑或废料重熔冶炼过程中，一般而言，除去合金元素和杂质是相当困难的。因此，对于金属材料而言，从易于循环再生的观点看，要求建立3个基本概念：减少合金元素而保持高性能；以调整显微组织作为加入合金元素的替代方法来获得所需性能；再生过程中易于分离和无二次污染。

因此，从提高金属材料的再生循环性这一观点来看，金属制品的全部部件由单一合金体系制造是最理想的，而且所含合金元素的种类越少越单纯，其再生循环就越容易。为此，需要能够满足通用特性（比如按每类零部件对耐热性、耐蚀性、高强度等具体性能要求的不同进行分类）的合金系，因而，一些科学家提出了超级通用合金和简单合金的概念。

1. 超级通用合金

超级通用合金即合金元素种类最少且能满足多种用途要求的标准体系合金。具体的合金可通过在同一合金系中仅变化成分配比而制得（通用合金）。另一方面，在再生循环时，由于难以使废料的品位一致，也难以避免由于杂质的混入而造成的化学成分变化，所以为了易于再生循环，希望研究出成分变化对特性带来的影响较小、组成变化兼容性好的合金体系。目前研究中有一定发展潜力的通用合金体系有如下几种：

（1）Fe-Ni-Cr系钢。通过改变Fe、Ni、Cr的相对含量，可生产出从铁素体钢到不锈钢等一系列钢种，这些钢的组织及性能有很大的变化。

（2）Ti系合金钢。改变Ti、Al和V的相对含量，可使合金的组织与性能发生很大的变化。Ti系合金钢则由于其优异的性能，将是21世纪大力发展的材料。钛合金依合金元素的种类和加入量不同，可以分别获得α钛合金、α＋β钛合金和β钛合金。其中α钛合金具有良好的耐热性和焊接性能，α＋β钛合金具有良好的综合力学性能和塑性加工性能，β钛合金则具有高强度和优良的冷成型性能。此外，在Ti-Al系中出现的$TiAl$、Ti_3Al、Al_3Ti则在近年来成为高温合金的研究热点。由此可知，钛合金的性能随成分不同可在很大范围内变化，且可通过合金成分来预测合金的组织与性能。通过建立这样一种设计体系，不仅可以保证再生材料的性能，而且通过调整成分配比有可能开发出性能更优异、附加值又更高的再生材料。

（3）Cr-Mo钢。在对Cr-Mo钢的高温蠕变强度及其影响因素进行研究时，发现高温蠕变强度主要和铁素体基体中的置换溶质元素Cr、Mo的固溶量成正比，与碳的固溶度成反比，即置换元素固溶强化作用是影响Cr-Mo钢断裂寿命的主要因素。而碳化物的沉淀强化作用与置换元素的固溶强化作用相比，对整个断裂寿命的影响很小。因此，可以通过优化合金成分，在保证合金元素在基体中必需的固溶量的前提下，应尽可能减少合金元素的总加入量。这种合金成分设计方法既保证了耐热钢的持久蠕变强度，又节约了合金元素，减小了合金生产过程中的环境负荷。

2. 简单合金

所谓简单合金就是组元组成简单的合金系。简单合金在成分设计上应有以下特点：合金组元、规格简单，再生循环过程中易于分选；原则上不添加现在尚不能精炼脱除的元素；尽量不使用环境协调性不好的合金元素。

从这种设计思想出发，研制简单合金时应遵循以下两原则：在维持合金高性能的前提下，尽量减少合金组元数；获取合金高性能时，以控制显微组织作为加入合金元素的替代方法。这种设计合金的思路叫作省合金化设计或最小合金化法。与超级通用合金的用途不同，简单合金的主要用途是代替大量消费的金属结构材料。不含对人体及生态环境有害的元素、不含枯竭性元素的低合金钢就是这样一种简单合金。通过选择适当的化学成分和热加工工艺，低合金钢可以获得大范围变化的显微组织和力学性能。而其简单的组元和类似的化学成分又能够保证在再生循环过程中回收的废钢具有大致相同的成分，因而易于再生循环利用。这类低合金钢中，Fe-C-Si-Mn 系是最有希望的合金之一。通过控制显微组织，Fe-C-Si-Mn 系低合金钢可以获得在大范围内变化的力学性能，从而满足不同用途时的材料性能要求。但是，只赋予材料以再生循环性，还不足以生产出支撑现代发达技术的材料，还必须要充分满足高强度、高可靠性、舒适性等方面的要求。

要想在同一材料上使难以兼容的性能共存，只有采用"复合化"设计才能实现。但是，传统的复合材料通过将不同的材料组合起来，利用组合材料各自所具有的性能，这又违背了简单组成和易解体结构的要求。所以，环境材料学提出了"可再生循环复合"这一概念，即合金是简单组元的情况下也有可能通过工艺控制来自由地制造它的组织和结构。

例如双相钢，是通过工艺控制使铁素体与马氏体这两种不同的相交替共存。与回火马氏体钢相比，在同样的强度下，其延性可得到大幅度改善。这种双相钢已被成功地用于某些原来使用回火马氏体钢的部件。这是利用了合金在某个温度以下分离为两个相，加热到某个温度以上易变成单相的性质。在合金尤其是钢铁中有可能相当自由地实现对多相组合的控制。

低合金钢的另一范例是日本开发的 SCIFER 钢（Fe-0.15C-0.8Si-1.5Mn），这种低合金钢也属于 Fe-C-Si-Mn 系。通过形变强化可使这种钢达到极高的强度约 5GPa，同时保持约 4% 的伸长率。SCIFER 钢是一种双相钢，其显微组织由细丝状马氏体和高度塑性变形的铁素体组成，该钢的优异成型性能是由铁素体来实现的。这就意味着通过显微组织的调整（包括有效地利用双相组织），即使不含昂贵元素的低合金钢也可以获得优异的综合力学性能，例如高强度和良好塑韧性的配合。

5.3.2 无机非金属材料的生态设计

无机非金属材料大多废弃后难以为环境所消纳，由于后期加工的困难性，以及难以再生循环利用,造成其大量堆积,严重污染破坏环境。改变这种状态的最有效、最直接途径是长寿命设计。材料长寿命化,相应地降低了资源、能源的投入,对于减轻环境负荷及改善生态环境的平衡有很大贡献。

1. 陶瓷材料的生态设计

传统陶瓷材料韧性差、性脆,在使用过程中易断裂,造成性能极大浪费,从而也浪费材料。陶瓷环境协调性设计包括长寿命设计、功能设计、节能设计,重点是在使用阶段降低环境负荷。一般来说,改善陶瓷的生态功能需要从两个方面入手:

(1) 调节材料的组成,使不同相在微观级复合,形成不同性质的晶界面等。

(2) 改变工艺条件,包括原料物化性能和状态、加工成型、烧结状态和成品加工条件等。

陶瓷科学理论的发展,使陶瓷工艺从经验操作发展到科学控制,并发展到在一定程度上可以根据实际要求进行特定的材料设计。现代显微结构分析的进步,使人们更精确地了解陶瓷材料的显微结构与性能的关系,从而也对陶瓷生态设计起到了指导作用。

对于高温长寿命结构陶瓷的设计而言,首先是搞清陶瓷高温破坏的显微结构,即高温应力破坏、高温氧化破坏的显微结构。陶瓷的热力学稳定性决定其极限使用温度,氧化铝的临界温度为2072℃,二氧化铬的临界温度为2500℃。非氧化物陶瓷如碳化硅,其表面由于氧化形成二氧化硅保护膜,但温度高于1600℃时保护膜破坏,导致氧化快速进行。氮化硅氧化晶界上形成氮氧化物——玻璃相,烧结时成为扩散氧的通道,另一方面玻璃相蒸发也引起沿晶界的龟裂,因而造成破坏。在高温应力条件下,陶瓷多晶体晶界迁移而产生空洞,在三叉晶界处发生应力集中,并生成空洞核心,空洞进一步连接而产生微裂纹,微裂纹的连接导致裂纹的再扩大,造成材料破坏。

空洞形成和裂纹扩展与杂质玻璃相的黏度有关,而玻璃相的黏度随玻璃相的化学组成和结构发生变化,人们已经认识到加入稀土元素是提高玻璃相的耐热性能的有效方法。另外,通过热处理使玻璃相晶界晶化,也将提高陶瓷耐高温强度。

影响陶瓷耐高温结构与陶瓷寿命的主要因素是断裂韧性低,这也是陶瓷类材料的共同缺点。一般是通过控制陶瓷多晶体界面的结合力来提高断裂韧性。采用的微结构控制技术可举例如下:

(1) 通过相变增韧二氧化锆陶瓷,目前在所有陶瓷中,二氧化锆陶瓷断裂韧性最好;

(2) 使长柱状β-氮化硅晶粒在氮化硅基体长大的自生复合陶瓷,其断裂韧性和强度比原材料有成倍的提高;

(3) 纳米复合陶瓷材料是在陶瓷基体中引入纳米分散相并进行复合,使原陶瓷的断裂韧性和断裂强度以及耐高温性能均大有提高;

(4) 强化复合陶瓷是陶瓷基体中加入耐高温纤维。例如,在氮化硅基体中混合入$\phi 10\mu m$碳素纤维和50～100nm碳化硅后,1500℃弯曲强度可达到650MPa。

此外,原料的高纯化是研制先进无机非金属材料的一个重要发展方向。随着纯度的增加,晶界玻璃相加有害杂质减少,材料的机械性能,特别是耐高温性能显著提高,这是人们追求高纯度的目的。此外,对于许多功能陶瓷而言,高纯度是必不可少的。但是,提高原料纯度,需要增加额外的提纯、净化工艺,甚至要借助于化学合成,这必然导致能源消耗和资源消耗的额外增加。陶瓷材料制备过程中最主要的污染，正是来自提纯、净化和化学合成环节。显然，高纯度与环境协调性有矛盾，这与金属材料的情况不甚一致。

人为添加多种原料，最终形成具有多种相结构的复合或复相材料，是先进无机非金属材料的另一个重要发展方向。经过合适的晶界设计和相设计，复合或复相材料具有单一组成相所不具备的优良性能。例如，部分稳定氧化锆复相陶瓷及纤维增强陶瓷基复合材料，是目前陶瓷领域强度和韧性水平最高的两类材料。与金属材料不同，多数陶瓷材料的性能对成分的微小变化不敏感。传统陶瓷自身及其原料，几乎全都是复相物质，成分范围很宽，再加上陶瓷资源丰富，废弃物再生制品多用于建材领域，因此，复相或复合化对陶瓷材料环境协调性带来的危害，没有金属材料严重。

2. 建筑材料的生态设计

生态学的研究逐步转向以人类为中心的生态系统研究，生态建筑材料同样也是如此，不但考虑对地球环境的影响，与其他材料相比，建筑材料更着重对人的生存、生活环境的影响，因为人在每天 24h 最密切接触的环境是居住和生活环境。日本名古屋大学和静冈大学的研究组分别以木材、混凝土、镀锌铁板筑巢，并置入木片、塑料屑，在巢中饲养小鼠，观察一年三代的仔鼠的妊娠、产仔、哺育和成长过程，评价各种材料的居住适宜性，认为越是接近自然的材料越适宜居住。

建筑材料设计应当考虑材料自身的力学性能、功能和生态环境适应性，同时考虑建筑设计中材料的选择和组合要求。生态建筑设计与传统建筑设计的区别之一是对材料的选择，即考虑材料的整个生命周期环境负荷最低，而不仅仅是使用阶段。实际设计中往往会对材料的力学性能提出较高要求，而功能要求和材料的环境负荷之间，耐久性要求和循环再生要求之间也难协调情况。选择新型材料当然是最佳途径，但并非短期就可以实现，应当通过合理设计予以兼顾。另外，选择传统的生态材料并予以现代化设计也是环境协调性设计可行的途径，例如北方的土窑建筑，以石材为主的建筑，南方以竹、木为主的建筑，云南的石片瓦，材料取自自然，最后返回自然。农村的土墙体砖和暖炕材料是天然的保健生态材料，具有红外辐射效率高、恒温、保暖效果，这些材料环境负荷小，可以取自当地，但需要科学设计以提高生活质量。

建筑材料在可循环再生设计方面，主要包括：减少使用材料，以最少的材料达到对性能和功能的要求；材料再使用要求可拆卸，可修复使用；循环使用可拆卸，可降级使用。

对于大宗建筑材料混凝土应采取较高强度的长耐久性设计，既可以提高资源效率又可以减少（生产过程和退役）排放，并且退役后可以作为再生集料循环利用。

这里仅就兼顾那些由不同种类材料组合起来的实用建筑复合材料及其构件的再生循环设计方法做一简述。以下所要阐述的问题，只不过是目前尚在考虑而将来有可能实现的方案。但可以预期，在环境材料研究进展中，作为建筑领域固有的建筑材料及其构件的再生循环关键技术，下述方法将具有确定的重要地位。

（1）混合结构形式

钢筋混凝土建筑物采取柱、梁和墙壁在现场整体混凝土灌筑方式。对于确实需要耐久性的场合，这种方式具有寿命长，非常坚固的优点。但如果解体，特别是在今后高强度混凝土的使用逐渐增加的情况下，很不容易破碎。即使破碎，作为废弃物产生的混凝土碎块，目前只能作为再生粗料限定用作道路的路基材料和填充材料。而作为建筑混凝土的再生循环技术尽管今后会有日新月异的进展，但要达到充分再生循环的程度，仍需相当长的岁月。因此，高强度、高耐久性的现场整体钢筋混凝土建筑物从解体和再生循环这一点来看多少存在一些困难。为此，不完全采用现场整体灌筑方式，一半利用工厂生产的预制构件，只将结合部在现场施工，如柱体是钢筋混凝土构件，梁体是新型增强混凝土构件，结合部由钢制接头做成混合结构形式，这样解体时就比较容易。从建筑材料的再生循环这一观点来讲混合结构形式是今后应开发的建筑技术。

（2）高功能性和再生循环性结合的增强材料及其应用

与地球环境相协调并具有良好再生循环性的混凝土构件应该是既具有长的使用寿命，又能在解体后容易再生循环的构件。在此意义上，也就是说新型增强混凝土的增强材料既具有轻质、高强度和高耐腐蚀性的优点，又有好的再生循环性。这是个很重要的开发思路。现在开发的大部分树脂固化新增强纤维是环氧树脂或乙烯酯树脂等热固性树脂，这类树脂一旦固化就很难分解。要求再生循环性也要兼顾耐火性，因而利用热塑性树脂、光降解树脂或生物降解树脂以确保再生循环性是重要的。另外，既追求混凝土的高强度比，又要求更轻质化，即适当使用人工轻质骨料，并转换成轻质、高强度混凝土构件，也是很重要的。为了使混凝土再生循环，首先必须将混凝土构件破碎成小块。为此，加入适当的反应性物质（例如生石灰），或者混入具有物理敏感性的物质，以便用外部刺激等形式，促进解体混凝土快速膨胀破坏，以备随后进行再生循环，这样的技术开发也是必要的。

5.3.3 高分子材料的生态设计

当前对高分子材料的生态设计主要侧重点还是循环利用。以塑料为例，其再生循环技术大致可以分为两类：一类是将回收废旧塑料作为原材料使用；另一类是将回收废旧塑料分解成单体，然后重新合成新塑料。前一类技术称为材料再生循环法，后一类技术称为化学再生循环法。

1. 再生循环法

再生循环法的思路是在塑料功能丧失之前，将废塑料作为原料多次循环使用。在实际再生循环过程中，由于杂质混入及加工过程的影响，塑料的某些性能不可避免地要发生退化。因此，经材料再生循环制成的塑料，存在使用度降低的问题。即由新原料合成的新塑料首先用于制造性能较高的制品；回收塑料作为原料时，一般用于制造性能要求次之的制品；而再次回收的塑料作为原料的，则只能用来制造性能要求较低的制品，一直到不能再循环利用为止。例如，由石油原料合成的聚乙烯可用来制造电线绝缘材料。用回收废聚乙烯作原料时，可以制造电线保护套管及型材。再次回收利用时可用来制造室内装修材料等。因此，在材料最初的设计阶段，就要考虑到材料的可再生循环性。其中有两点要给予足够的注意：一是要考虑到材料的相容性；二是要考虑到如何评价回收塑料的老化程度。

用于不同场合的装修材料要求具有不同的性能，为此使用不同的聚合物树脂。回收废旧塑料时，这些不同的聚合物树脂便混杂在一起，在很多情况下相容性都不好，从而使再生塑料的性能明显下降。设计阶段必须考虑到材料的再生循环性能并限制使用材料的种类，研究开发出能够同时满足多种性能要求的材料及相应的加工工艺。这些材料应是以通用树脂为核心的同系树脂（相容性好）。如果能通过改变各种树脂的混合比例来开发出能够满足各种性能要求的通用聚合物合金（塑料合金）及其相容剂，那么这类塑料即使在再生循环时相互混合，再生循环后性能变化也不会大，因而可以扩大再生循环塑料的应用范围。

各种条件下使用的塑料制品，由于受到光、热、水分等环境因素的作用，会发生不同程度的老化。评价和掌握材料在使用过程中的老化程度，对于充分利用回收材料有着重大意义。如果建立了评价塑料老化程度的可靠方法，就可以将回收废旧塑料纳入有效的再生循环系统中去。由于将回收废塑料直接作为原料使用，材料再生循环法比化学再生循环法更经济，因而有可能成为塑料再生利用的主要途径。

2. 化学再生循环法

化学再生循环法的基本思路是将回收废塑料作为资源，以石油或单体形式利用。将回收废塑料通过水解或解聚，分解成原始材料的单体或低聚物，然后重新合成为塑料初级产品，或者返回到石油状态以便再生利用。例如，在前述材料再生循环法中，对于已多次再生循环过的塑料，由于功能降低而不能再进行材料再生循环，则适合采用化学再生循环法处理。化学再生循环法由于把废塑料还原成原料，使再生塑料变成新材料，所以是一种完全的再生循环方法。化学再生循环法不但适用于热塑性塑料，而且适用于热固性塑料及有机高分子复合材料。而目前热固性塑料由于不能再加热成型，只能粉碎后用作填充剂等低档次的材料。真正的再生循环利用，可望通过化学再生循环法来解决。

化学再生循环法的实例是分馏回收技术。如日本电线综合研究中心研究的将交联聚乙烯电线、橡胶绝缘电线的塑料和橡胶成分加热分解、分馏回收的技术。德国塑料包装材料废弃物再生利用协会研究的技术，是将家庭废弃的各种塑料包装材料混合物放入煤分馏装置加热分解，作为石油回收处理来获得制造塑料的原料。日本工业技术院北海道开发试验所则开发出从废塑料中回收煤油和柴油成分的技术。

5.3.4 复合材料的生态设计

复合材料与其他材料相比较其生态环境性能较差，这是因为复合材料是由不同的基体材料和增强材料组成的，使回收循环再生变得复杂，弥散增强和粒子增强型均难以分离，纤维增强追求结合强度更增加分离回收难度。一般来说使其分解比制造时的成本和使用阶段的能源还高。传统的复合材料设计，主要追求复合材料的力学性能和其他物理性能，而生态型复合材料的环境协调性设计偏重其生态性能，但目前设计方法和方向还处于探索阶段，目前提出的有研究、设计、LCA分析、检测一体化方法。设计方向有优先考虑维修的方案，可回收复合材料的方案，例如，以可塑性塑料基体代替热固性塑料基体，因为热固性塑料是网状结构，不熔融不溶解，难以循环再生，而可塑性塑料耐老化性差，必须提高耐老化性能，并取代热固性塑料。复合材料结构可采用分解型结构，在界面上设置原子扩散层，温度升高就能软化脱开。

日本学者金原勋对复合材料提出生态设计概念，认为21世纪的材料应当是有自修复性、自分解性、自组织化功能等的智慧型材料或智能材料。智慧型复合材料的一种方案是将传感器、调节器、信息处理器等功能材料埋入材料内，使之在外界的热、光、力、声、辐射、化学作用下由传感器送到信息处理器，再反馈给复合材料内的执行材料使产生相应的行为。根据各个领域的应用要求，智慧性能可分成 8 种形式：自律应答；形状可变结构；能动性地控制结构；寿命管理；损伤监测；自检、自修复；监测成型；智慧蒙皮。

在建筑领域有损伤监测，能源领域有能动性的控制结构，在宇航、高速车辆、船舶等可以说全方位都适用。解决复合材料的生态性能寄希望于智慧化。这种材料设计将贯穿在材料、制造、检测等综合性系统技术中。

复合材料多功能化是设计的一个方向，传统上复合材料是以追求力学性能为主的设计，使不同材料的性能和功能可以并存，但到目前为止已利用的功能非常有限。必须认识到复合材料的多功能性还未得到充分利用。复合材料是可以将现有的材料巧妙地组合，按人为使用目的制造出来的系统技术。不仅可以将不同的材料组合起来，在同一材料中也凝聚材料所具有的各种功能，包括可解体、可再组合、可自分解、可自修复等生态性能，例如，将热塑性减振板间弹簧插入复合材料可以抑制层间剥离，同时有减振效果，复合材料整体加热则板间弹簧层溶解，层间失去机械结合力，复合材料层间由于各向异性产生内应力而翘曲，使复合材料解体。板间弹簧还可以作为解体加热器使用。

5.3.5 包装材料的生态设计

包装材料根据其用途不同，要求具有不同的功能，为了满足同时具有不同的功能，往往采用几种不同材料的复合，而多种材料复合无疑给循环再生带来困难。所以要求在设计中考虑功能性和环境适应性的平衡和统一。包装材料的环境协调性设计应当考虑降低材料生命周期的环境负荷，主要包括以下各项要求：

1. 有害性

需要考虑对水、油和溶剂可溶出物质的有害性。例如，泡沫聚苯乙烯碗面容器、聚碳酸酯食品盒、聚碳酸酯奶瓶被列入环境激素可疑包装；聚氯乙烯食品包装袋游离单体氯乙烯是否低于标准要求；所使用的辅料是否含有铅、汞、镉、六价铬等有毒、有害金属；包装材料回收处理是否有有害物质排放，例如聚氯乙烯包装材料焚烧可产生二噁英等剧毒物质，所以应尽量采用非含氯材料。

2. 节省资源

设计时应考虑以下要求：包装设计应避免过度包装；循环使用的包装，材料要长寿命化；在便于使用的情况下，内容物质量与包装材料质量比，尽量最大化；尽量采用低密度包装材料；采用高性能材料，降低材料消耗。

3. 节省能源

通过 LCA 分析，尽量选择材料生命周期总负荷较小的材料。要考虑包装材料环境负荷与容积、强度的平衡，多数材料是以单位质量计的环境负荷，而包装材料的特点是要综合考虑单位体积与单位刚性结构材料的需要环境负荷因素，从单位容积考虑纸容器和聚酯瓶能耗低，若从单位强度和单位刚性考虑应选择钢铁。所以大型容器可选择质轻的聚酯瓶，小型并要求具有强度的容器可选择钢铁，纸由于强度低，不适合用作大型容器。玻璃和铝能耗高，但可循环再生，是否适宜，取决于回收率和循环再生效率。

5　材料的生态设计

4. 材料的功能性

包装材料的设计要满足内容物的理化性质要求，具有有效的保护功能，例如蔬菜、水果要求材料具有透气性、透湿性，冷冻食品要求材料有低温下的韧性，易氧化食品包装材料要求气体阻隔性。功能性降低造成内容物丧失商品性，无疑是包装和内容物的资源和能源的最大消耗。另外，要保证包装材料强度和包装的封合性，防止包装过程、运输过程、贮存过程、使用过程存在产品"跑、漏、飘"等现象，造成环境污染。

5. 包装材料废弃物的循环再生性

包装环境协调性设计应考虑包装材料废弃物的循环再生，包括下列几方面：

（1）包装材料应选择适合现有的回收再生系统，或将来可能建立的回收再生系统的材料，可提高回收率和降低回收费用；尽量采用目前回收技术已经成熟的材料；采用易于识别、材质的材料或附有识别标志的材料，利于分类回收。

（2）采用减容化设计，使用后可折叠，易施力压块，复合材料包装材料易分离，外形设计适合于运输减容。

（3）玻璃容器采用透明或茶色玻璃，尽量不使用杂色玻璃。

（4）塑料包装尽量采用使用后可降解、可堆肥的塑料材料。

（5）尽量采用使用后经简单处理（例如洗涤）可再使用的包装材料和设计。可再使用包装应选择易洗净的包装材料。

（6）尽量采用可重新使用的包装容器，例如玻璃容器、部分塑料容器。

（7）尽量选择包装废弃物焚烧或降解、堆肥、填埋处理过程没有二次污染的材料。

（8）尽量采用再生材料或废材做包装材料。

（9）在满足功能要求情况下，尽量选择单一材料的包装设计。

（10）需要焚烧处理时，要选择残渣少或无残渣的材料，例如避免铝箔复合材料，选择燃烧热低的材料。

思政小结

面对资源、能源的加速消耗和生态环境的持续破坏，在21世纪人类的生存和发展遭到前所未有的严重威胁和挑战，迫使人们进行反思，调整高消耗、高污染的粗放型发展模式，代之以人与自然和谐的可持续发展模式。围绕着提高工业活动中资源能源的利用效率、降低生产和制造过程对环境的负担，欧美各国和日本等发达国家从理论和实践上进行了积极的尝试。为避免地球所面临的危机，很多国家都需要向非物质经济或者服务型经济转变。如何推进企业绿色化、产业绿色化，进而国家绿色化？这就需要生态设计，通过环境技术革新使产品的环境效率或者资源效率得到显著提高，也就是通过环境协调性设计和生产来实现。

 **课后习题**

1. 简述材料的分类。
2. 简述生态设计的定义及原则。
3. 试举例论证设计会给环境带来90％的贡献。
4. 作为一名材料工程师，你的公司需要去开发一种新材料，你将如何考虑这种新材料的环境性能？

6 清洁生产

📖 **教学目标**

教学要求：了解清洁生产在国内外的发展历程，理解清洁生产的定义、理论依据及内容，掌握清洁生产评价及审核的内涵，了解清洁生产审核的步骤，学会对某一材料或产品的生产过程进行清洁生产的改造。

教学重点：清洁生产的定义及内容。

教学难点：清洁生产评价和审核的过程，清洁生产的实际应用。

环境问题一直伴随着人类文明的进程，尤其随着科技与生产力水平的提高，人类干预自然的能力大大增强，社会财富迅速膨胀，环境污染日益严重。世界上许多国家因经济高速发展而造成了严重的环境污染和生态破坏，并导致了一系列举世震惊的环境公害事件。清洁生产是国际社会在总结工业污染治理经验教训的基础上提出的一种新型污染预防和控制战略，是污染控制模式由被动反应向主动行动的转变，是实现可持续发展战略的必由之路。本章首先介绍了清洁生产的定义、发展历程、理论基础、主要内容等，之后又对清洁生产评价和审核进行了详细阐述，最后以钢铁行业为例，介绍了清洁生产的应用现状。

6.1 清洁生产概述

6.1.1 清洁生产的定义

1996年，联合国环境规划署在总结了各国开展的污染预防活动，并加以分析提高后，完善了清洁生产的定义。清洁生产是一种新的创造性思想，该思想将整体预防的环境战略持续地应用于生产过程、产品和服务中，以提高生态效率和降低人类和环境的风险。对于生产过程，要求节约原材料和能源，淘汰有毒原材料，减少所有废物的数量和降低废物的毒性。对于产品，要求减少从原材料提炼到产品最终处置的全生命周期的不利影响。对服务，要求将环境因素纳入设计和所提供的服务中。

联合国环境规划署的定义将清洁生产上升为一种战略，该战略的作用对象为工艺和产品。其特点为持续性、预防性和综合性。根据清洁生产的定义，清洁生产内涵的核心是实行源削减和对生产或服务的全过程实施控制。

《中华人民共和国清洁生产促进法》第二条规定："本法所称清洁生产，是指不断采取改进设计、使用清洁的能源和原料、采用先进的工艺技术与设备、改善管理、综合利用等措施，从源头削减污染，提高资源利用效率，减少或者避免生产、服务和产品使用过程中污染物的产生和排放，以减轻或者消除对人类健康和环境的危害。"

6.1.2 清洁生产在国内外的发展历程

清洁生产战略是在较长的工业污染防治过程中逐步形成的，也可以说是世界各国20多年来工业污染防治基本经验的结晶。自联合国环境规划署提出清洁生产概念并积极推动清洁生产实施以来，美国、丹麦、荷兰、英国、加拿大、澳大利亚等国家都兴起了清洁生产浪潮，并获得了很大的成功，清洁生产成为全球关注的热点。

6.1.2.1 清洁生产在国外的发展

自1989年联合国环境规划署开始在全球范围内推行清洁生产以来，该机构先后在中国、印度和巴西等8个国家建立了国家清洁生产中心，成立了金属表面处理、皮革鞣制、纺织工业、采矿工业、制浆造纸、政策与战略、教育与培训、数据联网和可持续产品开发等十几个清洁生产工作小组。同时，建立了国际清洁生产信息交换中心和相应数据库，出版了《清洁生产杂志》等刊物，并且每两年召开一次全球清洁生产高级研讨会，交流经验、沟通信息、完善清洁生产技术体系及转让网络，以促进各国清洁生产在深度和广度上不断拓展。联合国在推动清洁生产中发挥了巨大作用，所做的贡献具体如下：

1989年5月，联合国环境规划署理事会提出清洁生产的概念。

1990年10月，在英国坎特伯雷举行第一届国际高级清洁生产研讨会，会议上推出清洁生产的概念和网络。

1992年6月，联合国环境发展大会提出加强清洁生产的建议。

1992年10月，在法国巴黎举行的第二届国际高级清洁生产会议上调整清洁生产计划，使之成为联合国环境发展大会的后续行动。

1993年5月，联合国环境规划署理事会做出关于清洁生产技术转让的决定。

1994年10月，在波兰华沙举行的第三届国际高级清洁生产会议对世界各国开展清洁生产的情况进行了回顾和总结，并做出加强信息交流和清洁生产能力建设的决定。

1996年10月，在英国牛津举行了第四届国际高级清洁生产会议，来自50多个国家的大约170名与会者出席。这些与会者覆盖清洁生产网络所涉及的各个部门，包括政府、工业界、非政府组织、金融部门和国际组织。牛津研讨会的具体目标有两个：一是评议和评估过去两年中世界性清洁生产举措的进展，并分析进一步发展的障碍和机会；二是在这种评议和评估的基础上，提出关于清洁生产计划今后方向的建议。

1998年10月，联合国环境规划署第五届国际高级清洁生产研讨会在汉城召开，主要成果是签署了《国际清洁生产宣言》。

2000年10月16—17日，联合国环境规划署第六届国际高级清洁生产研讨会在加拿大蒙特利尔召开，主题是先进的污染预防与清洁生产。

2002年4月28—30日，联合国环境规划署的第七届国际高级清洁生产研讨会在捷克布拉格召开，主题是面对可持续生产和消费的挑战。

2004年11月15—16日，清洁生产第八次国际高级研讨会在墨西哥蒙特雷召开。"全球环境与基本需求"和"挑战与企业"是此次会议的两大主题。会议上聚集了来自60多个国家的230多名与会者，评估了可持续消费和可持续生产议程的进展，确定了在全球范围内加强实施可持续消费和生产计划的关键行动。

2006年12月10—12日，清洁生产第九次国际高级研讨在坦桑尼亚召开，会议主题是"为产业、环境和发展提出解决方案"。

2015年，各国齐聚巴黎共同制订了一项新的气候协议，旨在遏制全球变暖。在会议上，各国纷纷承诺减少碳排放。

2018年7月9—19日，联合国举行了可持续社会转型会议，主题是"向可持续和有弹性的社会转型"。

目前，美国、澳大利亚和荷兰等发达国家在清洁生产立法、组织机构建设、科学研究、信息交换、示范项目和推广等领域已取得明显成就。美国有一半的环境保护局增设了污染预防办公室，建立了污染预防信息交换中心和污染预防研究所，编辑出版了企业污染预防指南和制药、机械维修、洗印等行业的污染预防手册，启动了清洁生产示范项目，鼓励中小企业以创新的方式开展污染预防，并及时交流、推广污染预防工作中取得的经验。

澳大利亚政府把清洁生产视为企业最佳环境管理手段，并在企业中积极宣传、推广。1992年，澳大利亚制定了国家清洁生产计划。1993年，建立了国家清洁生产中心，全面开展清洁生产咨询服务、技术转让和人员培训，率先在汽车工业、玻璃工业、印刷工业和塑料工业等领域进行清洁生产试点和示范。对有意实施清洁生产和清洁生产卓有成效的企业，分别给予赠款、低息贷款支持和"清洁生产奖"。

荷兰早在1988年就开展了"用污染预防促进工业成功项目"，在食品加工、电镀、金属加工、公共运输和化学工业5个行业10家企业中开展污染预防研究。结果表明，工业企业废物减量与排放预防有巨大潜力，仅仅通过"加强内部管理"就能使废物削减25%～30%。若能改进工艺、革新技术，还能进一步削减30%～80%。1990年，荷兰出版了颇具影响的《废物与排放预防手册》，使清洁生产有章可循，逐步走入正轨。

波兰是发展中国家开展清洁生产较早的国家。波兰工业部和环境部联合签署了《清洁生产政策》，发表了《清洁生产宣言》，制订了清洁生产计划。全国已有670多家企业参加清洁生产活动，有440人获得清洁生产专家资格。仅1992—1993年，因实施清洁生产，固体废物、废水、废气和新鲜水用量分别削减了22%、18%、24%和22%。清洁生产在波兰日益扩展，已经成为工业企业实现可持续发展的有力手段。

印度在联合国工业发展组织的支持下，于1993年在草浆造纸、纺织印染、农药加工等行业实施企业废物削减示范项目。结果表明，许多企业都有自身可以把握的废物削减机会，不一定非要依靠发达国家的技术支持。换句话说，企业应立足使用本国的清洁技术。印度的这一经验不仅有助于本国拓展清洁生产，而且对第三世界国家也是一个启示。

6.1.2.2 清洁生产在中国的发展

我国政府十分重视清洁生产，将清洁生产明确写入《中国21世纪议程》，并具体落实在首批优先项目之中。1992年，国家环境保护局制定了在全国范围内推广的清洁生产行动计划。1993年，第二次全国工业污染防治会议进一步指出了工业企业开展清洁生产的重要性。会议明确指出，推行清洁生产是我国20世纪90年代工业持续发展的一项重要战略性举措。接着，国家环境保护局又将清洁生产纳入世界银行推进中国环境技术援助项目。随之在北京、浙江绍兴、湖南长沙和山东烟台等地开展了清洁生产试点，建立起首批29个清洁生产示范项目。通过多年实践，培养了人才，积累了经验，为我国更加广泛地开展清洁生产工作打下了坚实的基础。国家环境保护局于1997年4月发布了《关于推行清洁生产的若干意见》（以下简称《意见》）。《意见》从转变观念、提高认识、加强宣传、做好培训、突出重点、加大力度、相互协调、依靠部门、结合现行环境管理制度和加强国际合作等方面提出了要求，并为如何结合现行环境管理制度的改革推行清洁生产提出了基本框架、思路和具体做法。吉林、北京、陕西、江苏、广东、四川等省市转发了《意见》，各地在制定清洁生产政策方面也有进展。

至2010年，全国已举办约140个有关清洁生产的培训班，近1万人接受了教育和培训。通过宣传教育培训，使许多不同层次的领导对清洁生产有了常识性的了解，从事相关工作的人员也掌握了清洁生产审核的专业知识和技能。国家清洁生产中心也在全国举办了多期清洁生产审核员培训，还安排清洁生产教员赴有关省市指导地方清洁生产培训和审核，指导上海、太原等省市共9期环境影响评价人员持证上岗培训班，并对基层环评人员进行清洁生产思想和方法宣传。已成立包括煤炭、冶金、轻工、化工、航空、航天等在内的至少21个省级清洁生产中心和至少25个地市级清洁生产中心。现有的地方清洁生产中心有：北京市环保培训中心、上海市清洁生产中心、天津市清洁生产中心、陕西省清洁生产指导中心、黑龙江省清洁生产中心、山东省清洁生产中心、江西省清洁生产指导中心、内蒙古自治区清洁生产中心、呼和浩特市清洁生产中心等。

2002年第一部循环经济立法《中华人民共和国清洁生产促进法》出台，并于2003年1月1日生效，标志着我国污染治理模式由末端治理开始向全过程控制转变，为我国进一步推行清洁生产提供了法律依据。2004年8月16日，发展改革委、国家环境保护总局制定并审议通过了《清洁生产审核暂行办法》，并于2004年10月1日起施行；2005年国家环境保护总局印发了《重点企业清洁生产审核程序的规定》。这标志着强制性清洁生产审核被纳入了全国环境管理工作范围，带动了清洁生产各项工作的全面推进。2005年12月3日，《国务院关于落实科学发展观加强环境保护的决定》中明确提出实行清洁生产并依法强制审核的要求，把强制性清洁生产审核摆在了更加重要的位置。2007年6月3日，国务院下发的《节能减排综合性工作方案》明确提出要加大实施清洁生产审核力度，并将强制性清洁生产审核的范围扩大到没有完成节能减排任务的企业。2008年7月1日，国家环境保护部发布的《关于进一步加强重点企业清洁生产审核工作的通知》中提出，各地可根据污染减排工作的需要，将国家、省级环保部门确定的污染减排重点污染源企业纳入强制性清洁生产审核范围。该文件还明确了环保部门在重点企业清洁生产审核工作中的职责和作用，同时也给出了重点企业清洁生产审核评估、验收的实施指南，是环保部门在今后一段时期内开展清洁生产工作的指导性文件，各省、市重点企业的清洁生产审核工作都应按照文件的要求逐条贯彻落实。2010年4月22日，中华人民共和国环境保护部下发《关于深入推进重点企业清洁生产的通知》，此文件是推动清洁生产审核最严厉的文件。其保障措施重点包括：应将实施清洁生产审核并通过评估验收，作为《重点企业清洁生产行业分类管理名录》所列行业的重点企业申请上市（再融资）环保核查和有毒化学品进出口登记的前提条件，作为申请各级环保专项资金、节能减排专项资金和污染防治等各方面环保资金支持的重要依据，作为审批进口固体废物、经营危险废物许可证和新化学物质登记的重要参考条件；将实施清洁生产的减污绩效作为核算重点企业主要污染物总量减排数据的重要依据，未通过清洁生产审核评估验收的重点企业，对于实施清洁生产形成的总量减排成果不予认可；对通过实施清洁生产达到国内清洁生产先进水平的重点企业可给予适当经济奖励。这些法规的出台，有力地推动了我国清洁生产向法制方向发展。

从中国企业清洁生产审核的实际情况来看，参加过清洁生产审核的企业普遍获得明显的环境效益和经济效益。国家清洁生产中心完成了众多企业的审核，根据这些企业的审核报告，平均每家企业削减主要污染物20%以上，获经济效益100万元/年以上。2020年，山东省电力公司实施清洁生产使得山东省风电、光伏等清洁能源装机预计将达到2470万kW。"十三五"期间，山东省每年减少了省内标煤消耗7400万t，减排二氧化碳2.1亿t、二氧化硫18万t；年均替代电量90亿kW·h，电能在终端能源消费比重超过30%。

清洁生产标准是资源节约与综合利用标准化工作的重要组成部分。从2003年起国家环境保护总局陆续发布了56项清洁生产标准，以推动清洁生产审核工作的进行。清洁生产标准的编制依据主要参考《清洁生产标准 制定技术导则》(HJ/T 425—2008)。与清洁生产指标体系作用相同，清洁生产标准同样对清洁生产审核有着重要的作用。但是，清洁生产评价指标体系是评价清洁度高低，为指导和推动企业依法实施清洁生产而制定的一套或多套评价体系；而清洁生产标准是所要执行的行业必须参考的依据。

2012年2月29日，中华人民共和国第十一届全国人民代表大会常务委员会第二十五次会议通过了《关于修改〈中华人民共和国清洁生产促进法〉的决定》，对《清洁生产促进法》进行了修订，并于2012年7月1日起施行。修订后的《清洁生产促进法》对我国清洁生产工作提出了新的要求，明确建立了强制性清洁生产审核制度。

2016年5月16日，发展改革委、环境保护部对《清洁生产审核暂行办法》进行了修订，联合发布了修订后的《清洁生产审核办法》，并于2016年7月1日起正式实施。《清洁生产审核办法》是推进我国清洁生产审核工作的基础性文件，对清洁生产审核程序作了进一步规范，为地方和企业开展清洁生产审核提供了更好的指导。

中华人民共和国生态环境部（简称生态环境部）办公厅于2020年10月16日印发了《关于深入推进重点行业清洁生产审核工作的通知》。为进一步强化清洁生产审核在重点行业节能减排和产业升级改造中的支撑作用，促进形成绿色发展方式，推动经济高质量发展，该通知对深入推进重点行业清洁生产审核工作的有关要求：充分认识新形势下推进清洁生产审核的重要意义；扎实推进重点行业清洁生产审核工作；压实企业实施清洁生产审核的主体责任；积极推进清洁生产审核模式创新；健全技术与服务支撑体系；强化资金保障与政策支持；推进清洁生产信息系统建设；加大宣传引导力度。

其中，加大宣传引导力度要求各地区要组织开展多层次、多元化宣传教育活动，充分利用各类媒体、公益组织、行业协会等广泛宣传清洁生产法律法规、政策规范、管理制度和典型案例等，开展经验交流和技术推广，提升政府管理人员、企业经营管理者和社会公众的清洁生产意识。

2021年，国家发展改革委联合生态环境部、工业和信息化部、科技部、财政部、住房城乡建设部、交通运输部、农业农村部、商务部、市场监管总局印发《"十四五"

全国清洁生产推行方案》，全面部署了推行清洁生产的总体要求、主要任务和组织保障，按照资源能源消耗、污染物排放水平确定了开展清洁生产的重点领域、重点行业和重点工程，指明了"十四五"清洁生产推行路径，对于实现绿色低碳循环发展，助力实现碳达峰、碳中和目标意义重大。方案提出，到2025年工业领域清洁生产全面推行，农业、服务业、建筑业、交通运输业等领域清洁生产将进一步深化，清洁生产整体水平大幅提升，能源资源利用效率显著提高，重点行业主要污染物和二氧化碳排放强度明显降低，清洁生产产业不断壮大。方案分别从突出抓好工业清洁生产、加快推行农业清洁生产、积极推动其他领域清洁生产、加强清洁生产科技创新和产业培育，以及深化清洁生产推行模式创新方面提出具体要求。其中包括：大力推进重点行业清洁低碳改造；严格执行质量、环保、能耗、安全等法律法规标准，加快淘汰落后产能；全面开展清洁生产审核和评价认证，推动能源、钢铁、焦化、建材、有色金属、石化化工、印染、造纸、化学原料药、电镀、农副食品加工、工业涂装、包装印刷等重点行业"一行一策"绿色转型升级；加快存量企业及园区实施节能、节水、节材、减污、降碳等系统性清洁生产改造。在国家统一规划的前提下，支持有条件的重点行业二氧化碳排放率先达峰。在钢铁、焦化、建材、有色金属、石化化工等行业选择100家企业实施清洁生产改造工程建设，推动一批重点企业达到国际清洁生产领先水平。

6.1.3 清洁生产的理论基础

围绕提高资源效率，减少环境污染，有关清洁生产的理论基础主要包括废物与资源转化理论、生产过程最优化理论以及社会化大生产理论等。

清洁生产的废物与资源转化理论是以物质不灭定律和能量守恒定律为基础的。在生产过程中，所有的物料都遵循物质平衡原则。生产过程中产生的废物越多，则原料亦即资源消耗越大。也就是说，所有的废物都是由原料转化而来的。清洁生产可使废物产生量最小化，也就等于使原料得到了最有效的利用。所以，提高资源效率是清洁生产的一个重要内容。此外，资源和废物是一个相对的概念，一个生产过程所产生的废物可作为另一个生产过程的原料，使废物再生循环利用，从另一方面体现了废物与资源转化理论。

由废物与资源转化理论可引出生产过程最优化理论。当目标锁定在提高资源效率时，将废物转化为另一个生产过程的资源是一条途径。在该生产过程内部使物料消耗最少，产品产出率最高是更积极的选择。即投入原料最少，而使产品的产出率达到最大，这就是生产过程最优化理论的核心。这个理论与前面介绍的资源效率理论追求的目标是一致的。根据最优化生产理论，在很多情况下，废物产生量最小化可表示为目标函数，求其在约束条件下的最优解。具体的应用可根据具体的生产过程的要求、工艺路线、原料和产品的物理化学性质、废物排放的环境标准等因素进行数学量化处理和求解。

清洁生产的社会化大生产理论是根据马克思主义的经济学原理建立的。社会化大生产理论的核心是用最少的劳动消耗，生产出最多的满足社会需要的产品，这也是经济活动的最高准则。当今世界的社会化、集约化的大生产和科学进步，为清洁生产提供了必要条件。因此，有利于社会化大生产和科学进步的工业政策，特别是有利于经济增长方式由粗放型向集约型转变的技术经济政策等，都能为推行清洁生产提供发展的条件。

清洁生产推行20年来，全球范围的成功案例表明，上述清洁生产的理论基础起到了重要作用。如关于废物与资源转化理论，目前已普遍发展为资源效率理论，建立了4倍因子增长理论、10倍因子增长理论等新概念、新理论。关于社会化大生产理论的应用，近几年全球范围内跨国公司的兼并潮流，证明了马克思100多年前建立的经济学理论具有杰出的远见和指导意义。随着科学技术和社会的不断发展和进步，关于清洁生产的理论将会得到不断的完善和发展。

6.1.4 清洁生产的主要内容

按照清洁生产的定义，围绕清洁生产的实施目标，清洁生产的内容主要包括清洁能源和资源、清洁工艺、清洁设备、清洁产品、清洁服务、清洁管理以及清洁审计等。图6-1是清洁生产内容的框架示意图。

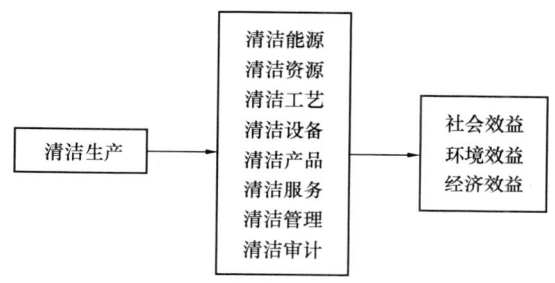

图6-1 清洁生产内容框架示意图

清洁能源指在生产过程中实现最少的能量消耗，对化石能源要实现清洁燃烧，开发低污染的新能源如核能、可控聚变能或再生能源如太阳能、水能、风能、地热等，以及有关能源的有效利用技术与节能措施等。从能源利用的途径使生产的驱动过程对环境影响较小。

清洁资源要求在生产过程中实现最少的原材料消耗；用无毒材料代替有毒材料，减少有害物料的投放，从源头控制，避免最终对环境的毒性影响。同时，优化原材料的使用，提高材料的使用效率也是一项重要内容。

清洁的生产工艺是清洁生产思想产生的最初动力之一。清洁的生产工艺流程要求在原料加工、使用、废弃等过程中无污染或少污染，少排放或无排放；尽量实现物料自循环，以及高效率的安全生产过程；并且生产过程中实施无毒排放或无毒副产品。

清洁的生产设备最主要的是良好的密闭生产系统，消除生产过程中的跑、冒、滴、漏等。主要内容是改进生产设备，优先采用不产生或少产生废物和污染的设备，提高设备效率，改进设备的运行条件等。另外，生产过程中不产生对环境有害的噪声也要靠设备条件来满足与维持。

清洁的产品包括调整产品结构，发展清洁产品，用对环境和人体无害的产品取代有毒有害的产品，使产品具有令人满意的使用性能、可接受的经济成本和适当的寿命，对人无毒、对环境无害、易回收再生等性能。

清洁的服务指在产品的售后服务过程中建立环境意识，通过维护、保修、更换等一系列环节减少对环境的影响。同时，建立废品回收系统，发展回收、提纯工艺，提高废物回收利用率等也是清洁服务的内容。

清洁管理包括实施现代化管理，提高生产效率，优化生产组织，控制原料消耗，岗位技术培训，培养环保意识，监督规范执行情况等，从而加强生产全过程管理，通过管理途径保障生产效率和环境保护各项措施的实现。

清洁审计是环境影响评价和分析的一种方法，主要通过对一个生产过程的检查评价，了解该生产过程的工艺条件，特别是有毒有害物料及其他废弃物的产生和排放情况，经过对技术、经济和环境的可行性分析，判断现有生产工艺对环境的影响以及筛选新的生产工艺提供环境影响定量的数据。

但不管怎样，由图 6-1 可见，清洁生产的所有内容都围绕一个核心，即在工艺过程中减少环境污染，创造社会效益、环境效益和经济效益的统一，最后实现可持续发展的工业生产。

6.1.5 清洁生产的意义

清洁生产是在回顾和总结工业化实践的基础上，提出的关于产品和生产过程预防污染的一种全新战略。它综合考虑了生产和消费过程的环境风险（资源和环境容量）、成本效益和经济效益，是社会经济发展和环境保护对策演变到一定阶段的必然结果。清洁生产的意义主要在于：

（1）清洁生产是实现可持续发展的必然选择和重要保障。清洁生产强调从源头抓起，着眼于全过程控制。不仅尽可能地提高资源能源利用率和原材料转化率，减少对资源的消耗和浪费，从而保障资源的永续利用，而且通过清洁生产，把污染消除在生产过程中，可以尽可能地减少污染物的产生量和排放量，大大减少对人类的危害和对环境的污染，改善环境质量。实现了经济效益和环境效益的统一，体现了可持续发展的要求。

（2）清洁生产是工业文明的重要过程和标志。清洁生产强调提高企业的管理水平，提高包括管理人员、工程技术人员、操作工人在内的所有员工在经济观念、环境意识、参与管理意识、技术水平、职业道德等方面的素质。同时，清洁生产还可有效改善操作工人的劳动环境和操作条件，减轻生产过程对员工健康的影响，为企业树立良好的社会形象，促使公众对其产品的支持，提高企业的市场竞争力。

（3）清洁生产是防治工业污染的最佳模式。清洁生产借助于各种相关理论和技术，在产品的整个生命周期的各个环节采取预防措施，通过将生产技术、生产过程、经营管理及产品消费等方面与物流、能量、信息等要素有机结合起来，并优化运行方式，从而实现最小的环境影响，最少的资源、能源使用，最佳的管理模式以及最优化的经济增长水平。

（4）开展清洁生产是促进环保产业发展的重要举措。在当前环境质量状况不断恶化、对环境改善的呼声日渐高涨的情况下，环保产业的兴起是当前的重要趋势，是未来我国新的经济增长点。而开展清洁生产活动可以大大提高对环保产业的需求，促进环保产业的发展。

6.2 清洁生产评价和审核

清洁生产的评价与审核是一种全新的污染防治战略。根据清洁生产原理，企业为达到清洁生产的目的，可提出多个清洁生产技术方案，在决策前，需要对各个方案进行科学、客观的评价，筛选出既有明显经济效益，又有显著环境效益的可行性方案，这个过程称为清洁生产评价。清洁生产评价是通过对企业的生产从原材料的选取、生产过程到产品服务的全过程进行综合评价，判断出企业清洁生产总体水平以及主要环节的清洁生产水平，并针对清洁生产水平较低的环节提出相应的清洁生产对策和措施。清洁生产审核是对企业现在的和计划进行的工业生产实行预防污染的分析和评估。其目的有两个：判定企业中不符合清洁生产的地方和做法；提出方案解决这些问题，从而实现清洁生产。通过清洁生产审核，对企业生产全过程的重点（或优先）环节产生的污染进行定量检测，找出高物耗、高能耗、高污染的原因，然后有的放矢地提出对策、制定方案，减少和防止污染物的产生。

6.2.1 清洁生产的评价

6.2.1.1 清洁生产评价内容

从科学性、工程性、可操作性等多方面考虑，清洁生产评价内容大致包括以下方面：

1. 清洁原材料评价

（1）评价原材料的毒性及有害性。

（2）评价原材料在包装、储运、进料和处理过程中是否安全可靠，有无潜在的浪费、暴露、挥发、流失等污染风险问题。

（3）对大众化原料，进一步分析原料纯度、成分与减污的关系。

（4）对毒害性大、潜在污染严重的原材料提出更清洁的替代方案或清洁生产措施。

2. 清洁工艺评价

（1）指明拟选生产工艺与国家产业发展有关政策的关系。

（2）指明拟选生产工艺的特殊性，如是否简洁、连续、稳定、高效，设备是否易于配套，自动化管理程度高低等。

（3）筛选可比工艺方案，通过对物耗、能耗、水耗、收率、产污比等指标的分析，评价拟定工艺的先进性和合理性。

（4）通过评价，对工艺中尚存的问题提出改进意见，对主要评价单元（如车间、工段、工序）的生产过程进行剖析，采用化学方程式的流程图评价包括废物在内的物流状况和特征，找出清洁生产机会，以及进行闭路循环或回收利用技术措施的可行性，提出资源综合利用措施或途径及废物在生产过程中减量化的方案。

3. 设备配置评价

（1）评价主要生产设备的来源、质量和匹配性能、密闭性能、自动化管理性能。

（2）分析拟定配置方案的弹性和原料转化的关系。

（3）从节能、节水、环保等角度，评价设备的空间布置合理性。

4. 清洁产品评价

通过对产品性能、形态和稳定性的分析，评价产品在包装、运输、储藏以及使用过程中是否安全可靠，评述产品在其生命周期中潜在的污染行为。

5. 二次污染和积累污染评价

（1）分析废物在处理处置过程中的形态变化和二次污染影响问题。

（2）明确废物的最终转化形态和毒害性。

（3）分析废物的最终处置方式对环境的积累污染影响。

6. 清洁生产管理评价

（1）对生产操作规范化、设备维护、物料和水量计量办法进行评述。

（2）对原料和产品泄漏、溢出、次品处理、设备检修等造成的无组织排放提出监控措施。

（3）对建立企业岗位环保责任制和审核制度提出要求。

7. 推行清洁生产效益和效果评价

（1）通过对比分析，说明清洁生产在节水、节能、降耗、减污、增效方面可能产生的效益和效果，特别分析清洁生产对预防污染、减轻末端治理压力的可能贡献。

（2）通过类比分析，提出拟建工程清洁生产应达到的基本目标。

6.2.1.2　清洁生产评价指标体系

企业为了增加市场竞争力，降低环境责任风险，达到清洁生产的目的，而提出清洁生产技术方案。清洁生产技术方案涉及企业技术和管理的多个方面，在对其进行评价时，所采用的评价方法应能处理多层次、多属性的问题，并要保证评价过程的客观性、科学性，尽量减少或避免主观因素对评价结果的影响；要保证其清洁生产技术方案能体现出技术的先进性和经济效益与环境效益的统一性。

清洁生产的评价至今还处于不断的探讨和完善过程中，并没有公认的、法定的方法。清洁生产评价的标准是若干项综合的原则。这些原则带有鲜明的政策指导性，同时也是若干个定量指标。国家环境保护总局从 2001 年开始，在全国范围内组织编制各行业清洁生产审核技术指南和各行业清洁生产技术要求，为开展清洁生产做好方法和评价的技术准备。

1. 清洁生产评价的基本原则

（1）系统整合原则

评价必须具备系统的观念，必须强调生产全过程整合和目标的统一。系统分析是正确评价生产和管理结构是否合理、设施的功能是否有效、污染控制目标和措施是否协调的基础。

（2）生产过程废物最小化原则

生产过程每一个相对集中的具有物质和能量转化功能的生产单元，都可以看作一个清洁生产评价对象。每个单元以产出废物最小化为原则，对生产过程中的操作行为、工艺先进性、设备有效性、技术合理性进行评价，提出清洁生产方案。

（3）强化对污染物的源头和中间控制的原则

评价过程中，通过分析，调整原材料利用方式或寻求废物可分离、可回收的技术方案。力争从源头或生产过程中减少污染物的产出，以减少末端治理难度。

（4）相对性、阶段性原则

由于受生产规模、工程复杂性、科技水平、经济基础、生产者素质等各种因素的制约，清洁生产具有相对意义。清洁生产评价中树立的目标和参照的标准应把握一定的适用范围和条件；评价中提出的清洁生产措施应本着因地制宜，适时、适度、低费高效的原则推荐实施。对不确定方面或暂时不宜实行的方案应按照目标化管理的要求，提出分阶段实施的持续清洁生产对策和建议。

2. 清洁生产指标的选取原则

（1）从产品生命周期全过程考虑

生命周期分析方法是清洁生产指标选取的一个最重要原则，评价指标应包括原材料、生产过程和产品的各个主要环节，尤其对生产过程，既要考虑对资源的使用，又要考虑污染物的产生，全面反映产品生命周期对环境的影响。

（2）体现污染预防思想

清洁生产指标的范围不需要覆盖环境、社会、经济的各个方面，而主要反映出建设项目实施过程中所使用的资源量及产生的废物量，包括使用能源、水或其他资源的情况，通过对这些指标的评价，应能够反映出建设项目通过节约和更有效的资源利用来达到保护自然资源的目的。

（3）量化原则

清洁生产指标是反映建设项目实施后对环境的影响，在设计时要充分考虑可操作性。指标数据要易获取，具有较好的可定量性，其计算和测量方法简便；指标数据还应相互独立，不应存在相互包含和交叉关系及大同小异现象，以便评价结果更加客观和直观，实现理论科学性和现实可行性的合理统一。

（4）满足政策法规要求，并符合行业发展趋势

清洁生产指标应符合产业政策和行业发展趋势要求，并应根据行业特点，考虑各种产品和生产过程来选取指标。

3. 清洁生产评价指标

我国的清洁生产指标体系是在原有的环境质量和污染削减指标体系基础上建立的。根据清洁生产的含义，它横向可分为技术经济、环境领域和管理领域指标；根据清洁生产过程控制的要求，它纵向可划分为源头控制、生产过程控制和产品控制指标。清洁生产评价指标体系应把握好3个环节的要求：生产过程中要求节约能源和原材料，淘汰有毒有害的原材料，减少和降低所有废物的数量和毒性；要求降低产品全生命周期（包括从原材料开采到寿命终结和处置）对环境的有害影响；要求将预防战略结合到环境设计和所提供的服务中。因此，清洁生产分析和评价主要应从工艺路线选择、节能降耗、减少污染物产生和排放等方面进行评述，同时还要兼顾环境经济效益的评价。依据生命周期分析的原则，清洁生产评价指标具体可分为6大类：生产工艺与装备要求、资源能源利用指标、产品指标、污染物产生指标、废物回收利用指标和环境管理要求。6类指标既有定性指标也有定量指标，资源能源利用指标和污染物产生指标在清洁生产审核中是非常重要的两类指标，因此，必须有定量指标，其余4类指标属于定性指标或半定量指标。

6.2.2 清洁生产的审核

最有效的清洁生产措施是源头削减。而削减污染的基础是掌握污染的起因和起源，有的放矢地实施污染预防和削减方案，达到清洁生产的目的。在筹划、实施清洁生产之前，应对整个生产过程进行清洁生产审核，即科学的核查与评估，找出问题，以便改进。

6.2.2.1 清洁生产审核的定义

根据发展改革委、国家环境保护总局 2004 年 8 月 16 日发布的《清洁生产审核暂行办法》，清洁生产审核的定义为："按照一定程序，对生产和服务过程进行调查和诊断，找出能耗高、物耗高、污染重的原因，提出减少有毒有害物料的使用、产生，降低能耗、物耗以及废物产生的方案，进而选定技术、经济及环境可行的清洁生产方案的过程。"

清洁生产审核是对组织现在的和计划进行的生产和服务实行预防污染的过程诊断和评估程序，是实现清洁生产的具体途径。通过清洁生产方案的实施能够实现"节能、降耗、减污、增效"的目标。

6.2.2.2 清洁生产审核的程序

清洁生产审核的主要任务和总体思路是判明废物的产生部位（where）、分析产生废物的原因（why）、提出解决方案（how）。在实际运行中，可从 8 个方面（原辅材料和能源、工艺技术、设备、过程控制、管理、员工、产品、废物）展开工作。

由此，清洁生产审核可分解为以下 7 个阶段进行操作：策划和组织、预审核、审核、实施方案的产生和筛选、实施方案的可行性分析、方案实施、持续清洁生产。

这套清洁生产审核程序是从企业的角度出发的，企业通过清洁生产审核不仅削减了污染物排放量，而且提高了企业的生产效率，减少了原材料消耗，降低了生产成本，提高了企业的经济效益。

1. 策划和组织

策划和组织是企业进行清洁生产审核的第一阶段。通过宣传教育使企业的领导和职工对清洁生产有初步的、比较正确的认识。这一阶段的工作重点是取得企业高层领导的支持和参与，组建清洁生产审核小组，制定审核工作计划和宣传清洁生产思想。

2. 预审核

预审核的目的是在对企业生产的基本情况进行全面调查的基础上，通过定性和定量分析，确定清洁生产审核重点和企业清洁生产目标。这一阶段的工作重点是评价企业产污、排污状况，确定审核重点，并针对审核重点设置清洁生产目标。这一阶段的工作具体可以分为以下 6 个步骤，如图 6-2 所示。

3. 审核

该阶段的工作重点是实测输入输出物流，建立物料平衡，分析废物产生的原因，提出解决问题的思路。具体工作可以分为以下 5 个步骤，如图 6-3 所示。

4. 实施方案的产生和筛选

通过方案的产生、筛选、编制，为下一阶段的可行性分析提供足够的清洁生产方案。这一阶段的工作步骤如图 6-4 所示。

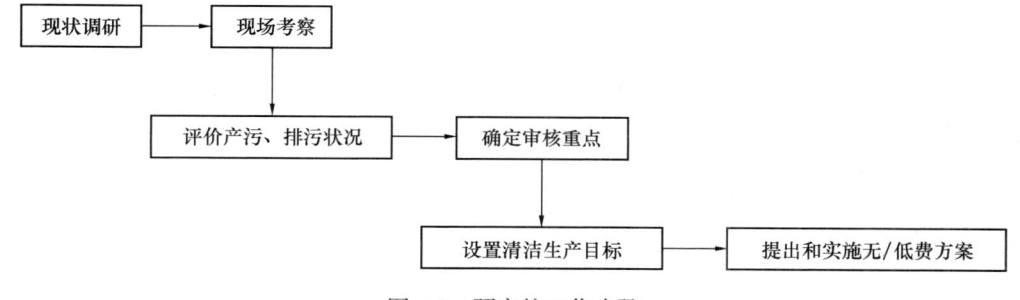

图 6-2 预审核工作步骤

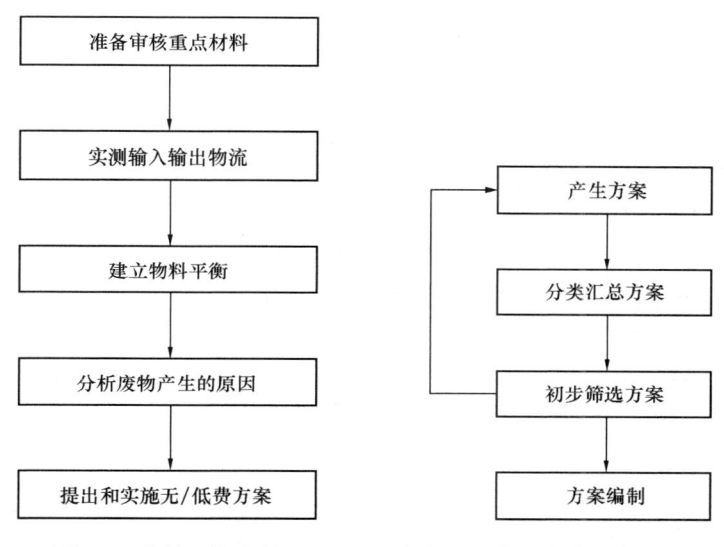

图 6-3 审核工作步骤　　图 6-4 实施方案的产生和筛选

5. 实施方案的可行性分析

对所筛选出来的中/高费清洁生产方案进行分析和评估，选择出最佳方案。分析和评估的原则是先进行技术评估，再进行环境评估，最后进行经济评估。只有通过了技术、环境评估的方案，方可进行经济评估。这一阶段的工作具体划分为以下 5 个步骤，如图 6-5 所示。

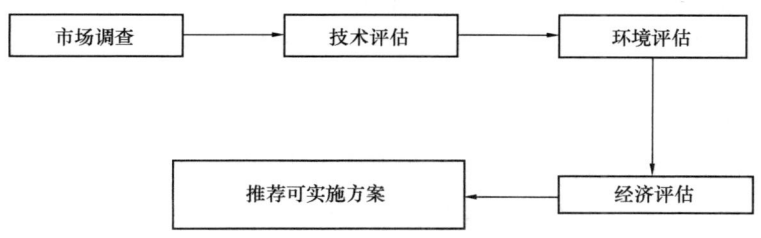

图 6-5 实施方案的可行性分析步骤

6. 清洁生产方案的实施

在总结前几个阶段已实施的清洁生产方案成果的基础上，统筹规划推荐方案的实施，并在实施后，及时地进行跟踪评价，为调整、制定下一轮的清洁生产行动方案积累资料，同时，又可以使企业领导和职工及时了解清洁生产给企业带来的效益，使他们更积极主动地参与到清洁生产的活动中来。这一阶段的工作具体可以细分为 4 个步骤，如图 6-6 所示。

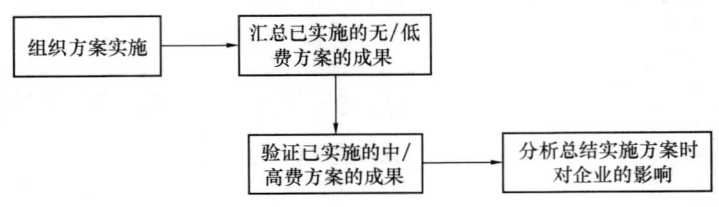

图 6-6　清洁生产方案的实施步骤

7. 持续清洁生产

因为清洁生产是一个相对的概念，相对于现阶段的生产情况，也许是清洁的，随着社会的发展和科技的进步，现在的"清洁"可能会变成"不清洁"。因此，持续清洁生产应在企业内长期、持续地推行。

在该阶段应建立管理清洁生产工作的组织机构、建立促进实施清洁生产的管理制度、制定持续清洁生产计划以及编写本轮清洁生产审核报告。这一阶段的工作具体可细分为以下 4 个步骤，如图 6-7 所示。

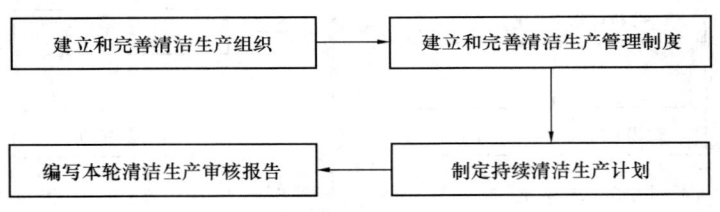

图 6-7　持续清洁生产工作步骤

8. 编写清洁生产审核报告

清洁生产审核报告是审核完成后的总结文件及主要验收材料。清洁生产审核报告应说明本轮清洁生产审核任务的由来和背景；说明清洁生产审核过程；总结归纳清洁生产已取得的成果和经验，特别是中/高费方案实施后，所取得的环境、经济效益；发现并找出影响正常生产效率、影响经济效益、带来环境问题的不利环节，组织机构操作规范及管理制度方面存在的问题等，及时修正这些不利因素，使其适应清洁生产的需要，将清洁生产持续地进行下去。

清洁生产审核报告主要内容如下：

第一章　前言。项目来源、背景；企业概况、建厂时间、历史发展变迁；主要产品、市场、产值利税；企业人员数目、人才结构、技术水平分布、文化水平分布。

第二章　审核准备。组织清洁生产审核领导小组、审核工作小组名单、审核工作计划、宣传教育内容和材料。

第三章　预审核。绘制组织总物流图；设备状况，主要生产设备技术水平和自动化控制水平（与国内外同行业比较）；组织管理模式和实际管理水平，组织机构图；环保概况，各车间"三废"产生、处理处置、排放情况、污染控制设施运行情况、环保管理情况等；主要产品产量、原辅材料消耗、水电气消耗等；确定本次审核重点、清洁生产目标（节能、节水、降耗或削减废弃物）。

第四章 审核。带污染节点工艺流程框图、工艺单元表和单元功能说明，物料平衡做法；按工艺单元给出的物料平衡图、水平衡图、能量平衡图等，进行的各平衡结果分析。

第五章 实施方案的产生和筛选。清洁生产方案的产生方法、筛选方法，以及清洁生产方案分类表。

第六章 实施方案的确定。清洁生产中/高费用方案简介，技术、经济和环境可行性评估，确定采用的中/高费用方案实施计划。

第七章 方案实施效益分析。各类清洁生产方案实施后的实际与预期经济效益、环境效益对比和分析，清洁生产目标完成情况和原因分析，清洁生产对组织综合素质的影响分析等。

第八章 持续清洁生产计划。清洁生产技术研究与开发计划、员工清洁生产再培训计划、下轮清洁生产审核初步计划等。

第九章 总结与建议。

6.3 清洁生产实践——以钢铁工业为例

钢铁工业是采、选、冶及金属加工的工业，是国民经济中的重要基础产业，在中国现代化经济建设中具有极为重要的战略地位，为国民经济各生产部门提供钢铁等黑色金属材料。中国钢铁工业经过了中华人民共和国成立后70多年来的发展，特别是近20年的快速发展，粗钢产量已达10亿t，稳居世界第一。钢铁工业是资源-能源密集型产业，开发的主要对象是黑色金属和非金属矿物资源。从选矿、烧煤、炼铁、炼钢到轧钢，每个生产工序都要消耗大量的能源和辅助原材料。

中国钢铁工业铁金属一次综合收得率为65%，与世界先进水平的72.88%相差7%左右。由于铁金属综合收得率低，要生产更多的钢材，就必须多采矿、多选矿、多烧结、多炼铁、多炼钢，投入多、产出少，必然流失大，造成恶性循环。

中国钢铁工业能耗高，能源消耗占全国的10%以上，中国钢铁工业每生产1t钢需消耗6~7t原料和燃料，其中80%以上，即5~6t以各种废物形式排入环境。全行业吨钢综合能耗、吨钢可比能耗比国外先进产钢国高出9.9%~17.2%，能源的适量消耗，更加剧了钢铁工业对环境的污染。

6.3.1 钢铁工业污染物排放的特点

钢铁工业生产要消耗大量的资源和能源，而金属收得率相对较低，这就决定了在钢铁生产整个过程中将会有大量的废气、废水、废渣及其他污染物的排出，如图6-8所示。

1. 废气排放

钢铁厂的烧结、球团、炼焦、化学副产品、炼铁、炼钢、轧钢、锻压、金属制品与

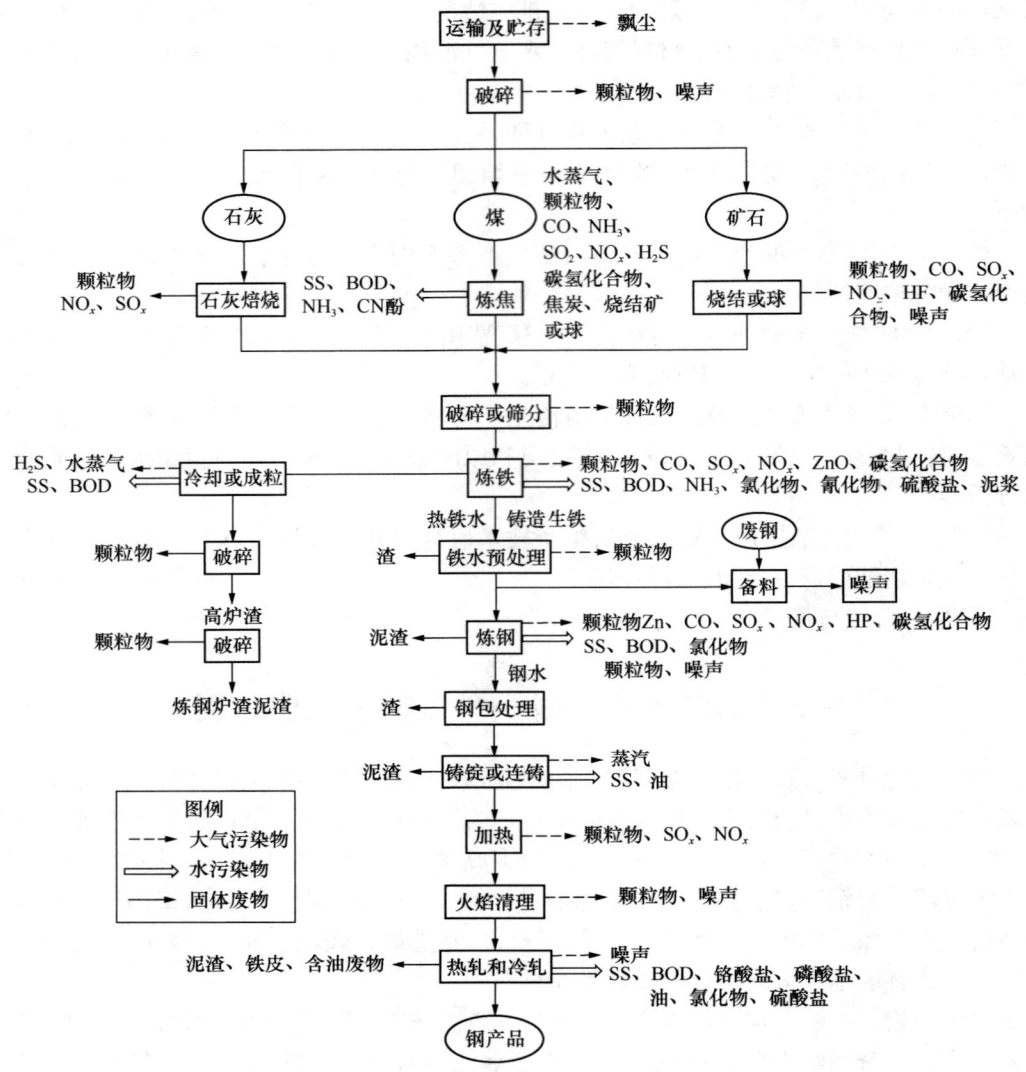

图 6-8 钢铁联合企业主要工艺及其污染物排放

铁合金、耐火材料、碳素制品及动力等生产环节,拥有排放大量烟尘的各种窑炉。全国钢铁工业每年废气排放量可达 120000m³ 左右,其中,二氧化硫等外排放废气约占全国的 1/6,排放量仅次于电力工业,居全国第二位。钢铁工业在各工业部门中是废气污染环境的大户之一。根据钢铁企业排放的废气,大体可分为三类:第一类是生产工艺过程化学反应中排放的废气,如冶炼、烧焦、化工产品和钢材酸洗过程中产生的烟尘和有害气体;第二类是燃料在炉、窑中燃烧产生的烟气和有害气体;第三类是原料、燃料运输,装卸和加工等过程产生的粉尘。钢铁工业废气的特点如下:

(1) 排放量大、污染面广

钢铁工业生产过程中释放的废气,每吨钢的废气排放量约为 20000m³,在全国 40 个行业中,钢铁工业废气年排放量占全国总排放量的 18%,位居第二。钢铁企业的工业窑炉规模庞大、设备集中。全国40个行业中，废气排放量在100万 m³ 以上的76个大户中，钢铁企业即有14户，占18.4%。

(2) 烟尘颗粒细、吸附力强

钢铁冶炼过程中排放的多为氧化铁烟尘，其粒径在 $1\mu m$ 以下的占多数。由于尘粒细，比表面积大，吸附力强，易成为吸附有害气体的载体。

(3) 废气温度高、治理难度大

冶金窑炉排出的废气温度一般为 400~1000℃，最高可达 1400℃。在钢铁企业中，有1/3烟气净化系统处理高温烟气，处理烟气量占整个钢铁企业总烟气量的2/3。由于烟气温度高，对管道材质、构件结构，以及净化设备的选择均有特殊要求；高温烟气中含硫、一氧化碳，使烟气在净化处理时，必须妥善处理好"露点"及防火、防爆问题。所有这些特点，构成了高温烟气治理中的艰巨性和复杂性，使处理技术难度大、设备投资高。

(4) 烟气阵发性强、无组织排放多

金属冶炼是非常复杂的反应过程。其间，烟气的产生具有阵发性，而且随着冶炼过程的不同，散发烟气的成分及数量也不同，波动极大。一般净化系统主要是控制烟气最大的冶炼过程（即一次烟气），而对一次集尘系统未捕集到以及其他辅助工艺过程所散发的烟气（即二次烟气），形成了无组织地通过厂房或天窗外逸。二次烟气中的烟尘虽一般仅占总烟尘量的7%~10%，但其尘粒细、分散度高，对环境的污染影响更大。

(5) 废气具有回收价值

钢铁生产排出的废气虽然对环境有害，但高温烟气中的余热可通过热能回收装置转换为蒸汽或电能；可燃成分如煤气可作为燃料；净化过程收集的尘泥多数富含氧化铁，可以回收利用。

2. 废水排放

钢铁工业用水量很大，每炼1t钢用 200~250m³ 水，外排废水量约占全国的1/7，仅次于化工，位居第二。钢铁生产过程中排出的废水，主要来源于生产工艺过程用水、设备与产品冷却水、设备和场地清洗水等。70%的废水来源于冷却用水，生产工艺过程排出的只占一小部分。废水含有随水流失的生产用原料、中间产物和产品以及生产过程中产生的污染物。钢铁工业废水通常按下述方法分为三类：第一类是按所含的主要污染物性质，可分为含有机污染物为主的有机废水和含无机污染物（主要为悬浮物）为主的无机废水以及仅受热污染的冷却水；第二类是按所含污染物的主要成分，可分为含酚氰污水、含油废水、含铬废水、酸性废水、碱性废水和含氟废水等；第三类是按生产和加工对象，可分为烧结厂废水、焦化厂废水、炼铁厂废水、炼钢厂废水和轧钢厂废水等。钢铁工业废水的特点如下：

(1) 废水量大、污染面广

钢铁工业生产过程中，从原料准备到钢铁冶炼以至成品轧制的全过程中，几乎所有工序都要用水，都有废水排放。

(2) 废水成分复杂、污染物质多

钢铁工业废水污染特征不仅多样，而且往往含有严重污染环境的各种重金属和多种化学毒物。

(3) 废水水质变化大,造成废水处理难度大

钢铁工业废水的水质因生产工艺和生产方式不同而有很大的差异。有的即使采用同一种工艺,水质也有很大变化。间接冷却水在使用过程中仅受热污染,经冷却后即可回用。直接冷却水因与物料等直接接触,含有同原料、燃料、产品等成分有关的各种物质。由于钢铁工业废水水质的差异大、变化大,无疑加大废水处理工艺的难度。

3. 固体废弃物排放

钢铁工业固体废物是指钢铁生产过程中产生的固体、半固体或泥浆废物。主要包括采矿废石、矿石洗选过程排出的尾矿、冶炼过程产生的各种冶炼矿渣、轧钢过程中产生的氧化铁皮和各生产环节净化装置收集的各种粉尘、污泥以及工业垃圾。此外,按固体废物管理范畴还包括容器盛装的酸洗废液和废油等。钢铁工业固体废物产生于钢铁生产的各个环节,换言之,伴随着从矿石的采掘到钢铁成品的出厂,每一步工序都有其特定的固体废物的产生、排放,其品种因工序而异,其发生量因工艺技术而增减。钢铁工业固体废物的特点如下:

(1) 量大面广、种类繁多

如前所述,钢铁生产消耗原材料和燃料多,但80%以上的消耗又以各种形式的废物排出。其中除废水外,以质量计又以固体废物为主,即每生产1t钢,固体废物排放量即超过0.5t。我国现已成为世界第一产钢大国,其固体废物产生量之大不言而喻,约占我国工业固体废物产生总量的1/5,排在矿业和电力行业之后,位居第三。

(2) 蕴含有价元素、综合利用价值高

钢铁工业原料多为各种元素共生矿物。生产过程中"取主弃辅",必然导致排出废物中蕴含各种不同的有价元素,如:铁、锰、钒、铬、钼、铝等金属元素和钙、硅、硫等非金属元素。这些元素对主产品或许是无益甚至是有害的,但对其他产品生产则可能是重要原料。

(3) 有毒废物少、便于处理与利用

钢铁工业除金属铬与五氧化二钒生产过程产生的水浸出铬渣和钒渣;特殊钢厂铬合金钢生产过程中产生的电炉粉尘以及碳素制品厂产生的焦油、轧钢过程表面处理废水治理产生的含铬污泥等少量有毒有害废物外,其他固体废物,如尾矿、钢铁渣、含铁尘泥等,虽然量大,但基本属于一般工业固体废物。因而,较易燃、易爆、腐蚀性、有毒等危害的危险固体废物易于收集、输送、加工、处理,也便于作为二次资源加以利用。

6.3.2 钢铁工业清洁生产技术

根据清洁生产的原理和要求,钢铁工业的清洁生产应将整体预防的环境战略持续地应用于产品、生产过程和服务中,它包括使用清洁的能源和原材料、清洁的生产过程和生产出清洁的产品。但就钢铁工业的清洁生产来说,同其他行业有所不同,在原料的选择和替代以及产品的更新方面,清洁生产的机会不多,潜力相对来说不是很大,而主要表现在对资源的高效利用、工艺流程的改革、工艺技术的提高以及过程的控制方面的要求,以减轻资源强度和对生态环境的破坏。钢铁工业清洁生产,主要从下面几个方面考虑:

1. 调整产业结构，实现专业化生产

随着冶金技术的发展和广泛应用，钢铁生产工艺结构发生了根本的转变，日益向紧凑化、连续化和专业化的方向发展，传统的"铸锭—开坯—轧钢"生产工艺的松散型、万能化钢铁联合企业生产模式将逐步被淘汰，代之以"原料—炼钢—精炼—连铸—连轧"四位一体的新流程生产模式。

2. 发展高效生产技术，节能降耗，降低生产成本

为提高企业的市场竞争力和使有限的环境资源得到有效合理的利用，国外钢铁企业高度重视各种设备的高效化生产技术，以提高生产效率，减少能耗和各种原材料消耗，降低钢铁产品生产成本。

3. 提高产品质量，建立洁净钢体系

为满足市场对高品质产品的需求，特别是高附加值钢种对纯净度的特殊要求，欧美及日本的许多企业都在致力于建立生产大量洁净钢的生产体系。

4. 加强资源综合利用和环境保护，走可持续发展道路

钢铁工业生产对环境的影响较大，它的清洁生产将对改善环境质量和可持续性发展起到重要作用。

6.3.2.1 烧结工序清洁生产技术

1. 球团烧结、小球烧结工艺

随着钢铁工业的发展，天然的富矿从产量和质量上都不能满足高炉冶炼的要求。而我国贫矿和多金属共生复合矿占有相当大的比例，这些矿石经过破碎选矿之后粒度很细，如天然富矿的粒度一般为0~8mm，精矿粉的粒度小于0.074mm的占40%以上，所以必须事先造成块状，然后才能装入高炉冶炼。

矿石经过烧结或球团成块以后，一般称为"熟料"。原料经过造块不仅可以满足冶炼对原料粒度的要求，而且在造块过程中加入的溶剂可以使原料达到自熔，这样高炉炼铁就可以少加或不加石灰石。另外，在造块的焙烧过程中可以除去原料中的有害杂质硫等，对原料中的其他有益元素也可进行综合回收，因此各国都非常重视入炉的熟料比。中国烧结矿以细精矿为主，粒度细，料层透气性差，产量低，能耗高。小球烧结是解决上述问题的成熟技术，投资少，效益明显，集中了低温烧结和厚料层操作的优点，适合于精矿配比较高的烧结机。球团烧结、小球烧结工艺与传统烧结和球团工艺比较有以下异同点：传统的烧结法是将粉矿、燃料和溶剂按一定比例混合，利用其中燃料燃烧产生的热量使局部生成液相物，利用生成的熔融体使散料颗料黏结成块状烧结矿。而传统球团矿是将精矿粉和溶剂、黏结剂混合之后，压成或滚成直径10~30mm的生球，然后经过干燥和焙烧使之固结。球团烧结、小球烧结工艺是先将矿粉和熔剂按一定比例混合造球，并在球外滚上一层焦粉，然后再在烧结机上进行烧结。图6-9给出小球烧结工艺流程。

球团烧结、小球烧结工艺与传统烧结、球团工艺相比有如下优点：

(1) 小球烧结工艺可在一个简单生产工艺中，同时使用烧结原料和球团原料。而以前这两种原料需要采用两种工艺来处理。

(2) 球团烧结、小球烧结工艺生成的产品为球团烧结矿，其还原度和低温还原粉化率均有所改善，克服了烧结矿粒度不够均匀和球团矿的高温还原度低和软化性能差的缺

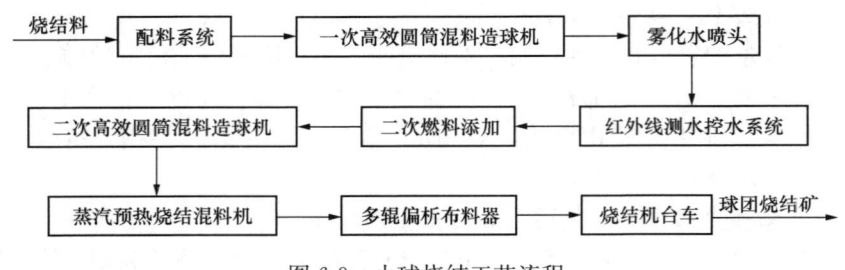

图 6-9 小球烧结工艺流程

点，特别适合于细精矿等难烧矿种。

（3）改善了料层内部的气体动力分布状况，使原始混合料透气性能比普通烧结料提高了30%，同时也改善了水分蒸发条件，使干燥带厚度减薄。

（4）由于小球料的堆积密度和粒度较大，燃料分布均匀，使小球在烧结软化后生成的烧结饼的单位阻力比普通料略高，克服了普通烧结过程中风量分布不合理的现象，提高了产品的强度。

（5）采用球团烧结、小球烧结工艺可降低能耗20%左右。

2. 烧结烟气的氨-硫酸铵法脱硫技术

烧结矿主要原料精矿粉中含有硫铁矿，精矿粉中含硫量多少取决于铁矿石产地、埋藏深度和开采年限，一般矿山开采年限越久，埋藏深度越深，精矿粉中含硫量越高。

钢铁厂烧结工序二氧化硫排放量占总排放量50%左右。就钢铁工厂SO_2控制而言，控制烧结工序排放是个非常重要的环节。可采取的措施有：增加烟囱高度、降低烧结矿原料（精矿粉、燃料）的含硫量以及烟气脱硫。

采用高烟囱扩散稀释的方法没有根本解决烧结二氧化硫排放总量，只有利用局部区域内的污染控制，不利于较大区域内的污染控制。用低硫矿代替高硫矿是控制烧结二氧化硫排放的有效方法，但受到低硫矿原料资源的制约。

解决烧结烟气二氧化硫排放的最终手段是烟气脱硫。因烧结烟气排量很大（1t烧结矿的烟气排量为4000~6000m^3），给烟气脱硫带来一定困难，为此付出的代价也较高；但随着排放标准越来越严，环保要求越来越高，从清洁生产角度讲，烧结烟气脱硫是必然趋势。

氨-硫酸铵烟气脱硫工艺由两部分组成，一是焦炉煤气中氨的利用，二是焦炉煤气中的氨与烧结废气中二氧化硫反应副产品——硫酸铵的回收。对有焦炉的钢铁联合企业来说，这是最经济有效的烟气脱硫方法。氨-硫酸铵烟气脱硫系统工艺流程如图6-10所示。

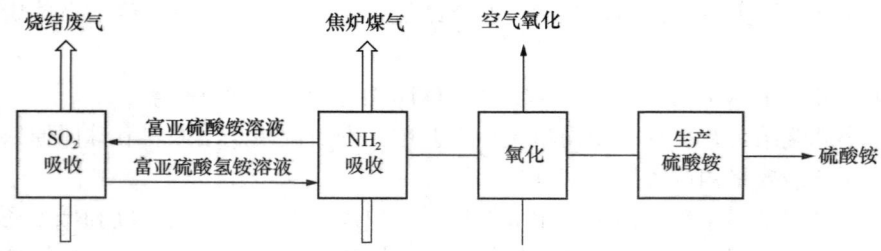

图 6-10 氨-硫酸铵烟气脱硫系统工艺流程

该工艺的最大特点是既能去除烧结废气中的 SO_2，又能去除焦炉煤气中的氨，还合理利用了回收的 SO_2，生成硫酸铵化肥。氨-硫酸铵法烧结烟气脱硫效率是各种方法中最高的，脱率效率在99%以上。除上述方法外，还有石灰、石灰石-石膏法，氧化钙、氢氧化钙-石膏法，氢氧化镁法、活性炭-硫酸法等脱硫工艺。

6.3.2.2 焦化工序清洁生产技术

炼焦生产是钢铁联合企业的重点工序，是钢铁工业的主要废水、废气污染源之一。下面介绍几个钢铁企业的以节能为重点，同时可提高焦炭质量、提高生产效率的焦化清洁生产技术。炼焦工序的节能大致上分为：降低干馏热量、提高焦炉热效率的措施，回收干馏时产生各种废热的措施及辅助设备的节电措施。

提高热效率的措施，是根据装入的煤炭特性及干馏情况的信息，采取恒定控制干馏时间的燃烧管理自动控制与程序加热法。此外，在减少装入煤炭水分、降低干馏热量的同时，也采取提高生产率及改进焦炭强度的煤炭调湿法。

余热回收方面是采用干熄焦法，把干馏后拥有最大潜热量的焦炭显热回收，以蒸汽或电力形式加以利用；其他的废热有焦炉煤气及焦炉燃烧废气的显热。

此外，辅助设备的节能措施是节约除尘风机等的用电。此外还可以通过调整装煤湿度、焦炉燃烧管理自动化控制、干熄焦技术、降低炉体散热技术、提高焦油化工副产物的回收率及利用率等措施实现焦化工序清洁生产。

6.3.2.3 炼铁工序清洁生产技术

炼铁工序是钢铁生产的主要工序，也是钢铁联合企业的耗能和用水大户，其工序能耗约占总能耗的41%，用水量占总用量的20%左右。炼铁生产的废气废水污染也比较严重。因此，在炼铁工序大力推行清洁生产，对企业的节能、降耗、减污和增效，具有十分重要的作用。

1. 高炉富氧喷煤技术

高炉富氧喷煤技术是世界炼铁工业迅速发展的重大技术之一，受到各国的重视，取得了飞速发展。该技术是通过在高炉冶炼过程中喷入大量的煤粉和一定量的氧气，强化高炉冶炼，达到提高产量、节约焦炭、降低能耗的目的，随着钢铁工业的发展，炼焦煤变得日益紧张，再加上世界上焦炉正趋于老化，新建焦炉投资巨大，环保要求日益严格等原因，用大量煤喷吹代替部分价格昂贵而紧缺的冶金焦是一发展趋势。

高炉富氧喷煤的特点如下：

(1) 高炉富氧喷煤技术可以大幅度增产节焦。根据工业试验，富氧量1%，可增加喷煤量23kg/t（铁），综合焦比降低1.28%，煤焦置换比提高到0.88，增铁3%左右，吨铁成本降低6.91元。鼓风含氧量与喷煤量的一般关系为：不富氧，吨铁喷煤量应达到80~100kg；鼓风含氧量23%~25%，喷煤量可达到150kg左右；鼓风含氧量达到26%~28%，喷煤量可达到200kg左右。

(2) 喷吹煤种应就近优化，选择灰分、硫分含量低的煤。根据我国煤炭资源特点，为解决喷吹用煤的供应问题，大多数企业应就近选择喷吹烟煤或烟煤与无烟煤混合喷吹，以减少煤炭运输量。

(3) 高炉采用富氧鼓风和喷煤后，吨铁可比能耗有所降低，高炉煤气热值有所提高。

(4) 节省投资，降低成本，减少污染。

当扩大炼铁能力时，采用富氧喷煤技术，与传统的新建高炉和焦炉相比，当净增生铁能力相同时，大约节约投资 25%，生产成本也有所降低，因此，高炉采用大量喷煤技术具有明显的环境效益和经济效益，结合我国钢铁工业的发展，高炉采用这项技术是非常必要的。

2. 高炉炉顶余压发电

为了回收高炉煤气的物理能，设置高炉炉顶余压透平设施，将煤气的压力能、热能转换为电能，是一种回收能源的有效方法。其工艺流程为：从高炉炉顶出来的煤气，经过重力除尘器和一级、二级文氏管（湿式）、布袋除尘器（干式）除尘以后，从煤气管道经过截止阀、紧急截止阀和流量调节阀进入透平机，利用高炉煤气的余压和热能，带动发电机发电，发电后的煤气进入调压阀组后的煤气管网。发出的电能可供公司使用也可进入电网。

3. 炼铁废水零排放技术

高炉、热风炉的冷却，高炉煤气的洗涤、鼓风机及其附属设备的冷却，铸铁机及其产品的冷却，炉渣的粒化处理和水力输送都是用水的主要设施。此外，还有一些用量较小或间断用水的地方，如上料系统的润湿、除尘、冲洗、煤气水封等。水在使用过程中的作用可大致分为：设备间接冷却用水，设备及产品的直接冷却用水，生产工艺过程用水及其他杂用水。经以上各种用途使用过的水，都可以称作炼铁废水。根据使用条件的不同，这些水又可供分为间接冷却废水，直接冷却废水，生产工艺废水等。

(1) 设备间接冷却废水

高炉炉体、风口、热风炉的热风阀以及其他不与产品或物料直接接触的冷却水都属于间接冷却废水。因为这种废水不与产品或物料接触，使用后只是水温升高，如果直接排放至水体，一方面浪费了宝贵的水资源，同时也可能造成一定范围的热污染。所以到目前为止，这种间冷水一般多设计成循环供水系统，在系统中设置冷却设施，使废水降温后循环使用。不过水在循环过程中还要解决水质稳定问题。

(2) 设备和产品的直接冷却废水

设备的直接冷却主要指高炉炉缸喷水冷却、高炉在生产后期的炉皮喷水冷却以及铸铁的喷水冷却。产品的直接冷却主要指铸铁块的喷水冷却。其特点是水与设备或产品直接接触，不但水温升高，而且水质被污染。由于设备或产品的直接冷却对水质要求不高，对水温控制不十分严格，一般经沉淀、冷却后即可循环使用。这一类系统的供水原则应该是尽量循环使用，只补充循环过程中损失水量，其"排污"量尽可能控制在最低限度。

(3) 生产工艺过程废水

① 高炉煤气洗涤水

高炉炼铁使用大量的焦炭和铁矿石，每炼 1t 铁需要 400～600kg 焦炭，每消耗 1t 焦炭可生产 3500～4000m³ 的高炉煤气。煤气中含有大量可燃成分，也夹杂大量灰尘，而且温度也较高，通常为 150～400℃。一般处理方法是将炉顶煤气管道引入重力除尘器（干式），除去大颗粒的灰尘，然后用管道引入煤气洗涤系统，如：两级文丘里洗涤器进行清洗冷却，清洗冷却后的水就是高炉煤气洗涤水。这种废水温度达 60℃以上，悬浮物 600～3000mg/L，水中还含有酚、氰等有毒有害物质，这种水不允许直接排放。因此必须进行处理，一般可采用石灰碳化法和石灰药剂法治理高炉煤气洗涤水，可以做到洗涤水的循环使用。

② 炉渣粒化用水

高炉炼铁生产中产生大量的炉渣，处理方法通常是利用水将炽热的炉渣急冷水淬，粒化成水渣，以便作为水泥的原料加以利用。

冲制水渣要使用大量的水，一般出1t渣需要7～10t水进行粒化，粒化后的渣水混合物经过脱水后，即得到成品水渣和冲渣废水，冲渣废水可以循环使用。

生铁冶炼是钢铁生产的主要工艺过程之一，其生产用水量和外排废水量，在钢铁企业中占有很大比重。据统计，我国钢铁企业中炼铁生产用水约占钢铁企业用水总量的22.5%。因此，采用上述节水和治理措施后可以减少炼铁厂用水量，提高炼铁厂废水的重复利用率，做到少排或不排废水，对于节约水资源、保护环境具有重大意义。

4. 热风炉余热利用

提高热风温度是降低高炉焦比的有效措施，利用高炉热风炉燃烧烟气余热（250～350℃），将进入高炉热风炉燃烧的煤气和空气进行预热，是提高热风炉拱顶温度和使用风温的有效手段。

双预热器是高炉采用的一项节能新技术。其运行与实践对高炉节能和废能再利用有着积极的推广作用，对提高风温、节能增铁及降低煤气消耗有着重要意义。

双预热器热风炉余热利用工艺流程为：利用热风炉排出的高温烟气，使烟气换热管内介质吸收热量气化，蒸汽汇集后经蒸汽导管输送到空气、煤气换热器管束内。蒸汽冷凝放出的气化潜热使管束外的空气和煤气得到加热，冷凝后的介质，通过回流管导回烟气热器管束继续蒸发。如此不断循环，达到煤气和空气双预热的目的。

在炼铁工艺中除了采用高炉炼铁外还发展了直接还原炼铁工艺，熔融还原炼铁短流程工艺，各有其优缺点，也是炼铁工艺改革的一个方向。

6.3.2.4 炼钢工序清洁生产技术

1. 连铸技术

钢的生产过程主要有冶炼（包括精炼）和浇铸两大环节。浇铸是炼钢和轧钢的中间工序，从转炉、电炉、平炉、精炼得到了合格钢水之后，还必须将钢水铸造成适合轧制、锻压等加工需要的钢锭或钢坯。

1) 两种浇铸工艺

(1) 钢锭模浇铸工艺——模铸

将合格钢水装入钢水包，浇铸到钢锭模内，使钢水凝固成钢锭的全过程称为模铸。模铸钢锭尚需送至初轧工序，初脱锭、加热、开坯后，主育轧制成材。

(2) 连续铸钢工艺——连铸

将合格钢水连续不断地浇铸到一个或一组实行强制水冷的，并带有"活底"的结晶器内，钢水沿结晶器周边逐渐凝成钢壳，待钢水凝固到一定坯壳厚度，结晶器液面上升至一定高度后，钢水便与"活底"黏结在一起，由拉矫机咬住与"活底"相连的装置，把铸坯拉出。这种使高温钢水直接浇铸成钢坯的新工艺叫连续铸钢。

2) 连铸工艺的优点

连铸与传统的"模铸—开坯"工艺相比,具有下述优点:

(1) 简化生产钢坯的工艺流程

连铸可直接从钢水浇铸成钢坯,省去了脱锭、整模、均热、开坯等一系列中间工序的设备,使钢坯的生产流程大为缩短和简化,由此可节省大量资金。据统计,设备投资和操作费用均可节省40%,占地面积减少5%,设备费用减少70%,耐火材料消耗降低15%,成本下降10%~20%。

(2) 降低能量消耗

由于连铸省掉了均热炉内再加热工序,可使能量消耗减少50%~70%。据日本各厂统计,生产1t连铸坯比原来"模铸—开坯"方式节能0.42~1.26GJ。我国某钢厂省去初轧开坯工序,吨坯节能1.3GJ;太钢二钢连铸吨坯能耗比初轧开坯吨能耗降低1.38GJ。

(3) 提高金属收得率和成材率

由于连铸从根本上消除了模铸的中注管和汤道的残钢损失,因而使钢水收得率提高;又因连铸钢坯减少了初轧开坯时金属损耗和不需要每根钢锭切去5%~7%的坯头,因而成材率可提高10%~15%。

(4) 改善劳动条件

模铸生产是在高温多尘条件下工作的,连铸机使铸锭工作机械化,从根本上改变了模铸工作条件,也为钢铁生产向连续化、自动化发展创造了有利条件。

(5) 提高钢坯质量

连铸的最大特点就是边浇铸边凝固,通过调节冷却条件,实现合理的冷却,使铸坯结晶过程稳定,内部组织致密,化学成分偏析及内部低倍缺陷都减少了。

2. 转炉煤气净化回收

氧气转炉吹炼时产生大量含有CO和氧化铁粉尘的高温烟气,其中CO浓度一般在60%以上,最高(吹氧中期)可达90%以上。当烟气含CO高于30%时,即可用作燃料或化工原料(合成氨、合成甲醇等)。转炉煤气是一种优质气体燃料(有害成分含量少)。回收转炉煤气热值可达6273~7527kJ/m^3,通常每吨转炉钢可回收煤气量60~80m^3,如宝钢平均吨钢煤气回收量已达100m^3以上。

转炉烟气净化及热能回收方法按转炉烟气进入净化系统时是否燃烧,热能回收方法有燃烧法和未燃烧法两大类。

燃烧法:利用设在炉口的水冷烟罩将转炉烟气抽出的同时,引进大量过剩空气,使炉气中可燃成分全部燃烧,利用设置的废热锅炉回收其热能。回收余热后废气经两级文丘管洗涤后排放,洗涤后含尘污水,经污水、污泥处理系统复用或达标排放。

未燃烧法:当前世界上有代表性的未燃法转炉烟气净化及煤气回收方法有法国的I-C法(敞口烟罩)、德国的KRUPP法(双烟罩)和日本的OG法(单烟罩)以及德国LT(干式电除尘)法等。

6.3.2.5 轧钢工序清洁生产技术

1. 连铸与轧钢的衔接方式

钢材生产中连铸与轧钢两个工序的衔接模式一般有以下五种类型:

(1) 连铸坯冷装炉加热轧制工艺

高温铸坯温度降至常温，加热到轧制温度后进行轧制，该工艺为常规长流程加热轧制工艺。

(2) 连铸坯热装或热送装炉轧制工艺

高温连铸坯温度有所降低，加热到轧制温度后进行轧制。该工艺有高温热装轧制工艺和低温热装轧制工艺两种类型。

(3) 连铸坯直接轧制工艺

高温连铸坯不需进入加热炉加热，只要经补偿加热即可直接进行粗轧机轧制。

(4) 薄板坯连铸连轧工艺

高温薄板连铸坯直接进行精轧机轧制，ISP、CSP、PTSR等薄板坯连铸连轧工艺即属这种类型。

(5) 带钢连续铸轧工艺

由钢水直接铸轧出成品卷材，使其断面一次达到产品所要求的尺寸，是当今世界最先进，流程最短的轧制工艺。目前法国、韩国、德国、日本已投入大量人力和财力开展此项研究工作，并铸轧出厚度为 0.1～5.0mm、宽度为 200～600mm 的带钢热轧卷。

2. 连铸坯热装轧制和直接轧制工艺特点

(1) 利用连铸坯冶金热能，节约能源消耗，其节能量与热装或补偿加热入炉温度有关。例如，铸坯在 500℃热装时，可节能 0.25×10 J/t；800℃热装时，可节能 0.514×10^6 kJ/t。即入炉温度越高，则节能越多。而直接轧制节能效果更为显著，据日本界厂经验，可比常规冷装炉加热轧制工艺节能 80%～85%。

(2) 提高成材率，节约金属消耗。由于加热时间缩短，使铸坯烧损减少，高温热装和直接轧制，可使成材率提高 0.5%～1.5%。

(3) 简化生产工艺流程，减少占用厂房面积和运输等各项设备，节约基建投资和生产费用。

(4) 大大缩短生产周期，从投料炼钢到轧出成品仅需要几个小时；直接轧制时，从钢水浇铸到轧出成品只需要十几分钟，从而增加生产调度及资金周转的灵活性。

(5) 提高产品质量，由于加热时间短，氧化铁皮少，直接轧制工艺生产的钢材表面质量产品厚度精度也得到提高。连铸连轧工艺有利于微合金化技术及控轧控冷技术作用的发挥，使钢材组织性能有更大的提高。

思政小结

中国作为世界上最大的发展中国家，在发展过程中十分重视环境保护的问题，在总结了国内外环境保护的经验教训后，也认识到污染预防的重要性。我国曾明确提出"预防为主，防治结合"的环境保护方针，强调通过调整产业布局、产品、原材料、能源结构，采用技术改造、废物的综合利用以及强化环境管理手段来防治工业污染。但由于认识和预防重点的偏差，把预防核心置于最后已经产生的污染物的削减上，侧重在产生的污染物如何达标上。而且这个方针既没有得到有效的法规、制度支持，缺少可行的操作细则，也没有市场的激励机制，使得该方针的精髓未能得到有效贯彻。相反，由于认识和管理等方面的原因，制定了许多末端治理的制度和措施，如"三同时""限期治理"

"污染集中控制"等，要求所产生的污染物浓度达到排放标准。这些制度由于责任明确，具有较强的可操作性，因此基本都得到有效执行，而"源削减"方面的法规和制度措施很少。这也是我国环境质量在环保投资连续增长的情况下，出现持续恶化的原因之一。

自联合国环境规划署正式提出清洁生产的概念以来，我国政府积极响应。随着经济的转型和人们环保意识的日益加强，污染预防已成为国际上的环保潮流。我国作为世界上最大的发展中国家，在迅速工业化过程中，面临人口激增、资源短缺和环境质量日益恶化的种种问题。通过近年来的实践，发现将清洁生产作为实现社会经济持续增长的优先行动领域，是解决这些问题的有效手段。要实现我们的跨世纪蓝图的持续发展战略，清洁生产是必由之路。

课后习题

1. 简述清洁生产的概念及理论基础。
2. 简述清洁生产评价及审核的概念。
3. 简述我国近年来在推动清洁生产方面所采取的措施。
4. 以某一材料为例，试分析其生产过程中如何实现清洁生产。

7 环境工程材料

> **教学目标**
>
> **教学要求**：理解环境工程材料的定义，掌握环境治理、修复、替代材料的原理，了解各环境工程材料的分类及应用现状。
>
> **教学重点**：环境工程材料的内涵及分类。
>
> **教学难点**：环境治理、修复、替代材料的相关原理。

环境工程材料广义上是指改善人类生存与发展环境的一切工程材料；狭义上是指针对环境工程所需而开发应用的材料。一般来说，环境工程材料是指通过物理、化学或生物的方法对人类环境中涉及的水、空气、固态环境（土壤、设施、固废、物品等）以及声、光、电、热、辐射等污染进行局域或系统治理、修复、替代、改进，使整体环境达到与人类生存和发展相适宜的卫生、健康、舒适的材料。环境工程材料主要包括环境治理材料、环境修复材料、环境替代材料等。环境工程材料依据环境科学的基础理论和不断完善的工程技术，既可以直接以物质的形态，也可以物质能量、信息的载体形式施加于环境，并从整体上整合物质、能量和信息资源以工程技术的方式使环境不协调因素向环境友好方向发展。本章详细介绍了环境治理材料、环境修复材料、环境替代材料的分类、性能、研究现状及其在环境保护中的应用等。

7.1 环境治理材料

自工业革命以来，由于大量燃料的燃烧、工业废弃物和汽车尾气的排放等原因，曾发生多起与环境污染有关的公害事件，已经引起了世界各国的重视。积极开发治理环境污染、恢复生态平衡的材料是环境材料发展的重要方向之一。人们所熟悉的环境污染包括大气环境污染、水体环境污染、土壤污染、固体废弃物污染、噪声污染等，本节将针对常见的主要污染治理用环境材料展开介绍。

7.1.1 大气污染治理材料

大气污染控制技术主要是对大气污染物进行分离和转化。分离是利用外力等物理作用将污染物从大气中分离出来，如过滤等，属于物理过程；转化是利用化学反应将大气中的有害物质转化为无害物，再根据其他方法进行处理，如燃烧、化学吸收、催化转化等，属于化学过程。但无论哪种方法都要借助一定的材料来实现，根据不同的工艺相应的有吸附材料、过滤材料、催化材料等。环境净化材料是构成净化处理的主体，是大气污染治理的关键技术之一。

7.1.1.1 吸附材料

1. 水滑石类材料

水滑石类材料是一种碱性固体层状材料,由水滑石、类水滑石以及柱撑水滑石组成,层板是带正电的阳离子,层间是带负电的阴离子,其典型代表是 $Mg_6Al_2(OH)_{16}CO_3 \cdot 4H_2O$,具有类似于水镁石[$Mg(OH)_2$]的正八面体结构,中心为 Mg^{2+},六个顶点为 OH^-。层板间通过静电力、氢键方式结合,层板上的 Mg^{2+} 可被取代,使其带正电荷,层间有阴离子 CO_3^{2-} 和结晶态水,在加热条件下可消失。与传统环境污染治理材料相比,水滑石材料具有密度、分布、种类和数量可调性等优点。

目前,水滑石类材料在环境催化领域中的应用研究主要集中在氮氧化物和硫氧化物的选择性催化还原方面。水滑石材料属于碱性材料,可吸附大量酸性气体,能减少温室气体的排放,防止酸雨,从而保护土壤和水体。以水滑石类化合物为主体的催化剂用于消除 NO_x 时表现出良好的低温催化活性;在 SO_2 脱除应用中,以吸附有 SO_2 的水滑石类为主体的催化剂经高温还原而再生,其反应包括 SO_2 的氧化、SO_3 的吸附和硫酸盐的还原三步骤。

2. 环境矿物材料

环境矿物材料的诞生,在很大程度上得益于天然矿物所具有的良好基本性能。天然矿物对污染物的净化主要体现在矿物表面吸附性作用与矿物吸附剂、矿物孔道过滤性作用与矿物过滤剂和分子筛、矿物层间离子交换作用与矿物交换剂、矿物热效脱硫除尘作用与矿物添加剂等方面。

非金属矿物材料处理环境污染不仅仅是依赖矿物表现出简单的吸附作用,而是其基本性能。矿物的表面效应使其极性表面具有很强的吸附性;矿物的过滤作用和孔道效应的双重作用使其具有较好的过滤作用。目前广泛使用的滤料有精制石英砂、铝矾土陶粒、磁铁矿等,具有孔道结构并具有良好过滤性的矿物有沸石、黏土、硅藻土等,新近发现具有优良的孔道性的矿物有磷灰石、硅胶、蛇纹石、蛭石等也是备受关注。此外,非金属矿物具有的结构效应、离子交换作用、结晶效应、溶解效应、水合效应等均是其能够处理污染物不可缺少的。

3. 其他吸附材料

活性炭颗粒是一种含碳量高,具有耐酸、耐碱、疏水性的多孔材料,是应用范围很广的吸附剂。不同活性炭具有不同的物理性质,同时兼有一定的催化活性,但在工业脱硫中主要用到这类材料的吸附作用。大的比表面积、发达的孔结构和分布范围较广的孔径使得活性炭能够吸附各种物质,但选择性吸附较差。

活性炭纤维是由有机纤维经炭化、活化得到的。活性炭纤维大量的微孔都开口于纤维的表面,使其具有较大的比表面积和吸附容量,吸附脱附速度快。在相同条件下,活性炭纤维对模拟烟气中 SO_2 的平衡吸附量比活性炭大 5~6 倍。活性炭纤维表面含有一系列活性官能团,如羟基、羰基、羧基等,有的还有胺基、亚胺基等含氮官能团,这些含氮官能团对氮、硫具有吸附亲和力,对氮、硫化合物表现出独特的吸附能力。

活性氧化铝因其吸附不稳定性使得吸附的气体很容易再次逸出,所以其本身并不是理想的吸附材料。但其比表面积大,对上载的其他活性物种分散性较好,因而常作为其他吸收剂或催化剂的载体用在气体污染物的去除过程中。例如,在工业脱硫中,常以

CuO作吸收剂，以有活性的Al_2O_3为载体制备脱硫剂。

7.1.1.2 过滤材料

大气污染控制中使用的典型过滤材料按照过滤原理可分为多孔型过滤材料、纤维型过滤材料以及复合型过滤材料。

1. 多孔型过滤材料

多孔型过滤材料主要用于空气净化以及风机、压缩机、发动机等排气的后处理。多孔陶瓷是一种新型的功能材料，结合了多孔材料的高比表面积和陶瓷材料的物理、化学稳定性，具有一定尺寸和数量的孔隙结构。多孔陶瓷通常孔隙度较大，孔隙结构作为有用结构存在，使其具有化学性质稳定、渗透率高、强度大、热稳定性好、再生性强等优点，因此多孔陶瓷日益成为一种重要的环境材料，目前应用较多的有微孔碳化硅陶瓷滤料、硅藻土基陶瓷滤料、粉煤灰基陶瓷滤料。

多孔陶瓷滤料在大气治理中的应用主要是用作催化剂载体和除尘。多孔陶瓷被覆催化剂后，其发达的显气孔和较大的比表面积增加了有效接触面积，从而大幅度提高了反应流体通过多孔陶瓷孔道时的反应速率及转换效率，从而提高催化效果。同时，它具有耐高温、机械强度高、热稳定性高等特点使其能在极苛刻的条件下使用，已经被大量用于汽车尾气处理和化学工程的反应器中来处理有毒、恶臭等有害气体。

2. 纤维型过滤材料

纤维材料是粉尘过滤中重要的过滤材料。在工业除尘领域，袋式除尘器是目前使用最广的一种除尘技术，因地区、行业、企业的需求以及废气的构成不同，对滤料的要求也不尽相同。因此能满足特定行业和领域的功能性滤料应运而生，出现了一些耐高温、耐腐蚀、抗静电、拒油等一类的过滤材料，功能性滤料是近年来材料领域的研究热点。

(1) 耐腐蚀滤料

实际应用中，烟气中常含有酸性或碱性物质，这就对滤料的耐腐蚀性有了更高的要求。玻璃纤维滤料经过表面化学处理后能够满足需求，现在表面处理配方也是多种多样，使得玻璃纤维滤料能够抵抗各种侵蚀介质；针刺黏垫是由聚酯类化学纤维制成的，它可以通过涂层处理或制成薄膜滤料来增强自身的耐腐蚀性能，延长使用寿命；由聚苯硫醚（PPS）制成的针刺黏滤料，具有较强的常温、高温耐酸和常温耐碱性能，是过滤燃煤锅炉、垃圾焚烧炉、电厂粉煤灰等高温烟气（190℃）的理想过滤材料。

(2) 耐高温、超高温滤料

常规的滤料（如涤纶、锦纶、丙纶等聚酯类化学纤维）的使用温度在120～150℃，只能处理一般的烟气，对于温度较高场合，如钢铁、电站及焚烧等工业均不能胜任。随着行业需求，人们相继开发出了能耐高温的滤料，如聚苯硫醚类化学纤维Ryton滤料和亚酰胺类化学纤维Nomex滤料，其使用温度分别为190℃和200℃，随后又出现了聚酰亚胺纤维P48、聚四氟乙烯Teflon，耐用温度达260℃。无碱玻璃纤维经化学处理制成的过滤材料，耐温性可达280℃，瞬间温度能达到320℃。

近年来，一些金属陶瓷滤料也开始使用，由金属纤维网经过高温烧结而成的金属烧结滤料在干烟气状况下使用，最高可耐600℃，若为有腐蚀的湿烟气，则能在400℃下稳定运行，美国、日本、德国已经开发出了耐温达1000℃的陶瓷纤维。

(3) 抗水拒油滤料

粉尘在含油含水的情况下极易黏附于滤袋表面，加大了设备的清灰难度，严重时可能妨碍设备的正常运转，只能停止换袋，因此需要发展具有抗水拒油性能的滤袋。要使滤袋在一定程度上不被水或油润湿，必须使它的表面张力降低，小于水和油的表面张力，一般有两种方法：一是对滤料进行涂层处理以免于被水或油浸湿，国外在覆膜滤料的使用及滤料表面的防水处理的研究，取得了明显效果，解决了布袋黏结的难题；二是改变纤维与水和油的亲和性能，变成抗水拒油型。近年来，我国开发研制了膨体聚四氟乙烯（PTEE）薄膜滤料，其表面张力仅是水的 1/2，具有很好的抗水拒油性能。

(4) 抗静电滤料

在袋式除尘器的内部，粉尘随空气流动的摩擦、粉尘与滤布的冲击摩擦都会产生静电，一般的工业粉尘在浓度达到一定程度后，如遇静电，极易导致爆炸和火灾，因此用于收集粉尘的滤袋要有防静电功能。一般消除静电有两种方法：使用防静电剂和导电纤维。

(5) 聚酰亚胺纤维除尘过滤材料

目前我国工业领域主要采用静电除尘方式进行工业除尘，该方法仅限于捕集特定粉尘，相对来讲总体除尘效果并不理想。而除尘效果较好、能更有效地减少固体颗粒排放的袋式除尘在我国工业领域的应用有限，并且多为低档产品，使用寿命短、除尘效率低，不能满足环保要求。袋式除尘可以采用多种过滤材料，聚酰亚胺纤维的优异性能决定了它是目前袋式除尘材料的最佳选择。聚酰亚胺纤维具有高强高模的特性，其力学性能优异，在粉尘浓度加大后能够承受较大阻力而不被磨损。

3. 金属及复合型过滤材料

金属在导热性、强度、韧性等方面相比陶瓷材料都具有很大优越性，已成功应用在制造净化汽车尾气的三元催化载体。

目前研究较多的结构形式主要是泡沫合金以及金属丝网和金属纤维毡。泡沫合金是三维网络骨架的材料，最早应用于碱性电池电极的制造。多年之前日本住友电工公司用这种泡沫合金来制备微粒过滤体。最初采用的过滤材料是泡沫镍，但镍的抗蚀性差，为提高其在含硫气氛和高温环境中的抗蚀性，后采用耐热耐蚀的高温合金 Ni-Cr-Al 和 Fe-Cr-Al，合金表面生成的牢固结构 α-Al_2O_3，使其在 800℃ 下静置 200h 基本不受侵蚀。泡沫合金制造的过滤体的捕集效率与蜂窝陶瓷过滤体相当，且使用泡沫合金大大增强了滤料的抗振性能，合金表面被熔融铝液浸透覆盖后经过退火处理可以得到保护层。此外，使用泡沫合金降低了生产成本。现今泡沫合金已经取得了较大进展，并成功应用在部分大型客车。

因为陶瓷基过滤材料及金属基过滤材料都有各自的缺点，因此人们开始把目光集中在复合型过滤材料，目前研究和应用主要集中在纤维毡结构上。日本的 NHK spring 公司发明的一种新型过滤材料，这种过滤体的单元是由叠层金属纤维毡和氧化铝纤维毡组成。金属纤维毡材料是 Fe-18Cr-3Al，最高耐热温度是 1100℃，氧化铝纤维毡材料是 $70Al_2O_3$-$30SiO_2$，最高耐热温度是 1400℃，从排气进口到出口，叠层纤维毡的密度越来越细，保证了微粒的均匀捕获，过滤捕集效率可以达到 80%～90%，同时能起到消声的作用。

7.1.1.3 催化材料

催化转化处理大气污染物是利用催化剂的催化作用将大气污染物进行化学转化,使其变为无害且易于处理的物质。随着人们环保意识的增强以及对健康的居住环境的需求,环保催化产品也以每年20%的速度迅速增长,目前环保催化材料主要包括移动源尾气净化催化材料、固定源烟气脱硫脱硝催化材料以及室内净化催化材料。

1. 移动源尾气净化催化材料

20世纪60年代后半期,机动车排放的尾气已成为大气污染物质的主要来源之一,因此,美国、欧洲、日本开始提出开发净化汽车尾气的技术,1975年达到实用要求。目前欧洲和美国已经应用的汽车尾气净化催化剂可使汽车尾气达到欧Ⅴ排放标准,而国内目前仅有部分研究机构和企业生产的催化剂可使汽车尾气达到欧Ⅳ排放标准,大部分还只能达到欧Ⅱ排放标准。

迄今为止,机动车尾气净化技术主要还是利用催化技术,在尾气自身的温度和气氛条件下将尾气排放出来的HC和CO进行氧化,将NO_x进行还原,脱除可吸入性颗粒物,从而达到净化治理的目的。早期使用的催化剂为普通金属,如铜、镉、镍等,但由于其催化活性差、活性温度高、易中毒,现已被淘汰。后来使用以贵金属Pt、Pd和Rh为活性组分,以γ-Al_2O_3多孔陶瓷为载体的三元催化转化装置,能同时净化尾气中的CO、HC和NO_x等有害气体,这些贵金属具有活性高、寿命长、净化效果好等优点,成为目前欧美等国普遍使用的催化剂,在汽车尾气净化中得到了广泛应用。但这种催化剂使用大量贵金属,它们价格昂贵,储量稀少,故很难推广使用。同时,负载活性成分γ-Al_2O_3的热稳定性也受到影响。因此,寻找既能替代贵金属,又能提高热稳定性,同时能净化尾气中的CO、HC和NO_x的新型催化体系成为研究的热点。目前的研究表明,稀土催化剂已逐渐取代贵金属催化剂成为汽车尾气净化催化的主流。稀土催化剂主要以氧化铈、氧化锆和氧化镧的三元混合物为主,其中氧化铈是主催化剂。

CeO_2-ZrO_2固溶体催化剂可以有效抑制γ-Al_2O_3的高温烧结,提高催化剂的耐热性能、贵金属的分散度、催化剂的抗中毒和耐久性能,并改善催化剂的储氧能力等。另外,传统的三效催化剂在富氧条件下虽然仍可催化氧化CO和HC,但对NO_x的还原活性却很低。

2. 固定源烟气脱硫脱硝催化材料

钢铁、火力发电、水泥、燃煤锅炉等生产中产生大量的NO_x和SO_2,由此形成的酸雨和光化学烟雾,给环境和人体健康带来严重影响,因此烟气脱硫脱氮是我们研究的热点,越来越多的环保催化材料被应用在脱硫脱氮中。

(1) 稀土氧化物材料

稀土氧化物材料在烟气脱硫过程中显示出独特的吸收和催化性能。稀土氧化物催化还原脱除烟气中的SO_2所涉及的催化剂主要有钙钛矿型稀土复合氧化物、萤石型稀土复(混)合氧化物,以及其他稀土氧化物等。含铈铝酸镁尖晶石,是脱除催化裂化烟道气中SO_2的最有效催化剂。这种催化剂系列在SO_2中抗硫中毒性强,对CO还原NO_x的反应具有明显的活性,可以有效地同时控制烟道气中NO_x和SO_2的排放量,但是要处理反应放出来的H_2S。CeO_2良好的氧化性能,可促使氧化SO_2成SO_3,所具有的碱性可以吸附SO_2形成硫酸盐,然后经还原、克劳斯反应可转化为单质硫。中国SO_2排放得到一定程度的控制,但 NO_x 排放量却在快速增加,烟气脱硝已经成为目前控制固定源 NO_x 排放最有效的办法。V_2O_5-WO_3-MoO_3-TiO_2 是目前电厂烟气脱硝广泛使用的催化剂。CeO_2/Al_2O_3 常用于同时脱除烟气中的 SO_2 和 NO_x,脱氮脱硫效率都大于 90%。

(2) 纳米 TiO_2 光催化材料

利用纳米 TiO_2 光催化氧化氮氧化物,是在紫外光照射和过量 O_2 存在的条件下,NO 的氧化产物与水作用生成 NO_3^-,NO_3^- 容易被植物和微生物组织吸收,在自然界形成氮的循环。因为生成硝酸的量很少,所以不会对周围水体和环境的 pH 造成不良影响。目前,国内外大多数研究者都是将 TiO_2 制成薄膜(如含有 TiO_2 的活性炭、涂料和渗透剂等)负载在固定物上,吸收紫外光催化氧化,与大气中的 NO_x 反应,对降低 NO_x 的浓度十分有效。TiO_2 对低浓度 NO_x 的降解效率可高达 90% 以上。

(3) 活性炭材料

火电厂烟气脱硫脱硝对活性炭材料的应用处于不断发展的状态,目前,活性炭纤维属于较为新型的材料,其在脱硫脱硝中的应用优势非常明显,具有高效吸附的优势。活性炭纤维结构中的强度较高,可以满足火电厂烟气脱硫脱硝的多种条件,能够加工成多种形状,便于提高吸附反应的接触面积,同时达到脱硫脱硝的活性要求。活性炭纤维脱硫脱硝时的速率与传统活性炭相比,能够达到百倍的优势,既可以提高脱硫脱硝的吸附能力,又可以提升净化的标准。火电厂烟气中 SO_2 和 NO_x 的含量较高,所以通过活性炭纤维,达到了吸附净化的指标,活性炭纤维的结构单位为纳米级别,防止烟气中有害气体的扩散,活性炭纤维在脱硫脱硝的脱附工艺中还能再生,有助于提高活性炭纤维的利用效率。

3. 室内净化催化材料

室内空气污染具有污染物种类繁多、浓度低、自净性差等特点,因此室内空气净化要比工业废气的催化净化困难得多,涉及在室温条件下的光催化氧化和室温催化氧化技术的耦合。

目前,室内空气净化技术主要包括:

(1) 传统吸附过滤方法

使用的净化材料包括:物理吸着型净化材料,如以性炭、沸石和陶瓷材料;化学吸着型净化材料,具有化学吸着作用或者催化反应为主的净化材料,如以活性炭或沸石为载体,加入各种化学反应物质产生化学反应的净化材料;离子交换型净化材料,高分子聚合物中引入离子交换基的方法,以离子交换法净化空气,如磺醇基上的离子交换。

(2) 光催化氧化技术

以 TiO_2 为催化剂,利用光催化方法氧化降解空气中的 VOCs,是近年来日益受到重视的一项污染治理新技术。这个过程不需要其他化学助剂,反应条件温和,而且最终产物只有 CO_2 和 H_2O,不会产生二次污染,是非常具有发展潜力的研究领域。光催化氧化技术对于大部分有机物有很好的降解作用,美国环境保护署公布了 9 大类 114 种有机物被证实可以通过光催化氧化处理。该方法尤其适合于无法或难以生物降解的有毒有机物质的处理。实验证明,在紫外光照射下,光催化氧化对于小分子质量有机物在较短的时间内可达到 100% 的去除效率。

（3）负离子净化技术

负离子被喻为空气维生素，它所产生的离子效用直接作用于人体的各项生理指标，对人体健康有很好的积极作用。负离子发生技术主要有电晕放电、水发生和放射发生三种，其中前两种应用较为广泛。如何在负离子发生过程中降低 O_3 等二次污染物的形成是限制负离子应用的主要技术问题。

7.1.2 水污染治理材料

随着我国社会经济的快速发展，城镇化水平不断提高，废水排放量持续增加，水污染问题日益突出。据统计，2022 年中国污水排放量约为 625.8 亿 m^3，污水中的主要污染物为化学需氧量、氨氮、石油类、挥发酚、总磷以及重金属等。目前，主要采用生物法处理废水中有机污染物及氮磷等植物营养元素，采用物理化学法处理重金属等无机物。与之相关的污染治理材料主要有滤料和填料、混凝剂和助凝剂、吸附剂和离子交换剂、萃取剂和沉淀剂以及膜材料等。

7.1.2.1 滤料和填料

1. 生物滤池滤料

生物滤池是生物膜法处理污水的传统工艺。滤料是生物滤池中微生物生长栖息的场所，理想的滤料应具备的特性包括：能为微生物附着提供大量的表面积；使污水以液膜状态流过生物膜；有足够的孔隙率，保证通风（即保证氧的供给）和使脱落的生物膜能随水流出滤池；不被微生物分解，也不抑制微生物生长，有良好的生物化学稳定性；有一定机械强度；价格低廉。早期主要以拳状碎石为滤料。此外，碎钢渣、焦炭等也可作为滤料，其粒径在 3~8cm，孔隙率在 45%~50%。从理论上讲，这类滤料粒径越小，滤床的可附着面积越大，滤床的工作能力也越大。但粒径越小，孔隙就越小，滤床易被堵塞，滤床的通风也越差，可见，滤料的粒径不宜过小。经验表明，在常用粒径范围内，粒径略大或略小些，对滤池的工作没有明显的影响。

20 世纪 60 年代中期，塑料工业快速发展之后，塑料滤料开始被广泛使用。图 7-1 为两种常见的塑料滤料。环状滤料的比表面积为 98~340m^2/m^3，孔隙率为 93%~95%；波纹状滤料比表面积为 81~195m^2/m^3，孔隙率为 93%~95%。国内目前采用的玻璃钢蜂窝状块状滤料，孔心间距在 20mm 左右，孔隙率 95% 左右，比表面积在 200m^2/m^3 左右。

(a) 环状滤料

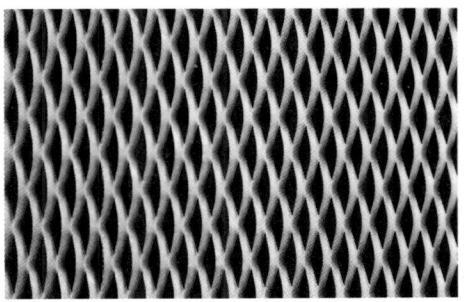
(b) 波纹状滤料

图 7-1 两种常见塑料滤料

2. 生物接触氧化池填料

生物接触氧化法是在生物滤池的基础上发展演变而来的。目前在国内的污水处理领域，特别在有机工业废水生物处理、小型生活污水处理中得到广泛应用，成为污水处理的主流工艺之一。生物接触氧化池内设置填料，填料淹没在水中，填料上长满生物膜，污水与生物膜接触过程中，水中的有机物被微生物吸附、氧化分解和转化为新的生物膜。对填料的要求是对微生物无毒害、易挂膜、质轻、强度高、耐老化、比表面积大及孔隙率高。目前采用的填料主要有聚氯乙烯塑料、聚丙烯塑料。

纤维状填料是用尼龙、维纶、腈纶、涤纶等化学纤维编结成束，呈绳状连接。用尼龙绳直接固定纤维束的软性填料，易发生纤维填料结团（俗称起球）问题，现在已较少采用。实践表明，采用圆形塑料盘作为纤维填料支架，将纤维固定在支架四周，可以有效解决纤维填料结团问题，同时保持纤维填料比表面积大、来源广、价格较低的优势，得到较为广泛的应用。近年来，国内开发的空心塑料体（聚乙烯、聚丙烯等材料，球状或柱状），如图 7-2 所示，其相对密度接近于 1（可按工艺要求，在加工制造时调节相对密度），称悬浮填料。运行时，由于悬浮填料在池内均匀分布，并不断切割气泡，可使氧利用率、动力效率得到提高。

图 7-2　悬浮填料

3. 中和滤池滤料

对于酸性和碱性废水，除予以利用外，常用的就是中和法。如果同一工厂或相邻工厂同时有酸性和碱性废水，可以先让两种废水相互中和，然后用中和剂中和剩余的酸或碱。中和剂能制成溶液或浆料时，可用湿投加法。中和剂为粒料或块料时，可用过滤法。用烟道气中和碱性废水时，可在塔式反应器中接触中和。常用的碱性中和剂有石灰、电石渣、石灰石和白云石等，有时也常用苛性钠或碳酸钠。常用的酸性中和剂有废酸、粗制酸和烟道气等。用石灰石或白云石作中和剂时，常用过滤法，而将它们作为滤料。石灰石的主要成分是 $CaCO_3$，白云石的主要成分是 $CaCO_3 \cdot MgCO_3$。若废水含硫酸而浓度又较高时，滤料将因表面形成硫酸钙外壳而失去中和作用。因此，以石灰石作滤料时，废水的硫酸浓度不应超过 $1\sim 2g/L$。

7.1.2.2　混凝剂和助凝剂

化学混凝法所处理的对象主要是水中的微小悬浮固体和胶体杂质。

1. 混凝剂

用于水处理中的混凝剂应满足如下要求：混凝效果良好，对人体健康无害，价廉易得，使用方便。混凝剂的种类较多，归纳起来主要有无机盐类混凝剂和高分子混凝剂两大类。

无机盐类混凝剂：目前应用最广的是铝盐和铁盐。传统的铝盐混凝剂主要有硫酸铝、明矾等，铁盐混凝剂主要有三氯化铁、硫酸亚铁和硫酸铁等。硫酸铝混凝效果较好，使用方便。但铝盐使用 pH 范围较窄（6.5～7.5），水温低时，硫酸铝水解困难，形成的絮凝体较松散，效果不及铁盐。

高分子混凝剂：高分子混凝剂分无机和有机两类。近年来，高分子无机聚合混凝剂的发展非常迅速，聚合氯化铝和聚合硫酸铁是目前国内研制和使用比较广泛的无机高分子混凝剂。目前我国使用的混凝剂中，无机聚合混凝剂的用量已占 80% 以上，基本上代替了传统混凝剂。

2. 助凝剂

当单用混凝剂不能取得良好效果时，可投加某些辅助药剂以提高混凝效果，这种辅助药剂称为助凝剂。助凝剂可用以调节或改善混凝的条件，例如当原水的碱度不足时可投加石灰或重碳酸钠等；当采用硫酸亚铁作混凝剂时可加氯气将亚铁离子氧化成三价铁离子等。助凝剂也可用以改善絮凝体的结构，利用高分子助凝剂的强烈吸附架桥作用，使细小松散的絮凝体变得粗大而紧密，常用的有聚丙烯酰胺、活化硅酸、骨胶、海藻酸钠、红花树等。

7.1.2.3 沉淀剂和萃取剂

1. 沉淀剂

化学沉淀法是向废水中投加某种化学物质，使与废水中的一些离子发生反应，生成难溶的沉淀物而从水中析出，以达到降低水中溶解污染物的目的。废水处理中，常用化学沉淀法去除废水中的阳离子如 Hg^{2+}、Ca^{2+}、Pb^{2+}、Cu^{2+}、Zn^{2+}、Cr^{2+} 等，阴离子如 SO_4^{2-}、PO_4^{3-} 等。溶解盐类发生沉淀的必要条件是其离子的浓度积大于溶度积。因此，化学沉淀法的实质主要是向水中投加某种适当的化学物质，以使投入的离子与水中的有害离子形成溶度积很小的难溶盐和难溶氢氧化物而沉淀析出。例如难溶盐 $CaSO_4$ 的溶度积是 2.45×10^{-5}，但 $BaSO_4$ 的溶度积是 0.87×10^{-10}，较 $CaSO_4$ 更低，可以用 $CaSO_4$ 作为沉淀剂，沉淀 Ba^{2+}。

2. 萃取剂

萃取是将一种选定的溶剂加入到待分离的液体混合物中，由于混合物中各组分在该溶剂中溶解度不同，可以将原料中所需分离的一种或数种成分分离出来。该法具有适用浓度范围广、传质速率高、适于连续操作、产品纯度高、能量消耗少等优点，因此在污染物治理和资源回收工程中广泛应用。如煤气厂、焦化厂煤气冷却时形成的冷凝液中含有很多焦油、氨和酚，称为"氨水"。氨水在脱氨以后含有酚 1～3g/L。为了回收有用的酚和避免含酚废水污染环境，常利用本厂的产品重苯作为萃取剂进行脱酚。

7.1.2.4 氧化剂和还原剂

在化学反应中，如果发生电子的转移，参与反应的物质所含元素将发生化合价的改变，称为氧化还原反应。失去电子的过程称氧化，失去电子的物质被氧化；得到电子的过程称还原，得到电子的物质被还原。在水处理中，可采用氧化或还原的方法改变水中某些有毒有害化合物中元素的化合价以及改变化合物分子的结构，使剧毒的化合物变为微毒或无毒的化合物，使难以生物降解的有机物转化为可以生物降解的有机物。

1. 氧化剂

氧化法废水处理中常用的氧化剂有氯、臭氧等。氯系氧化剂包括氯气、次氯酸钠、漂白粉、漂白精等。通过在溶液中电离，生成次氯酸根离子，然后水解、歧化，产生氧化能力极强的活性基团，用于杀菌、分解有机污染物。臭氧是一种理想的环境友好型水处理剂。臭氧的氧化性很强，对水中有机污染物有较好的氧化分解作用。另外，对污水中的有害微生物，臭氧还有强烈的消毒杀菌作用。用臭氧处理难以生物降解的有机污染物，使其转化成容易降解的有机化合物，在污水处理中已开始广泛应用。对某些工业废水，如炼油废水、重油裂解废水、高炉煤气洗涤水等，虽经过了某些生物方法处理，但废水中的污染物如酚、氰以及色度等仍较高，还不能达标排放或加以回用，此时可用臭氧氧化进行深度处理。

2. 还原剂

废水中的有些污染物，如六价铬 Cr^{6+} 毒性很大，可投加硫酸亚铁和石灰将其还原成毒性较小的三价铬 Cr^{3+}，再使其生成 $Cr(OH)_3$ 沉淀而去除。又如一些难生物降解的有机化合物（如硝基苯），有较大的毒性并对微生物有抑制作用，且难以被氧化，但可以采用金属铁还原法，在适当的条件下，将其还原成另一种化合物（如苯胺），进而改善了可生物降解性能和色度。

7.1.2.5 吸附剂和离子交换剂

1. 吸附剂

废气吸附处理过程中使用的吸附剂均可用于污水处理吸附过程。另外，一些天然矿物质、吸附树脂和腐殖酸等也可用作废水处理的吸附剂。如活性白土、漂白土、硅藻土等天然矿物质来源广泛，可作为吸附剂使用。吸附树脂是具有巨大网状结构的合成大孔径树脂，由苯乙烯、丙烯酯、吡啶等单体和乙二烯共聚而成。这些大孔径树脂有非极性到高极性多种类型，价格较活性炭贵，但物理化学性能稳定。腐殖酸类吸附剂主要有天然的富含腐殖酸的风化煤、泥煤、褐煤等，它们可以直接使用或经简单处理后使用，吸附工业废水中的许多金属离子，如汞、铬、锌、镉、铅、铜离子等。

2. 离子交换剂

离子交换法是水处理中软化和除盐的主要方法之一。在污水处理中，主要用于去除污水中的金属离子。离子交换的实质是不溶性离子化合物（离子交换剂）上的交换离子与溶液中的其他同性离子的交换反应，是一种特殊的吸附过程，通常是可逆性化学吸附。

水处理中用的离子交换剂主要有磺化煤和离子交换树脂。磺化煤是以天然煤为原料，经浓硫酸磺化处理后制成，但交换容量低，机械强度差，化学稳定性较差，已逐渐为离子交换树脂所取代。离子交换树脂是人工合成的高分子聚合物，由树脂本体（又称母体或骨架）和活性基团两部分组成。

7.1.2.6 膜材料

膜析法是利用天然或人工合成膜以外界能量或化学位差作推动力对水溶液中某些物

7 环境工程材料

质进行分离、分级、提纯和富集的方法的统称。目前有扩散渗析法（渗析法）、电渗析法、反渗透法和超滤法等。

根据制膜材料的不同可以将膜材料分为有机膜和无机膜。有机膜的材料有多种，分类详见表 7-1。在有机膜的实际应用中，反渗透膜材料以醋酸纤维素类为主，芳香族聚酰胺类为次，其他还有聚苯并咪唑、磺化聚砜酸盐、聚乙烯腈等。超滤膜材料一般是醋酸纤维素、聚酰亚胺、聚丙烯腈、聚醋酸乙烯、两性离子交换膜和芳香族高聚物等。微滤膜材料则是聚酯、纤维素及聚四氟乙烯等一系列物质。有机膜应用广泛，工业废水的处理、饮用水的处理、生物技术、食品发酵等行业都普遍采用了有机膜。

表 7-1 有机膜材料的分类

有机膜材料的分类	常见产品
纤维素衍生物类	再生纤维素 Cellu、硝酸纤维素 CN、醋酸纤维素类 CA、乙基纤维素类 EC
聚砜类	双酚 A 型聚砜 PSF、聚芳醚砜 PES、酚酞型聚醚砜 PECC、聚芳醚酮
酰胺类	脂肪族聚酰胺、芳香族聚酰胺、聚砜酰胺、反渗透用交联芳香含氮高分子
聚酰亚胺类	脂肪族二酸聚酰亚胺、全芳香聚酰亚胺、含氟聚酰亚胺
乙烯类聚合物	聚丙烯腈 PAN、聚乙烯腈 PVA、聚氯乙烯 PVC
含硅聚合物	聚二甲基硅氧烷 PDMS、聚三甲基丙炔 PTMSP
含氟聚合物	聚四氟乙烯 PTFE、聚偏氟乙烯 PVDF
聚烯烃类	聚乙烯、聚丙烯、聚 4-甲基戊烯 PMP
聚酯类	涤纶 PET、聚对苯二甲醇丁二醇酯 PBT、聚碳酸酯 PC
甲壳素类	乙酰壳聚糖、胺基葡聚糖、甲壳胺

无机膜材料中玻璃膜是某种由 SiO_2、B_2O_3、Na_2O 组成的均匀玻璃熔融物通过分相形成两相，然后在酸中浸制而成的。碳膜一般为非对称结构的无机膜，陶瓷膜以热稳定性最好著称，主要有 Al_2O_3、ZrO_2 膜。

7.1.3 土壤污染治理材料

在土壤污染治理与功能修复过程中，环境材料因其具有使用性能和最佳环境协调性等特点，受到了广泛关注。土壤污染治理环境材料目前主要用于固定、降解和去除土壤环境中的重金属和有机污染物，一般是对 Pb、Cd 的吸收，也有用环境材料来治理有机物污染的。常用的土壤污染治理环境材料则包括腐植质类材料、高分子材料、煤基复合材料及粉质矿物材料、天然沸石、黏土矿物、铁氧化物、磷石灰、活性炭等。下面按照土壤污染治理的无机材料、有机材料、生物材料和新型材料四部分进行介绍。

7.1.3.1 土壤污染治理的无机材料

利用无机界天然矿物治理污染与修复环境的方法，是建立在充分利用自然规律的基础上，体现了天然自净化作用的特色。天然矿物对污染物的净化功能主要体现在环境矿物材料基本性能方面。环境矿物材料是指由矿物及其改性产物组成的与生态环境具有良好协调性或直接具有防治污染和修复环境功能的一类矿物材料。

磷酸盐、碳酸盐和硅酸盐材料是常见的土壤重金属修复稳定化材料，常单独使用或几种材料联合使用。磷酸盐材料常作为一种主要的低成本修复材料，被广泛地应用于土壤重金属的修复中，其对 Pb 的固定作用非常明显，对 Cr、Cd、Cu、Zn 等的修复也均有报道。主要含磷材料有磷酸、羟基磷灰石、氟磷灰石、磷酸二氢钙、磷酸氢钙、磷酸钙、磷酸氢二氨、重过磷酸钙、过磷酸钙、钙镁磷肥及含磷污泥等。碳酸盐材料作为传统的土壤修复剂，主要有石灰石、碳酸钙镁。硅酸盐材料主要有硅酸钠、硅酸钙、硅肥、含硅污泥、硅酸盐类黏土矿物（沸石、海泡石、坡娄石、膨润土）等。

黏土矿物是一类自然形成的含 Fe、Al、Mg 等金属元素的硅酸盐矿物，多数具有层状结构，颗粒细小，具有众多微孔、比表面积巨大、携带一定量的负电荷，如蛭石、沸石、蒙脱石、海泡石等。大量研究表明，黏土矿物对重金属具有良好的吸附作用。也正因为如此，黏土矿物常被用作重金属污染土壤原位修复材料。含硅物质修复土壤中的重金属主要的机理是：施入土壤中的硅酸根离子与 Cd、Pb 等重金属发生化学反应，形成不易被植物吸收的硅酸化合物沉淀，或硅改变介质中金属的形态，降低植物的可利用性，从而降低重金属毒害；施加含硅材料，如硅酸钠，可提高土壤的 pH，使土壤吸附能力增强；可以通过增加生物量的积累，提高叶绿素含量，激发抗氧化酶的活性，或在植物体内阻隔金属离子或阻止重金属从植物根部向叶片的迁移能力等途径缓解重金属污染对植物的毒害，如硅可增加 Cd 在植物根部的积累，并限制 Cd 从根向地上部分的迁移。

以蛇纹石为例，蛇纹石是一种层状的含镁硅酸盐矿物，是由硅氧四面体和氢氧镁八面体结合而成的 1∶1 型层状结构硅酸盐矿物。由于单元层不对称，构造层发生弯曲形成八面体在外、四面体在内的管筒状构造。矿石中六次配位的 Mg 可以被金属阳离子置换。故其可以通过离子交换作用固化土壤中的 Pb。沸石是一种良好的矿物类无机钝化剂，由硅氧四面体和铝氧四面体组成，具有骨架状结构，在晶体内，硅铝四面体通过处于四面体顶点的氧原子互相连接起来，构成四面体群，中间形成很多空腔，具有比表面积大、吸附性能强、离子交换性高的特性，在土壤污染修复和改良中有广泛应用。

和硅酸盐类似，磷酸盐和碳酸盐也被应用于土壤污染的治理。土壤施加石灰石或碳酸钙镁后，不仅可以降低土壤中水溶态 Cd、交换态 Cd 及有机结合态 Cd 含量，还可降低植物体内重金属的含量，其主要固定机理如下：

1. 吸附作用及离子交换作用

石灰石和碳酸钙镁能提高土壤 pH，使土壤中的黏土、有机质或铁、铝氧化物的螯合能力加强，增强土壤的吸附能力，降低重金属的解吸，从而减少了土壤中金属的可溶性。碳酸钙镁也具有黏土矿物的特点，具有吸附表面积大、化学结构稳定、阳离子交换能力强等特点。

2. 使重金属离子生成沉淀

碳酸盐材料提高土壤的 pH，促进重金属生成氧化物或碳酸盐沉淀，降低重金属的生物可利用性，如生成溶解度很小的 $CdCO_3$ 沉淀。

而含磷材料的作用机理相对复杂，磷基材料固定 Pb 的机理有吸附、沉淀和共沉淀等多种形式，但主要是沉淀机制。与 Pb 的修复效果相比，含磷物质固定 Cu、Zn 污染的效果并不显著。

7.1.3.2　土壤污染治理的有机材料

目前，农田土壤重金属污染的现象普遍存在，施加廉价易得的有机物料对土壤进行修复，是一种切实可行的方法。有机物料多为农业废弃物，对其加以利用可避免其对环境的污染，还可减少化肥的使用，从而降低农业成本。施加有机物料可改善土壤结构，提高土壤养分，从而促进农作物生长，发展可持续性的生态农业。同时，使用有机物料可减少农作物对重金属的吸收积累，缓解重金属通过食物链对人体健康的威胁。因此，研究使用有机物料来加强对重金属污染农田的利用，提高农作物的安全性和产量，具有一定现实意义。可用于污染土壤修复的有机物料很多，常用于重金属污染土壤改良的有机物料有禽畜粪便、有机堆肥、活性污泥、腐植酸等。有机物料用于土壤重金属污染治理时作用的机理主要有：

1. 吸附性

有机物料中的腐植质是一种复杂的高分子芳香多聚物，带有苯羧基、酚羟基等很多活性基团，活性基团之间以氢键相互结合，使得分子表面有许多孔，比表面积大，对镉、锌离子的吸附能力远远超过矿质胶体，是良好的吸附载体。

2. 络合性

有机物料本身以及施入土壤后分解所产生的羟基、羧基、酚羟基等活性基团，可以和土壤中的重金属形成络合物，而络合物的稳定性会影响重金属的有效性及植物对重金属的吸收量。金属络合物的稳定性决定于许多因素，包括金属离子的特性、有机质分子活性基团与金属离子成键的数目、所形成环的数目以及pH等。金属络合物的稳定性与金属离子的特性有一定的关系。根据金属离子与专性配位体原子的配位能力，可将金属离子划分为两类：一类易与氟和氧作为供体原子的配位体形成络合物；另一类易与含N、P和S供体原子的配位体发生配位反应。Zn^{2+}属于第二类，易与P、S等供体形成高能键；Cu^{2+}对两种类型的供体原子都适合，可与富里酸和胡敏酸中所有活性基团配位，因此与其他重金属相比，Cu^{2+}更易于与土壤中的有机质形成络合物。

3. 改变土壤酸碱性

土壤pH不仅影响土壤对重金属的吸附，还会影响重金属在土壤中的存在形态及植物对重金属的吸收。研究发现，土壤pH与植株对镉的吸收量之间存在线性关系。随着pH的降低，植株内镉的含量显著提高。有机物料在矿质化过程中会产生CO_2，在腐殖化过程中会产生有机酸，这些都会导致土壤pH的降低，从而提高土壤重金属的生物有效性。

4. 改变土壤氧化还原性质

有机物料加入土壤后，它的分解会消耗大量氧气，从而使土壤处于还原状态，同时降低土壤的E_h。这是因为土壤中的硫在发生氧化反应后，使可溶性硫的浓度增加，金属硫化物沉淀减少；牛粪处理则可显著抑制土壤中硫的氧化反应，促进硫与重金属形成沉淀，降低重金属生物有效性。

单施有机物料修复土壤，有时虽可降低土壤中重金属的活性，并提高土壤肥力，但有机物料中可溶性有机物含量及有机物料的分解等因素，会导致土壤中重金属的有效性提高或被固定的重金属重新释放出来。黏土矿物、钙镁磷肥、石灰等改良剂可抑制土壤中重金属活性，但有时会产生土壤肥力下降、土壤结构性变差、土壤板结等问题。因此常将有机物料和其他改良剂合理配合使用，以期获得更好的修复改良效果。

7.1.3.3 土壤污染治理的新型材料

在环境材料的发展过程中，许多学者为了进一步改善环境材料的性能，研究了各种新型的复合材料来达到更好的治理污染的目的。近年来兴起的黏土纳米材料和人工合成环境矿物材料显示其发展潜力和优势。纳米科学技术是20世纪80年代末崛起并迅速发展起来的新科技。纳米材料指尺寸大小为1~100nm的物质材料，具有较大的比表面和较多的表面原子，因而显示出较强的吸附特性。纳米材料可分为纳米陶瓷材料、纳米聚合物以及由上述材料组成的纳米复合材料。其中，对聚合物/黏土纳米复合材料的研究是近年来纳米复合材料领域的重点之一。它既有黏土无机物优良的强度和尺寸稳定性，又有聚合物的可加工性，与普通复合材料相比具有更优良的性能。由于柱撑黏土的层间域的高度在纳米范围，也有人将其划入纳米材料。环境矿物材料的纳米效应是由其纳米尺度所决定的，在净化污染方面有着不可替代的独特作用，在人工合成环境矿物材料方面，如人工合成沸石、微孔硅酸盐、羟基磷灰石等，较原矿对重金属的吸附力明显提高。

为了更好地实现环境材料的其他性能，使其运用更加广泛，有学者研究了环境材料腐殖质类材料、高分子材料、煤基复合材料及粉质矿物材料及其复合处理对Pb-Cd复合污染土壤中玉米生长、品质及根系土壤环境的影响。结果显示，环境材料的添加在一定程度上有助于土壤基本理化性质的改善，促进土壤改良，同时环境材料对阻止土壤重金属向植物体迁移有一定作用。高分子保水材料及其复合材料（煤基复合材料＋高分子保水剂＋煤基营养材料）（吸附性矿物材料＋高分子保水剂＋煤基营养材料）能明显降低玉米和大豆对土壤重金属Pb、Cd的吸收量，具有作为重金属污染土壤治理修复剂的可能性。

7.1.4 固体废弃物污染治理材料

固体废物经过风化、雨淋、地表径流很容易侵蚀污染土壤，导致土壤中真菌、细菌等微生物退化而丧失腐解能力，破坏土壤生态。固体废物本身的蒸发、升华及发生生化反应而释放出有害的气体污染大气。废物中的细粒、粉末随风扬散，加重了大气的粉尘污染。在废物运输、处理、利用和处置过程中产生有害的气体粉尘污染大气。固体废物中的有害成分随渗滤水浸出渗入土壤，迁移至地下水使其受污染。固体废物随天然降水流入江、河、湖、海，污染地表水。下面将介绍目前几种治理固废的材料。

7.1.4.1 固体废物浮选剂

固体废物浮选剂是在将固体废物用水调节成悬浮液之后加入，将加入浮选剂的料浆通入空气形成无数细小气泡。表面性质不同的各种物料对气泡的黏附性存在差异，一部分黏附性好的颗粒表面黏附有较多的气泡，借助于气泡的浮力，上浮至液面成为泡沫层，将该泡沫层取出，形成泡沫产物；另一部分黏附性不好的颗粒仍留在料浆内，从而达到物料分离的目的。

浮选法对物质的分离，与待分离物质的密度无关，主要取决于物质表面的润湿性。疏水性较强的物质，容易黏附气泡；而亲水性强的物质，不易黏附气泡。物质表面的亲水、疏水性能，可以通过浮选药剂的作用而加强，从而提高分离效果。

浮选药剂的种类很多，根据其在浮选过程中作用的不同，可分为捕收剂、起泡剂、调整剂三大类。

1. 捕收剂

捕收剂能选择性地吸附在目标物质的颗粒表面，使其疏水性增强，提高可浮性，使目标物质随气泡上浮。常用的捕收剂有烃基黄原酸盐、二烃基二硫代磷酸盐、油酸等异极性捕收剂和最常用的煤油等非极性油类捕收剂两类。

2. 起泡剂

起泡剂是一种表面活性剂，主要作用是在水-气界面上降低界面张力，促使空气在料浆中弥散，形成大量稳定的小气泡，防止气泡兼并，提高气泡与颗粒黏附和上浮过程中的稳定性，以保证气泡上浮形成泡沫层。常用的起泡剂有松油、松醇油、脂肪醇等。

3. 调整剂

调整剂的作用主要是调整其他药剂（主要是捕收剂）与物质颗粒表面之间的作用，还可调整料浆的性质，提高浮选过程的选择性。调整剂的种类比较多，包括活化剂、抑制剂、介质调整剂和分散与混凝剂等。

（1）活化剂的作用是促进捕收剂与目标物质颗粒的作用，从而提高目标物质颗粒的可浮性。常用的活化剂有无机盐、酸类、硫化钠等。

（2）抑制剂的作用是削弱捕收剂与某些颗粒的表面作用，抑制这些颗粒的可浮性，促进目标物质从固体废物中的分离，常用的抑制剂有石灰、氯化钾、硫酸锌、硫化钠等。

（3）介质调整剂作用是调整料浆的pH、料浆的离子组成、可溶性盐的浓度，以加强捕收剂的选择吸附，提高浮选效率。常用的介质调整剂有石灰、苛性钠、硫化钠、硫酸等。

在浮选工艺过程中，加入浮选剂之前需对废物进行破碎、磨碎，获得粒度适宜、基本上解离成单体的颗粒，再配制浓度适宜的、能满足浮选工艺要求的料浆。需加入浮选药剂的种类与数量与目标物质颗粒的性质有关，一般在浮选前添加药剂总量的60%～70%，剩余部分则分几批在适当的地点添加。将调制好的料浆引入浮选机内通过充气搅拌，可浮性好的颗粒黏附于气泡上而上浮形成泡沫层，再将该泡沫收集、过滤、脱水即获浮选产品。浮选法大多是将有用物质浮入泡沫产物中，而无用或回收经济价值不高的物质仍留在料浆内。例如，用浮选剂从粉煤灰中分选精炭时，依据炭粒的疏水性和灰粒的亲水性，选用煤油或柴油作捕收剂进行浮选而获得精炭，炭的回收率可达到90%以上。

浮选法的主要缺点是有些工业固体废物浮选前需要破碎和磨碎到一定的细度，并需要一些如浓缩、过滤、脱水、干燥等的辅助工序。大规模工业化浮选早在19世纪末就发展起来，现在为了经济有效地回收城市生活垃圾和工业固体废物中有用物质，可以将浮选法和人工分选、筛分、风力分选、重力分选、磁力分选、电力分选、光电分选、摩擦及弹性分选、涡电流分选等分选技术中的一种及多种的分选操作单元组合成一个有机的分选回收工艺系统。总之，随着固体废物资源化、减量化和无害化越来越受到人们的重视，固体废物的浮选剂和相应设备的研究也会越来越深入。合理地选择固体废物浮选剂对于有效地回收利用固体废物，提高分选、回收利用效率将发挥越来越大的作用。

7.1.4.2 垃圾处理材料

1. 垃圾固结剂

垃圾固结剂又称垃圾胶结固化材料。垃圾在放置、运输和处置过程中自身发生的物理、化学和生物变化会产生有毒有害气体、飞灰、渗滤液,并滋生有害病菌、虫、蚊蝇等生物。将焚烧后的飞灰和填埋场内三年以上的陈腐垃圾取出,加入固结剂,使有毒有害物质特别是含有的重金属离子固结并达到稳定化。垃圾固结剂是指使垃圾惰性化,抑制其对环境造成二次污染的固结材料,一般采用物理固封和化学键结合的方式,隔离周围空气和水,阻止挥发和渗滤,将有毒有害物质转化为无毒无害物质,抑制垃圾内部陈腐和化学反应。常用的固结剂有水泥、硅酸盐、石灰、玻璃、钢渣、矿渣等组成的无机固化剂和塑料、沥青等有机聚合物固化剂。有的固结后的固结体具有一定的强度,可以用于路基建设。

2. 填埋场防渗材料

填埋场防渗材料是指将填埋场内外隔绝,防止渗滤液进入地下水,阻止场外地表水、地下水进入垃圾填埋体,以减少渗滤液产生量,同时也有利于填埋气体的收集和利用的材料。主要有三类:无机天然防渗材料、天然与有机复合防渗材料和人工合成有机材料。

(1) 无机天然防渗材料

无机天然防渗材料包括天然黏土和人工改性天然防渗材料两类。天然黏土作为防渗材料必须具有良好的空隙结构,能吸附垃圾渗滤液中的污染物质;同时能和垃圾渗滤液中的物质发生反应,从而把这些污染物质固定而不会造成污染。天然黏土使用较多的是碳酸钙、沸石、坡缕石、硅藻土等。人工改性防渗材料是通过添加有机或无机添加剂对黏土或亚砂石进行人工改性,以达到防渗性能要求而制成的材料。主要有改性膨润土、改性粉煤灰、活化海泡石、有机黏土矿物等。改性膨润土是通过削弱天然膨润土的层间力,使得天然膨润土的层状晶格裂开、层间距加大、孔道疏松,内表面积加大,以提高膨润土吸附能力及离子交换容量,对垃圾渗滤液中的重金属离子、酚、氯离子、磷酸盐等具有很强的吸附作用,同时还有吸臭、吸湿功能,可显著改善填埋场的卫生状况。改性粉煤灰对垃圾渗滤液中的有害重金属离子具有极强的吸附效果,对渗滤液中90%以上的油污、磷酸盐等无机离子也具有良好的吸附性能。

(2) 天然与有机复合防渗材料

天然与有机复合防渗材料主要指聚合物水泥混凝土,其次是沥青水泥混凝土,在垃圾填埋场中大多采用前者。聚合物水泥混凝土由水泥、聚合物胶结料与骨料组成,在水泥混凝土搅拌阶段掺入聚合物分散体或聚合物单体,然后经过浇筑和养护而成。由于聚合物的网络和成模作用及水泥混凝土具有的致密微孔隙结构,使聚合物水泥混凝土抗渗性比普通砂浆高2~3个数量级,抗碳化性提高3~6倍,同时具有良好的耐磨性、耐久性、抗压强度、抗折强度、伸缩性。

(3) 人工合成有机材料

人工合成有机材料主要指高密度聚乙烯膜,该膜具有优良的机械强度、耐热性、耐化学腐蚀性、抗环境应力开裂和良好的弹性。随着其厚度增加,其承载能力、抗撕裂能力和抗穿刺能力随之增加,现场易于焊接,已经形成了较成熟的工程实施经验,从20

世纪90年代末已经成为垃圾填埋场基底防渗层的主要材料。除此之外，垃圾填埋场也开始采用其他人工合成聚合物防渗膜，包括低密度聚乙烯膜、聚氯乙烯膜、氯化聚乙烯、氯磺聚乙烯、塑化聚烯烃、乙烯-丙烯橡胶、氯丁橡胶、丁烯橡胶、热塑性合成橡胶、氯醇橡胶等。

3. 垃圾除臭剂

恶臭污染物指刺激唤觉器官引起人们不愉快及损害生活环境的一切气体物质。垃圾的臭味因垃圾中的有机成分由细菌分解而产生，生活垃圾中有75%～80%是有机物，主要有果皮、菜叶菜梗、剩饭/菜、家禽、动物及鱼类的皮、毛、内脏、脂肪、粪便、下脚料/血水、树叶、废纸、花草和动物的机体等和一定的水分。在自然消化的过程中，经有氧/厌氧发酵等作用下，产生恶臭。不同的季节和天气、不同地区的垃圾中转站所产生的恶臭气体的成分之间有着一定的差别，尤其是在天气炎热时，由于发酵作用加快，臭气变得更加严重。

物理除臭剂通过三相相态转化降低人们的嗅觉对气味的感知度，并没有改变其化学性质从而未能从根本上消除恶臭物质。垃圾中转站常见的物理除臭剂有水、空气、活性炭等，具有操作简单、快捷的优点，但易产生二次污染、费用和维护成本高。掩蔽中和法将两种有气味的气体按比例混合可减轻恶臭，但是直接获得脱臭效果难且成本高；稀释扩散法用烟囱扩散恶臭气体或以无臭的空气将其稀释至可排放的浓度，但需要建大烟囱且耗能高；冷凝法将恶臭物质冷凝为液体除去，适合经过预处理、浓度高、流量大的臭气，但成本高；吸收法将恶臭物质转化为液态除去臭味，对不溶于水的恶臭物质净化效果不好，会产生废液等二次污染；吸附法利用活性炭、无机硅胶、活性白土等吸附恶臭物质，脱臭效率高，但吸附容量小，会产生二次污染。

化学除臭剂可与恶臭气体发生化学反应，使之转化为无臭味或者臭味较低的物质，主要有$NaClO$、Cl_2等化学洗涤剂，O_3氧化剂，TiO_2等光催化氧化剂。化学除臭剂具有技术成熟、高效率和可靠的安全保证等优点，但是由于其价格昂贵、有效时间短等缺点而在应用上受到限制。$NaClO$、Cl_2等化学洗涤剂将恶臭物质氧化成臭味较轻或溶解度较高的化合物，再用酸或碱吸收净化；O_3氧化剂可将恶臭物质氧化成无臭物质，但对氨没有效果且运行成本高；TiO_2等光催化氧化剂在光照下产生具有高化学活性的O和·OH可杀菌除臭。

生物除臭剂于20世纪50年代后期开始发展，并于80年代初得到广泛研究，具有处理效率高、安全性好、无二次污染、便于操作、所需要的设备简单、管理维护方便和费用低廉等优点。微生物除臭主要有以下三个阶段：构成恶臭气体与水接触并溶于水中，即由气相转移到液相，此过程遵循亨利法则，可吸收水溶液中的恶臭物质；将其从水中转移至微生物细胞内；进入微生物细胞的恶臭成分被作为营养物质通过新陈代谢作用分解、利用，从而使恶臭物质得以彻底去除。

7.1.4.3　污泥调理剂

污泥调理指通过物理、化学和生物等方法，对污泥进行预处理，改变污泥的性质，提高污泥的浓缩脱水效率，为有利于后续处理而采取的措施。在调理污泥过程中加入的能够破坏污泥胶体结构，使污泥中的固态成分呈絮状与水分离，促进污泥有效脱水的物质称为污泥调理剂。污泥调理剂分为化学调理剂和微生物调理剂两类。

1. 化学调理剂

化学调理剂包括添加的絮凝剂、助凝剂等化学药剂，可改变悬浮溶液中胶体表面电荷或立体结构，克服粒子间的斥力。污泥颗粒在搅拌等外力条件下相互碰撞、絮凝成团而发生沉淀，达到去稳定化的效果；同时絮体体积的增加使胶体表面积大幅降低，表面水分分布发生改变，减少水分吸附，从而改善污泥脱水性能。化学调理剂常用的絮凝剂种类有无机絮凝剂、有机合成高分子絮凝剂、天然改性高分子絮凝剂、复合型絮凝剂。化学调理剂操作简单、投资成本较低、调理效果较稳定，因此实际中以化学调理为主。

无机絮凝剂对水中具有相反电荷的胶体起中和、压缩双电层作用。无机絮凝剂按金属盐可分为铝盐系和铁盐系两类；按相对分子量的高低可分为普通无机絮凝剂和无机高分子絮凝剂。普通无机凝剂是应用最早的污泥脱水剂，从20世纪60年代以后，无机高分子絮凝剂因沉降速度快、用量少、适用范围广等优点而迅速发展，特别是聚合氯化铝逐步被广泛使用。根据所带电荷的性质，无机高分子絮凝剂可以分为阳离子型和阴离子型两大类。由于污泥絮体往往带负电，应用比较广泛的是阳离子型，主要包括聚合氯化铝、聚合硫酸铁、聚合氯化铝铁、聚合硅酸铝、聚合硅酸铁、聚磷氯化铝以及聚磷硫酸铁等。

有机合成高分子絮凝剂根据分子链上所带电荷的性质分为非离子型、阴离子型、阳离子型和两性型。非离子型有机高分子絮凝剂絮凝作用主要体现在吸附架桥和絮体的网捕能力，没有电中和能力，目前常用的是20世纪50年代发展起来的聚丙烯酰胺类，在脱水中的应用远不及阳离子型和两性型。阴离子型在水中因分子内离子型基团的相互排斥作用而使其分子伸展度比较大而表现出良好的絮凝性能，但在污泥脱水中阴离子型的调理效果仍不如阳离子型，其成本也远低于阳离子型；由于分子量较阳离子型大，因此阴离子型在污泥脱水中仍有研究。阳离子型是一类分子链上带有正电荷活性基团的水溶性高聚物，由于污泥絮体是由大量的分散微生物细菌通过污泥胞外聚合物等和其他细颗粒通过架桥作用连接在一起而表面往往带负电荷；阳离子型的加入能中和污泥颗粒表面的负电荷，具有压缩双电层的功效，较长的分子链又能在污泥颗粒间产生吸附架桥作用，因此阳离子型非常适合进行污泥调理。两性型是指分子上既有正电荷基团又有负电荷基团的高分子化合物，具有水溶性好、分子量大、黏度高等特点；不仅有电性中和、吸附架桥作用，同时分子间还有特殊的"缠绕"包裹作用，增大了污泥絮体的体积；脱水性能很好，尤其是在污泥性质不同或有一定程度的败腐时，两性型也能发挥较好的脱水效果。

天然类高分子絮凝剂克服了无机高分子絮凝剂滤液和污泥中Al、Fe离子的问题和有机合成高分子絮凝剂降解性能差及成本高的缺点，但自身存在分子量小、不显电性或离子化程度低等缺陷。天然改性高分子絮凝剂主要分碳水化合物类和壳聚糖类两类。通过羟基的酯化、醚化、氧化、交联、接枝共聚等化学改性，碳水化合物类（多聚糖类）活性基团大大增加，聚合物呈枝化结构，分散了絮凝基团，对悬浮体系中微粒物有更强的捕捉与促沉作用。壳聚糖是甲壳素脱乙酰化的产物，分子中的酰胺基及氨基、羟基具有絮凝、吸附等功能，作为一个线性聚胺，溶解于酸性介质后，随着氨基的质子化，表现出阳离子聚电解质的性质，不仅对重金属具有螯合吸附作用，还可有效地吸附水中带负电荷的微粒，通过不同的方式对天然高分子改性，使得改性后天然高分子絮凝剂的性能趋向或接近人工合成高分子絮凝剂的性能。

助凝剂主要有石灰、水泥窑灰、硅藻土、酸性白土、珠光体、污泥焚烧灰和电厂粉尘等惰性物质，其自身通常不起絮凝作用，而是通过调节污泥的pH，改变污泥的颗粒结构，破坏胶体的稳定性，提高絮凝剂的絮凝效果，增强絮体强度。

2. 微生物调理剂

微生物调理剂是由某些微生物在适宜的生理条件下产生的具有絮凝活性的次生代谢产物，主要是各种多聚糖类、蛋白质或二者参与形成的高分子化合物，如糖蛋白、黏多糖、蛋白质、纤维素、DNA等，相对分子质量大多在105以上。其研制始于20世纪70年代，具有絮凝范围广泛、絮凝沉淀性能良好、安全、无毒、可生物降解、无二次污染、来源广等优点，但制备成本较高，絮凝机理尚无明确解释，且针对性不强。目前，微生物絮凝剂主要还是和传统絮凝剂联用调理污泥，未来的目标是使其能够单独使用于污泥调理，真正做到无二次污染。

复合调理剂指将不同的污泥脱水调理剂复配使用，可选择不同特性的调理剂复配对污泥进行物化改性以适应不同的污泥后续处置方式，污泥脱水调理剂的复配使用为进一步提高污泥脱水性能、降低调理成本提供了途径。

20世纪30～60年代是污泥脱水基本理论的创立时期，20世纪70～90年代污泥调理改性技术开始发展，到现在污泥调理技术已有长足的发展，呈现出多样性的发展趋势。开发无污染的污泥调理剂，进一步提高微生物絮凝剂的絮凝性能，降低成本，并对其种类、成分与污泥类型之间的关系做进一步研究；加快物理和化学联用调理的步伐，提高污泥的调理效果，降低成本，减少其对环境的危害；未来联合调理技术正向无害化、绿色化方向发展。

7.1.5 其他污染治理材料

7.1.5.1 噪声控制材料

在环境领域，噪声指不同频率和不同强度的声音无规律地组合在一起，对人类的生活和工作造成了妨碍。它不同于电学中的噪声，电学中的噪声指由于电子的杂乱运动而在电路中形成的一种频率范围很宽的杂波。

环境噪声的来源主要有：由机械振动、摩擦、撞击和气流扰动而产生的工业噪声；由汽车、火车、飞机、拖拉机、摩托车等行驶过程中产生的交通噪声；由街道或建筑物内部各种生活设施、人群活动产生的生活噪声等。

科学技术的高速发展，给人们带来丰富的物质和文化生活的同时，也给人类带来了噪声的污染，引起了各国政府和有关部门对噪声防治的普遍关注。通常，一个噪声系统由噪声源、传递途径、接受体三个部分组成。控制噪声的途径，也是从这三方面考虑。如只要噪声源停止发声，噪声就会停止。因此，降低噪声源的发声强度，是一个重要的方面。目前，我国许多城市市区内禁止鸣喇叭，就是一种有效的防噪措施。

控制噪声的另一项措施就是阻碍噪声的传递途径，从而减小噪声的危害。其中，安装消声、吸声和隔声设备和材料是技术人员努力的方向。消声设备是附属在声源上或成为其一部分的一种装置，能使噪声散发在声源附近，或在噪声影响工作和生活以前将其吸收掉。

常用的吸声材料有玻璃棉、矿渣棉、泡沫塑料、毛毡、棉絮等多孔材料。将其装饰在墙壁上或悬挂在空间，吸收发射和反射出的声能，可降低噪声。

隔声材料和装备是用一定的材料和装备将声源封闭。常用的有隔声墙、隔声地板、隔声室和隔声罩等。据测量，在道路两边安装防噪墙板，可使交通噪声降低10dB以上。世界上许多城市市区的高架路都安装了防噪墙板，有效地控制了交通噪声污染。这种防噪墙板是声学和材料学的有机组合，既要求有最低的声反射，又要有较强的吸声能力。一般都是由多孔无机复合材料组成。

另外，对公路路面摩擦产生的交通噪声，通过改变路面材料成分也可降低噪声。例如，水泥路面比柏油路面产生的噪声要高，破损的路面比完好的路面产生的噪声要高。国外已有在路面材料中添加粉碎的废弃玻璃钢材料来改善路面质量的应用。也有通过改善路面的粗糙度来减小交通噪声的研究。另外，将废旧轮胎粉碎，添加到路面材料中，不但降低噪声，还大大改善路面质量。

7.1.5.2 电磁波防护材料

随着信息技术的发展，电磁波对人类生存环境的污染亦越来越受到环保人士的重视。这里所谈的电磁波污染，主要指由电磁波引起的对人体健康的不良影响，不包括电磁波对电子线路、电子设备的干扰。常见的电磁波污染源有计算机设备、微波炉、电视机、移动通信设备等。这些电子器件通过机壳和屏幕向空间发射电磁波，从而污染环境。

通常，波长在300MHz～300GHz的微波辐射以及低频磁场对人体的电磁辐射影响最大。为减小电磁波对人体的辐射污染，在系统电路设计时尽量减小辐射量是一个重要的方面。目前看来，大量的研究还是集中在开发有效的屏蔽措施方面。特别是屏蔽材料的加工制备，对不同的电子设备采用不同的防护层，则是许多技术人员努力的方向。

关于电磁波防护材料，目前主要有两类，一类是吸波材料，另一类是反射材料。其原理都是尽量将电磁波屏蔽在机内，最大限度地减少电磁波的机外辐射。

常见的反射材料主要由金属成分构成，且常加工成表面合金。对电磁波不但有反射作用，还通过衍射、折射等方式改变电磁辐射特性。例如，对于移动通信手机的电磁波防护，国外已研究成功在手机外壳镀上一层金属模，通过改变手机近场的电磁波特性来减少对人体的电磁辐射。

目前，国内外的吸波材料主要有两大类，一类是以有机材料为主的泡沫吸波材料，另一类是铁氧体吸波材料。泡沫吸波材料通常用含炭粉、阻燃剂的乳胶作为灌注物，浸润在聚氨酯泡沫或聚苯乙烯塑料等基体中，制成锥形、楔形吸波材料。这类材料一般用于大型仪器设备的电磁波屏蔽，且仪器的工作频率为30MHz～1GHz。屏蔽方式主要是设备包裹或工作间饰面，即对电磁辐射源形成一个封闭系统。

铁氧体吸波材料成分主要是磁性三氧化二铁。通常有平板型、网格型和双层复合型三类市售铁氧体吸波材料。平板型铁氧体吸波材料往往适用于30～450MHz。网格型铁氧体吸波材料可适用频率范围在30～750MHz，当加厚到0.5m，可使工作频率扩展到1GHz以上。双层复合型铁氧体吸波材料正常可用于工作频率在30MHz～2GHz条件下的电磁屏蔽。若加上25cm的吸波尖劈，工作频率可扩展至30GHz。另外，铁氧体粉末材料可添加在表面材料中，作一般环境下的电磁波屏蔽层。

对人体在工厂作业环境中的电磁波防护,可采用个人防护用具,如穿防电磁辐射的工作服,戴防护眼镜等。早期的电磁辐射防护服是以镀银织物和金属纤维混纺而成。由于电磁辐射防护既要求防电场,又要消除磁场,还要阻隔少量的 X 射线。所以,现在的电磁辐射防护服都由含金、银、铜、镍等多种金属元素的混纺纤维织成。目前我国也能够生产这类电磁辐射防护服。

7.2 环境修复材料

对于已经进入生态圈的污染物,采用常规手段已不能取得效果,必须应用环境修复技术。通过物理的、化学的、生物的方法将土壤、地下水、海洋中的有毒有害污染物吸收、转化或分解,从环境中去除的技术,就是污染修复技术。

多环芳烃类、多氯联苯类等有机污染物以及重金属等无机污染物由于在人工环境没有得到有效去除,这样它们不仅存在于地表水中,而且通过径流和潮汐渗透进入土壤和地下含水层中,如大量使用化肥和农药,工业废水的不达标排放,固体废弃物,特别是有毒有害的固体废弃物的堆放和填埋所引起的有毒物质泄漏,工业和交通中的事故性排放,都造成污染和二次污染。目前环境修复的工作主要是对污染水体和污染土壤进行研究。在污染水体中利用一些超能富集水生植物对水体中的污染物质进行吸附和富集,而在污染土壤中主要是利用物理/化学和生物的方法使污染物去除或转化,生物的方法是利用超富集生物进行污染物的去除。环境修复过程中用到的环境材料范围比较广泛,植物、微生物、土壤动物、天然矿物质、表面活性剂、微生物表面活性剂等都可作为环境修复材料来应用。

7.2.1 植物修复环境污染

植物修复环境是指以太阳能为驱动能源通过自身及其根际微生物的共存体系来吸收、容纳、转化或转移污染物的特性,专门在污染土地种植,实现部分或完全修复土壤、水体和大气污染的环境污染原位治理生物材料。植物修复针对的目标是重金属、氮磷、有机物或放射性元素污染的土壤及水体,主要利用自身的富集特性,通过吸收、挥发、根际过滤、降解、稳定等作用,将土壤、水体或大气中的污染物萃取出来,并输送到可收割的根部部分或地上部分,采取收获或移去已富集污染物植物器官的方法,达到净化环境的目的。

修复植物与物理、化学和微生物处理技术相比,属原位修复技术,其特点十分鲜明。一是在污染区域修复环境的同时也美化了环境;二是可长期稳定地控制污染物转移的同时也改善了生态环境;三是成本低廉、操作简练、应用广泛。该技术是一项极具发展前景的生态修复技术,备受世界各国研究者的重视,但修复周期较长,吸收效率相对较低。目前改进的主要方向为:一是对植物种及其变种进行筛选,得到对某一具体重金属污染物具有超级修复潜力的植物;二是采用基因工程技术改造植物以获得理想的超积累植物;三是通过农业生态方法优化修复过程,如调节 pH、施用肥料及螯合剂。

在超累积植物筛选上,超累积植物是在重金属胁迫条件下的一种适应性突变体,其生长缓慢,生物量低,气候环境适应性差,具有很强的富集专一性。因此,筛选、培育吸收能力强，生物量大，同时能吸收多种重金属元素的植物是植物修复的关键。超累积植物也是提供有修复价值基因的一个重要来源，需要深入研究这些植物的超累积机理和基因控制机制。

在分子生物学和基因工程技术的应用方面，已实现将筛选、培育出的超累积植物和微生物基因导入生物量大、生长速度快、适应性强的植物中。首先寻找到对重金属耐性强或累积性高的生物，通过生物化学、分子生物学等方法鉴别出控制这些特性的基因，然后将这些基因按特定方案定向连接起来，并在特定的受体细胞中与载体一起得到复制与表达，使受体细胞获得新的遗传特性，最后将转基因植物进行田间实验，确定是否达到目的。自然界中，某些生物尤其是细菌在进化过程中，形成了对金属的耐性和累积性。这些特性很可能受某种基因控制，将这些基因引入受体植物中，就有可能得到适合于植物修复的品种。

在复合植物修复技术方面，由于单一的植物修复很难达到预期效果，如果与传统的化学、物理方法相结合可达到更好的效果。以植物修复为主，辅以化学、微生物及农业生态环境保护措施，增加重金属的生物有效性，促进植物的生长和吸收，从而提高植物修复的综合效率。另外，与植物共生的微生物尤其是真菌类紧靠着植物根系，它们的菌丝提高了植物根系吸收营养的范围，能促进植物对营养物质和重金属的吸收；同时，许多真菌对重金属有很高的耐性和积累性，真菌的活动降低重金属对植物的毒性，提供了对植物根系的保护，有利于修复植物的生长。将适合某种污染的真菌接种在超累积植物的根部，可促进植物修复。

在农业生态修复方面，针对轻度污染的土壤，一是农艺修复措施，包括改变耕作制度，调整作物品种，种植不进入食物链的植物，选择能降低土壤重金属污染的化肥，或增施能够固定重金属的有机肥等措施，来降低土壤重金属污染；二是生态修复，通过调节诸如土壤水分、土壤养分、土壤pH和土壤氧化还原状况及气温、湿度等生态因子，实现对污染物所处环境介质的调控。

在水生植物修复方面，全球湿地高等植物多达6700余种，迄今被利用且产生一定效果的仅几十种，还有很多植物有待研究。尽管这几十种植物对水体生态修复起着重要作用，但有关水生植物对水体生态修复作用的机制及应用技术研究还存在不少分歧。水生植物对矿质元素的富集机理相当复杂，特别是生物化学过程至今研究尚未完全。通过在植物生理学、土壤学、生态学、化学、遗传学、环境保护学和生物工程等多学科进行系统的研究，将逐步揭开水生植物对水体修复的原理和机制。

重金属超积累植物目前主要有十字花科，而研究最多的是芸苔属、庭芥属及遏蓝蓝菜属。这些植物通常比一般的植物体内重金属含量可高出成百上千倍，重金属超积累植物是能超量吸收重金属并将其运移到地上部的植物，通常对超累积的界定是植物地上部分富集的重金属应达到一定的量，并且地上部分的重金属含量应高于根部。超积累通常要求金属离子在植物中的含量为 $0.1\%\sim1\%$（干重），只有当含量达到这种标准时，植物组织中金属的回收才具有经济性。关于修复植物的筛选美国能源部规定：能在体内积累高浓度的污染物；即使在污染物浓度很低时也有较高的积累速率；能同时积累几种金属；具有一定的生物量和较快的生长速率；具有抗病虫害能力；植物易于种植，便于人工或机械操作。

修复有机物污染的植物是针对有机物污染而采用的环境修复植物,这种植物一是可以通过鉴定植物根系分泌物中与相关有机污染物降解酶的种类与含量来定向筛选对某类化合物有特定清除能力的植物;二是以植物体内特定性天然化合物含量来测试其对类似结构污染物的清除能力;三是在分析了植物与微生物之间的生物化学和生态学关系后,认为那些能忍耐或产生化感物质的植物-微生物体系可能是降解有机污染物的理想体系,用分子生物学手段对现有植物资源进行改造,有可能培育出清除有机污染物的超级植物;四是通过将表达有机汞裂解酶的基因 MerB 转入拟南芥后,该转基因植物在高浓度污染的甲基氯化汞环境中生长良好,而常规植株则不能在此环境下生存;五是导入细胞色素 P450E1 基因的植物对 TCE 的代谢能力提高了 640 倍。

水体净化的水生植物目前国内外已筛选出了一系列特定水生植物能够高效地去除水中各种污染物(表 7-2)。这些植物除了能富集水体中的污染物,还能通过遮光、对营养物的竞争和根系分泌的克藻物质达到抑制藻类生长、防止水华的作用。

表 7-2　大型水生植物的生长特点及其对污染物的去除能力

植物种类	生长特点	污染物去除能力
凤眼莲	根系发达,生长速度快,分泌克藻物质	富集镉、铬、铅、汞、砷、硒、铜、镍等;吸收降解酚、氰;抑制藻类生长
大漂	根系发达	富集汞、铜
浮萍	生长速度快,分泌克藻物质	富集镉、铬、铜、硒;抑制藻类生长
紫萍、槐叶萍	生长速度快,分泌克藻物质	富集铬、镍、硒;抑制藻类生长
满江红	生长速度快,分泌克藻物质	富集铅、汞、铜
芦苇、香蒲	根系非常发达,生长速度快	去除 BOD、氮
石菖蒲	根系发达,分泌克藻物质	抑制藻类生长
狐尾藻	生长速度快	吸收 TNT、DNT 等结构相近的化合物

7.2.2　生物修复环境污染

20 世纪 70 年代以来,人们从腐烂的木材中分离得到了能降解木质素的微生物,主要是那些被称为白腐菌的真菌。同时也从它们的培养液中分离鉴别出了对木质素以及有一定结构相似性的多环芳烃降解真正起作用的酶。最重要的,也是目前研究与应用得最多的是黄孢原毛平革菌及其产生的木质素过氧化酶和锰过氧化酶。白腐菌所产生的能够降解木质素的酶系有一个显著特点,这就是它们对底物的非特异性。它们能够将结构和性质存在很大差异的化合物降解,如芳香卤化物、杀虫剂、燃料等。白腐菌也能降解脂肪类、醚类化合物。白腐菌仅是能够降解难降解有机化合物的微生物中的一种,表 7-3 给出了一些典型的这种微生物。

表 7-3　降解污染物的微生物

有机化合物	微生物
二氯甲烷	好氧菌 DM1,生丝微菌属
反 1,2-二氯乙烯	甲基单孢甲烷菌,甲基球菌

续表

有机化合物	微生物
2,2-二氯丙酸	恶臭假单胞菌
氯乙烯	分枝杆菌属
2-氯乙醇	假单胞菌
氯代苯类	芽孢杆菌，短杆菌，产碱菌，厚单胞菌
	洋葱假单胞菌
	硝化假单胞菌属的氨氧化菌
三氯乙烯	不动杆菌属的好氧菌 C4
	苯诱导假单胞菌
	分枝杆菌属丙烷氧化菌

此外，在生物修复工程中，地下水和土壤内大部分处于缺氧状态和厌氧状态，厌氧微生物群对有机物的厌氧分解即在这样的环境下进行。对于复杂的大分子有机物，降解的第一步是要将它们水解为能够为微生物利用的小分子物质，这也是影响污染物降解或转化的关键。丁酸梭菌、乳杆菌、乳酸链球菌和一部分的芽孢杆菌等在水解过程中不可或缺。

重金属污染的微生物修复包括生物吸附以及利用微生物改变重金属离子的氧化还原状态来降低环境的重金属水平。一些微生物以重金属为营养元素，另一些能够吸附重金属，见表7-4。

表7-4 能够吸附重金属的微生物

微生物种类	菌种	金属	吸附量/(mg/g)
细菌	动胶菌	Cu	170
放线菌	S. loogwoodensis	U	440
霉菌	产黄青霉	Zn	100
	米曲霉	Cu	11
藻类	普通小球藻	Au	90
	褐藻	Co	100

7.2.3 矿物材料修复环境污染

天然矿物具有表面效应、孔道效应、结构效应、离子交换效应、结晶效应、溶解效应、水合效应、氧化还原效应、半导体效应、纳米效应、矿物生物交换效应等，表现出独特的环境净化功能。天然矿物环境材料是指由矿物及其改性产物组成的与生态环境具有良好协调性或直接具有防治污染和修复功能的一类矿物材料。这些材料的原料是天然矿物，与环境有很好的相容性，且具有环境修复、环境净化和环境替代等功能。环境矿物材料的种类较多，目前研究较为广泛的主要有硅藻土、海泡石、蒙脱石、沸石、黄铁矿等。

硅藻土比表面积大，堆积密度小，孔体积大，表面被大量硅羟基所覆盖，通常其颗粒表面带有负电荷，这样使其对重金属离子拥有良好的交换性和选择吸附性。硅藻土具有独特的纳米微孔结构，经过人工改性后，是一种理想的微孔吸附剂。用硅藻土处理重金属污染的方法不但简便、有效而且成本低，并且重金属在解吸时的释放率较低。

海泡石属斜方晶系，为链层状水镁硅酸盐或镁铝硅酸盐矿物，主要化学成分是硅和镁。晶体结构具有两层硅氧四面体，中间一层为镁氧八面体。这种独特的结构使海泡石具有较大的比表面积和较强的离子交换能力，以及存在着物理吸附和化学吸附作用。较大的比表面积和多微孔结构，是海泡石具有较强吸附能力和分子筛功能的直接原因。

蒙脱石是典型的2∶1型层状结构硅酸盐矿物，具有巨大的比表面积和表面能。蒙脱石每个单位晶胞由两个硅氧四面体与一个铝氧八面体平行链所组成，在每个晶体构造层间吸附和放出水分子。蒙脱石具有较高的阳离子交换性能，表现出较强的吸附性，且容易使颗粒分裂成很细的带电粒子。大量的研究和试验表明，天然或经过适当改性的蒙脱石在处理重金属污染等方面效果良好。

沸石是一类含水结晶质铝硅酸盐的沸石族矿物的总称。沸石按孔道体系特征分为一维、二维、三维体系。其空间网架状结构中充满了空腔与孔道，具有较大的开放性和巨大的内表面积，孔中有可交换的碱、碱土金属阳离子及中性水分子，脱水后结构不变，因而具有良好的选择性吸附、离子交换和分子筛等功能。离子交换性是沸石的重要性质之一。沸石晶格内部有很多大小均一的孔穴和通道，孔穴之间通过开口的通道彼此相连，并与外界沟通，孔穴和通道的体积占沸石晶体体积的50%以上。沸石极易与其周围水溶液里的重金属阳离子发生交换作用，交换后的沸石晶格结构并不被破坏，水合离子半径越小的离子越容易进入沸石格架进行离子交换。沸石具有很大的比表面积因而能产生较大的扩散力。

黄铁矿是地表最丰富的硫铁矿石之一，其化学成分是FeS_2，是提取硫、制造硫酸的主要矿物原料。其晶体属等轴晶系，常有完好的晶形，呈立方体、八面体、五角十二面体。集合体呈致密块状、粒状或结核状，浅黄（铜黄）色。黄铁矿在一定条件下可溶解释放出S^{2-}、Fe^{2+}和Fe^{3+}等离子，S^{2-}与重金属离子结合生成难溶硫化物，发生沉淀转化、氧化还原和水解絮凝等复合作用而从废水中去除，初始酸度越高越有利于这一过程的进行。

此外，天然半导体矿物如天然含钒金红石等在紫外光或太阳光的作用下，可以被激发产生电子和空穴，同时半导体矿物晶体中往往富含各种金属离子，使其光谱响应范围拓宽，从而具有优良的光催化性能，这种光催化性能可将有机污染物完全矿化为无污染的小分子无机物。

可见，环境矿物材料这一新兴事物在处理重金属污染上具有易获得、成本低、效果好且不易出现二次污染和可循环利用等优势，应成为寻求成本低廉的环保技术、减少二次污染的重点研究方向之一。环境矿物材料必将在人类治理重金属污染与环境修复中发挥不可替代的作用。但同时我们也应该看到，环境矿物材料从实验室走向重金属污染治理的实际应用上还有许多问题有待研究。开发"资源型"环保矿物材料既可以扩大矿物资源的综合利用领域，又可大幅度降低环境污染治理成本，产生明显的社会效益和经济效益，这将是今后具有良好应用前景的研究发展方向。

7.3 环境替代材料

用环境负荷小的材料替代环境负荷大的材料以减少对生态环境的影响，是 21 世纪新型生态环境材料应用开发的一个重要内容。当前，在制造业产品中仍然使用大量环境负荷较大的材料，如近年来在生产消费过程中接触毒害性化学物质导致人员中毒死亡的生产、生活事故数量急剧攀升。含有毒害性化学物质的产品涉及人们衣、食、住、行、用等各个方面，在给自然和生态环境造成难以消除的长期危害的同时，也严重威胁人类的生命健康。开发替代含有毒有害元素材料的新品种，是保护生态环境、维护人民身心健康、促进科技进步和资源综合利用，实现以人为本，全面、协调、可持续发展战略，构建和谐社会的重要组成部分和迫切需求。本节重点介绍含铅焊料、有毒塑料稳定剂、六价铬电镀、含汞光源、氟里昂、石棉等的替代材料。

7.3.1 含铅焊料的替代材料

长期以来，电子封装领域所采用的焊料都以传统的 63Sn37Pb 锡铅合金为主，它具有与铜基底润湿性好、熔点低、性价比高、力学性能好等众多其他焊料无法比拟的优点。但铅及铅的化合物均属剧毒物质，不仅会对环境会造成严重的污染，而且会严重影响人类的健康。人体通过呼吸、进食、皮肤吸收等都有可能吸收铅或其化合物。铅被人体器官摄取后，将抑制蛋白质的正常合成功能，危害人体中枢神经，造成精神错乱、呆滞、生殖功能障碍、贫血、高血压等慢性疾病。目前，铅已经被美国环保局列为 17 种对人类威胁最大的元素之一。随着电子工业的高速发展，铅锡焊料的大量使用对人类健康和生态环境带来的危害已不容忽视，使用无铅焊料势在必行。

焊料无铅化的提出始于美国。1991—1992 年，美国参议院相继提交了若干个减少铅使用量的提案，要求将电子组装用焊料中铅的质量分数控制在 0.1% 以下。当时的这些提案遭到了美国工业界的强烈反对而无法通过，但却激发了世界范围关于无铅化电子组装的研究热潮。1994 年，北欧环境部长会议提出逐步取缔铅的使用，以减少铅对人类健康和生存环境的危害。1998 年，日本开始讨论修订家用电子产品再生法，促使电子企业开发无铅电子产品。2000 年 6 月，美国电子电路与电子互联行业办会发表第 4 版无铅化指南，建议美国企业界于 2001 年推出无铅化电子产品，并于 2004 年实现全面无铅化。2003 年 2 月 13 日，欧洲议会与欧盟部长会议组织正式批准《关于废旧电子电气设备指令》和《关于在电子电气设备中限制使用某些有害物质指令》，并分别于 2005 年 8 月 13 日和 2006 年 7 月 1 日开始正式实施，形成了第一部强制禁止电子产品使用铅的法令。

我国信息产业部、环境保护总局等六部委根据《清洁生产促进法》和《固体废物污染环境防止法》等有关法律法规，共同签署制定了《电子信息产品污染防止管理办法》，从 2006 年 7 月 1 日起，列入电子信息产品污染重点防治目录的电子信息产品中不得含有铅等六种有害物质，与欧盟指令基本一致。

无铅焊料是以 Sn 为基体，添加了 Ag、Cu、Zn、Sb、In 等其他合金元素，主要用于电子组装的软钎料合金。无铅焊料并不意味着焊料中绝不含铅。在无铅焊料中，基体元素必须不含铅,但是作为杂质元素,铅的存在难以避免,只能对其含量进行限制。现存的 ISO 9453、JISZ 3282 等国际标准规定,铅的质量分数应小于 0.1%,较有影响力的欧盟 RoHS 指令中也将铅的质量分数控制在 0.1% 以下。根据电子工业的应用要求,无铅焊料应该具有以下特征。

1. 无毒性

替代合金应是无毒性,符合相应环保法规的要求,这是无铅焊料的基本要求。

2. 与铅锡焊料相近的熔点和尽量小的熔程

合金的熔点是决定焊接温度的最根本参数,根据目前的焊接工艺、设备等要求,无铅焊料的熔点应接近传统的 63Sn37Pb 焊料。同时无铅焊料的熔程也不能过大,焊料的熔程扩大,则焊料凝固时所需时间延长,往往促使产生内部应力甚至产生裂纹,导致焊接缺陷。

3. 良好的润湿性能

对于焊料而言,能否与母材形成良好的润湿是获得可靠接头的关键。通常评估润湿性能用润湿时间以及最大润湿力来表示。一般要求在 245℃ 时,润湿时间为 1s 左右为佳。

4. 良好的抗氧化性能

在焊接过程中,熔融状态的焊料表面易于氧化。焊料表面的氧化物是影响焊接接头质量的重要因素,必须严格控制焊料熔体表面形成过多的氧化物。

5. 合适的物理性能

物理性能包括导电性、导热性、热膨胀系数等。良好的导电性是电子连接的基本要求,为了能及时有效散发热能,焊料必须具备快速的传热能力,热膨胀系数过大将会影响焊点外观,严重的将会产生收缩效应或热裂。

6. 足够的机械强度和耐热疲劳性

合金必须能够提供 63Sn37Pb 所能达到的机械强度和可靠性。

目前开发的无铅焊料可以按二元合金成分划分为 Sn-Ag 系、Sn-Cu 系、Sn-Sb 系、Sn-Bi 系、Sn-In 系,其中 Sn-Ag、Sn-Cu、Sn-Sb 为高温系焊料,熔点在 200℃ 以上;Sn-Zn 系为中温系焊料,熔点在 180~200℃,十分接近传统 Sn-Pb 焊料;Sn-Bi 和 Sn-In 系熔点在 180℃ 以下,属于低温系焊料。

7.3.2 有毒塑料稳定剂的替代材料

聚氯乙烯是世界五大通用树脂之一,产量仅次于聚乙烯和聚丙烯。聚氯乙烯制品具有软硬度易调控、力学性能高、耐腐蚀、电绝缘性好、透明度高及价格低廉等优点,在建筑、轻工、化工、电子、航天、汽车、农业等领域具有广泛的用途。目前全球聚氯乙烯需求总量仍出现稳定的增长态势。但是,由于聚氯乙烯分子中存在有枝化点、双键和引发剂残基等不稳定的结构缺陷,在受热、剪切或受到高能射线(如紫外线)的影响下易发生降解和交联反应,放出大量氯化氢,导致加工和使用困难,使得制品颜色加深,力学性能下降,影响使用寿命甚至失去使用价值。因此,在聚氯乙烯加工过程中,通常采用添加稳定剂以促进聚氯乙烯树脂的塑化、熔融,提高熔体强度,降低加工温度,改善制品的外观质量,同时提高聚氯乙烯制品的相关性能指标,扩大其应用领域。

聚氯乙烯的降解原理较为复杂，因此热稳定剂的作用机理也相对复杂。一般认为热稳定剂的主要作用机理包括：吸收、中和聚氯乙烯降解过程中生成的 HCl，从而抑制 HCl 的自动催化降解作用；置换聚氯乙烯分子中不稳定的烯丙基氯原子或叔碳氯原子，消除不稳定氯原子，减少引发降解的位点；与多烯结构发生加成反应，防止大共轭体系的形成，减少着色；捕捉热力、机械剪切、光氧及热氧过程产生的大量自由基，阻止氧化反应和连锁反应。

铅盐化合物是使用最早、应用时间最长且效果最好的热稳定剂，目前在各类聚氯乙烯制品中广泛使用。铅盐能具有很强的结合氯化氢能力，能够迅速、大量、高效地捕捉聚氯乙烯热降解过程中脱出的 HCl 生成 $PbCl_2$，$PbCl_2$ 无法再次脱出加速聚氯乙烯降解。铅盐稳定剂热稳定性能好、价格优廉，同时具有良好电绝缘性能和耐候性，因此多年来，铅盐热稳定剂在稳定剂应用领域一直起主导作用。但是铅盐稳定的制品颜色不透明，润滑性差，同时铅元素具有严重的毒性、生物积累性和环境污染问题，在生产和使用过程中易生成粉尘，导致人员发生铅中毒。

金属皂类稳定剂是另一类重要的热稳定剂，金属皂是高级脂肪酸金属盐的总称，常用的金属元素包括镉、钡、钙、锌等。金属皂类稳定剂热稳定性一般，但透明性、润滑性较铅盐类要好，常和铅盐类稳定剂配合使用。金属皂类稳定剂的性能随金属种类和酸根的不同而不同。镉皂在热稳定性、耐候性、透明性和润滑性上均表现出较好的综合性能，是较为常用的金属皂类稳定剂。但镉元素同样具有较大的毒性和污染性，可以引发毒性肺水肿、骨软化、疼痛病等恶性疾病。

由于 Cd、Pb 等重金属对人体毒害及环境的严重污染，直接威胁到人类生存和可持续发展。从 20 世纪 80 年代起，禁 Cd、Pb 等有毒金属的呼声日趋高涨，各国相继提出禁止使用铅盐、镉盐类稳定剂。欧盟早在 1988 年就组织实施了"与镉的环境污染作斗争"的行动计划，同时欧盟 PVC 行业联盟承诺从 2001 年 3 月 1 日起不再使用含镉热稳定剂；欧盟于 2000 年正式通过环保法案《材料环保要求绿皮书》（76/769/EEC-PVC），要求从 2003 年 8 月开始，在 PVC 材料中禁止使用包括铅盐、镉等 18 种有害物质（表 7-5），并于 2015 年全面禁用铅盐稳定剂；随着 RoSH 和 WEEE 指令的颁布和实施，欧盟对铅镉的监管禁用力度将再度加大。

表 7-5 欧盟规定在聚氯乙烯材料中禁止使用的 18 种有害物质

序号	产品名称	序号	产品名称
1	石棉	10	五氯苯酚及其钠盐
2	三氧化二锑	11	三氯乙烷、四氯乙烷
3	铅及其化合物	12	氟代烷烃
4	多溴联苯	13	氢化溴氟烷烃
5	镉及其化合物	14	脂肪族氟代烷烃
6	氯化石蜡	15	多氯联苯
7	氯化苯、联二苯、三联苯、萘	16	多氯三联苯
8	邻苯二甲酸二辛酯	17	汞及其化合物
9	邻苯二甲酸二丁酯	18	残留氯乙烯单体

从上述背景分析可以看出，随着人们对环境保护的要求不断提高，限制有毒有害物质的法规日趋严格，铅镉类热稳定剂在全球市场淘汰已是大势所趋。热稳定剂的研发、生产、消费步入无铅无镉时代，并进一步向低毒无毒、复合高效方向发展。无毒或低毒的热稳定剂替代产品不断出现。目前研究及应用的环保无毒稳定剂大体可以分为有机锡类稳定剂、Ca/Zn 复合稳定剂、水滑石类稳定剂及稀土类稳定剂等。

有机锡类稳定剂是含一类 C-Sn 键的有机-金属化合物，是目前应用较广、效果较好的环保热稳定剂之一，具有许多优良的性能，如热稳定性好，可以采用高温加工以确保制品的透明度，耐候性能优越，可以用于露天制品中，透明性能优越，并且初期着色性能好，可以制成透明度好、色彩鲜艳美观的制品，无起霜现象，显示出优异的综合稳定效果。有机锡热稳定剂商品主要品种有二硫基乙酸辛酯二丁基锡、二月桂酸丁基锡、硫醇逆酯基锡、二硫基乙酸辛酯二甲基锡酯基锡、二硫基乙酸辛酯二辛基锡、二马来酸单乙酯二辛基锡等。有机锡稳定剂的主要缺点在于其生产成本较高，且在聚氯乙烯加工过程中会产生异味，因此改进生产工艺，降低生产成本，开发性价比适中的产品，消除异味将是有机锡稳定剂未来的研究方向。

Ca/Zn 复合稳定剂属于前述金属皂类稳定剂的一个分支。由于金属活性不同，如果将高活性的锌皂和较稳定的钙皂复合，可以产生协同作用，获得良好的稳定效果。通常认为聚氯乙烯释放的 HCl 会与锌化合物反应生成锌氯络合物，而通过 Ca/Zn 复合，钙皂可以中和 HCl 并抑制锌氯络合物转化为，从而使锌皂再生，避免因 $ZnCl_2$ 积累而发生锌烧现象，从而使聚合物获得较高稳定性。Ca/Zn 复合稳定剂的研究热点方向为高性能辅助稳定剂的开发、多元复合技术工艺的设计与优化等。

水滑石又叫层状双金属氢氧化物，是一类阴离子层柱状化合物。水滑石类热稳定剂是日本在 20 世纪 80 年代开发的一类新型无机聚氯乙烯辅助稳定剂。它对聚氯乙烯的热稳定性源自水滑石与聚氯乙烯降解过程中产生的 HCl 的反应能力。水滑石类稳定剂的热稳定效果比常规金属皂类及其混合物好。此外，它还具有透明性好，绝缘性好，耐候性好及加工性好，无毒，不受硫化物污染，能与锌皂及有机锡等热稳定剂产生协同作用，是极具开发前景的一类无毒辅助热稳定剂。

稀土类稳定剂是我国独具特色的无毒低度热稳定剂，由于国外稀土资源相对缺乏，至今未见商业化报道。稀土稳定剂以镧、铈、镨氧化物、氯化物和有机酸盐等为主体，可以是单一体系也可以是混合体系。稀土稳定剂无毒，热稳定性优异，耐候性好，加热时呈膏状体可以在聚氯乙烯材料中分散均匀，具有增塑、增韧、偶联和亲合作用，可以降低塑化温度，提高力学性能，综合稳定性能要优于其他体系，且价格适中。稀土与某些金属、配位体和辅助稳定剂适当配合，可以互相补充，多方面发挥作用，从而极大地提高稳定作用。稀土类稳定剂符合聚氯乙烯制品无毒、无污染、高效的发展要求，是目前环保稳定剂的研究开发热点之一。

7.3.3 六价铬电镀的替代材料

铬及其化合物是冶金、金属加工、电镀制备、油漆颜料等行业常用的基本原料。六价铬电镀是电镀行业中应用最广泛的镀种之一，六价铬镀层具有良好的硬度、耐磨性、耐腐蚀和装饰性，不仅用于装饰性镀层，而且大量用于功能型镀层。钢铁、铝、塑料、铜合金和锌基合金压铸件上都要镀装饰性铬（图 7-3），功能电镀（硬铬）的电镀工件包括液压汽缸和柱塞、曲轴、印刷版/辊筒、内燃机活塞、塑料模具和切削工具等。

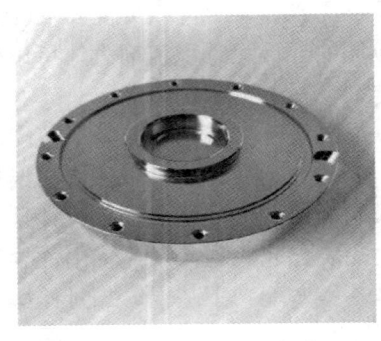 

图 7-3　镀铬的金属零件

虽然具有上述显著优点，六价铬电镀却是目前最严重、最难处理的电镀工艺污染源之一。虽然铬是生物正常的代谢过程中必需的元素之一，缺铬将造成糖、脂肪等新陈代谢紊乱，但铬含量过高，将对生物和人体造成严重危害。铬在水中以三价和六价形式存在。三价铬对人体几乎不产生有害作用，暂无中毒报道。六价铬是著名的强烈致癌物质。如果接触水体中六价铬含量超过 0.1mg/L，会引发铬中毒，造成皮肤溃疡，引起扁平上皮癌、肉瘤和腺癌等疾病。同时，含有六价铬的废水、废物在自然界中自发降解十分困难，可以在生物和人体内积累，造成长期危害。美国环境保护局将六价铬确定为 17 种高度危险毒性物质之一，并于 1995 年 1 月 25 日发布《硬铬和装饰铬电镀和铬酸氧化槽的国家排放标准》，严格限定含铬电镀废水排放。我国各地区都排放有大量的六价铬电镀槽液，总量估计在千万吨以上，严重污染我国的水、土壤和大气环境，每年用于治理电镀废水的费用中 60% 以上是用于处理含六价铬的废水、废气和废物，六价铬电镀造成的环境污染损失、废水处理费用和人员职业病害造成的损失在数百亿元人民币以上。

为了取代六价铬电镀，人们进行了许多研究，包括三价铬电镀技术、无铬镀层替代技术等。

1. 三价铬电镀技术

（1）三价铬在槽液中的含量很低，只有 5.0~7.5g/L，而六价铬的含量为 130~225g/L。因此，需要控制的废水中铬含量要少得多，还减少了废水处理中的还原步骤，不需要使用亚硫酸钠或其他还原剂，也不需要加入酸调整 pH，从而明显减少了淤渣的体积，同时三价铬电镀时向空气中散发的物质也少，毒性也更低，减少了铬雾对空气的污染。

（2）三价铬电镀的阳极不会分解，没有六价铬铅阳极分解产生的淤渣，并且三价铬电镀需要的电流密度比六价铬小得多，还原等量铬金属三价铬电镀只需要六价铬 50% 的电量，电流效率提高，能源消耗显著减少。

（3）三价铬的分散能力比六价铬好。三价铬电镀如果电流中断，恢复供电后可以继续进行电镀，不会影响产品质量，而六价铬一旦电流中断，只能退镀，重新进行电镀，影响产品质量。由于改进了分散能力，可以提高挂镀时工件的电镀密度，也可以进行滚镀，明显提高生产效率。

但是，三价铬电镀也存在着一些问题：一是杂质容忍性很低，锌、铜和镍等金属离子在三价铬镀槽中的累积浓度达到 $10\sim100\mu g/L$ 时，镀铬层质量就要下降，从而造成它的稳定性不好，难以投入实际生产应用；二是在阳极产生的六价铬离子也会严重影响镀层的质量，以致不能镀出合格的产品；三是按照一般的槽液配比，不能镀厚铬层等。这些问题严重制约着三价铬电镀的推广和应用。

近年来，三价铬电镀技术的研究有了较大的发展，特别是在克服杂质污染和实现厚镀层方面取得了突破性进展，长期稳定的三价铬电镀已经大规模投入生产应用，并取得了良好的环境效益和经济效益。北美的三价铬电镀应用逐年增加，已有超过 100 多家电镀公司采用三价铬电镀替代六价铬。三价铬电镀在可预见时间内基本将取代六价铬电镀。

2. 无铬镀层替代技术

在研究三价铬电镀技术的同时，人们也相继开发了多种无铬镀层替代，见表 7-6。但是，目前现有的非铬镀层在综合性能上，还比不上六价铬电镀。无铬镀层大多数是以镍为基础，镍盐同样是一种污染物质。另外，对于双组分或多组分电镀在实施工艺、质量控制以及废水处理上都存在着一定的问题，价格成本也高于六价铬电镀。因此，短时间内，无铬镀层替代技术尚不是取代六价铬电镀最好的方法，仍需要继续研究和发展。

表 7-6 无铬镀层替代材料的类型及特点

镀种	镀层组分	特点
镍电镀	Ni-W	使用常规的电镀设备，操作与常规镀镍相同，但成本比镀六价铬高
	Ni-W-Si-C	可以提供高的电镀速率和高的阴极电流效率和更好的分散能力，更耐磨损，但成本比六价铬贵得多
	Sn-Ni	在强酸下有好的抗腐蚀性，320℃以上开裂，耐磨损能力比六价铬差
	Ni-Fe-Co	制造商声称是六价铬 2 倍的抗磨损性能，2.6 倍的抗腐蚀性能，颜色与六价铬相同
	Ni-W-Co	不含氯化物或强的螯合剂，可以用于挂镀和滚镀，好的抗腐蚀性能，但在海洋环境中会变色，含氨
非镍电镀	Sn-Co	在镍上电镀，只能用于装饰电镀，在装饰镍和镍合金上电镀，可以采用滚镀，弱碱性，颜色很好，没有氨、氟化物和氯化物
	Co-P	非晶态沉积，极高的硬度，但电流波形应修正，以产生非晶态镀层
化学镀	Ni、Ni-W、Ni-B、Ni-金刚石等	硬度和抗磨损性能比六价铬低，但不会产生边缘效应

7.3.4 含汞光源的替代材料

在照明工业方面，目前人们普遍使用的主要电光源产品中，汞是必须添加的元素，如在荧光灯、节能灯以及汞灯中，汞被作为发光物质；在高压钠灯、金属卤化物灯中，汞被作为缓冲气体，主要用以改善光源的电性能。然而汞是一种对人体有害的元素，汞蒸气可以经由呼吸系统摄入，汞盐则可经由皮肤、黏膜吸收进入体内，此外食物链对于汞具有极强的富集能力，食用富集甲基汞的水产类产品，也会导致汞的超量摄入。短期内大量摄入汞会引发急性汞中毒。食入汞化合物后可立即或在数小时后发生恶心、呕吐、上腹灼痛、腹绞痛、腹泻、血便等急性胃肠道炎症，重症者可发生昏厥、惊厥、昏迷、休克，若抢救不及时，在1～2天内有死亡危险。目前全球保守估计约有50亿支含汞光源在使用，如果按照平均每支灯填充20mg汞计算，仅这些光源中的汞总量就达到100t，每25支含汞光源中的汞就足以污染一片$8m^2$的水域。

为了减少因使用含汞光源造成的汞污染影响，降低现有光源中汞的填充量是一种可行的途径。以荧光灯为例，早期荧光灯管的平均汞填充量为40mg，1996年就下降到30mg，如今T12型荧光灯的汞填充量为21mg，T8荧光灯的汞填充量为10mg，甚至更少。同时寻找开发新型无汞高效的光源，是遏制汞光源污染的另一个重要途径。

1. 准分子光源

准分子光源主要是利用介质阻挡放电原理制成，利用交变电场对放电空间进行作用，可以产生峰值波长为172nm的真空紫外辐射，制成高效真空紫外准分子辐射光源。利用该真空紫外辐射激发荧光粉，将紫外辐射转换为可见光，可以制成无汞荧光灯。这种光源好处在于可以迅速启动，无须预热等过程，已经被用于扫描仪、复印机等设备中。

2. 锌替代汞光源

用金属锌及其金属卤化物代替汞，作为放电光源的填充物质，这方面研究也取得了很大进展。研究人员通过在多晶氧化铝制成的放电管中分别填充汞和锌，进行对比试验，结果表明在放电过程中，锌与汞的电子-金属粒子弹性碰撞截面大小几乎相同，锌的电离电位和平均激发电位与汞的十分接近，两者在电场和填充物蒸气压关系方面有很大的相似性，因此锌是一种较为理想的汞替代品。但是，由锌制成的光源在可见区域内辐射效率太低，仅有汞的1/4，为改变这一状况，可以考虑在放电空间中填充金属卤化物，改变其辐射特性。因此，可以期待用锌代替汞，作为金属卤化物灯的填充物质。

3. 微波硫灯

微波硫灯是在石英灯泡壳中充入适量的发光物质硫和填充气体，然后用2.45GHz的微波能量激发，制成无汞光源，其工作原理如图7-4所示。磁控管在支流高压驱动下产生微波，通过波导管传输到谐振腔，微波在谐振腔中与装在石英泡壳中的硫等离子体耦合，激发硫分子辐射。为了使等离子体均匀地稳定工作，泡壳通过一马达带动高速转动。微波硫灯所

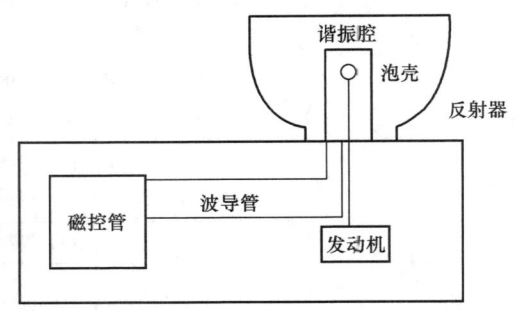

图7-4 微波硫灯的工作原理

辐射光谱为连续光谱，光谱能量主要分布在可见光区域，紫外和红外成分都很少。辐射的峰值波长位于555nm附近，即人眼视觉函数值最大的区域，具有较高的发光效率。

除上述三种光源外，目前还有许多种无汞光源也在开发中，如发光二极管、氧化钼-氩放电灯等，但目前这些光源还欠成熟。汞污染问题是关系到人类生存环境和可持续发展的大问题。要降低汞污染，一方面要设法提高光源产品中的汞的循环利用率；另一

方面要开发和完善各种低汞、无汞光源。虽然用无汞光源替代含汞光源还有很长的路要走，但是相信在不久的将来，高光效、长寿命、低污染的无汞光源一定会走进我们的生活。

7.3.5 氟利昂的替代材料

氟利昂是卤代烃的总称。最早商品化的氟利昂是二氟二氯甲烷（1932年）、一氟三氯甲烷（1931年），还有四氟二氯乙烷、五氟一氯乙烷、二氟二氯甲烷等。由于其优良的性能，20世纪30年代以来，氟利昂被广泛用作制冷剂、发泡剂、清洗剂、灭火剂和喷雾剂。但是，氟利昂有其致命的缺点，它是一种"温室效应气体"，温室效应值比二氧化碳大1700倍，更危险的是它会破坏大气层中的臭氧。氟氯烃在紫外线的作用下放出氯原子，氯原子与臭氧发生自由基链反应，一个氯原子就可以消耗上万个臭氧分子，从而影响臭氧分子对250～320nm紫外线的吸收，使过量的紫外线到达地球表面，直接影响到人类和其他生物的生存。1987年联合国环境保护计划会议通过了"关于臭氧层衰减物质的蒙特利尔协定"，随后又在伦敦会议和哥本哈根会议做出了修正案，严格限制和禁止使用氟利昂类物质。随后开发的一些新型制冷剂，如四氯乙烷、二氟乙烷、五氟乙烷、二氟甲烷、三氟甲烷以及它们的混合物虽然不破坏臭氧层，但它们大都是温室气体，也被联合国气候变化框架公约大会（1997年）在日本京都通过的"京都议定书"列为限制使用的物质。因此寻找替代氟利昂类物质的无公害的新型制冷剂已成为目前研究的热点。目前作为替代制冷剂并被广泛应用的有：

1. 异丁烷

异丁烷是很早被使用的制冷剂，但由于其具有可燃性没有得到推广。德国绿色和平组织在20世纪重新论证了其在小型制冷系统上使用的可靠性后逐渐大规模用于冰箱制冷。由于其作为制冷剂具有原料易得、对臭氧层无破坏、高循环率和不用换压缩机润滑油等优点，因而有着良好的应用前景。我国和美国的小型冰箱使用的是这种制冷剂，在日本，安全法规不允许使用这种制冷剂。这种制冷剂的缺点除了使用上的安全性外，碳氢化合物具有比HFCS类物质高的光化学烟雾，也是值得考虑的问题。

2. 二氟乙烷与二氟一氯甲烷的混合剂

该混合剂具有良好的制冷性能，被我国和美国的部分冰箱生产线广泛使用。它具有环保性能优越、节能等优点，在我国可以自行生产，适合我国国情。

此外，还有三氟二氯乙烷与三氯甲烷、五氯己烷、四氯己烷的混合剂。三氯甲烷、五氟乙烷的混合剂等。这些制冷剂其中仍含有对大气臭氧层具有破坏性的氯，但由于有着比较理想的制冷效应，目前尚没有被淘汰，属于过渡替代品。

目前世界上关于氟利昂的替代方案很多，但都不很令人满意。迄今为止，世界上还没有发现一种经济和能效超过氟利昂的电冰箱制冷、发泡替代品。在未来能最大满足人与自然的和谐和可持续发展的制冷剂应为自然物质，如氨、二氧化碳、异丁烷等，是今后值得关注和研究的方向。

7.3.6 石棉的替代材料

石棉按矿物组成和化学成分不同，可以分为蛇纹石石棉（温石棉）和角闪石石棉。

通常所称石棉多指蛇纹石石棉,化学组成为 $Mg_6(Si_4O_{10})(OH)_8$,浅黄绿色或蓝绿色,常含少量 Fe、Al、Ca 等机械混入物。在高倍电子显微镜下,纤维呈平行排列的极细空心管。石棉是一种能劈分有弹性、弧度高的耐热和耐化学腐蚀的天然硅酸盐矿物纤维。石棉经加工后的各种制品过去曾被广泛采用,如用作隔热保温材料,密封填料;用作摩擦材料,有刹车片、离合器片、火车闸片、石油钻机刹车块等;用作橡胶制品,如高压板、中压板、绝缘板、耐油板和耐酸板等;用作保温制品,如石棉粉、石棉板、石棉纸、石棉砖、石棉管等作保温绝热绝缘衬垫等材料。

虽然石棉制品具有上述优良性能,但由于其对人体有强烈的刺激作用和致癌作用,尤其易破碎成细小的粉末飘浮在大气中,长期吸入易使人致癌。因此我国早在20世纪80年代初就限制使用、生产和销售石棉制品。目前研究和开发的石棉替代品主要有:

1. 膨胀石墨

膨胀石墨是由天然鳞片石墨经插层、水浇、干燥、高温膨化得到的一种疏松多孔的蠕虫状物质。它既保留了天然石墨的耐热性、耐腐蚀性、耐辐射性、无毒害等性质,又具有天然石墨所没有的吸附性、环境协调性、生物相容性等特性,不造成二次污染,在石油化工、原子能、电力、农药、材、机械等工业中广泛应用。膨胀石墨作为环境材料的研究是近年来才陆续开展的,它适于液相吸附,而不适于气相吸附,膨胀石墨对油类有很强的吸附作用,且吸附油类物质后仍漂浮于水面,便于分离。因而它是一种很有前途的清除水面油污染的环保材料。

2. 柔性石墨

用膨胀石墨轧制或压制成箔或板制造的密封填料,称为柔性石墨,由于柔性石墨的气固两相结构使其具有良好的密封性能,可根除石棉等材料在制造、使用、废弃过程中给环境和人类带来的危害。

3. 其他替代品

日本已有用树皮陶瓷材料制得的汽车刹车片上市。对隔热垫或其他保温绝热材料,现在大多用硅酸铝、硅酸锌陶瓷纤维材料。国内外已有用芳族聚酰胺纤维代替石棉纤维制成的高温防护材料,它有优良的阻燃、耐热性能,分解温度可达385℃,在火焰中不延燃,可用于冶金服、消防服以及特种部队战斗服等。随着科学技术的发展,新的环境友好型的保温隔热材料不断涌现,基本替代了石棉制品。

思政小结

2023年7月,习近平总书记在全国生态环境保护大会上强调:"要坚持系统观念,抓住主要矛盾和矛盾的主要方面,对突出生态环境问题采取有力措施,同时强化目标协同、多污染物控制协同、部门协同、区域协同、政策协同,不断增强各项工作的系统性、整体性、协同性。"

环境工程材料虽然是伴随着工业污染而出现,但绝不是随着工业污染问题的解决而逐步消失。相反,随着经济发展和社会进步,环境工程材料会更加系统地融入现代工业和生产之中,成为现代工业设计优先考虑的材料。

人类不可能退回到原始的自然经济状态,人们在经济活动中将环境保护放在首位,从资源、能源使用，到工业生产，再到产品应用，每一个过程和环节都要受到生态环境的率先评价，环境工程材料已成为现代工业工程中不可缺少的重要组成部分，比如机器上附加了抗噪声材料、手机上附加了抗辐射材料等。在这些工业过程中，环境工程材料在与环境协调性相关的系列化位点上发挥着不可替代的作用。

课后习题

1. 简述环境工程材料的定义及分类。
2. 列举大气、水及土壤污染的环境治理材料。
3. 以土壤重金属污染为例，分析如何进行环境修复。
4. 以某种含有毒有害物质的材料为例，分析如何实现有毒有害物质的替代。

8 环境友好材料

> **教学目标**
>
> **教学要求**：理解环境友好材料的定义，了解天然材料、仿生物材料、环境降解材料、绿色包装材料、生态建材等环境友好材料的利用现状及存在的问题，初步认识未来环境友好材料的发展方向。
> **教学重点**：环境友好材料的内涵及相关原理。
> **教学难点**：环境友好材料的分类依据及应用范围。

环境友好材料是指对环境不产生危害，甚至对环境有保护或改善作用、有利于人类健康、对环境没有排放污染物质的一类材料。环境友好材料是环境材料中的重要门类，环境意识融入材料应用，或直接开发生产出绿色材料及产品。本章详细介绍了天然材料、仿生物材料、环境降解材料、绿色包装材料、生态建材等环境友好材料的性能、分类及应用现状。

8.1 天然材料

天然材料直接取之于自然环境，是指自然界已经存在的可以直接或者经过简单加工就可作为工具或产品使用的材料。天然材料在长期的演化过程中能为环境所包容并消化，具有极好的环境协调性，因此是最典型的环境材料之一。人类祖先从学习使用工具开始，就开始使用天然环境材料。例如，传统使用的木材就是一种天然环境材料，其生长过程是大自然的天然净化器，使用废弃后可以完全降解。近年来通过对木材改性研究，改进了木材的尺寸稳定性和力学性能，而且还同时保有木材的优异的环境协调性等功能特性。显然，天然环境材料在人类历史上发挥了巨大的作用，而且将继续为人类的发展作贡献。天然环境材料可分为有机材料（如木材、竹材、纤维素等天然资源高分子材料）和无机材料（如石材等天然矿物环境材料）两大类。下面将选取几种典型的天然材料进行介绍。

8.1.1 木材

在所有天然环境材料中，木材是人类社会最早使用的材料，也是一直到现在还被广泛使用的优秀生态环境材料。木材是极其复杂的生物复合材料，它有使用起来既简单又优秀的一面，例如，混凝土仓储系统，为调湿调温必须装备现代化仪器及后备发电的保障系统，耗费大量建设和运行资金及能源，而木结构仓储在无设备情况下长期发挥木材自身的调湿调温作用。所以最大限度地发挥木材的功能，重新认识木材的简单好用的特点，是木材利用的根本。

8.1.1.1 木材的结构及性质

木材的结构与成分决定了它们作为材料的使用性能。木材的大致成分见表8-1。由表8-1可以看出，木材主要由管状细胞结构和软组织构成，主要成分是木质素、半纤维素和纤维素。

表 8-1 木材的结构和成分

结构	大致含量/%	成分	含量/%
管胞	90	木质素（大分子苯基丙烷）	30
软组织	5	纤维素（直链多糖）	50
辐射状组织	3	半纤维素（单糖）	17
树脂管道	2	其他（灰分，萃取成分）	3

木材是多种复杂有机物组成的生物细胞复合体，其中绝大部分是天然高分子有机物的混合物，但各种化学成分分布很不均匀，并非简单的物理混合，其中的某些化学成分之间还有化学联结。因此，可将木材看作天然复杂有机高分子化合物互相贯穿渗透的体系。木材平均含碳50%，氢6.4%，氧42.6%，氮1%。木材的基本性质主要表现在下列几个方面。

1. 质轻而强度高，比强度大

钢材的抗拉强度为 $2.0 \times 10^9 Pa$，其比强度为 2.5×10^5。而红松的顺纹抗拉强度只有 $9.6 \times 10^7 Pa$，但其比强度约为 2.2×10^5。这个数值和钢材的极为接近。

2. 具有良好的弹塑性

能吸收较大的冲击作用。在失效断裂之前往往会有征兆。尽管目前铁路水泥枕木已经代替了大多数的木质枕木，但是在桥梁和交叉轨等震动较大的地方仍然保留使用木质枕木。

3. 气干木材是良好的热绝缘和电绝缘材料

木材已经被用来制造覆盖导弹头的整流罩，以避免雷达的追踪。

4. 湿胀、干缩、易于变形

木材的缺点是：材质差异很大，合理利用困难；施工和使用时需要进行阻燃和防腐处理；木材的吸湿、排湿性，会导致木材的尺寸随含水率变化而发生变化。为了克服这些缺点，开发了各种整体改性和表面改性的工艺，大幅度地提高了木材的应用范围。但是在木材的应用研究中，无论作何改进与发展，如果木材的生态环境性能的优点消失了，则赋予木材再好的新性能和功能也是没有意义的。

8.1.1.2 木材的主要应用

根据木材不同的性质特征，人们将它们应用于不同的领域。在建筑领域，木材与钢材、水泥并称为三大建筑材料。近年来木材在工程结构件上的应用也有报道。例如，在英国，木材在中等尺寸的风力发电机叶片上的应用就较为成功。木材具有天然的环境友好特性，在绿色建筑概念中是一种主要的材料，相对于其他建材如混凝土和钢材，木材在加工和建筑过程中所产生的污染要少得多，木结构建筑更能抵抗地震的破坏性袭击，这源于木材的韧性和强度重量比；由于现代木结构建筑技术的应用，即便是火险的危害也大大减低。木结构隔声性能很好,也使得从私人处所到办公室,处处安静、闲适。兴建适当,木结构建筑可以保留几个世纪之久,它更能抵抗潮湿、微生物和昆虫的侵害,木材也是上好的自然隔热体,其隔热性能胜于钢材和混凝土,是世界各地建筑商和购房者梦寐以求的材料。

目前,速生杨树人工林木材已成为我国短周期工业材的主要产出木材之一,广泛应用于人造板生产和制浆造纸工业。杨木生材含水率高,材质较软,制板工艺及设备较为简单。以杨木为材料的板材质量轻、加工方便,可广泛用于家具制造和室内装修。杨木有着优良的性状,可用于造纸工业。可利用修枝、采伐、造材和杨木加工剩余物作为纸浆造纸原料。

木材集生物材料、能源材料、信息材料和人工材料于一体。随着社会技术的进步,木材也逐渐扩大到木质材料,包括实体木材、胶合板、纤维板、刨花板、胶合梁、单板层积材、石膏刨花板、水泥刨花板、木塑复合材料等不同类型的木质新型材料。

8.1.1.3 木材的环境特性

作为一种天然材料,木材的全生命周期都具有优异的环境性能,从树木的生长、材料的加工到使用以及废弃整个过程中对环境产生的影响都甚小,甚至能改善环境,具有优良的环境友好特性。其典型环境特性主要有以下四点。

1. 再生性

作为环境保护的一个重要内容,废弃物的再生利用是提高资源利用率、减少污染物排放的有效途径。与不可再生的矿产资源相比,木材的可再生性是矿产资源不可比拟的,符合人类社会可持续发展的战略构想。今天,世界上作为可利用的木材资源已发生重要变化,人工林资源正在替代天然林资源。从生物多样性和原材料资源的角度考虑,人工林木材作为环境友好型材料的优势更大。通过对人工林的品种、生长方式等定向培育,其木材的成熟期将缩短,易于工业化利用,并可以在一定程度上实现永久利用。所以,在某种意义上,木材是一种最早的、最标准的环境材料。

2. 固碳作用

木材中的C、H、O、N等元素的来源各不相同,以占其中50%的C元素而论,它主要来源于大气中的CO_2。通过光合作用,每生长1t木材可吸收1.47t的CO_2,产生1.07t的O_2,将C元素固定在树木中形成纤维材料。这种固碳作用和造氧能力是其他材料所不能比拟的,对地球生物圈的生态平衡有着重要的作用。

3. 木材的调湿性

木材的调湿功能是其独具的特性之一。当周围环境湿度发生变化时,木材自身为获得平衡含水率,能吸收或放出水分,直接缓和室内空间湿度的变化。研究结果显示,人类居住环境的相对湿度保持在45%~60%为宜。适宜的湿度既可令人体有舒适感,也可令空气中浮游细菌的生存时间缩至最短。一间木屋等同于一个杀菌箱的说法,并非言之无理。

4. 可环境消纳性

废弃后的木质材料,包括实体木材、人造板和纸张,在自然或人工条件下,能充分降解或水解成肥料和饲料,可以实现材料从源于自然到回归于自然的可环境消纳过程。

8.1.1.4 木材的改性

木材改性处理技术就是在特定的环境中，使用人工的方法，使木材内部进入一定量的外来成分，这些成分我们统称为添加剂（或处理液），其保留在木材内部后可以改变木材的一些物理和化学性能，通过这样的方法就可以改善一些材质较差木材的性能，或增加一些原本不具备的性能，改善它们的品质，扩大这些木材的适用范围，为社会提供低价格高性能的木材制品，甚至是特殊性能的木材制品，从而提高木材的利用价值。改性方式包括整体改性、表面改性和细微复合处理等。木材改性技术可分为：木材塑合（木塑复合材料）、木材浸渍、木材乙酰化、木材热处理、木材压缩和弯曲、木材漂白和染色以及其他改性技术。常见的木材改性见表8-2。

表8-2 常见改性木材

类别	加工工艺	功能特点和应用
木材树脂	化学注入酚醛树脂 细粉纤维热压处理→激光照射	表面形成薄层碳纤维，提高使用和装饰性能，特别是树节处的力学性能；燃烧后只剩二氧化碳和水
树皮吸油垫	树皮粉碎→与聚酯纤维混合→热处理→成型	重油吸收率：3g/g；吸水率高：0.01g/g；拉伸强度大：23N/cm^2
伯醇	提炼	食品添加剂；无毒无害抗菌剂；用于农产品，海产品和畜产品
木材陶瓷	树脂浸渍→高温真空烧结	形成碳化木纤维，碳化酚醛树脂的各种结构；表面吸附能力强；力学性能高于木材且各向异性；耐磨

木材的整体改性可用于各种功能和各种用途。目前，整体改性主要有物理改性和化学改性等方式。物理改性包括对木材外形修饰、形状加工、组合等；化学改性包括浸渍处理、减压注入、加热注入、化学装饰等方法，可以起到防腐、阻燃、耐磨、抗裂、装饰等作用。而表面改性是传统的方法，包括涂层保护、装饰处理等。

1990年开始开发的木质陶瓷是一种采用木材或其他木质材料在热固性树脂中浸渍后真空碳化而成的新型多孔质碳素复合材料。其中的木质材料在烧结后变成软质无定形碳，成为碳素复合材料的基体相。而基体则转变成硬质玻璃状的碳，成为碳素复合材料的强化相。这明显区别于传统的碳碳复合材料，传统碳碳复合材料是在石墨基体上复合碳纤维。由于木质陶瓷具有多孔结构，可散射、吸收电磁波而减弱反射波，因而木质陶瓷可用作电磁屏蔽材料。

木材改性技术的开发，应该遵循"性能更好、成本更低、工艺更简单"的原则。木材改性技术的发展应以市场需求为导向，走规范化道路，真正为社会、行业创造价值。同时也为缓解森林资源压力，开发环境友好材料开辟道路。

8.1.2 竹材

竹为多年生木本，具有致密性好、材质柔韧、结构不均匀、价格低廉等特点，且生长快、产量高、生态功能强。我国竹类植物资源十分丰富，无论是竹子的种类、面积、蓄积量和年采伐量均居世界之首。全国共有竹类植物40多属（全世界共70多属），500多种，种类约占世界的38.5%，竹林面积720万hm^2，约占世界的32.7%。其中，纯竹林 420 万 hm²，原始高山竹丛 300 万 hm²，而纯林中又以毛竹最多，占 70%。近年来由于天然林保护工程的实施，木材资源日趋紧缺，竹材这种绿色环保材料的经济、生态和社会效益正日益突出。

8.1.2.1　竹材的结构与性质

一般竹材密度在 $0.4 \sim 0.8 \text{g/cm}^3$，与木材相当，并随竹种、年龄、胸径、竹秆部位、立地条件和竹种变化。竹材是各向异性材料，竹材不同部位细胞大小、形状、维管束密度、纤维含量各不相同，一般为从基部到梢部，从内层到外层维管束密度、纤维含量增加，各类细胞、导管孔径、细胞腔、胞间隙均呈变小的规律。平均而言，竹材的化学成分与木材相比，含有较高的纤维素（40%～60%）、半纤维素（14%～25%）；此外还有较高蛋白（1.5%～6%）、脂肪胶蜡（2%～4%）、淀粉类（2%～6%）及还原糖（约 2%）等，故比木材更易产生虫蛀、霉变和腐朽等损坏。

天然竹材是典型的长纤维增强复合材料，其增强体纤管束分布不均匀，外层致密，体内逐步变疏。竹纤维中包含多层厚薄相间的层，每层中的纤维丝以不同的升角分布，相邻层间升角渐变，避免了几何和物理方面的突变。这类特殊的结构使得竹材具有较强的抗拉和抗压强度，延伸率也较高。按竹材截面的纤维分布模式制成的碳纤维增强树脂试样，其抗弯能力比增强体均匀分布的试样高 81%。按其多层、渐变概念设计碳纤维/铝复合材料，其高温强度比未仿生的高出 5 倍以上。不过，大量的研究表明，竹材的物理力学性质与竹材的微观结构密切相关。竹材的纤维管束的尺寸和纤维的长度与竹材的弹性模量和抗压强度有着必然的联系。例如，最外层竹材的顺纹抗拉弹性模量为最内层的 3～4 倍；最外层竹材的顺纹抗拉强度是最内层的 2～3 倍。

竹材收缩率弦向和径向大，纵向小。研究表明，4 年生的毛竹竹材含水率为 40% 时，收缩以弦向最大，径向次之，纵向最小；弦向收缩中，竹青最大，竹壁中部次之，竹黄最小；纵向收缩中，竹黄最大，竹壁中部次之，竹青最小。竹材的湿胀率，径向略大于弦向，纵向则很小。竹材的含水率影响竹材制品的质量，在一定范围内，竹材的机械强度随含水率的减少而提高，但如果干燥失水过多，竹材就会变脆，强度随之下降。

8.1.2.2　竹材的加工利用

竹材的材性与竹材切削、干燥、表面润湿、防腐处理等加工处理过程有着密切的关系。竹材与木材相比具有壁薄中空、可塑性差、易霉变和易腐蚀等缺点，其最大的优点在于生长周期短，资源丰富。近年来，竹材制板、造纸、竹炭、竹醋液和竹纤维产品的开发及研究有了很大的发展。表 8-3 给出了常用竹材的加工工艺及其用途。

表 8-3　常用竹材的加工工艺及其用途

加工工艺	产品	主要用途
展平法	不等宽竹片	竹材胶合板、车厢底板 高强覆膜竹胶合模板
刨削法	等宽等厚竹片	竹地板，其他竹贴面装饰板
劈篾法	竹篾	散篾—竹材层压板 编席—竹编胶合板 织帘—竹帘竹席模板

续表

加工工艺	产品	主要用途
碎料法	竹刨花	竹材刨花板
旋切法	竹旋片	竹旋片贴面板
复合法	竹木复合	竹木复合集装箱板 竹木复合地板 竹木复合层积材
	不同竹复合	竹片碎料复合板
	单竹复合	竹席、竹帘胶合模板
	包装板	竹编胶合板

1. 竹材人造板

竹材的力学性能强于木材，完全可代替木材成为主要的人造板生产原料。竹材人造板是20世纪80年代后期发展起来的新兴产业，节约了大量的木材，对国民经济的发展发挥了重要作用。从结构上看，竹材人造板可分为竹胶合板、竹集成材、竹地板、竹层积材、竹复合板、竹碎料板和竹纤维板七大类。竹质胶合板是以竹材不同几何形状的构成单元，通过干燥、施胶，按一定结构组成板坯，热压胶合而成，包括竹编胶合板、竹帘胶合板、竹材层积板和竹材胶合板等。竹胶合板的硬度通常为普通木材的100倍，抗拉强度是木材的1.5～2.0倍，具有防水防潮、防腐防碱等特点。竹集成材是竹材经过精铣，防虫防霉处理后，热压胶合而成。致密坚硬，外观清新高雅。应用于家具、工艺品、运动器材以及各类家居日用品的生产。竹质地板竹材经截断、开条、干燥、浸胶、组坯、热压胶合而成。竹地板克服了竹材的天然缺陷，保持了竹材天然的质感、光泽和纹理，防虫蛀、防霉变，耐磨阻燃，冬暖夏凉，是优良的地板材料。不过，竹地板对生产设备及技术要求很高，竹材利用率低（约16%），因而成本高、售价高，市场扩展空间受到很大限制。竹层积材和竹复合板利用竹材和其他一种或多种性质不同的材料利用合成树脂或其他助剂，经特定的加工工艺制成。这类产品可以根据不同的使用要求，对复合材料和复合单元进行灵活设计。例如，竹木复合板既能最大限度地利用竹材和木材的优势，又能节约大量的珍贵木材资源，其价格也相对较低。由竹材和木材复合而成的层积材可做车厢底板，其横纹静摩擦系数要大于红松。竹材碎料板和竹材纤维板等是以竹材的采伐和加工剩余物以及小径杂竹为主要原料，经干燥、施胶、铺装成型，热压而成，其外观及物理力学性能均较普通木质刨花板优良。

2. 竹浆造纸

竹子是速生植物资源，生长快、易繁殖，且含有丰富的纤维素，是替代木材的优良造纸原料。我国森林资源短缺，木浆的生产能力和市场的需求之间矛盾日益突出，发展竹浆造纸技术是解决我国纸业供需矛盾、保护森林资源和生态平衡的有效途径。现代制浆造纸技术的发展和应用，也使得我国竹浆生产工艺和污水处理工艺也趋成熟，且大部分设备可以选用国产产品。随着我国造纸工业的发展和纸制产品的市场需求逐步扩大，竹浆造纸将具有空前的发展机遇和广阔的市场前景。

3. 竹材的其他用途

竹炭，原材料取自三年以上毛竹，高温无氧干馏热解而成。竹炭用途相当广泛，用竹炭作燃料，它散发的清香可使满室芬芳，竹片炭还可广泛应用于食品烹调、烘烤、储藏及保鲜。另外，由于竹炭分子结构呈六角形，质地坚硬，细密多孔，吸附力强，因此常被用作净化空气和水的吸附剂，土壤中微生物和有机营养成分的载体，或者防潮调湿的建筑辅材。竹醋液是用竹材烧炭的过程中，收集竹材在高温分解中产生的气体，并将这种气体在常温下冷却得到的液体物质。竹醋液含有近300种天然高分子有机化合物，有有机酸类、醇类、酮类、醛类、酯类及微量的碱性成分等。主要可以用于防菌、防霉、杀虫、除臭、促进植物生长、保持植物的活性和鲜度、改良土壤等。

此外，通过生物或化学工艺从竹材或竹叶中提取的一些有效成分，如酪氨酸、竹叶黄酮甙等还具有重要的医学价值，可以对抗癌症、改善心血管系统功能和抗衰老作用等。竹秆、竹叶、竹笋提取的新鲜竹汁通过适当酿造和调制可生产竹汁酒、竹汁饮料等保健类饮品。

8.1.3 纤维素

纤维素是一种天然高分子材料，天然棉纤维制成的衣物由于对人体亲和性好而为人们所喜爱，纤维素衍生物更是有着广泛的应用，如生产黏胶人造丝及玻璃纸的纤维素黄原酸酯，可用于制造烈性炸药、清漆等产品的硝化纤维素等。

1. 纤维素的结构

纤维素是由 D-吡喃葡萄糖环经 β-1,4 糖苷键组成的直链多糖，纤维素分子链上大量反应性强的羟基的存在，十分有利于形成分子内和分子间的氢键，使纤维素分子链易于聚集在一起，趋于平行排列而形成结晶性的原纤结构。

2. 纤维素的性质

纤维素分子内氢键和分子间氢键对纤维素链形态和反应性有着深远的影响，尤其是 C_3 羟基与邻近分子环上的氧所形成的分子间氢键，不仅增强了纤维素分子链的线性完整性和刚性，而且使其分子链紧密排列成高测序的结晶区，其中也存在着分子链疏松堆砌的无定形区。这便是纤维素织态结构研究中最流行的两相共存学说。两相结构的存在严重地影响着纤维素的物理化学性质和反应性能。

纤维素可以进行一系列涉及羟基的反应，这些反应包括酯化反应、醚化反应和接枝共聚反应。这些反应主要取决于两个因素：纤维素葡萄糖基环上游离羟基的反应活性；反应物到达纤维素分子上羟基的可及度，即反应物接近羟基的难易程度。

3. 纤维素的改性

天然植物纤维资源丰富、价格低廉，突出的优点是具有生物可降解性和可再生性，在解决人类所面临的能源、资源和环境问题方面有重要意义。然而纤维素作为一种天然高分子化合物，在性能上存在某些缺点，如不耐化学腐蚀、强度有限等。如同果树通过嫁接可以改良果实的品质一样，高分子化合物也可以通过改性，从而获得具有特殊性能的纤维素新产物。改性的范围很广，包括防火耐燃、耐微生物、耐磨损、耐酸，以及提高纤维的湿强度、黏附力和对燃料的吸收性等。

4. 纤维素在环境材料中的应用

纤维素在环境材料中的应用包括：纤维素无纺布（主要用于工业用材和生活用品）、海绵（主要用于医用和餐具洗涤）、新的再生纤维素纤维、高压蒸汽处理和超级纤维素纤维以及模仿棉的高级结构纤维、纤维素分离净化膜（如珠状纤维素由于其具有良好的亲水性网络、大的比表面积和通透性以及很低的非特异性吸附，并且来源广泛、价格低廉，而广泛用作吸附剂、离子交换剂、催化剂和氧化还原剂，亦用于处理含金属、有机物、色素废水，还可用于从海水中回收铀、金、铜等贵重金属）等。

8.1.4 石材

一般地，从自然界中分离出来，在颜色、花纹上具有为人们所欣赏的美感，同时又能切割加工的石料被统称为石材。因此，石材含有两重意思，一是它的岩石成因和成分，二是它所具有的装饰性和可加工性，两者缺一不可。地球上的岩石是各种矿物的集合，无确定的成分、结构及性质。同种岩石产地不同，其性质和成分也有所不同。岩石主要有三种成因：由岩浆冷却而形成火成岩；由于地表组分在长期的外力作用下，如压固、胶结、重结晶等作用而形成的沉积岩；由于地质作用发生再结晶形成的变质岩等。表 8-4 是常见的岩石成因及来源。

表 8-4 常见的岩石成因及来源

种类	来源
火成岩	由岩浆冷却而来
沉积岩	地表组分在长期的外力作用下（压固、胶结、重结晶）而形成
变质岩	由于地质作用发生再结晶形成

天然石材具有的特性为：耐火性；热胀冷缩，但若受热后再冷却，其收缩不能恢复至原来体积，而必保留一部分成为永久性膨胀；耐冻性。从材料的环境性能考虑，石材由于其纯天然成分，资源丰富，对人体及生物体无毒无害，而且来源方便，成本低廉，是一类环境性能优异的材料。尤其在现代，环境污染比较严重，石材的应用更加趋向广泛。表 8-5 列举了一些常用天然石材的种类及用途。这类石材目前主要是用作建筑结构材料和装饰材料以及一些化工行业的耐酸材料。

表 8-5 常用天然石材的种类及用途

类别	形成	用途
花岗岩	火成岩	建材，装饰，耐酸工程（化工，实验室），100～1000 年
石灰岩	沉积岩	装饰，建材，混凝土骨料，不耐酸
大理岩	沉积岩	室内装饰，建材，不耐 SO_2
玄武岩	喷出岩	基础建材，脆性大
辉绿岩	变质岩	装饰，基础建材
砂岩	沉积岩	基础建材，混凝土骨料
片麻岩	变质岩	基础建材，混凝土骨料
石英岩	变质岩	装饰，大于 1000 年

人类利用天然石材有着悠久的历史，有人甚至从人类的诞生时间来定义建筑和住宅的起源，如北京周口店人生活在洞穴里，其住宅（或建筑）就是天然石材。号称"石材

王国"的意大利不仅以丰富的石材资源著称,而且以先进的开采技术、精美的雕塑工艺闻名。早在两千多年前,古罗马的剧场、斗兽场等建筑就采用了大量的大理石。中国是世界上应用石材作为饰物、雕塑和建筑材料最早的国家之一。当人类从只会用简单石器狩猎的旧石器时代进入新石器时代时,石材便成为中华民族文化不可分割的一部分。在山东曲阜的新石器时代遗址里就发现有用大理石制成的石斧、纺轮和指环。我国历史上著名的"蓝田玉"经陕西省地质部门研究证实,是用产于陕西蓝田的蛇纹石化大理岩制成的,也始于新石器时代。安徽的"灵璧玉"系产于灵璧的大理石,在战国时代即被开采利用。此外,河北的"曲阳玉"在西汉末年就大量地用作建筑材料、雕塑佛像等艺术品。至元、明、清三代,则更是大量地采用石材做宫殿的栏杆、华表以及宫内的艺术品,故宫建筑中的汉白玉栏杆等,就是其中的一个见证。

现代人利用石材主要是经过加工的块材、板材和石制品。块材主要用于砌筑大型建筑的基础、堤坝、桥墩、铺筑路面、桥面或作路边石等,板材和石制品主要作为装饰材料,用于外墙面、柱面、地面、台阶板、楼梯板、踢脚板、窗台板、窗框、门楣及建筑花雕和装饰小品等。在高科技时代,祈求一片安静的乐土,感受天然石材古朴、素雅、粗犷的大自然之美。由于天然石材具有美观、高雅和耐久等特点,被人类称为"凝固的音乐"。中华人民共和国成立初期人民英雄纪念碑的浮雕,20世纪50年代建成的人民大会堂,中国历史博物馆,此后的毛主席纪念堂等都采用优质石材经凿毛、剁斧、琢磨抛光、火焰烧毛等不同工艺处理,取得很好的艺术效果。目前,国内较高级的建筑,如宾馆、饭店、风景名胜区等几乎均采用天然石材进行饰面装饰,通过材料的档次来体现建筑水平。

8.2 仿生物材料

仿生物材料(又称仿生材料)是一类模仿生物的各种特点或特性而开发的材料。通常我们把仿照生命系统的运行模式和生物材料的结构规律而设计制造的人工材料称为仿生材料。仿生材料学是仿生学在材料科学中的一个分支,是从分子水平上研究生物材料的结构特点、构效关系,进而研发出类似或优于原生物材料的一门新兴学科,是化学、材料学、生物学、物理学等学科的交叉。其基础理论、研究内容、技术开发及应用等范围非常广泛,内容非常丰富。由于仿生材料在本身具有生物兼容性的基础上,从材料制备到应用都与生态环境和人有着自然的协调性,因此,仿生物材料与环境材料有着不可分割的关系,它也是未来环境友好材料发展的重要方向之一。目前,仿生物材料的主要研究方向包括生物陶瓷及其复合材料、组织工程材料以及仿生智能材料等。

8.2.1 生物陶瓷及其复合材料

生物陶瓷材料指在成分上与生物体具有相容性的一类仿生物无机陶瓷材料,目前主要产品有生物惰性陶瓷材料、生物活性陶瓷材料以及生物陶瓷复合材料等。生物惰性陶瓷主要是指化学性能稳定,生物相容性好的陶瓷材料。这类陶瓷材料的结构都比较稳定,材料的强度高,摩擦系数低,可用于力学性能要求较高的场合。目前惰性生物陶瓷主要有氧化铝陶瓷、单晶陶瓷、氧化锆陶瓷、玻璃陶瓷等。其中氧化铝和氧化锆陶瓷的一些基本性能参数及国际标准见表 8-6。目前，氧化铝材料的髋关节临床使用寿命已超过 14 年。近年来，氧化锆增韧的生物陶瓷由于其强度高而逐渐受到重视。各类陶瓷牙更是在全球范围内得到了广泛应用。不过，生物惰性陶瓷的主要缺点是不具有生物活性，植入生物体后的组织反应是在材料表面形成一层几个微米厚的包囊性纤维膜，与组织的接合是依靠组织长入植入体不平整表面所形成的机械镶嵌。

表 8-6 部分生物惰性陶瓷与骨质的物理性能对比

物理特性	氧化铝陶瓷	ISO 标准 6474	氧化锆陶瓷	紧质骨	松质骨
纯度/%	氧化铝>99.8	氧化铝>99.5	氧化锆>97		
密度/(g/cm³)	>3.93	>3.90	6.05	1.6~2.1	
平均粒径/μm	3~6	<7	0.2~0.4		
表面粗糙度/μm	0.02		0.008		
硬度/HV	2300	>2000	1300		
压缩强度/MPa	4500		2000	100~230	2~12
抗弯强度/MPa	595	>400	1000	50~150	
杨氏模量/GPa	400		150	7~30	0.05~0.1
断裂韧性/(MPa·m$^{1/2}$)	5~6		15	2~12	

生物活性陶瓷材料主要包括表面生物活性陶瓷和生物吸收生物陶瓷（又称生物降解陶瓷）等。表面生物活性陶瓷指陶瓷在生物体中发生选择性化学反应，形成一层覆盖表面的羟基磷灰石，使植入体表面和周围组织形成化学键接合，阻止了植入材料随时间发生进一步降解。可吸收生物陶瓷含有可通过新陈代谢途径吸收、化解的成分如磷、钙等，被植入生物体内后，起着空间骨架和临时填充作用，经逐步降解和吸收，最终被新形成的生物组织所替换。目前应用最广泛的生物活性陶瓷材料是各种类型的人造羟基磷灰石。生物活性陶瓷主要包括有生物活性玻璃（磷酸钙系）、羟基磷灰和陶瓷、磷酸三钙陶瓷等几种。

生物玻璃是由结晶相和玻璃相组成的，无气孔，不同于玻璃，也不同于陶瓷。其结晶相含量一般为 50%~90%，玻璃相含量一般为 5%~50%，结晶相细小，一般小于 1~2μm，且分布均匀。因此，玻璃陶瓷一般具有机械强度高，热性能好，耐酸、碱性强等特点。部分玻璃陶瓷目前已有生物临床应用，其生物相容性良好，未发生异物反应。

生物活性陶瓷材料的生物相容性主要源于其中的磷、钙离子。羟基磷灰石是构成骨、牙等生物体硬组织的主要无机成分，不仅具有良好的生物相容性，还可以传导骨生长并和组织形成牢固的键合。从结构上看，骨是由细微的磷酸钙盐晶体弥散分布在胶原蛋白以及其他生物聚合物中所构成的连续多相复合物。表 8-7 给出了羟基磷灰石的一些力学性能数据，以及与致密骨、牙的性能比较。由表可见，羟基磷灰石生物活性陶瓷的主要性能与天然牙釉质相近。因此，人工制备的羟基磷灰石陶瓷具有与骨骼矿化物类似的成分、表面和基体结构，可与骨组织通过生物化学反应形成牢固的结合，并与生物体有良好的兼容性，目前国内外已将羟基磷灰石用牙槽、骨缺损、脑外科手术的修补、填充或替换等，或用于制造耳听骨链和整形整容的材料。此外，它还可以制成人工骨核治疗骨结核。

表 8-7 羟基磷灰石的一些力学性能

材料类别	孔隙率/%	抗压强度/MPa	抗弯强度/MPa	抗拉强度/MPa	断裂韧性/(MPa·m$^{1/2}$)	弹性模量/GPa
羟基磷灰石	<4%	400~917	80~195	—	0.7~1.3	75~103
致密骨	—	88~164	—	89~114	—	3.9~11.7
牙釉质	—	384	—	10.3	—	82.4

由于羟基磷灰石在生物体中易发生吸收和降解，导致材料性能特别是断裂韧性和抗疲劳性能下降。为了避免这一不足，材料科学家又进一步开发了生物陶瓷复合材料。

生物陶瓷复合材料有两种制备技术见表 8-8。一是在各种基体材料表面上制备磷酸钙生物陶瓷涂层，把载体材料的强度优势和磷酸钙盐的生物活性结合起来，制备既有高强的力学性能，又有满意的表面生物活性的生物陶瓷材料。基体材料主要有钛合金、高合金不锈钢、高性能陶瓷和各种高分子材料。制备表面生物涂层的方法有浸渍、电泳、热等静压、电化学结晶、等离子体溅射、等离子体喷涂、脉冲激光沉积等。目前最广泛应用的是在钛材表面制备羟基磷灰石陶瓷涂层。例如，利用珍珠层中文石晶体与有机基质的交替叠层排列的原理，通过在 SiC 薄片涂以石墨胶体，烧结成复合叠层材料，可以使该材料的破裂韧性有极大提高，破裂功提高了约 100 倍。采用叠层热压成型制备的 SiC/Al 增韧复合材料，其断裂韧性比无机 SiC 提高了 2~5 倍。

表 8-8 常见的生物陶瓷复合材料及其制备技术

生物陶瓷复合材料			
基材＋表面涂层		第二增强相	
基材	涂层制备	第二相粒子	制备工艺
钛合金	浸渍	锆钇氧化物	液相混合
高合金不锈钢	电泳	二氧化钛	热等静压
高性能陶瓷	热等静压	生物玻璃	热压
高分子材料	电化学结晶	高分子聚合物	氧化锆增韧
	等离子体溅射		聚合物增韧
	等离子体喷涂		纤维增韧
	脉冲激光沉积		

目前，用溶液方法在高分子基材表面上沉积生物陶瓷薄膜复合材料已发展出了成熟技术。这些技术利用在界面上晶体成核和长大的原理，从无机盐溶液中进行仿生合成，制备了一些特殊的生物功能陶瓷。例如，通过研究牙、骨、贝壳中的生物陶瓷生长机理，采用化学改性或在溶液中加入添加剂以改变高分子基材的表面能，控制形成晶体相的种类、形貌、惯性面、晶体取向，甚至晶体生长的手性。采用这种仿生合成技术，已经在塑料等高分子材料表面制备出高质量、致密的晶态氧化物、氢氧化物及硫化物陶瓷膜，甚至还可以制备纳米陶瓷薄膜，择优取向的生物陶瓷晶体等。

另外一种生物陶瓷复合材料的制备方法是采用第二相作为增强相，通常以颗粒状弥散在磷酸钙基体中，构成增韧的生物陶瓷复合材料。常用的第二相粒子有锆钇氧化物、二氧化钛、生物玻璃以及一些高分子聚合物等。增强工艺有液相混合、热等静压和热压等。典型的制备技术有氧化锆增韧技术、聚合物增韧技术及纤维增韧技术等。如羟基磷灰石粉末增强聚羟基丁酸酯，其断裂韧性有明显提高。

8.2.2 组织工程材料

在人类医疗和保健方面，器官和组织的缺损或衰竭是发生最为频繁、最具破坏性和花费最昂贵的一个大问题。全世界每年有无数的人因组织或器官坏死而被切除。医生通过器官移植、外科手术再造等方法来治疗器官、组织的缺陷，虽然拯救或延长了不少人的生命，但并不完美。关键的问题是具有生物活性的人造机体严重缺乏，限制了器官移植的进行。组织工程材料是用于代替某些生物体组织器官或恢复、维持以及改善其功能的一类仿生物材料。例如，用人工合成材料与活细胞或组织构建杂化人工器官；制备可移植的活体器件等。组织工程材料为利用细胞培养制造生物仿生材料和人造器官开辟了光明的前景。

常见的组织工程材料包括组织引导材料、组织诱导材料、组织隔离材料、组织修复材料和组织替换材料等。有代表性的组织工程材料应用举例见表8-9。组织引导材料的功能主要是引导组织再生和生长，从而控制新生组织的质量。例如，用一种人工制造的生物高分子材料用于皮肤的修复和神经的再生，采用物理和化学的方法控制材料的多孔性和被生物体的吸收性，避免了皮肤修复时生成的疤痕和神经修复过程中的组织收缩。组织诱导材料是通过在材料表面连接活性配体，使材料释放生物信息，诱导细胞和组织的生长和修复。例如，将肝细胞种植到中空纤维上可诱导和调控肝细胞的聚集作用，以消除肝衰患者血液中的毒物。从聚合物中释放骨形态蛋白可诱导骨的生长和促进骨的修复。组织隔离材料主要是用于隔离植入体与宿主的生物接触，避免宿主对植入体的异体排斥和免疫排斥。一般情况下，组织的正常应答是免疫排斥。很多疾病的治疗都受植入细胞的免疫排斥所限，利用组织隔离材料将植入细胞与宿主隔离开，就可以顺利解决这一难题。

表8-9 组织工程材料的典型应用

应用类型	举例
植入装置	人工血管
	骨和软骨
	人工胰脏
	甲状腺
	肾上腺
体外装置	生物人工肝
原位生长和修复	神经再生
	人工皮肤

组织修复材料经常用于骨骼和牙齿的修复。例如，用于修复牙齿缺损的口腔材料；修补缺损的颌面部软硬组织，恢复其解剖形态、功能和美观的材料；体外培养活体细

胞，构成活体骨替换器件的支架材料等。另外，组织工程中的人工器官也是仿生物材料研究的一个主要方面，如人工皮肤、人工肝支持装置、人工血液、人工神经、人工血管和人工胰等。

8.2.3 仿生智能材料

仿生智能材料一般指能模仿生命系统，同时具有感知和驱动双重功能的材料。感知、响应和反馈是这类材料的三大要素。仿生智能材料的性能不仅与材料的成分、结构和形态有关，而且与材料所处的环境有关，可响应环境的刺激和变化，当外部刺激消除后，能够迅速恢复到原始状态。这类材料可以是由传感器或敏感元件等与传统材料结合而成，实现自我发现故障，自我修复，并根据实际情况作出优化反应，发挥控制功能；也可以是有些材料的微观结构本身就具有智能功能，能够随着环境和时间的变化改变自己的性能。仿生智能材料才出现20余年，但已发展为生物材料领域最引人注目的研究热点之一。目前主要有智能高分子凝胶材料、智能药物释放体系以及仿生薄膜材料等。

智能高分子凝胶材料是目前发展最快的一类仿生智能材料。其智能化特征在于当这种材料受到环境刺激时会随之响应，其结构、物理性质、化学性质可以随外界环境变化而变化。环境的刺激信号可以是溶液的成分、pH、温度、光照、电磁场等。这些刺激信号引起智能凝胶材料的体积发生数十至数千倍的突变，或是发生收缩，或是发生溶胀，从而体现该仿生材料的智能性。智能高分子凝胶材料目前主要用于蛋白质分离、细胞培养、光能转换的流量控制阀、人工肌肉驱动器、心脏起搏器、形状记忆凝胶等。

国外开发了一种"自修复"的智能高分子纤维材料。它可感知混凝土中的裂纹和腐蚀并自动将其修复。这种由硅酸盐纤维和聚丙烯高分子制造的多孔空心纤维可以埋入所有的混凝土结构中。混凝土的过度挠曲会撕裂纤维，使其释放化学物质填充裂纹，以达到修补的目的。另外，可将这种智能高分子纤维缠绕在加固混凝土的钢筋周围，它对造成钢筋腐蚀的酸度变化非常敏感。当纤维周围环境的pH发生变化时，某些成分发生溶解，释放出一种化学物质可阻止进一步的腐蚀。

智能药物释放体系主要是为了在分子水平上控制药物在体内的活性、空间分布和作用时间而开发的一些药物释放载体材料和响应系统。如将一种铁磁种子与智能凝胶混合作为药物载体材料，由电源和线圈构成的手表大小的装置控制产生磁场，使凝胶收缩释放药物，或膨胀停止释放药物。另一种是pH响应型高分子凝胶作为胃病药物载体，置于结肠部位，随着胃液pH的变化而释放和停止释放胃病药物，达到自动调节、治疗胃病的目的。

仿生薄膜材料主要模拟生物膜的选择性渗透功能，实现信号传递、物质分离、或调整环境性能等一系列智能化的操作过程。目前正开发的有pH响应控制型、光响应控制型和温度响应控制型三类仿生薄膜材料。主要应用于人工视网膜、生物传感器等用途。

8.3 环境降解材料

所谓环境降解材料，一般指在适当和可表明期限的自然环境条件下，可被环境自然吸收、消化或分解，从而不产生固体废弃物的一类材料。一些天然成分的材料如木材、竹材，以及一些由天然纤维加工的纸制品，一些天然提取物如甲壳素、玉米蛋白等，是自然的环境降解材料。目前人工合成的环境降解材料主要有两类：一类是仿生物材料中的无机仿生物材料，如生物降解磷酸盐陶瓷材料；另一类就是目前产量最大、用途最多的可降解塑料。本节主要介绍可降解塑料的分类以及降解机理等。

8.3.1 可降解塑料开发的意义

塑料具有耐化学腐蚀、耐低温、质轻、绝缘性好、价格较低、容易加工成型综合性能优异等优点，已和钢铁、木材、水泥并列成为四大支柱性材料，在工业、农业及日常生活中得到广泛应用。城市固体废弃物中塑料的质量分数已达 10% 以上，体积分数则在 30% 左右，而其中大部分是一次性塑料包装及日用品塑料废弃物，它们对环境的污染、对生态平衡的破坏已引起了社会极大的关注。在农业方面，农用薄膜的主要成分聚丙烯、聚氯乙烯以及聚乙烯，可在田间残留几十年，难降解的碎膜逐年积累于土壤耕层使土壤板结、通透性变差、根系生长受阻，最终导致后茬作物减产，有些作物减产幅度达到 20% 以上，并且情况正在进一步恶化。塑料废弃物不仅在陆地上让人困扰，海洋中的塑料污染同样触目惊心，塑料进入海洋后一部分沉入海底，另一部分会随洋流漂浮，污染海岸线并在海洋中大量积累。塑料废弃物会缠住海豚和鲸类等海洋生物并破坏其栖息地；海洋生物摄入后会导致疾病或死亡；导致外来物种入侵，威胁生物多样性。此外，由于塑料表面能吸附许多持久性有机污染物（POPs），如多氯联苯（PCBs）、多环芳香烃（PAHs）、滴滴涕（DDTs）以及其他有机氯农药，对海洋生物可能会产生毒害作用。各种白色污染如图 8-1 所示。

图 8-1　白色污染

塑料制品使命完成后，人为处置也存在非常大的环境问题。目前，生活废塑料垃圾处理方式及其危害见表8-10。塑料废弃物通常的处理方式是填埋处理，但填埋场占地多，加之选址不当，导致近年来许多城市出现垃圾围城的现象，破坏城市周边生态环境并且限制了城市化的进一步发展。被填埋的塑料制品会使填埋地的土壤性质不稳定，污染填埋地附近地下水；当进行焚烧处理时，又因其发热量大，易损坏焚烧炉，并排出二噁英、飞灰等有害物质，直接排放进大气的燃烧产物促进了雾霾的产生；塑料制品难降解，混杂在堆肥原料中会污染土壤，降低堆肥产品品质。塑料废弃物的治理已经成为环境问题的热点之一，最有效的途径是开发可降解塑料。

表 8-10　生活废塑料垃圾处理方式及其危害

塑料处理方式	危害
卫生填埋	占地面积大，选址困难，存在地下水和重金属二次污染隐患
焚烧发电	投资大，产生二噁英、飞灰等难以处置的危险废弃物
堆肥	对垃圾中的有机质要求较高，常遇季节性限制，会污染土壤

8.3.2　可降解塑料的定义及用途

可降解塑料具体是指在塑料中加入一些促进其降解的助剂或者采用可再生的天然物质为原料，保证在使用和保存期内满足应用性能要求的前提下，使用后在特定条件下，在较短时间内其化学结构会发生明显变化而降解的一类塑料。

可降解塑料的用途主要有两个领域：一是原来使用普通塑料的领域，在这些领域，使用或消费后的塑料制品难以收集回收，对环境造成危害，如农用地膜和一次性塑料包装；二是以塑料代替其他材料的领域，在这些领域使用降解塑料可带来方便，如高尔夫球场用球钉、热带雨林造林用苗木固定材料。表 8-11 列出了一些降解塑料在生活中的具体应用。

表 8-11　降解塑料的使用范围

使用领域	使用范围
在自然界中，应用于难回收的领域	农业用材：地膜、育苗钵、农药和肥料缓释材料、渔网具等； 土木建筑材料：山间、海中土木工程修理用型材、隔水片材、植生网等； 运输用的缓冲包装材料：发泡制品、片材、板材、网、绳等； 野外文体用具：高尔夫座、钓钩、海上运动和登山等一次性用品
有利于堆肥化的领域	食品包装材料：食品和饮料包装薄膜、容器、生鲜食品用托盘、一次性快餐餐具等； 卫生用品：纸尿布、生理卫生用品等； 日用杂品：轻型购物袋、包装膜、收缩膜、磁卡、垃圾袋、化妆品容器等
医用材料	一次性医疗用具； 医用材料：手术缝线、药品缓释胶囊、骨折夹板、绷带等

8.3.3 可降解塑料的分类

可降解塑料按照降解机理大致可分为光降解塑料、生物降解塑料、化学降解塑料和组合降解塑料。其中,具有完全降解特性的生物降解塑料和光-生物双重降解特性的光-生物双降解塑料是目前的主要研究开发方向和产业发展方向。可降解塑料的分类如图 8-2 所示。

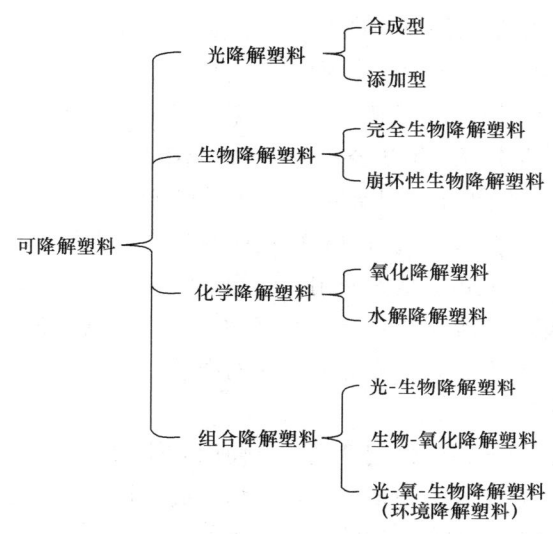

图 8-2　可降解塑料的分类

8.3.3.1 光降解塑料

光降解塑料是指在太阳光(主要是紫外光,波长 290～400nm)照射下,高分子链能够有序分解、发生老化的一类塑料。其发生光降解的原因在于其本身含有杂质(如含羰基物质)。光降解可分为合成型光降解和添加型光降解两种。

1. 合成型光降解塑料

这种塑料是通过共聚反应在塑料的高分子主链上引入羰基等感光基团,赋予其光降解特性,可通过调节光敏基团的含量来控制光降解活性。现在已知的有乙烯-CO 共聚物、乙烯酮-乙烯共聚物等。以一氧化碳或乙烯酮类为光敏单体与烯烃类单体共聚,可合成含羰基结构的聚乙烯(PE)、聚丙烯(PP)、聚氯乙烯(PVC)等光降解聚合物。由于这类材料制造成本高,而且受到光照就会发生光降解反应,因此实用性受到限制。

2. 添加型光降解塑料

该塑料是指在聚乙烯、聚苯乙烯等通用塑料中添加光敏性添加剂制成的光降解塑料制品。在紫外光作用下,光敏剂可离解成具有活性的自由基,进而引发聚合物分子链断裂使其降解。常用的光敏剂有过渡金属络合物、硬脂酸盐、N,N-二丁基二硫代氨基甲酸铁等,用量为 1%～3%(质量比)。另外,可以根据添加剂本身的光催化氧化作用以及氧化还原作用来促进聚合物的光降解。这类材料可以调节加入组分的含量来控制聚合物的分解速率,是目前光降解材料的主要研究方向。

光降解塑料的生产技术在20世纪80年代已经成熟,合成的光降解聚合物主要是烯烃,主要是乙烯和一氧化碳的共聚物、或氯乙烯和一氧化碳共聚一类产品。例如,美国和加拿大合作开发的Ecolyte光降解高分子聚合物是丙烯、氯乙烯、苯乙烯和乙烯基酮的共聚物。不仅可以使塑料具有光降解性,并且可以调节乙烯基酮的含量来控制光降解的时间。目前光降解塑料的发展动向,主要是兼顾稳定性和可分解性,使产品具有最佳的综合性能。美国DOW化学公司、杜邦公司和联合碳化物公司等联合规模化生产了乙烯—一氧化碳共聚物、乙烯-乙烯基酮共聚物等。加拿大Guillet用烯类单体与乙烯基酮共聚,生成了一系列的光降解聚烯类树脂(含羧基的PE、PS、PP、PVC、PET和PA等)。美国生物降解塑料公司在PS树脂中加入蒽醌生产出了名为BIO-Degradable Concentrate光降解塑料。日本积水化学公司在PS树脂中加入二苯甲酮光敏剂而得到名为Eslen的光降解塑料。我国福州塑料研究所、福建师范大学、中国科学院上海有机化学研究所、长春光机所等对光降解塑料也有广泛研究,并有批量生产。但光降解型塑料只适用于日照时间长、光照充足的地区使用,应用范围狭窄;另外,光降解塑料的主要成分是难以完全降解的聚烯烃类树脂,且一些光敏剂为重金属物质,很难达到环保要求。因此,从20世纪90年代开始,纯光降解塑料的产量逐年下降。

8.3.3.2 生物降解塑料

生物降解塑料是具有满意的使用性能,且使用后能在一定条件下被自然界微生物或酶完全分解成二氧化碳、水及其他低分子化合物而成为自然界中碳素循环的组成成分的一类塑料材料。其特点是:贮存、运输方便,要保持干燥,需避光;应用范围广,不但可以用于农用地膜,还可以用于医药领域。生物降解塑料可分为全生物降解塑料和生物破坏性塑料,下面对其做简要介绍。

全生物降解塑料是对高分子化学结构的分子水平而言,主要包括:微生物合成材料,利用微生物发酵制得的生物降解塑料,这类产品具有较高的生物分解性,但价格昂贵,推广应用有一定困难;人工合成材料,利用化学合成制造生物降解塑料,较微生物合成具有更大的灵活性,容易控制产品。研究开发工作是合成具有类似于天然高分子结构的物质或含有容易生物降解的官能团的聚合物,其设计思想有:选择易生物降解的化学结构,如带酯键或酰胺键的化合物制备生物降解塑料;使用非生物降解塑料时,采用相对分子质量约600以下的低聚物,再插入高分子链中,这样既可以达到生物分解的要求,又能满足某些性能上的需要。聚合度的控制必须使所得聚合物的熔点在使用温度上,至少不妨碍使用。

生物破坏性塑料主要用天然高分子组合而制成的降解高分子材料。其组合方式主要有:熔融和溶液共混;将一种高分子材料分散到另一种高分子的水溶液中,形成悬浮体系,然后制成各种复合物;将天然高分子材料分散或溶解在可进行聚合反应体系中,使体系中的单体聚合,得到含天然高分子的生物降解复合材料;将天然高分子在一定条件下(如酸性或碱性等)进行适当的降解,并使降解后的分子链与其他单体聚合反应,从而制备出具有生物境界性能的共聚物。生物破坏性塑料分类、制备方法及性质特点见表8-12。

表 8-12 生物破坏性塑料分类、制备方法及性质特点

种类	定义	制备方法	性质特点
淀粉基塑料	淀粉与聚合物进行共聚及共混制得的生物破坏性塑料	共聚合成：淀粉与乙烯、苯乙烯、丙烯、丙烯腈、丙烯酸等不饱和单体共聚，可制得丙烯甲酯、丙烯丁酯、甲基丙烯酸甲酯等生物破坏性塑料	不具备完全降解性，其降解主要依靠巅峰组分的分解，并非真正意义上的降解塑料，且用过的塑料难以回收
		共混合成：将淀粉处理后与聚丙烯、聚苯乙烯、聚乙烯醇等聚合物共混制造包装、农用盖膜等降解性塑料	耐水性差，一般通过改性的方式增加其耐水性
蛋白质	由各种α-氨基酸有序排列而成的多肽共聚物	化学（如共聚）处理后与纤维素等进行共聚制备生物降解材料	主要降解机理为肽键的水解，故具有较高的生物降解性能，但其热性能和力学性能较差
纤维素	高度结晶的高相对分子质量的高聚物	纤维素的改性；纤维素与壳聚糖、蛋白质等共混物形成可降解型高聚物	天然纤维素在自然界含量丰富；不易熔化，热塑性差，因此不能像塑料那样进行加工；其溶解性较差，不能溶解于除氢键破坏剂以外的所有溶剂

目前开发和研究的降解塑料中淀粉基塑料由于加工设备简单、价格低廉，及其可完全降解性和可再生性受到人们的青睐。采用淀粉开发具有生物降解塑料的潜在优势在于：淀粉在各种环境中都具备完全的生物降解能力，可制成堆肥回归大自然；同时，因降解而使体积减小，从而延长填埋场地寿命，使填埋地稳定；塑料中的淀粉分子降解或灰化后，形成二氧化碳和水，不对土壤或空气产生毒害；采取适当的工艺使淀粉加热塑化后可达到用于制造塑料材料的力学性能；焚烧时的发热量减少；减少因随意丢弃造成的对野生动物的危害；淀粉是可再生资源，开拓淀粉的利用有利于新型经济的发展。新一代降解淀粉塑料能有效地解决塑料废弃物对环境的污染，是今后塑料发展的方向，其国内外市场前景非常广阔。

8.3.3.3 光-生物降解塑料

光降解塑料在分解过程中，须在紫外线照射下才能降解，光降解速度受地理环境、气候条件等因素制约很大，因此推广应用光降解塑料受到限制。掺混型生物降解塑料，一般是加入淀粉、纤维素、甲壳质等天然高分子物质，不仅会影响合成高聚物的物理力学性能，属崩坏型降解塑料，而且达不到完全生物降解的要求。

光-生物降解塑料是利用光降解机理和生物降解机理相结合的方法制得的一类塑料，是一种比较理想的降解塑料。这种方法不仅克服了无光或光照不足的不易降解、降解不彻底以及降解时间长等缺陷，同时还克服了生物降解塑料加工复杂、成本太高、不易推广的弊端，因而成为近年来国内外研究的重点和热门课题。

光-生物降解塑料按选用制造材料不同分两大类：一类是在不能生物降解的合成高分子材料中，同时加入光敏添加剂、促进剂、生物高分子材料，制成崩坏型双降解塑料；另一类是在具有塑料性能、能用通用塑料加工设备加工的完全生物降解材料中添加光敏添加剂、促进剂等制备完全双降解塑料。

由于光与生物双降解塑料降解过程受环境影响小，被人们广泛重视，具有美好的发

展前景，世界各国都投入大量人力和物力进行开发研究，并取得一定成功。目前资料介绍较多，已经开始进入实际应用的光-生物双降解塑料的制备，是在完全不降解的合成高分子材料（如PE）中，添加淀粉、微细粉碎纤维素等微生物培养基、光敏添加剂、促进剂及其他功能性助剂的方法来制备的塑料制品。

8.3.4 可降解塑料的发展方向

可降解塑料作为一种处理塑料废弃物的全新途径，经过多年的研究与探索，目前已取得较大进展。面对绿色化的国际要求，发展降解塑料，不仅必要同时也具有广阔的发展前景。但可降解塑料目前还属于发展之中，其综合性能还不如现在广泛使用的塑料性能好，因而还未得到大面积的推广使用。另外，完全生物降解型塑料价格还较昂贵，只在部分高附加值产品的行业，如医疗卫生、高档化妆品行业使用，这也是生物降解型塑料难以推广的主要原因。因此要推广使用降解塑料，必须提高性能，降低成本，主要的研究方向有：

（1）利用纤维素、淀粉、甲壳素等天然高分子材料制取生物降解塑料，进一步开发改良天然高分子的功能与技术。

（2）利用分子设计，精细合成技术合成生物降解塑料。通过对具有生物降解性的合成高分子生物降解机理的解析，制取生物降解塑料；同时对这类高分子与现有通用聚合物、天然高分子、微生物类聚合物等的嵌段共聚进行研究开发。

（3）通过微生物的培养获得生物降解塑料。寻找能生产高分子塑料的微生物，发现新的高分子，并解析其合成机理，同时通过现有方法及基因工程的手段提高其生产性，研究高效的培养微生物的方法。例如，通过淀粉或纤维素等可降解的高聚物对通用型聚合物（如聚乙烯和聚丙烯等）进行共混改性或接枝改性，可制备一种光-生物共降解塑料薄膜将这种塑料膜用于制造一次性包装材料和制品，使用后可以在生物和光的作用下完全降解；另外，将聚酯和聚酮共混，采用双氧水、过氧酸等氧化剂进行化学改性，可获得一种既具有生物降解功能，又具有光降解性能的高聚物塑料包装材料，可直接用于生产快餐饭盒、垃圾袋。它采用非淀粉型光敏剂和生物降解剂，强度和透明度均优于淀粉塑料，光降解性能优良，可在 50~100d 内脆化。其降解产物能被霉菌等微生物进一步降解，最终成为微生物的碳源，回归大自然。

8.4 绿色包装材料

随着商品经济时代的来临，对商品包装提出了更高的要求，即不仅要对商品予以有效保护，也要能够抓住消费者的眼球，在市场宣传方面起到积极作用。当前包装材料类型繁多，但由于社会资源危机不断加剧，再加上生态环境受到严重破坏，故要求商品包装除了一定要具备经济功能，同时还必须将生态效益以及社会效益同时纳入考虑范围，在此形势下，绿色包装逐渐受到了人们的欢迎。绿色包装材料是指在全生命周期内对自然环境和人类健康不造成危害，并且后期能实现回收再使用或可自行降解不污染环境，能有效地降低不可再生资源的消耗的包装材料。如今，绿色包装材料的来源具有多元化的特点，与传统包装材料相比，其对成本以及能源等方面的需求均相对较低，这也使绿色包装材料的生产应用能够有效缓解传统包装材料对自然生态环境造成的污染。现阶段，常见的绿色包装材料主要可划分为纸质包装材料、可降解性包装材料、可食性包装材料、纳米包装材料等。

8.4.1 纸质包装材料

纸质包装材料属于绿色包装材料体系中的重要组成部分，纸质包装材料也是目前应用与发展前景较为广阔的一种绿色包装材料。在纸质包装材料应用过程中可看出，纸质包装材料具有原料广、成本低的特点，同时还具有可回收利用以及可降解的特点，这些特点都体现出了纸质包装材料的绿色环保性能。纸质包装材料还具有生产便捷的特点，其也属于较早应用于包装的绿色材料之一。鉴于纸质包装材料自身生产方式、原材料等方面存在的不同，其主要涉及以下几种类型。

1. 纸浆糊塑纸制品

当前此类纸质包装材料是世界公认的无污染的包装材料，具有较强的绿色环保性能，其在生产过程中具有成本低、质地轻的特点，同时在应用过程中还有较好的防静电性以及透气性。目前此类纸浆糊塑纸制品主要应用于水果、生鲜食品以及蛋品等食品的包装中（图8-3）。

2. 瓦楞纸板

结合实际情况来看，这类材本质上属于缓冲包装材料（图8-4），其在应用成本等方面具有较为明显的应用优势，因此，其具有较为广泛的应用范围。

图8-3　纸浆糊塑鸡蛋盒包装

图8-4　瓦楞纸板

3. 蜂窝纸板

其本质上是由瓦楞纸板在不断发展的过程中所产生的新型纸质材料应用方式，这类纸质包装类型具有较为良好的结构强度，同时还具备较高的弹性以及缓冲性能。目前这类纸板主要应用于家电、陶瓷等类型的包装中。根据当前实际情况可以看出，缓冲包装属于纸质绿色包装材料的主要应用方向。

8.4.2 可降解性包装材料

可降解性包装材料也是绿色包装材料中的一种，其具有明显的可降解能力，因此不会对自然生态环境造成污染。可降解性材料对添加物的需求较高，根据包装主体结构的需求可将淀粉、维生素以及生物降解剂等材料添加在可降解性包装材料中，目的是降低包装材料的稳定性。当前，可降解性包装材料正处于发展阶段，水溶性塑料薄膜、聚乳酸可降解塑料等都是新型可降解性包装材料。

以聚乳酸可降解塑料为例，聚乳酸可降解材料主要是由甜菜、玉米以及土豆等农作物及有机肥料发酵制成的，将这些食物发酵过程中产生的乳酸通过相关技术形成聚乳酸。聚乳酸在应用过程中具有较强的相容性，同时还具备较强的生物降解性以及透气透氧性等特点。聚乳酸可降解包装材料在一次性包装盒方面具有明显的应用价值。但是，目前聚乳酸可降解包装材料在实际生活中的应用范围相对较少，主要是因为此类包装材料的脆性较强，同时耐冲性能相对较差，导致无法满足大多数实际生活中的应用需求。因此，还需要加大对此类型可降解包装材料的研究力度，可通过化学手段或者是物理手段对现有的应用性能进行优化，将一些柔性高分子等材料应用于聚乳酸可降解包装材料中，在提高聚乳酸可降解塑料使用性能的基础上，还可推动聚乳酸复合材料的深入研究与发展。

8.4.3 可食性包装材料

现阶段，可食用性包装材料主要被应用于食品包装方面，其通常会直接接触食品，这就需要保证包装材料不会影响食品安全。可食性包装材料通常由蛋白质等物质组成，这类包装材料在生产过程中对设备、工艺等方面有较高的要求。可食用包装材料通常以薄膜类型为主，在生产活动中基本不会出现废弃物。但是，在应用过程中，此类型包装材料具有一定的吸水性，同时还容易发生腐烂变质的现象。这些特点导致可食性包装材料的实际应用范围十分有限，其大多被应用于干性食品包装方面，带有水分的食品无法使用这类包装材料。当前可食性包装材料已经从单材料朝着多材料的方向发展，单层膜也开始朝着复合膜的方向发展。

8.4.4 纳米包装材料

通过纳米技术的应用，纳米包装材料的强度、硬度以及韧性等性能得到了明显提升，同时还具有高降解性以及高抗菌能力。纳米材料的性能相较于其他材料性能更好，使应用范围也相对较广。目前纳米包装材料主要应用于阻隔包装中，其中食品、药品以及机械零件等都可应用纳米包装材料，同时还可将其用作密封盖内衬零件等。正是因为纳米包装材料的优势，其在包装行业中受到了越来越多的青睐。比如，纳米银包装材料具备独特的比表面及规格，具备传统式原材料不具有的化学性质，不容易造成抗药性，容易溶解。将纳米银添加到食品包装材料原材料中能够起到抑菌的作用，使原材料具备更强的冷藏效果。

8.4.5 绿色包装材料发展的保障措施

根据国内当前绿色包装材料的发展现状来看，需要在国家国情的基础上根据包装材料发展的实际情况明确绿色包装材料的发展规划，合理制定发展目标。在此背景下，相关企业、科研单位需做好绿色包装材料的研发工作，并将绿色包装材料优化工作落到实处，从而在有效提升材料应用价值的同时，拓宽绿色包装材料的应用范围。

为此，相关部门需合理增加在绿色包装材料方面的资源投入，并给予相关的政策支持，还应加大对企业与科研单位的财政补贴力度，同时还需要加大对绿色包装材料研发队伍的扩建，提高绿色包装材料研发人员专业性。绿色包装材料研发的相关企业需要加大自身创新能力的提升，提高企业内部绿色包装意识，从而在有效提升国内绿色包装材料多样性的同时，拓宽绿色包装材料的使用范围，使绿色包装材料可以实现可持续发展。

由于国内绿色包装材料理念出现较晚，致使在绿色包装材料方面国家的法律法规体系仍存在着明显的不完善性。在此背景下，相关部门可通过学习、借鉴西方发达国家绿色包装材料发展经验以及相关法律、法规体系的方式，健全现有的法律法规制度。首先，在完善法律法规体系时，相关部门需在正确认识重金属毒害物质危害性，禁止其在绿色包装材料生产活动中的应用。其次，过度包装现象的出现将会对绿色包装材料的应用价值造成负面影响，因此，需在完善产品包装规范体系的过程中，对存在过度包装现象的企业予以必要的处罚。在对绿色包装材料法律法规进行完善时，应从多个角度进行制定，确保绿色包装材料的发展可以朝着绿色环保与可持续的方向发展，推动绿色包装材料行业的健康发展。

纸、塑料、金属、玻璃等包装在生产过程中造成的环境污染远大于废弃后造成的环境污染，因此，针对当前国内包装材料行业发展的实际情况，在对绿色包装材料研究发展中，需要加大对清洁生产包装材料技术的研发力度，突显其在环保方面的应用优势，降低对环境的污染。国家现有的包装材料生产技术相较于发达国家还存在一定的差距，在此情况下可学习国外先进的技术，实现对国内生产包装材料技术进行创新，以此来减少资源浪费的现象。在玻璃生产时，可采用全氧燃烧技术进行烧制，相关技术的应用可以有效提高玻璃生产的效率以及玻璃产品的合格率，同时还可避免材料浪费问题的发生。废弃的包装材料通过先进的技术可实现材料回收，应由专业的回收公司进行操作，根据材料的化学成分等分类方式进行分类整理。可对应用光学分选系统，通过机器视觉中的智能分拣系统将废弃材料中的金属、粉尘以及陶瓷等物质区分开来，使材料在有效分类后可以开展后续回收工作。

8.5 生态建材

人居环境是人类立体的外部世界，人类的生活环境是建筑工程有机的组成部分。在经济高速发展的同时，强化环境与资源的保护，做到对不可再生资源合理开发，节约使用。对可再生资源不断增殖，永续使用。综合治理各种环境污染，特别是建筑材料和建筑工程对环境造成的各种污染，以及减缓环境恶化对建筑物的影响，才能确保经济稳定持续地发展。在建筑材料方面，"秦砖汉瓦"已逐渐被取代，继传统的钢筋、水泥、玻璃及陶瓷之后，各种新型建筑材料不断涌现。为了保障国民经济建设对优质建筑材料的需要并实现建材工业的可持续发展，对建筑材料不仅要求高强度和高性能，还必须考虑其环境协调性，也即必须研究生态建筑材料。

生态建材是环境材料的重要组成部分。所谓生态建材，一般指采用清洁生产技术、少用天然资源和能源，并有利于保护生态环境、提高居住质量、性能优异、多功能的建筑材料。是一类对人体、周边环境无害的健康型、环保型、安全型的建筑材料，是相对于传统建材而言的一类新型建筑材料，是环境材料在建筑材料领域的延伸。从广义上讲，生态建材不是一种单独的建材品种，而是对建材"健康、环保、安全"等属性的一种要求。严格地说，生态建材与其他新型建材在概念上的主要不同在于生态建材是一个系统工程的概念，对原料、生产、施工、使用及废弃物处理等环节贯彻环保意识并实施环保技术，保证材料的全过程都应与生态环境相协调，以及社会经济的可持续发展。生态建材有如下基本特点：

(1) 具有优异的使用性能。

(2) 生产时少用或不用天然资源，大量使用废弃物作为再生资源；在资源与能源使用方面，有效利用天然资源，尽量减少能耗，尽量使用废弃物作为再生资源或能源。

(3) 采用清洁的生产技术，使用清洁的原料、清洁的工艺和清洁的产品。尽量减少废气、废渣、废水的排放量，或使之经有效的净化处理。

(4) 使用过程中对人体健康及环境有益无害，并且功能复合化，如杀菌、防霉、除臭、调温、调湿、调光、隔热、阻燃、消声、消磁、防射线、抗静电等，有利于生态环境改善及与环境相和谐。

(5) 废弃后使之作为再生资源或能源加以利用，或能作净化处理。

表 8-13 是生态建材的类别统计情况。从目前发展来看，生态建材可分为主体材料、表面材料以及一些功能建材等。主体材料主要有墙体材料、门窗材料、管道材料、生态玻璃材料、洁具陶瓷材料等。表面材料主要有绿色地板、建筑涂料、墙面材料、天花板等。功能材料如调光、调湿等材料。目前发展的生态建材主要有绿色水泥及混凝土材料、建筑友好装饰材料、建筑功能玻璃、建筑陶瓷材料等。

表 8-13 生态建材的类别统计

主体材料	表面材料	功能材料
墙体材料	绿色地板	调光材料
门窗材料	建筑涂料	调湿材料
管道材料	墙面材料	保温材料
生态玻璃材料	天花板	调温材料
洁具陶瓷材料		

8.5.1 绿色水泥基混凝土材料

8.5.1.1 生态水泥

生态水泥主要指在水泥生产和使用过程中尽量减少对环境的影响。除成分上进行环境友好改进，在水泥生产过程中也尽量减少能源消耗，降低水泥的烧成温度等。比较成功的有两个实例。一是日本秩文-小野田水泥公司用城市生活垃圾的焚烧灰和下水道污泥的脱水干粉作为主要原料生产水泥的新技术。这项新技术的特点是，将城市垃圾焚烧灰中含 5%～10%的氯化物不加处理就直接利用，通过不同的烧制方法就可以生产出与通常水泥不同的特种水泥。这种水泥的强度大大高于普通水泥，而且重金属含量不超标，是生产块状预制板、地砖等建筑材料的好原料。这项技术的成功推广为城市垃圾的资源化循环使用及环境保护发挥了作用。第二个实例是我国同济大学研制成功了一种新型矿渣水泥，它的特点是矿渣掺量大，强度高，发热量低。生产工艺的主要特点是矿渣和熟料分别磨细，然后均匀混合。它的技术关键是矿渣的高级利用和熟料、矿渣的最佳匹配。这种新型矿渣水泥与传统矿渣水泥在概念上有很大的不同。在传统的矿渣水泥中，矿渣主要是起掺淡作用，而在新型的矿渣水泥中，通过矿渣粉磨技术，提高了矿渣的比表面积，使矿渣本身的胶凝性和火山灰活性得到充分的发挥，提高了它对水泥强度的贡献。

8.5.1.2 生态混凝土

目前，生态混凝土可分环境友好型生态混凝土和生物相容型生态混凝土两大类。

1. 环境友好型生态混凝土

所谓环境友好型生态混凝土是指可降低环境负担性的混凝土。目前，降低混凝土生产和使用过程中环境负担性的技术途径主要有如下三条：

（1）降低混凝土生产过程中的环境负担性

这种技术途径主要通过固体废弃物的再生利用来实现。例如，采用城市垃圾焚烧灰、水道污泥和工业废弃物作原料生产的水泥来制备混凝土。这种混凝土有利于解决废弃物处理、石灰石资源和有效利用能源等问题。也可以通过将火山灰、高炉矿渣等工业副产物进行混合等途径生产混凝土，这种混合材料生产的混凝土有利于节省资源、处理固体废弃物和减少 CO_2 排放。另外，还可以将用过的废弃混凝土粉碎作为骨料再生使用，这种再生混凝土可有效地解决建筑废弃物、骨料资源、石灰石资源、碳排放等资源和环境问题。

（2）降低使用过程中的环境负荷

这种途径主要通过使用技术和方法来降低混凝土的环境负担性。例如，提高混凝土的耐久性，或者通过加强设计、改善管理来提高建筑物的寿命。延长混凝土建筑物的使用寿命，就相当于节省了资源和能源，减少了排放。

（3）通过提高性能来改善混凝土的环境影响

这种技术途径是通过改善混凝土的性能来降低其环境负担性。目前研究较多的是多孔混凝土，并已经运用到实际生产中。这种混凝土内部有大量连续空隙、独立空隙或这两种混合的空隙。空隙特性不同，混凝土的特性就有很大差别。通过控制不同的空隙特性和不同的空隙量，可赋予混凝土以不同的性能，如良好的透水性、吸声性、蓄热性、吸附气体的性能，利用混凝土的这些新的特性，已开发了许多新产品，例如具有排水性铺装用制品，具有吸声性、能够吸收有害气体、具有调湿功能以及能储蓄热量的混凝土制品。

2. 生物相容型生态混凝土

生物相容型混凝土是指能与动、植物等生物和谐共生的混凝土（图8-5）。根据用途，这类混凝土可分植物相容型生态混凝土、海洋生物相容型生态混凝土、淡水生物相容型生态混凝土以及净化水质用混凝土等。

植物相容型生态混凝土是利用多孔混凝土的空隙部位透气、透水等性能，能渗透植物所需营养、生长植物根系这一特点来种植小草、低的灌木等植物，用于河川护堤的绿化，美化环境。

图 8-5 生物相容型混凝土应用示例

海洋生物、淡水生物相容型生态混凝土是将多孔混凝土设置在河川、湖沼和海滨等水域，让陆生和水生小动物附着栖息在其凹凸不平的表面或连续空隙内，通过相互作用或共生作用，形成食物链，为海洋生物和淡水生物的生长提供良好条件，保护生态环境。

净化水质用混凝土是利用多孔混凝土外表面对各种微生物的吸附，通过生物层的作用产生间接净化性能，将其制成浮体结构或浮岛设置在富营养化的湖沼内以净化水质，使草类、藻类生长更加繁茂，通过定期采割，利用生物循环过程消耗污水的富营养化，从而保护生态环境。

8.5.2 建筑友好装饰材料

建筑装饰装修材料的作用是美化城乡建筑，给人们创造一个舒适、美观、协调的工作环境和生活环境。随着社会经济的发展、人们生活的提高，建筑装饰装修特别是居室装饰装修已成为消费的热点。人们要求不仅能美化环境、安全可靠，而且能有益于健康，甚至起到保健作用。建筑装饰装修材料主要包括建筑涂料、壁纸、墙布、铺地材料、人造板材、装饰石材等。目前广泛使用的传统建筑装饰装修材料虽能起到美化室内环境的作用，但其功能比较单一，甚至有些在使用过程中放出有机气体，有害于人体健康。因此，采取高新技术制造多功能的、有益于人体健康的生态建筑装饰装修材料是今后重要的发展方向。

8.5.2.1 建筑涂料

绝大多数建筑物都采用涂料进行外装修。建筑涂料应用历史悠久。工业发达国家建筑涂料的产量占涂料总产量 50% 以上。建筑涂料可应用于金属、混凝土、砖、瓦、木材等不同建筑结构材料表面，对建筑物起到保护性和装饰性的作用。建筑涂料按使用场合可分为内墙涂料、外墙涂料、门窗涂料、地面涂料、顶棚涂料等。建筑涂料的优势很多，它色彩鲜艳、施工方便、易于翻新、成本低廉，可大大提高建筑物的装饰效果和使用功能，目前已成为内墙装饰的主要材料，也将是外墙装饰材料的必然发展趋势。

传统建筑涂料大多是有机溶剂型涂料，在使用过程中释放出有机溶剂，有害于人体健康。涂料中黏合剂的成分含大量挥发性有机物（VOC）。专家指出，长期处在含 VOC 气体的环境中，感官、感情、认知功能和运动方向性均会受到长期或短期的负面影响。据北京市统计，每年北京市发生有毒建筑涂料引起的急性中毒事件400余起，慢性中毒人数达十万余人次。抽样统计调查表明，在北京市市场出售的建筑涂料中，47%可引起皮肤损害，70%对眼睛有刺激作用，15%可造成皮肤过敏，8%可引起肝脏损害。因此，许多国家针对建筑涂料专门制定了环保标准，对涂料中的挥发性有机溶剂的总量加以限制。表8-14是建筑内墙涂料的健康指标统计。

表 8-14　建筑内墙涂料的健康指标

项目	技术指标		
	一级	二级	三级
总挥发性有机物含量/(g/L)	30	50	200
挥发性有机物空气残留度/(mg/m³)	1	2	0
生物毒性	1	2	0
重金属含量/(mg/kg)	未检出	60	90
皮肤反应	无刺激		

近年来，由于环境材料的兴起，人们自我保护的意识显著加强，人们对装修涂料的安全性提出了越来越高的要求。发达国家早在20世纪70年代就已开始了这方面的研究工作。环境友好的建筑涂料目前主要有天然成分涂料、水性涂料、无溶剂涂料以及粉末涂料等。另外，各个学科领域的高新技术向涂料生产不断渗透，进而推动了涂料向高档次、多功能以及环境友好型的方向发展。建筑涂料的"绿色"化已成为必然。从目前来看，建筑涂料绿色化的发展趋势主要从涂料成分、生产工艺、溶剂成分以及在使用过程减小环境影响等方面努力。例如，开发一些非有机溶剂型涂料，如水性涂料、粉末涂料、辐射固化涂料等。同时还开发出许多具有特殊功能的涂料，如防水涂料、杀虫涂料、防潮、防霉、防污、防震、防结露涂料，可调温、高效保温、抗菌、防辐射涂料等。

天然植物纤维不但是一种环境材料，而且是一种具有悠久传统的建筑材料。它集资源和环保两者共性于一身，在"绿色"涂料的领域内有着广阔的发展前景，成为涂料行业中的一个热点。例如，欧洲研究出一种从天然植物中制备粉末涂料的专利，用于家电和室内装饰，成果已达实用化。它是一种绿色复合墙体隔热保温涂料，成分选用天然纤维材料、粉煤灰和废纸浆等工业废料，一些对放射性元素和毒气有较强吸附能力的添加材料如膨润土、硅藻土等，以及多种化学助剂，以特定的工艺复合生产而成。该涂料不使用对人体有一定毒害作用的石棉，使之对居室无毒无害且能净化居室环境。另外，这种新型绿色复合涂料的导热系数低，保温性能好，黏附力强，一次涂覆厚度可达20~30mm，并且施工方便，寿命长，是取代传统砂浆应用于节能建筑的理想饰面材料。

环保多功能钢釉涂料是一种采用丙烯酸高分子原料、运用温生催化工艺制成的液态稠性涂料。其成分、生产工艺以及使用过程无污染、辐射及异味，不会危害人体健康。流平性、遮盖力和附着力较强，在常温下采用刷涂、辊涂和喷涂等施工方式就可自然干燥固化。刷涂干燥后饰面如烧制瓷釉，坚硬如钢，手感滑润，色泽柔和均匀；具有显著的耐磨、耐脏性能，抗老化脱落；且涂膜耐各种酸碱腐蚀，防火防霉性能好；耐低温可达-40~-50℃，耐高温可达110~130℃；使用寿命可达15~20年，是一种较为先进的通用性新型环保多功能涂料。可广泛用于建筑内外墙装饰、石油化工和机械行业中防腐、防锈、瓷砖、洁具等表面翻新，以及混凝土、塑料、玻璃等制品的改性增值等。

8.5.2.2　壁纸墙布

传统壁纸墙布功能单一，现正向阻燃、防水、防霉、吸声等多功能方向发展。款款式样新颖的产品让人喜闻乐见、普遍选用，使消费者对墙纸装饰有了一个新的审美定位。过去旧式墙纸主要原料是纸和聚氯乙烯（PVC），粘贴在墙上没几年就会出现发霉、变色、翘角等状况，还伴随着有害气体的释放，因此很快就被进口水性涂料所取代。而现代新型墙纸则全然相反，它的原料选用树皮、化学加工合成纸浆，具有防霉、防蛀、阻燃、抗静电的功能，确保了产品在使用后不会散发有害人体健康的成分。

新、旧墙纸产品的差异还表现在色彩、质感等方面。旧式墙纸比较厚，缺少自然柔和的质感，色调单一，表面肌理也不够细腻。而新型产品就全然改观，色彩斑斓，呈亚光布色，软薄挺括，手感舒适，花纹多以自然植物、抽象线条为主，也有仿真的，如仿木、仿石、仿砖。花纹图案透映其中，有的犹如宣纸上的国画，清丽逼真，动静结合；有的如一幅油画，立体逼真，高雅亲和。

此外，新型墙纸的另一优点是施工方便，配有专用胶水，粘贴于墙面后不会起鼓走样，成型后会散发出阵阵的香气，具有改善室内空气和抑菌的作用，而且若干年后陈旧了可以撕下换上新的，不会像旧式墙纸更换时会损坏墙面表层。这也是新型墙纸走俏的市场原因。从市场调查看，一批环保型、健康型的进口墙纸以英国、德国、意大利、西班牙、日本、韩国的产品居多，市场占有率在70%以上；一些中外合资企业的产品也渐入市场，其质量达到了世界卫生组织规定的标准。但令人遗憾的是，国产墙纸质量参差不齐，良莠难辨。

8.5.2.3　绿色地板

在建筑装饰材料中，建筑地板占很大一部分比重。普通建筑地板主要有三类：天然大理石、木地板以及塑料人造地板革等。随着人居环境的条件改善，人们对地板的需求和要求越来越高。相应地，绿色地板也随之大发展起来。到目前为止，市场上的绿色地板品种除传统的普通木地板、竹地板、三层复合木地板、集成材地板、细木工地板外，还有复合强化地板、木竹复合地板、聚氨酯复合地板、蜂窝地板等。

实木地板由天然木材制作，深受人们喜爱，但其膨胀干裂的缺点难以克服，而且由于其表面挂漆，耐磨寿命较短，仅是复合地板的1/2。相比之下，复合强化地板几乎在所有方面都比实木地板好，如寿命长、图案高雅华贵、维护简单易行等。可是它却不具备木地板最本质的东西，走起来找不到木地板的感觉，犹如走在水泥地面一样。三层实木复合地板的诞生是为了克服单层实木地板的变形问题，但表面不耐磨，使用一段时间要重新涂漆的弊病仍然存在。最近，一种运用蜂窝技术研制的蜂窝木地板轻而易举地解决了上述三种地板的所有缺陷，又保留了它们各自的优点。蜂窝地板的结构和三明治类似，上层完全保留了强化地板模式，因而强化地板的所有长处无一遗漏；关键是中层采用了蜂窝结构，这种结构起到了缓冲作用，使其脚感格外好，而且声音低沉深厚，非常悦耳；最底层是托板，它的作用是上托蜂窝层，下与地面接触，起到防震、防潮的作用。

典型的木竹复合地板是一种竹杉复合地板。这种竹杉复合地板的特征是面板和底板采用竹材、芯板采用杉木经组坯后多向加压胶合制成。由于充分利用了竹材表面花纹美观、物理性能较高的特性，又大量采用了杉木做地板的芯材，因此竹材消耗量明显下降，成本大大降低。另外，利用了速生杉木的优良物理性能，不仅其质感、平整度和耐腐性有明显改善，且杉木中所散发出的倍半萜类、萜醇类、醇类等物质的悦人芳香气体也有利于人体的健康。

竹材纹理通直、色泽高雅、材质坚硬，具有硬阔叶材的诸多优良特性，是家具和地板材的理想材料。特别是当前人民生活水平提高，居住条件改善，消费观念和消费层次发生了变化，竹地板国际市场前景较好，国内市场颇受欢迎。竹地板生产要保证产品质量，降低生产成本，开发质优、价廉的可与木地板和复合地板竞争的竹地板系列产品。借鉴红木家具的设计造型，利用现有竹地板的设备和工艺制造专门用于竹家具生产的不同厚度的竹拼板做柱材和各种饰面的板材，使现有竹家具、竹地板具有中国特色并迅速发展起来。

聚氨酯弹性材料具有硬度可调性，在较宽的硬度范围内具有高弹性，在宽的温度范围内具有曲挠性，并具有良好的耐磨性、耐候性及耐溶剂性能，广泛用于各种表面材料，如涂料、防水材料、地板材料等。用聚氨酯制造地板材料，为地板材料提供了更多更全面的功能，同时为聚氨酯材料开辟了又一应用领域。聚氨酯地板材料具有比其他聚合物地板材料更优越的性能，其耐磨、耐候、耐油、耐寒以及综合力学性能比其他塑料地板片材要好得多，常用于许多具有特殊要求的场合。另外，浇注型聚氨酯地板材料施工时气味小且具有很好的耐溶剂性。聚氨酯地板材料主要通过浇注等方法制造，可分为预成型的地板片材或地板砖和现场浇注的冷热化无缝地板材料。所采用的聚氨酯胶料可以是湿固化单组分体系，也可是双组分体系，采用新型无溶剂喷涂工艺也可制成高性能无缝地板材料。

预成型地板片材或地板砖采用聚氯乙烯（PVC）或聚乙烯醇（PVA）为基本原材料，其典型制造过程是按配方合成的聚氨酯预聚体作为甲组分，将含活性氢原料及填充材料、助剂混合均匀作为乙组分，然后将甲乙组分混合均匀，预热到成型温度，浇注至模具中，在一定的压力下经过一定时间固化即可制得高弹性、抗震动的地板片材。

8.5.3 环境功能玻璃

平板玻璃工业是一个耗能高、污染大的产业，环境负荷也很高。因此，加大工艺生产技术的研究和环境保护力度对降低环境负荷具有重要意义。平板玻璃的生产工艺有浮法、槽垂直引上法、无槽垂直引上法、平拉法和压延法等，其中浮法工艺是目前世界上最先进的平板玻璃生产工艺方法。平板玻璃生产时对环境的污染主要是粉尘、烟尘和SO_2等。近些年来，粉尘、SO_2的治理有很大进展，NO_x的治理也在进行之中。

此外，随着建筑业、交通运输业的发展，平板玻璃已不仅仅用作采光和结构材料，而是向着控制光线、调节温度、节约能源、安全可靠、减少噪声等多功能方向发展。因此，国际上在不断完善浮法生产技术的同时，注意采用高新技术，研究开发具有某些特殊功能的玻璃产品，并取得了进展。最近推出的新产品有着色玻璃、热反射玻璃、调光玻璃、隔热玻璃、隔音玻璃、隔音隔热玻璃、电磁屏蔽玻璃以及抗菌自洁玻璃等。

8.5.3.1 热反射玻璃

热反射玻璃是用喷雾法、溅射法在玻璃表面镀上金属膜、金属氮化物膜或金属氧化物膜而制成的。这种玻璃能反射太阳光，创造一个舒适的室内环境，同时在夏季能起到降低空调能耗的作用。此外，由于金属膜具有镜面效果，周围景观及天空中的云彩呈现在玻璃上，构成一幅绚丽壮观的图像，从而为建筑物增添情趣，使之与自然达到和谐统一。

8.5.3.2 高性能隔热玻璃

一般的隔热玻璃是在玻璃夹层内充填导热系数低的空气层而制成，由于该玻璃的热贯流率约为单板玻璃的一半，故显示出好的隔热效果。而高性能隔热玻璃是在玻璃夹层内的一面涂上一层特殊的金属膜，由于该膜的作用，太阳光能照入室内，而室外的冷空气被阻挡在外，室内的热量不会流失。据介绍，采用这种玻璃后冬天取暖节能可达60%。

8.5.3.3 自动调光玻璃

自动调光玻璃有两种，一种是电致色调光玻璃，另一种是液晶调光玻璃。前者属于透过率可变型，其结构为有两片相对的透明导电玻璃，一片上涂有还原状态发色的 WO_3 层，另一片上涂有氧化状态下发色的普鲁士蓝层，两层同时着色、消色，通过改变电流方向可自由地调节光的透过率，调节范围达15%～75%。后者属于透视性可变型，其结构为在两片相对的透明导电玻璃之间夹有一层分散有液晶的聚合物，通常聚合物中的液晶分子处于无序状态，入射光被散射，玻璃为不透明，加上电场后，液晶分子轴按电场方向排布，结果得到透明的视野。

8.5.3.4 隔声隔热玻璃

隔声隔热玻璃是将隔热玻璃夹层中的空气换成氦、氩或六氮化硫等气体，并用不同厚度的玻璃制成，它在很宽的频率范围内有优异的隔声性能和隔热性能。

一种智能窗玻璃近日已研制成功。通过在玻璃窗表面涂覆一种智能涂层，可以实现冬天吸热而夏天反射热的智能控制。这种有机涂层材料实质是以硅氧烷为主要成分的导电聚合物。通过在材料中心分支出的分子侧链上附加"手性"化学物质来调整这种材料的特性。手性化合物是与其镜像物不同的物质，手性对中的每一方都能使偏振光旋转相同的角度，但其中一个使光左旋，一个使光右旋。因此，要使硅氧烷具有光学效应，就要使它的手性对中只有一方具有活性，然后，通过改变硅氧烷的压力或温度，以控制硅氧烷螺旋结构的螺距，从而改变其折射率。

8.5.3.5 抗菌自洁玻璃

抗菌自洁玻璃是采用目前成熟的镀膜玻璃技术（如磁控浇注、溶胶-凝胶法等）在玻璃表面覆盖一层二氧化钛薄膜。这层二氧化钛薄膜在阳光下，特别是在紫外线的照射下，能自行分解出自由移动的电子，同时留下带正电的空穴。空穴能将空气中的氧激活变成活性氧，这种活性氧能把大多数病菌和病毒杀死；同时它能把许多有害的物质以及油污等有机污物分解成氢气和二氧化碳，从而实现消毒和玻璃表面的自清洁。

思政小结

随着我国经济的迅速发展，在市场导向及政府宏观调控的推动下，环境友好材料产业发展十分迅速。天然类高分子材料的开发利用正受到越来越多的关注，开发利用纤维素、淀粉、甲壳素及壳聚糖等天然高分子及其衍生物的各类企业正日益崛起。在合成类高分子生物降解塑料方面，国内各企业都纷纷加大了生物降解塑料的研发力度，通过加强与科研单位及国外优秀企业的合作与合资，促进了国内生物降解塑料的迅猛发展，并已形成规模化产业。但我国环境友好材料的产业现状普遍存在起步较晚、规模化程度及综合开发利用力度不够等问题。建议从政策上进一步加大对基础研究以及材料生产设备自主研制或改造的支持力度，强化资源的综合利用，提高产品的技术含量和附加值，注重资源与环境的协调发展。

课后习题

1. 简述环境友好材料的定义及分类。
2. 请列举出几种天然材料的应用例子，并对其开发利用的现状及前景作出评价。
3. 试分析光降解塑料及生物降解塑料各自的特点。
4. 从经济和生活的角度考虑，可食性包装材料能否推广应用。
5. 举例说明生态建材有哪些类型。

9 资源与环境管理

> **教学目标**
>
> **教学要求**：了解资源与环境管理的发展背景及概念，掌握资源与环境管理的基础理论，了解资源与环境管理的法律及经济手段。
>
> **教学重点**：资源与环境管理的内涵以及相关的基础理论。
>
> **教学难点**：系统论、控制论、管理学等资源与环境管理基础理论的理解。

资源是人类社会经济发展的物质基础，是社会财富的来源，而环境是人类生存和发展的基本条件。进行资源与社会管理的目的，就是要保护和高效利用自然资源和维护环境质量，以保证人类的生存和社会经济的可持续发展。早期的自然资源管理仅限于防御自然灾害或其他自然的不测事件，以谋求人类自身的生存和发展的安全性。这种管理是一种"盲人摸象"式的黑箱管理。后来，人们才逐渐认识到环境破坏对资源质量和有效供给的影响。环境管理的最初也只是从污染控制入手。面对 20 世纪中期以来，人与自然的关系发生的巨大变化和环境问题的日益严重，特别是全球问题的突出显现，人类正在探索新的自然资源和环境的管理模式，以实现人与自然的关系由对抗到共存和互惠，经济与资源、环境的协调发展。这种新管理系统的理想化模式是实现以人、生物和资源与环境综合管理为特征的生态管理。资源与环境管理的总体目标是提高经济效益、促进公平分配，保持经济增长，实现资源安全与环境安全。本章首先对资源与环境管理的内涵进行了详细介绍，之后阐述了资源与环境管理的理论基础，最后又总结了资源与环境的法律手段和经济手段。

9.1 资源与环境管理概述

资源与环境管理思想来源于人类对环境问题的认识和社会实践。随着环境保护实践的开展以及人们对于环境问题认识的深入，资源与环境管理的发展演变大致经历了以下三个阶段。

1. 以治理污染为主要管理手段的资源与环境管理阶段

这个阶段大致从 20 世纪中叶人类社会意识到环境问题的存在开始到 70 年代末。由于最初人们感受到的环境问题主要是"公害"问题，即局部的污染问题，人们沿袭工业文明的定势思维，把环境问题作为一个单纯的技术问题，这个时期的资源与环境管理实质上只是污染治理，主要的管理原则是"谁污染、谁治理"。

2. 以经济刺激为主要管理手段的资源与环境管理阶段

这个时期大致从 20 世纪 80 年代初到 90 年代初。由于末端治理的技术手段并没有取得预想的效果，加之其他环境问题的突显，如生态破坏、资源枯竭等，人们开始从经济学的角度去探寻产生环境问题的根源与消除的对策。抓住造成各种环境问题的原因在于经济发展中环境成本外部性问题，开始把保护环境的希望寄托在对经济发展活动过程的管理，于是这阶段资源与环境管理原则变为"外部性成本内在化"。具体来说，就是通过对环境和自然资源进行赋值，使环境污染和破坏的成本在一定程度上由经济开发建设行为担负。

3. 把资源与环境问题作为发展问题的资源与环境管理阶段

这个时期大致从 20 世纪 90 年代初至今。《里约宣言》标志着人们对环境问题的认识提高到一个新的境界。人们认识到了环境问题是人类社会在传统自然观和发展观等人类基本观念支配下的发展行为造成的必然结果，只有改变目前的发展观及由此产生的伦理观、价值观、消费观等，才能找到从根本上解决环境问题的途径与方法。

环境保护的要求被渗透到各项经济、社会政策之中，环境保护的领域由以关注生产环节为主，拓展到关注索取、流通、分配、消费和处置等各个环节，并覆盖生产的全过程，推动着环境保护和经济社会发展的同步。

9.1.1 资源管理的概念及内涵

所谓资源管理，是指采用经济、法律、行政及技术手段，对自然资源开发利用的行为进行调整和控制。资源管理是对从事资源开发与利用的人的行为进行管理，也意味着这种管理要调整人与自然相互作用的关系。资源管理按部门分为土地资源管理、水资源管理、气候资源管理、矿产资源管理、森林资源管理、草地资源管理、渔业资源管理和海洋资源管理。自然资源管理的对象包括自然对象、组织对象和环境对象。其中，自然对象是指各类自然资源，组织对象是指从事资源开发利用活动的人。对自然资源的不合理开发和利用，导致环境质量下降，因而对资源的管理也涉及环境，即资源开发对环境的影响。

自然资源管理的内容包括权益管理、宏观调控和综合管理等，由政府主管部门在相关制度的约束和规范下实施。权益管理是指对所有权的确定及对使用权与利用方式的管理。宏观调控的内容主要包括自然资源区划、资源开发规划、资源管理政策的制定与实施等，其中包括监督。监督是指对自然资源用户的开发、利用和保护自然资源的活动进行有效监督。为了有效地进行监督，需要对监测进行规范。监测是为了了解自然资源的数量、质量和空间分布状态的变化趋势。综合管理是指对多种资源实行综合性管理。这是因为自然资源具有整体性特征，对一种资源的开发活动必然对其他资源产生影响，因此需要进行综合管理，而不仅是单一产业部门的管理。资源开发的环境影响评价制度的建立就是综合管理的一个重要内容。

自然资源管理的总目标是保护自然资源和生态系统，并在一定程度上改善这个系统，保证人类的可持续利用。自然资源管理的环境目标是控制资源开发过程中造成的环境破坏和环境污染。此外，自然资源的管理还具有防止水、旱、雹、雪和地质灾害等自然灾害的发生和减少自然灾害的危害的目标。

自然资源的管理采取行政、法律、经济和科技相结合的管理方法和手段。行政管理是指行政主管部门依据法律和规定，运用法律、经济和科技等手段对资源实施管理。法律管理是指用立法形式约束和规范资源开发、利用和保护行为的过程。经济管理是指遵从价值规律，并用法律形式，规定并规范资源的有偿使用。科技管理包括两个方面，一是在资源的微观管理方面，应用科学技术提高资源的开发利用效率，节约与保护资源；二是应用现代资源信息技术，建立以采集、传输、存储和处理资源信息为主要功能的资源信息系统，在资源管理的宏观决策方面发挥作用。

中华人民共和国成立后，由于当时中国经济体制选择的是高度集中、单一计划的经济体制，因此建立的自然资源管理体制是分散的、互相牵制的耗散管理体制。这种体制按自然资源属性分别设立管理机构，如土地资源，中华人民共和国成立初期，在中央人民政府政务院下设内务部，再下设地政司负责。1986年，政府为了加强土地管理，制止乱占耕地，成立了国家土地管理局，对全国土地实行统一管理。又如矿产资源，中华人民共和国成立后，中央人民政府成立统一规划全国地质矿产工作的管理机构——中国地质工作计划指导委员会；1952年成立地质部；1953年成立矿产储量委员会；1955年成立全国地质资料管理机构，地质勘察和矿产资源、储量、地质资料管理有了统一的管理机构。但是，由于矿产勘察开发工作实行高度计划经济的体制，由国家投入、多部门勘察，找到矿后再由国家投资，由工业部门组织开采，这实际上形成了分散的管理格局。其他一些自然资源，如水、生物、海洋、气候资源等也根据这种经济体制要求由不同部门分别管理。自1998年中国政府新一轮机构改革后，组建了中华人民共和国国土资源部（2018年改为自然资源部），土地、矿产、海洋等自然资源的规划、管理、保护与合理利用管理职能集中统一由该部履行。至此，中国从陆地到海洋、从土地到矿产实行了集中统一管理。中国自然资源管理体制也由过去分散互相牵制耗能管理向相对集中、互相协调聚能管理转变迈出了坚实的一步。

中国政府的改革对各部门管理职能进行了相应的调整，从而形成了新时期中国自然资源管理新体制格局。结合中国新时期经济体制的特点及自然资源管理现状，将这种管理体制概括为大部分集中、个别分散的管理模式。将土地、矿产、海洋等大部分国土资源集中统一由自然资源部管理；而水、石油、天然气、森林、动物等其他自然资源则分部门管理，且实行的是中央与地方分级管理。就国土资源来讲，中央一级设立自然资源部，主要负责土地资源、矿产资源、海洋资源等自然资源的规划管理保护和合理利用；地方一级在各省设立自然资源厅，主要负责矿产资源、土地资源及本地区内能源资源的开发利用与规划、管理和保护工作。这一管理模式的优点是有利于发挥自然资源的整体功能，提高其利用效率，逐步与国际接轨，实现中国自然资源管理国际化。

9.1.2 环境管理的概念及内涵

环境管理就是综合运用经济、技术、法律、行政、教育等手段，调整人类与自然环境的关系，通过全面规划使社会经济发展与环境相协调，达到既满足人类生存和发展的基本需要，又不超出环境的容许极限，最终实现可持续发展的目的。环境管理的核心是实现社会经济与环境的协调发展，它涉及人类社会经济和生活的方方面面，既关系到人民群众现实的生活质量和身体健康，又关系到人类长远的生存与发展，是一项"公益性"十分突出的事业。

环境管理的根本目的就是通过对可持续发展思想的传播，使人类社会的组织形式、运行机制以至管理部门和生产部门的决策、计划和个人的日常生活等各种活动，符合人与自然和谐相处的原则，并以制度、法律、体制和观念的形式体现出来，创建一种可持续的发展模式和消费模式。

环境管理的基本任务应该是转变人类社会的基本观念和调整人类社会的行为。环境文化的建设是环境管理的一项长期的根本任务。文化决定着人类的行为，只有转变了过去那种视环境为征服对象的文化，才能从根本上去解决环境问题。

环境管理的基本职能是预测和决策。决策是根据综合分析在多种方案中选择最佳方案，即满足某一目标或两个以上多目标的要求。没有正确的决策也就没有正确的生态环境政策和生态环境规划。常用的决策技术有数学决策法，如线性规划、动态规划与目标规划等；生态环境政策决策方法；生态环境管理决策方法等。系统分析方法，费用、效益分析方法，价值工程等科学方法在生态环境管理上得到了广泛的应用。

9.1.3 资源管理与环境管理之间的关系

尽管自然资源管理和环境管理所处的角度不同，前者强调自然资源的合理利用，后者强调保护环境，然而自然资源是环境的一个组成部分。自然资源的过度开发和不适当利用造成的自然资源质量下降和生态破坏，现在也被认为是环境问题，环境破坏或称生态环境破坏。由于资源问题与环境问题相互交叉，资源管理与环境管理必然有重叠。例如，土地资源管理部门为了贯彻保护环境的原则，在编制土地利用总体规划和土地开发利用规划时，也要对土地资源开发利用中的环境保护问题提出具体要求。在更高层次上认识资源环境问题，实行生态管理成为资源环境管理的发展方向。

9.2 资源与环境管理的理论基础

系统论和控制论、管理学和行为科学以及可持续发展理论是资源与环境管理的理论基础。下面将介绍这些理论在资源与环境管理中的应用。

9.2.1 系统论与资源及环境管理

9.2.1.1 系统论基本观点

1. 整体性观点

系统是人类从整体角度出发研究的事物对象，整体性是系统的最基本属性。整体性观点是系统论中一个最基本的观点。系统的整体性也称非加和性，通常表达为"整体不等于它各组成部分的总和"。系统各部分组成一个整体，具有了各部分都没有的统一功能，这个系统的整体功能不等于各要素功能的简单相加。系统整体性包括两个方面的含义：系统的性质、功能和运动规律不同于其组成要素的性质、功能和运动规律的加和；作为系统整体中的组成要素具有它自身所没有的整体性，与它们各自独立存在时有质的区别。

2. 层次性观点

系统由一定的要素组成，这些要素是由更低一层的要素组成的子系统，系统本身又是更大系统的组成要素，这就是系统的层次性。系统的层次性具有多样性，纵向的母子系统可构成垂直的系统层次；横向的同一层次中，又可构成各种平行并立的系统；纵横相交的网络系统，又可构成各种交叉层次。例如，政府部门中有部、局、处、科的层次；行政区又分为省、市、县的层次。物质世界的层次是无限的，不同层次具有质的差别。这种层次质变是物质世界普遍存在的发展规律之一。把握系统的层次性特征有利于理解系统本身的运行规律和功能特性。

3. 结构性观点

系统的结构是指系统内部各要素相互联系、相互作用的方式或秩序，即各要素之间的具体联系和作用的形式。系统的内部形式就是系统的结构，结构是系统的基本属性。世界上一切系统都有结构，包括自然和人工系统，小至微观世界，大至百万光年的广袤宇宙。系统内部各要素稳定联系，形成有序结构，才能保持系统的整体性，所以系统结构的稳定性是系统存在的一个基本条件。

4. 相关性观点

系统、要素、环境都是相互联系、相互作用、相互依存和相互制约的，这一特征叫作"相关性"或"关联性"。系统的相关性决定了系统的整体性。系统每个元素都是依赖于其他元素存在的，每一个元素的变化都会引起其他元素的变化，并引起整个系统变化。只有从整体出发把客观事物间的各种关系综合起来分析，才能正确、全面地认识系统的相关性。

5. 目的性观点

系统论的目的性观点是指系统依靠自身的固有机制适应、调节着处于千变万化的环境中的行为，保持自身的相对稳定性，从而保持系统行为的目的性。系统论的目的性强调系统自身的固有机制（即反馈机制），把目的性与有序性联系起来。

6. 动态性观点

考察系统的运动、发展、变化过程就是系统的动态性观点。任何系统每时每刻都在运动、发展和变化，因而动态系统是绝对的。动态性观点意味着人们要以发展变化的观点研究现实问题，在了解历史和现状的基础上，探索其发展趋势及其变化规律，力求在动态中协调平衡系统，改进系统的活动过程，以充分发挥系统的效益。

7. 适应性观点

所谓系统的适应性观点，就是系统对外界环境的适应。当外界对系统输入物质、能量和信息时，系统能经过处理，向环境输出新的物质、能量和信息，将输出结果与系统预期的目标进行比较以决定下一步的措施，比较的结果，或可保持原结构、功能，或需要改变，以使系统与环境相适应。

9.2.1.2 系统论在资源与环境管理中的应用

根据系统理论，地球上最大的系统是人地系统。人地系统是地球表层人类活动与地理环境相互作用形成的复杂巨系统。人类各种活动形式与地球上各种自然环境是人地系统的主要要素，这些要素之间存在着千丝万缕的联系，共同实现着人地系统功能。宇宙环境（包括太阳）为人地系统提供着物质和能量，同时人地系统也向宇宙环境输出一定物质和能量。人类系统和地球自然环境系统是人地系统的子系统，人地系统又是宇宙系统的一个子系统。人地系统具有一切系统的共同特征，同时又有着自己的特点。

（1）人地系统是一个复杂的巨系统。它的要素繁多，具有大量的状态变量；联系多样，反馈结构复杂；输入输出都呈现非线性特征。它的物质、能量和信息丰富，层次结构复杂，可分为若干子系统，子系统又可分解为次一级子系统，具有若干层次。

（2）人地系统是一个开放的系统。人地系统需要从外界输入大量物质、能量和信息，才能维持自身运转。任何一个子系统都不是孤立存在的，都需要与系统内部和外部进行复杂的物质、能量和信息交换。

（3）人地系统是一个远离平衡态的系统。根据热力学第二定律，一个完全封闭的系统，最终会退化为一种无序的平衡状态。而充分的开放使得系统与环境充分交换，就使得系统远离平衡状态。人地关系是一个开放系统，因而它是一个远离平衡态的系统。

（4）人地系统是具有耗散结构的自组织系统。人地系统作为远离平衡态的开放系统，在外界条件达到某一"临界限制"时，通过涨落发生非平衡相变，在不断与外界交换物质、能量和信息的同时，由原来的无序混沌状态变为时空、结构和功能上新的有序稳定状态。由此可判定人地系统是具有耗散结构的自组织系统。

（5）人地系统是具有协同作用的系统。人地系统是具有耗散结构的自组织系统，从无序到有序自组织过程是系统内部各子系统和各要素之间产生彼此协调合作的结果，即协调作用的结果。协调作用使得系统产生宏观的有序，协调作用越大则系统就表现出越强的整体功能。当人与环境之间的协调作用强时，则表现为人地关系的和谐。

资源与环境管理就是要解决人类面临的生态、资源、经济和环境等复杂问题，而系统论为解决这些复杂问题提供了理论和方法论基础。人类在自身发展过程中，不断改造自然环境。由于人类常常以自身利益为出发点，破坏了自然环境系统，打破了原有人地系统平衡。人地系统要可持续发展必须恢复并维持人地系统平衡。把人类环境作为一个统一的系统整体看待，避免人为地把环境分割为互不相关的支离破碎的各个组成部分。环境系统的内在本质在于各种环境因素之间的相互关系和相互作用过程。揭示环境系统本质，对于研究和解决当前很多资源与环境问题有重大意义。

人地关系和谐是资源与环境管理的最终目的，因此，资源与环境管理必须做好人地系统的研究。研究重点主要有以下三个方面：第一，存在于人类活动各因素之间、各环境因素之间、各圈层之间、有机界与无机界之间的相互作用，能量的流动，物质的交换、转化和循环；第二，人地系统中的平衡关系、反馈机制、自我调节能力、环境容量、资源性质、环境系统稳定性和敏感性；第三，人类活动对环境影响，环境对人类社会的反馈作用。

9.2.2 控制论与资源及环境管理

9.2.2.1 控制论基本观点

自从1948年诺伯特·维纳发表了著名的《控制论——关于在动物和机器中控制和通信地的科学》一书以来，控制论的思想和方法已经渗透到了几乎所有的自然科学和社会科学领域。控制论被看作是一门研究机器、生命社会中控制和通信的一般规律的科学。更具体地说，是研究动态系统在变化的环境条件下如何保持平衡状态或稳定状态的科学。

控制论是研究各类系统的调节和控制规律的科学。控制论是具有方法论意义的科学理论，它的理论、观点，可以成为研究各门科学问题的科学方法。无论自动机器，还是神经系统、生命系统,以至经济系统、社会系统,撇开各自的质态特点,都可以看作是一个自动控制系统。在这类系统中有专门的调节装置控制系统的运转,维持自身的稳定和系统的目的功能。控制机构发出指令,作为控制信息传递到系统的各个部分(即控制对象)中去,由它们按指令执行之后把执行的情况作为反馈信息输送回来,并作为决定下一步调整控制的依据。根据控制论的一般原理,控制是作用者对被作用者的一种能动作用,被作用者按照作用者的这种作用而行动,并达到系统的预定目标。

9.2.2.2 控制论在资源与环境管理中的应用

控制理论特别强调系统功能,它认为,对系统控制的目的就是获得特定功能。为了实现系统功能,需要对系统各个构成部分进行组织,把控制和组织联系起来。系统都处在一定的环境中,因而,控制论所研究的系统是由两个功能不同的子系统,即控制系统与受控系统组成的。从控制论角度看,环境科学的研究对象——自然环境与人类活动相互作用的环境系统,实际是一个资源与环境调控系统。控制系统是对人类活动具有支配和控制作用的社会经济系统或其某些组成部分,它是地理调控系统的主体,支配人类活动的决策行为从这里发出,并通过有关信息和执行环节产生行动。受控系统即自然环境及其组成部分,以及处于系统中的人类行为,是系统的客体,是被调控的对象。由此看来,整个调控过程,实际上就是一个实施资源与环境管理的过程。随着科学技术的进步,人类对环境的影响日益深刻。同时随着环境问题日益严重及人类对资源与环境保护意识不断加强,对于环境的控制,逐渐从污染控制、资源管理等转变为对人类经济社会行为的调节和控制。控制人类经济社会行为对资源与环境系统的过度影响和伤害,实质上就是资源与环境管理过程。

从控制论系统的主要特征出发考察管理系统,可以得出这样的结论:管理系统是一种典型的控制系统。资源与环境管理是特殊的管理系统。资源与环境管理系统中的控制过程在本质上与工程的、生物的系统是一样的,都是通过信息反馈揭示出成效与标准之间的差,并采取纠正措施,使系统稳定在预定的目标状态上。因此,从理论上说,适合于工程的、生物的控制论的理论与方法,也适合于分析和说明资源与环境管理问题。

9.2.3 管理学与资源及环境管理

9.2.3.1 管理学基本观点

管理学是一门系统地研究管理活动基本规律和一般方法的科学。它是由一系列的管理理论、管理原则、管理形式、管理方法和管理制度组成,是管理实践活动在理论上的概括和反映。任何一门科学都有其基本的原理,管理科学也不例外。管理作为一种复杂的过程,其本身有客观的规律性,它的基本原理是以丰富的管理实践为基础,以科学的理论为指导,并被管理实践所检验和确定,对管理活动的实质及其基本运行规律的高度概括和表述。管理的基本原理包括系统原理、人本原理、动态原理和效益原理。

1. 系统原理

管理的系统原理来自一般的系统理论。系统理论是关于系统的构成和发展演化规律的科学。系统理论的基石是系统的概念及其基本特征。系统是指集合了若干相互依存、相互制约的要素,为了实现确定的目标而组成的具有特定功能的有机整体。该定义包含着系统的要素、结构、功能和环境等内容,其一般特征有:集合性、相关性、整体性、层次性和动态性。人类社会系统还有目的性、环境适应性和环境改造性等特征。管理的系统原理是把系统的理论应用于管理问题的研究,把管理系统看成是一个复杂的社会系统。管理者必须以系统思想树立整体观念,以系统分析方法了解事物的组成要素、结构、联系、功能、历史及其改造,达到优化管理的目的。

2. 人本原理

管理活动的动力和核心问题是建立管理理论、选择管理手段和方式。由于认识不同导致人们建立不同的管理理论,采取不同的管理手段和管理方式。纵观管理理论发展史,我们发现管理具有以生产为中心发展到以人为中心的趋势。以人为中心的管理原理是关于在管理活动中人是管理的核心和动力的原则,管理主要是人的管理和对人的管理,即一切管理活动以调动人的积极性、做好人的工作为根本。要求管理者必须明确以人为中心来加强管理,反对和防止那种见物不见人、见钱不见人、重技术不重视人和靠权力不靠群众的错误做法。

3. 动态原理

一切事物都处在不断发展变化之中,任何系统都是动态系统,系统内部诸要素之间、诸要素与系统之间和系统与环境之间的相互联系与作用,是系统发展的基本特征和动态性表现。管理者既要掌握系统的现状,也要看到系统的发展变化,从而预测系统的未来,掌握系统发展的规律。同时,要求管理者重视信息反馈,并保持充分处理问题的弹性。

4. 效益原理

管理是讲求效率的,市场经济是讲求效益的经济。提高管理效率和经济效益是管理者追求的永恒目标,也是管理的出发点和归宿。效率和效益也是衡量管理好坏的试金石。因此,管理者要把提高效率和效益摆在工作的首位。要正确处理好直接经济效益和间接经济效益的关系,达到使用价值与价值的统一;正确处理好宏观经济效益与微观经济效益的关系,达到社会效益与经济效益的统一;正确处理好长远经济效益和当前经济效益的关系,达到现在和未来的统一;正确处理好经济效益与政治效益、社会效益的关系,达到经济效益与其他相关效益的统一。只有这样,才能实现最优的经济效益。

9.2.3.2 管理学在资源与环境管理中的应用

管理学把特定社会组织看作系统,通过一系列方法使组织系统结构合理,并选择最优方案达到组织的目标。从概念、目的和管理对象等方面看,资源与环境管理是特殊的管理系统。

从概念上看,资源与环境管理首先是对人的管理,包括一切为协调社会经济发展与保护环境的关系而对人类的社会经济活动进行自我约束的行为,是管理者为控制人类活动中所产生的环境污染和生态破坏影响所进行的调节和控制。而管理学中的管理就是针对人组成的组织系统,调节组织结构、控制组织行为,进而达到组织目标。

从目的上看,资源与环境管理的目的是解决环境问题,协调社会经济发展与环境保护之间的关系,它是人类大组织的目标,是人类行为的绩效。管理的目的就是要提高组织绩效。

从管理对象上看,资源与环境管理的对象包括个人、企业和政府的社会经济活动。个人社会经济活动主要是消费活动;企业社会经济活动主要是指生产活动;政府社会经济活动主要是提高商品和服务、市场宏观调控。这三种活动组成有机联系的整体,形成一种特殊组织行为。管理学的管理对象就是组织行为。综上所述,资源与环境管理是一种特殊的管理系统。

资源与环境管理是人类针对资源与环境问题而对自身行为进行的调节,其管理内容应当包括所有对环境产生影响的人类社会经济活动。要达到资源与环境管理目标,必须对人类活动的全过程进行管理控制。这里所说的全过程,可以指逻辑上的全过程,也可以指时序上的全过程。人类活动全过程管理控制意味着资源与环境管理内容的综合集成,管理内容既包括了人类活动的管理,还包括环境系统的保护和建设,提高环境系统提供自然资源和较高环境质量的能力。全过程管理控制意味着管理对象的综合集成,管理对象包括政府、企业和公众的行为,而行为又包括组织行为、生产行为和消费行为,而且这些行为往往交织在一起,或是连锁式出现。资源与环境管理内容和管理对象的综合集成,意味着管理理论基础和方法手段的综合。社会-经济-环境系统是极为复杂的巨系统,同时也是开放的系统。这种系统特征使得该系统中的许多关系有较大的随机性、不确定性和模糊性,需要有跨学科、跨行业的管理方法,定性和定量相结合的管理方式,以及包括法律、经济、技术和教育在内的多种管理手段。因而,资源与环境管理需要吸收很多学科的理论与方法,特别是管理学的精髓。资源与环境管理对象——社会-经济-环境系统是特殊组织系统,要达到管理目标,必须充分结合管理学的理论和方法。因此,管理学为资源与环境管理提供了理论和方法基础。

9.2.4 行为科学与资源及环境管理

9.2.4.1 行为科学基本观点

行为科学作为一种管理理论,始于20世纪20年代末30年代初的霍桑实验,而真正发展却在20世纪50年代。行为科学的发展,基本上可以分为两个时期。前期以人际关系学说(或人群关系学说)为主要内容,从20世纪30年代梅奥的霍桑试验开始,到1949年在美国芝加哥讨论会上第一次提出行为科学的概念。在1953年美国福特基金会召开的各大学科专家参加的会议上,正式定名为行为科学。20世纪60年代,为了避免同广义的行为科学相混淆,出现了组织行为学这一名称,专指管理学中的行为科学。目前组织行为学从研究的对象和涉及的范围看,可分成三个层次,即个体行为、团体行为和组织行为。

个体行为决定了个体所做的成绩,个体行为受到外界刺激或个人需求、心智模式、学习、个性、能力和动机等因素的影响,是这些因素的综合体现。群体行为理论研究非正式组织以及人与人之间的关系问题,以德国心理学家卢因的"群体动力学理论"和美国心理学家布雷德福的"敏感训练"理论为代表。组织行为学是研究组织中人的心理和行为表现及其客观规律,提高管理人员预测、引导和控制人的行为的能力,以实现组织既定目标的科学。主要包括领导理论和组织变革、组织发展理论。领导理论又包括三大类,即领导性格理论、领导行为理论和领导权变理论等。

行为科学理论是管理学基本理论之一,也是资源与环境管理重要的理论基础。行为科学理论的产生和发展是现代化大生产发展的必然产物。它把社会学、心理学、人类学等学科的知识导入管理领域,开创了管理领域的一个独具特色的学派,并提出了以人为中心来研究管理问题，肯定了人的社会性和复杂性。

9.2.4.2 行为学在资源与环境管理中的应用

资源与环境管理是针对次生资源与环境问题而言的一种管理活动，主要解决由于人类活动所造成的各类资源与环境问题，其核心是对人的行为进行管理。

长期以来，资源与环境管理中的一个误区就是把污染源、自然资源本身作为管理对象，政府各级资源与环境保护部门总围绕着各种污染源、自然资源展开管理，工作长期处于被动局面。原因是人们只关心资源问题与环境问题产生的地理特征和时空分布。这种管理，实质是一种物化管理——对污染源和治污设备及资源开采设备的管理，忽视了对人的管理。

人是各种行为的实施主体，是产生各种环境问题的根源。人类行为包括自然、经济和社会三种基本行为。只有解决了人的问题，从人的三种基本行为入手展开资源与环境管理，资源与环境问题才能真正得到解决。应当认识到资源与环境管理的核心是对人的管理。资源与环境管理的核心是对人的行为的管理，而行为科学正是研究人的行为的科学，因此，行为科学为资源与环境管理提供了理论基础。

首先，把个体行为机制理论应用到资源与环境管理上，可以提高个体的环境保护意识。通过对个体外界刺激——对人类只有一个地球、环境污染严重性及生态环境保护的迫切性等资源与环境方面的社会宣传教育，使其产生资源与环境保护的行为动机。通过学习环保知识和可持续发展理念，塑造个体心智模式，增强个体环境保护意识。

其次，把群体行为机制理论应用到资源与环境管理上，可推动普通民众的环保行为。通过社会公众参与资源与环境管理，公众将认识到"保护地球家园"是自己的群体目标，并自觉进行资源保护、环境改善活动。

最后，把组织行为机制理论应用到资源与环境管理上，可推动政府环保部门等组织的环保行为。政府环境保护部门是正式组织，可利用组织行为理论，提高组织管理人员环境保护预测、引导和控制人的行为的能力，以实现资源与环境保护目标，从而推动组织的环保行为。

9.2.5 可持续发展与资源及环境管理

可持续发展的定义及相关理论在本书绪论中已详细介绍，可持续发展概念的提出为解决资源与环境问题开辟了新思路，引起了学术界的普遍关注。资源与环境可持续发展是解决资源与环境问题的途径，也是资源与环境管理的最终目标。

从狭义上讲，资源与环境可持续发展是指以公平性、持续性和和谐性为原则，以环境的整体性、区域性、资源性和价值性为出发点，保护环境，使之与人类可持续发展相适应。即通过采取环境政策手段，合理利用自然资源，提高环境容量，充分发挥环境功能，加强基础设施建设，解决发展面临的环境污染问题，以取得环境的社会、经济效益。从广义上讲，资源与环境可持续发展是指在环境保护的基础上，采取环境、经济、人口政策手段，可持续利用资源条件，提高环境容载力，保证环境内部结构的可持续性，进行环境综合整治，进一步改善环境质量，既要确定环境综合效益，又要实现环境与人口、经济的协调发展，以满足人类发展对环境资源的需求，最终实现人类可持续发展。其内容按层次如图9-1所示。

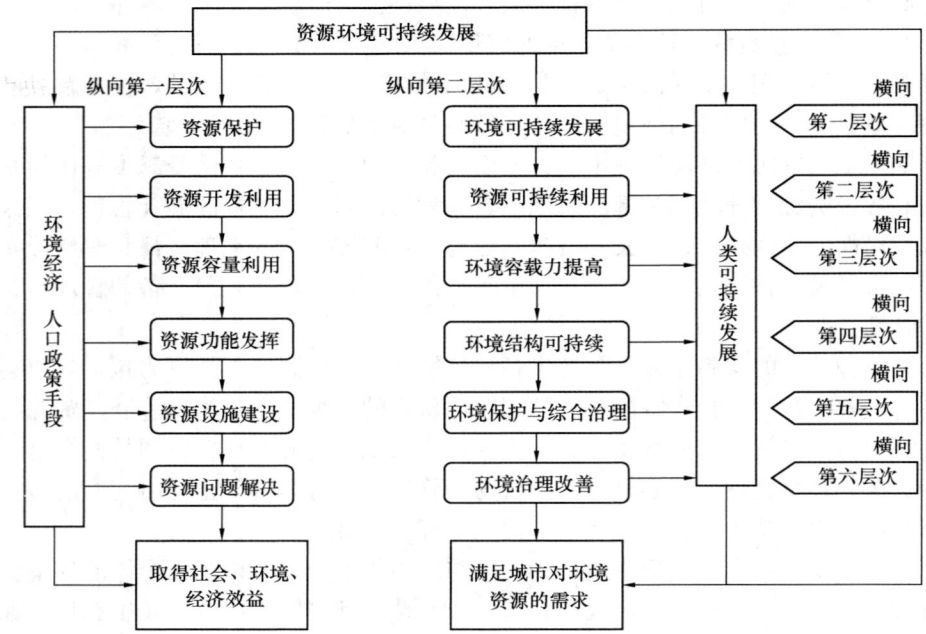

图 9-1 资源与环境可持续发展的概念及内容

从图 9-1 中可以看出，纵向第一层次表示的是狭义的资源与环境可持续发展，纵向第二层次则是广义的资源与环境可持续发展；横向六个层次表示的是以上两种环境可持续发展概念的具体内容，最外层则分别是将要达到的目标及实现的手段。就层次关系而言，纵向第一层次是实现纵向第二层次的基本前提，如环境结构的可持续性，是以发挥环境功能与作用为前提条件的。从环境可持续发展外延而言，重点是加强环境政策调控，实现环境效益、社会效益与经济效益的统一，进而实现可持续发展。

资源与环境保护政策是指引导、约束和协调人们的环境意识和政策行为的准则，实现环境战略目标的一种定向管理手段。从政策构成而言，目标、价值、方案、主体和客体是构成环境保护政策的基本要素。其中，目标体现环境保护政策的目的性，价值是政策制定中的分配利益标准，方案是实现目标的有效途径和方法，主体是政策制定者，客体是政策受益者。

资源与环境保护政策框架是指以政策工具为基础，结合社会、经济发展特征，制定和完善环境政策，建设可持续资源与环境政策体系。重点包括以下几个方面：

(1) 把环境政策与人口政策、经济产业政策结合起来，促进有利于可持续发展的环境建设。

(2) 建立和完善城市大气环境、水环境、噪声环境治理和固体废弃物综合利用的标准、政策和措施体系。

(3) 编制自然资源核算表，以便为修正国家经济核算体系创造条件，提高城市环境资源的价值性和可持续性。

(4) 制定正确的能源消费政策和环保投资政策，优化城市消费结构，建设环境综合治理设施，提高城市环境整体质量。

（5）加强城市环境综合管理，建立可持续的城市环境管理体系。

9.3 资源与环境管理的法律手段

在中国经济中高速发展的今天，国民经济各行各业需要从自然环境中持续索取各种资源作为生产资料。若不加以保护，自然资源将很快枯竭。另外，经济发展过程中若不考虑环境保护，必将引发一系列环境问题，威胁人体健康，阻碍经济社会发展。因此，为了实现可持续发展，就必须制定相应的法律法规对资源和环境进行保护。

9.3.1 资源与环境保护法概述

资源与环境保护法，并不是指特定的某一部法律法规，而是由国家权力机关制定，并由国家强制力保障实施的，用于科学合理地开发与利用资源、保护和改善生态环境，防治环境污染和资源破坏的法律规范的综合。各国对环境与资源保护法的称谓并不一致，如日本称为"公害法"，苏联称为"自然保护法"，德国称为"干扰侵害防护法"等。在我国，一般称为环境保护法。

9.3.1.1 资源与环境保护法的特征

资源与环境保护法作为国家法律体系的一部分，必然具备所有法律共同的特征，如是由国家权力机关制定的，获得国家强制力保障的权利与义务的行为规范。除此之外，资源与环境法也有其自身特征。

1. 资源与环境保护法的目的是公益性的

从资源与环境保护法的定义可以看出，它保护的目标是自然资源和生态环境，立法的目的是科学合理地开发与利用资源，保护与改善生态环境，防治环境污染和资源破坏。这一目的最终收益的并不是哪一个阶级，或者哪一个群体，而是全社会乃至全人类。因此，资源与环境保护法是以可持续发展为核心价值的法律法规，其目的是纯粹公益性的，并不为特定阶层和人群服务。

2. 资源与环境保护法的内涵是综合性的

资源与环境保护法是规范人们在利用自然资源和保护生态环境中行为的规范，它的保护对象包括了森林、草原、海洋和湿地等各种自然资源以及水、气、土等多种环境介质；保护的手段包括行政、经济、民事和刑事等多种方式；治理的措施包含管理、技术等多种形式。除了资源与环境保护法以及相关的单行法，在宪法、刑法和民法等法律规范中均有相关的条文。因此，资源与环境保护法的内涵是综合性的。

3. 资源与环境保护法的实施是技术性的

合理开发资源、有效保护环境，需要多种技术手段的支持。这是资源与环境保护法最鲜明的特征。首先，必须借助科学技术了解自然资源与环境的特性。保护资源与环境的前提是了解自然生态系统中物质和能量的发生、发展和趋势，只有掌握了自然规律，才能有效地保护资源与环境，也是资源与环境立法的依据。其次，必须科学规划资源利用与环境保护工作。"凡事预则立，不预则废"，在掌握自然规律的前提下，按照人们对资源获取的需求和对环境产生的影响，科学规划资源的利用，准确评估对环境产生的影响，是实现社会可持续发展的前提。再次，需要制定环境标准。环境标准是环境质量是否达标，或环境是否已经产生污染现象的评判依据，也是环境执法的标准。最后，保护手段具有技术性。执法过程中发现的资源破坏或环境污染的问题，需要通过技术手段加以治理，以期恢复到破坏或污染前的水平。

9.3.1.2 资源与环境保护法的目的及作用

资源与环境保护法的目的，是指立法机构或立法者针对资源与环境保护领域存在的各种关系和各种问题，所希望达到的目标或形成的结果。法律体现的是统治阶级的意志，最终的目的是形成人与自然之间的和谐关系。但是由于各个国家和民族的文化结构、地域特征和发展程度等均有较大差异，在资源与环境立法过程中对于立法目的的表述存在一定差异。比如，《中华人民共和国环境保护法》第一条指出，我国制定环境保护法的目的是"为保护和改善生活环境与生态环境，防治污染和其他公害，保障人体健康，促进社会主义现代化建设的发展，制定本法。"而美国的《国家环境政策法案》则指出："本法的目的在于：宣示国家政策，促进人类与环境之间的充分和谐；努力提倡防止或者减少对环境与自然生命物的伤害，增进人类的健康与福利；充分了解生态系统以及自然资源对国家的重要性；设立环境质量委员会。"而对于在20世纪50年代公害事件频发的日本而言，民众对环境保护的要求和呼声相当高，其《环境基本法》中指出："本法的目的，是通过制定环境保护的基本理念，明确国家、地方公共团体、企（事）业者以及国民的责任和义务，规定构成环境保护政策的根本事项，综合而有计划地推进环境保全对策，在确保现在和未来的国民享有健康的文化生活的同时，为造福人类作出贡献。"在过去的几十年间，日本几乎形成了全民"洁癖"式的环境保护理念。德国的环境保护工作非常出色，其《环境法典》的立法目的是："为了环境的持久安全，法律的保护目标是生物圈的生存能力和效率以及其他自然资源的可利用能力。环境保护的措施是为了人类的健康和健全。"

资源与环境保护法不是指某一部法律或法规，而是由一系列的法律、法规以及各项规章制度组成的整体。因此，资源与环境保护法的作用体现了这些法律法规共同达到的作用。主要有以下几个方面：

(1) 保护资源与环境

保护资源和环境，促进资源的可持续利用和环境的健康发展，是资源与环境保护法最重要和最直接的目的。保护资源和环境是指将资源利用方式和环境质量维持在可控的范围之内，并且在保护的基础上改善现有的资源利用现状和环境现状，恢复已经被污染和破坏了的环境介质，保障人们最基本的生存需求，提高人们的生存质量，防止环境污染和公害事件的发生，也为资源与环境领域的管理工作提供依据。

(2) 保障人类健康

保障人类健康，是资源与环境保护法最本质的作用。环境污染会使污染物在各环境介质中迁移，并通过食物链或饮用水的形式进入人体，对人类健康造成危害，引发各类功能紊乱甚至癌症，严重时导致人的死亡。资源与环境保护法用以规范社会各行业和个人在资源与环境保护领域的行为，减少污染事件的发生和污染物的排放，改善环境质量，最终保障人类健康。

(3) 服务经济社会

经济社会的发展需要依靠必要的资源、健康的环境和劳动力资源。资源与环境保护法用以保障资源的可持续利用，使当代和子代都能获得发展所必需的资源；保障经济社会发展所必需的良好的自然环境；保障人类健康，为经济社会发展提供健康充足的劳动力资源，减少因环境污染产生的一系列社会问题。因此，资源与环境保护法利用经济、行政和科技的手段协调经济、社会和环境之间的相互关系，保障社会和谐发展。

（4）协调国际关系

资源与环境保护法表明了国家对于资源利用和环境保护的基本政策，向国际社会宣誓了资源与环境主权，因此，环境资源与环境保护法是协调国与国之间资源与环境问题所必须遵守的准则之一，防止国与国之间转嫁污染与环境风险。

（5）约束人类行为

资源与环境保护法明确了在资源利用和环境保护方面的行为规范及是非标准，为人类在从事各类活动的过程中提供了行为准则。同时，加深了人们的环境保护意识，促进了社会进步和文明。

9.3.2 资源管理的制度

9.3.2.1 资源产权制度

资源产权制度是自然资源法律制度的核心内容，是关于自然资源归谁所有和使用，以及自然资源的所有人、使用人对自然资源所享有的所有、使用等权利的法律规范的总称，是其他一切资源法律制度的基础。资源产权制度是历史最为悠久的意向资源法律制度。自从私有制产生和国家的出现，资源产权制度便由统治阶级建立起来，建立的目的便是维护自然资源的统治阶级所有制，巩固统治阶级的统治地位。资源产权制度主要包括自然资源所有权制度和自然资源使用权制度。

（1）自然资源所有权。自然资源的所有权是所有人对自然资源依法所享有的占有、使用、收益和处分的权利，是自然资源所有制在法律上的反映和确认。

（2）自然资源使用权。自然资源的使用权是依法对自然资源进行实际利用并取得相应收益的权利，是自然资源占有、狭义的使用权、部分收益权和不完全的处分权的集合，是自然资源使用制度在法律上的体现。

此外，因自然资源类型和国家制度的不同，其他资源产权还有抵押权、典权、租赁权等。但无论资源产权的类型如何，其取得都必须符合法律法规，只有这样，其才享有受法律保护，任何人不得侵犯。

当前，无论社会制度如何，世界各国都建立了一套的资源产权制度。中国是以生产资料公有制为基础的社会主义国家，自然资源属国家和集体所有。《中华人民共和国宪法》第9条明确规定："矿藏、水流、森林、山岭、草原、荒地、滩涂属于国家所有"。《中华人民共和国宪法》第10条规定："城市的土地属于国家所有。农村和城市郊区的土地，除由法律规定属于国家所有的以外，属于集体所有；宅基地和自留地、自留山，也属于集体所有"。根据宪法的规定，《中华人民共和国土地管理法》《中华人民共和国矿产资源法》《中华人民共和国森林法》《中华人民共和国草原法》《中华人民共和国水法》《中华人民共和国野生动物保护法》等分别对土地、矿产、森林、草原、水、野生动物等自然资源的所有权做了明确规定。如《中华人民共和国土地管理法》第2条、第8条规定，"中华人民共和国实行土地的社会主义公有制，即全民所有制和劳动群众集体所有制","城市市区的土地属于国家所有。农村和城市郊区的土地,除由法律规定属于国家所有的以外,属于农民集体所有;宅基地和自留地、自留山,属于农民集体所有"。《中华人民共和国矿产资源法》第3条规定,"矿产资源属于国家所有,由国务院行使国家对矿产资源的所有权。地表或地下的矿产资源的国家所有权,不因其所依附的土地的所有权或使用权的不同而改变"。此外,各项法律都针对自然资源所有权的维护做了多项明确规定,如《中华人民共和国宪法》第9条规定,"国家保障自然资源的合理利用,保护珍贵的动物和植物。禁止任何组织或者个人以任何手段侵占或者破坏自然资源"。《中华人民共和国土地管理法》第2条规定,"任何单位和个人不得侵占、买卖或者以其他形式非法转让土地"。《中华人民共和国矿产资源法》第3条规定,"禁止任何组织或者个人用任何手段侵占或者破坏矿产资源"。概括起来,中国自然资源所有权制度便是自然资源除了依法属于集体所有的外,属于国家所有;自然资源的所有权受法律保护,任何人不得侵犯。

《中华人民共和国宪法》和其他自然资源单行法都对自然资源的使用权做了详细规定。《中华人民共和国宪法》第10条规定,"土地的使用权可以依照法律的规定转让","一切使用土地的组织和个人必须合理地利用土地"。《中华人民共和国土地管理法》除了上述两项内容外还有"国有土地和农民集体所有的土地,可以依法确定给单位或者个人使用"。此外,除上述资源使用权的取得和确认,《中华人民共和国土地管理法》《中华人民共和国矿产资源法》《中华人民共和国森林法》《中华人民共和国草原法》《中华人民共和国水法》《中华人民共和国野生动物保护法》等法律还针对自然资源使用权的转移、变更、终止等做了详细规定或专门规定。

9.3.2.2 资源勘查与调查制度

自然资源勘查与调查制度,是调整在自然资源勘探、调查过程中所产生的社会关系的法律规范的总称,它是自然资源合理利用、管理和保护的基础。一个国家和地区在确定发展战略和社会经济发展规划之前,都必须对当地的自然资源的基础资料的分布、数量、质量和开发条件等进行全面的勘查,以获得自然资源的基础资料,同时资源勘查的成果也是建立资源档案、进行资源评价、制定资源法规和规划的重要依据。自然资源勘查与调查制度对自然资源勘查的主体、对象、范围、内容、程序、方法以及勘查成果的效力做了详尽的规定,以保障资源勘查的顺利进行,保证勘查成果的准确性。

依据《中华人民共和国土地管理法》及其《实施条例》建立起了土地调查制度。《中华人民共和国土地管理法》第27条规定,"国家建立土地调查制度。县级以上人民政府土地行政管理部门会同同级有关部门进行土地调查。土地所有者或者使用者应当配合调查,并提供有关资料"。《中华人民共和国土地管理法实施条例》第14条规定,"县级以上人民政府土地行政管理部门应当会同同级有关部门进行土地调查。土地调查应当包括:土地权属;土地利用现状;土地条件"。

地方土地利用现状调查结果,经本级人民政府审核,报上一级人民政府批准后,应当向社会公布;全国土地利用现状调查结果,经国务院批准后,应当向社会公布。土地调查规程,由国务院土地行政主管部门会同国务院有关部门制定。对于矿产资源,依据《中华人民共和国矿产资源法》建立起了矿产资源的勘查制度。《中华人民共和国矿产资源法》在总则、第2章设有有关矿产资源勘查的申请、登记条款,并专设第 3 章："矿产资源的勘查，对勘查的组织、采用的方法、注意事项以及勘查成果的应用做了具体规定"。依照《中华人民共和国森林法》《中华人民共和国草原法》《中华人民共和国水法》《中华人民共和国野生动物保护法》，我国也分别建立起了森林资源清查制度、草原资源普查制度、水资源的综合科学考察和调查评价制度和野生动物资源调查制度。

9.3.2.3 资源勘查与调查制度

资源登记制度是依照自然资源法的权属以及数量、质量、位置等资源属性进行登记的法律制度，它是维护自然资源所有权人和使用权人的合法权益、加强国家对自然资源的管理、促进自然资源合理开发利用和保护的重要制度，主要包括：

（1）契据登记是出于使资源交易公开化、方便交易并保护双方交易关系而进行的一种登记，只能证明契据的有效性。

（2）产权登记是证明资源的权属所有，对登记者的产权具有法律效力。

（3）资源册登记是为财产税收和行政管理需要而进行的，是最基本的资源登记。

（4）资源调查登记是资源开发为取得资源使用权而向国家资源行政主管机构申请的一种手段，具有法律效力。

资源登记制度在现代各国的资源法中得到了广泛的运用。如 1979 年修改的《保加利亚水法》第七章就规定了对水资源进行注册登记。苏联 1970 年的《水立法纲要》和 1977 年的《森林立法纲要》都有建立国家水册和国家林册的详细规定。世界上一些工业发达国家和部分发展中国家及地区，如美国、加拿大、澳大利亚、法国、巴西等的矿产法中都明确规定，采矿必须向国家有关部门登记，方能进行勘查工作，目的在于在法律上确认登记申请人的勘查权，保障其合法权益，同时便于国家对矿产资源勘查工作的宏观调控。

中国也依法建立了土地资源、矿产资源、森林资源、草地资源的登记制度。土地资源的登记制度主要包括土地权属的确认登记和土地权属的变更登记。《中华人民共和国土地管理法》第 11 条规定，"农民集体所有的土地，由县级人民政府登记造册，核发证书，确认所有权。农民集体所有的土地依法用于非农业建设的，由县级人民政府登记造册，核发证书，确认建设用地使用权。单位和个人依法使用的国有土地，由县级人民以上政府登记造册，核发证书，确认使用权；其中，中央国家机关使用的国有土地的具体登记发证机关，由国务院确定。确认林地、草原的所有权或者使用权，确认水面、滩涂的养殖使用权，分别依照《中华人民共和国森林法》《中华人民共和国草原法》和《中华人民共和国渔业法》的有关规定办理"。第 12 条规定，"依法改变土地权属和用途的，应当办理土地变更登记手续"。除了土地的所有权和使用权登记，土地权属登记还包括城镇国有土地的抵押权登记。对于矿产资源，《中华人民共和国矿产资源法》总则第 3 条第 3 款规定，"勘查、开采矿产资源，必须依法分别申请、经批准取得探矿权、采矿权，并办理登记"。第二章，即 "矿产资源的登记和开发的审批" 就矿产资源勘查登记作了原则性规定，而国务院颁布的《矿产资源区块勘查登记管理办法》和《矿产资源开采登记管理办法》则对矿产资源的勘查登记和开采登记作了具体的规定。草原和森林登记制度主要是指二者的权属确认登记。

9.3.2.4 资源许可制度

资源许可制度是指任何单位和个人因生产经营或特殊情况需要开发利用自然资源时，均须报政府部门批准、核发许可证，确认其在一定期限、一定地点、一定限度内开发利用某种自然资源的法律制度。它是自然资源行政许可的法律化，是自然淘汰管理部门对自然资源进行监督、管理和保护，实现自然资源开发利用总量控制，保障资源的永续利用和维护生态平衡的手段。许可证发放和管理的内容主要包括申请、登记、听证、审核、许可证的限制条件、许可证的有效期与许可证实施中的监督等。

随着人类对自然资源有限性的认识不断深化，为了协调好经济社会发展和资源保护的相互关系，各国政府纷纷建立起了资源许可制度。《美国1976年渔业保护及管理法》第2章第24节专门对外国渔业许可证做了规定，无此许可证的外国渔船不得在美国的渔业保护区内从事捕捞作业。始于1950年并经多次修正的《日本矿业法》第21条规定，"经拟定接收矿业权之设立的人员，必须向通商产业局长提出申请，并得到他的许可"。1964年的《匈牙利水法》第5章"水权许可证"规定，"除法律有特殊规定外……一切用水活动，都必须持有水权许可证"。

中国对于矿产、森林、水资源、渔业资源和野生动物植物资源的开发、利用以及野生动植物资源的进出口均实行许可制度。《中华人民共和国矿产资源法》第三章矿产资源勘查的登记和开采的审批规定了取得矿产资源的勘查和开采许可证的审批程序、审批部门、申请条件等内容。《中华人民共和国森林法》第28条规定，采伐林木必须申请采伐许可证，按许可证的规定进行采伐。《中华人民共和国森林法》第29、31条还对许可证的审批，取得许可证的单位和个人的更新造林进行了规定。《中华人民共和国水法》第32条国家对直接从地下或者江河、湖泊取水的，实行取水许可制度，确立了中国的取水许可制度。《中华人民共和国渔业法》也在第16条中规定，从事内水、近海捕捞业，必须向渔业行政主管部门申请领取捕捞许可证，确立了捕捞许可制度。对于野生动植物资源，依生物资源类型，性质的不同确立了不同的许可制度，包括野生药材资源的采药许可、狩猎许可、采伐许可以及出口许可制度，陆生野生动物的特许猎捕许可、狩猎许可、驯养繁殖许可和允许进出口证明书制度，水生野生动物的特许猎捕许可、驯养繁殖许可、允许进出口证明书制度，以及野生植物的采集许可和允许进出口证明书制度等。

9.3.2.5 资源有偿使用制度

资源有偿使用制度是自然资源的使用者开发利用自然资源必须支付一定费用的法律制度。自然资源的有偿使用，概括起来基本上有两大类，即资源税和资源费。一个国家或地区通常是针对不同的资源分别采取缴纳资源税或资源费的方式。

资源有偿使用制度直接体现自然资源的价值，有利于自然资源的保护，因此为世界各国所普遍采用。如1972年修改的《日本河流法》第32条规定，"都、道、府、县的知事，对在该都、道、府、县境内的河流上，按第23条至第25条规定批准的流水占用者，可以征收流水占用费，土地占用费或土石方采挖费及其他河流产物的采取费"。美国1977年颁布的《露天采矿控制和回填复原法》第401、402条规定，"征收废矿的回填复原费，并和其他款项共同建立废矿回填复原基金用于废矿区土地、水资源的恢复等目的"。

征收税费在中国主要包括资源税、资源费和资源补偿费3种：资源税，是国家一大税种，它是国家依靠政权力量，向资源开发者征收他所占有的一部分超额利润，其收入归国家所有；资源费，是国家资源行政主管部门为使该资源得到保护和发展，而征收的一种费用，取之于资源，用之于资源；资源补偿费，是资源开发利用者依法向提供资源的单位或个人缴纳的费用。符合商品交换的基本规律。

中国的资源有偿使用制度随着资源法的不断健全而不断完善，针对各种自然资源，资源法都有相应的税费征收的条款或专门的法律文件。《中华人民共和国土地管理法》及其《实施条例》等土地资源法律法规中规定了耕地开垦费、耕地闲置费、征地补偿费、土地有偿使用费、新菜地开发基金等费用的缴纳制度，而《耕地占用暂行条例》《城镇土地使用税暂行条例》《土地增值税暂行条例》等则分别对耕地占用税、城镇土地使用税、土地增值税的课税主体、课税客体、税基、税率以及缴纳作了明确规定。《中华人民共和国矿产资源法》第5条规定，"国家实行探矿权、采矿权有偿取得的制度……开采矿产资源，不许按照国家有关规定，交纳资源税和资源补偿费"。其《实施细则》及《矿产资源补偿税征收、管理办法》则分别进行了具体规定，而《资源税暂行条例》则对资源税（此外资源仅指矿产资源，包括矿产品和盐）做了详细规定。《中华人民共和国森林法》第6条规定征收育林费以保护森林资源。《中华人民共和国水法》规定了水费和水资源费的收取制度。《中华人民共和国野生动物保护法》第27条规定，经营利用野生动物或者其产品的应当缴纳野生动物资源保护管理费。

以征收资源税费为主的有偿使用制度，维护了自然资源所有者合法权益，促进了资源的节约和资源利用效率的提高，同时为国家筹集了资源保护和资源开发的资金，是实现资源可持续利用的又一重要制度。

9.3.2.6 资源保护制度

资源保护制度是国家根据生态平衡规律和经济规律，为保证自然资源的良好性能和永续利用而制定的各种保护资源的法律规范的总称。随着人口的增长和社会的进步，资源的消耗量日益加大，部分地区不可更新资源锐减甚至濒临枯竭，可更新资源的消耗也往往超出其更新再生的速度。资源的有限性和资源需求的日益膨胀间的矛盾迫切要求人类对自然资源进行切实的保护。为此各个国家纷纷出台资源法规以保护越发珍贵的自然资源。如1965年制定的巴西《森林法》规定，设置森林和其他形式的自然植被的永久保护时必须事先经联邦政府批准。1975年通过的《苏联和各加盟共和国地下资源立法纲要》第6章"地下资源保护"指出"苏联境内的一切资源均应加以保护"并提出了一系列地下资源保护方面的基本要求。美国1976年的《渔业保护及管理法》要求已起草的各种渔业管理计划以及制定的条例均应符合国家渔业保护和管理的标准，如"各种渔业保护及管理措施应能在达到每年的最适捕捞量的同时防止过度捕捞"。此外，其他许多国家如日本、苏联等在其颁布的单行资源法或部门资源法以及自然保护法、环境保护法中都要求建立资源保护制度。

中国在资源保护方面也做了大量的工作。根据《中华人民共和国土地管理法》《中华人民共和国基本农田保护条例》《土地复垦规定》《建设用地计划管理办法》等法律法规，中国建立了土地用途管理制度、土地利用总体规划制度、占用耕地补偿制度、基本农田保护制度等一系列保护土地资源的制度。对于矿产资源，《中华人民共和国矿产资源法》第 3 条规定，"国家保障矿产资源的合理开发利用。禁止任何组织或者个人用任何手段侵占或者破坏矿产资源。各级人民政府必须加强矿产资源的保护工作"。为了保护森林资源，《中华人民共和国森林法》规定，"植树造林、保护森林，是公民应尽的义务"。并用一章的篇幅对森林资源保护进行了具体规定。同时中国还出台了《森林采伐更新管理办法》《中华人民共和国森林防火条例》《森林病虫害防治条例》等单行法规。《中华人民共和国草原法》和《草原防火条例》对保护草原生态环境和草原植被、防止草原污染、防止草原火灾等作了明确规定。《中华人民共和国水法》对水资源的保护作了规定。《中华人民共和国野生动物保护法》《中华人民共和国野生动物保护条例》《野生药材资源保护管理条例》《中华人民共和国陆生野生动物保护实施条例》和《中华人民共和国水生野生动物保护实施条例》则是专门针对野生动植物资源保护的法律文件，规定详尽而具体。此外，《中华人民共和国自然保护区条例》则从另一个角度对动植物资源的保护做了规定。

此外，承包经营制度是具有中国特色的一项法律制度形式。承包经营必须签订承包合同。承包合同是资源法规的具体补充，签订承包合同是一种法律行为。《中华人民共和国森林法》第 22 条、《中华人民共和国草原法》第 4 条、《中华人民共和国土地管理法》第 12 条、《中华人民共和国渔业法》第 10 条都有关于承包经营的规定。2003 年 3 月 1 日施行的《中华人民共和国农村土地承包法》更加全面地规范了这一制度形式。

9.3.3　环境管理的制度

目前比较成熟的环境管理制度主要有环境影响评价制度、"三同时"制度、排污收费制度、环境保护目标责任制、城市环境综合整治定量考核制度、限期治理制度、排污登记制度、环境标准制度、环境监测制度、环境污染与破坏事故报告制度、现场检查制度、强制应急措施制度等。

9.3.3.1　老三项制度

1. 环境影响评价制度

环境影响评价是指在一定区域内进行开发建设活动，事先对拟建项目可能对周围环境造成的影响进行评价、预测和评定，并提出防治对策和措施，为项目决策提供科学依据，又叫环境质量预断评价，它具有预测性、客观性、综合性、法定性的基本特点。中国这方面的法律法规主要有《建设项目环境保护管理条例》《建设项目环境影响评价证书管理办法》。环境影响评价可以把经济建设与环境保护协调起来，把各种建设开发活动的环境效益与经济效益统一起来，体现公众参与原则。

环境影响评价的形式有环境影响报告书和报告表。环境影响报告书是项目开发建设单位向环保行政主管部门提交的关于开发建设项目环境影响预断评价的书面文件。主要内容包括总论、建设项目概况、建设项目周围地区的环境状况调查、建设项目对周围地区环境近远期影响的分析和预测、环境监测制定建议、环境影响经济损益简要分析、结论、存在问题与建议。环境影响报告表：项目名称、建设性质、地点、依据、占地面积、投资规模，主要产品产量，主要原材料用量，有毒原料用量，给排水情况，年耗能情况，生产工艺流程或资源开发、利用方式简要说明，污染源及治理情况，建设过程中和项目建成后对环境影响的分析及需要说明的问题。

环境影响评价和审批的程序主要包括环境影响评估单位的评估；项目主管部门审阅环境影响评价报告书；环保部门审查环境影响评价报告书。所有建设项目都必须进行环境影响评价；未经环保部门审批的项目不得开工建设；特殊项目需经国家环境保护总局审批。

2. "三同时"制度

一切新建、改建、扩建的基本建设项目（包括小型建设项目）、技术改造项目、自然开发项目，以及可能对环境造成影响的其他工程项目，其中防治污染和其他公害的设施和其他环境保护设施，必须与主体工程同时设计、同时施工、同时投产，简称"三同时"制度。

3. 排污收费制度

该制度也叫征收排污费制度，是对于向环境排放污染和超过国家排放标准排放污染物的排污者，按照污染物的种类、数量和浓度，根据规定征收一定的费用。这种制度是运用经济手段有效地促进污染治理和新技术的发展，使污染者承担一定的污染防治费用的法律制度。其目的是促进排污者加强环境管理，节约和综合利用资源，治理污染，改善环境，并为保护环境和补偿污染损害筹集资金。

根据《中华人民共和国大气污染防治法》《中华人民共和国海洋环境保护法》《中华人民共和国水污染防治法》《中华人民共和国固体废物污染环境防治法》《中华人民共和国环境噪声污染防治法》等相关法律的规定，排污者应按照排污的数量、规模、程度缴纳一定的排污费。此外，排污者亦不能免除其防治污染、赔偿污染损害的责任和法律、行政法规规定的其他责任。排污费必须纳入财政预算，列入环境保护专项资金进行管理，用于重点污染源防治、区域性污染防治、污染防治新技术、新工艺的开发、示范和应用以及国务院规定的其他污染防治项目。

9.3.3.2 新五项制度

1. 环境保护目标责任制

环境保护目标责任制是指规定各级政府的行政首长对当地的环境质量负责，企业的领导人对本单位的污染防治负责，规定他们的任务目标，列为其政绩考核的一项环境管理制度。实施这一制度能够加强各级政府和单位对环境保护的重视和领导，使环境保护真正纳入政府的议事日程，把环境保护纳入国民经济和社会发展计划，疏通环保资金渠道；有利于协调环保部门和政府其他部门共同抓好环保工作；有利于把环保工作从过去的软任务变成硬指标，把过去单项分散治理变成区域综合治理。

2. 城市环境综合整治定量考核制度

城市环境综合整治定量考核制度是各级城市政府进行城市发展决策，制定环境保护规划的重要依据，对不断改善城市的投资和人居环境，促进城市持续发展，具有重大意义。对于不断深化城市环境综合整治，健全和完善城市环境综合整治的管理体制，调动各方面参与城市建设和环境保护的积极性，提高广大群众的环保意识都具有重要作用。城市环境综合整治定量考核的内容包括城市环境质量（30分）、污染控制（34分）、环境建设（20分）和环境管理（16分）四个方面，共27项指标，总计100分。

3. 排污许可证制度

排污许可证制度是改善环境质量为目标，以污染物总量控制为基础，规定排污单位许可排放什么污染物，许可污染物排放量，许可污染物排放趋向等，是一项具有法律含义的行政管理制度。这项制度具有普遍性、强制性、阶段性、经济性的特征，实行容量总量控制和目标总量控制并举，突出重点区域、重点污染源和重点污染物。

4. 污染集中控制

污染集中控制是创造一定的条件，形成一定的规模，实行集中生产或处理以使分散污染源得到集中控制的一项环境管理制度。其目标不是追求单个污染源的处理率和达标率，而是谋求整个环境质量的改善，同时讲求经济效益，以尽可能小投入获取尽可能大的效益。集中处理要以分散治理为基础，仍然按照"谁污染谁治理"的原则，由排污单位和受益单位以及城建费用承担治污费用。

5. 限期治理制度

限期治理制度是对严重污染环境的企业、事业单位及特殊保护的区域内超标排污的已有设施，由有关管理部门依法命令其在一定限期内完成治理任务，达到治理目标的法律规定。法律规定限期治理的对象主要有两类：一是排放污染物造成环境严重污染的企业、事业单位；二是位于特殊区域内的超标排污的污染源。

限期治理的决定权不在环境保护行政主管部门，而在有关的各级人民政府。对经限期治理逾期未完成治理任务的，除依照国家规定加收超标排污费外，还可以根据所造成的危害后果处以罚款，或者责令停业、关闭。

9.4 资源与环境管理的经济手段

经济手段是指国家通过价格、工资、利润、利息、税收、信贷和财政补贴等经济杠杆，以及经济合同、经济责任和经济核算等制度，把经济效益、经济利益和经济责任紧密地结合起来，组织和管理经济活动。它是国家管理经济的一种方法或措施。

在环境资源管理中，管理手段可以概括为管制手段和环境资源管理经济手段两大类。所谓管制手段是指政府行政管理机构以指令控制的方式向污染排放者下达法令或提出具体标准（排放标准、处理标准、产品标准等），或发放"排污许可证"并强制执行的管理手段。而环境资源管理的经济手段是指国家根据生态规律和经济规律，运用价格、成本、利润、信贷、利息和税收等经济杠杆，以及环境责任制等经济方法，影响和调节社会生产、分配、流通和消费等环节，限制破坏环境的活动，促进合理利用环境资源，使经济发展同环境资源保护协调发展的管理手段。目前，在许多国家管制手段还一直占据主导地位，但以经济激励为基础的环境管理经济手段在实践中也得到了越来越广泛的应用，主要包括环境收费、环境税收、补贴、押金和排污权交易等。

1. 环境收费

环境收费被认为是对污染支付的"价格"。污染者必须对其所使用的环境"服务"进行支付，这种支付至少会部分地进入企业的费用—效益计算中，从而具有刺激作用。同时，收费也具有筹集治理环境资金的作用。环境收费是环境经济手段中应用最为广泛的一种。一般可分为排污收费、产品收费、使用者收费和管理收费四种形式。

（1）排污收费

排污收费就是向环境排放污染物的污染者按其排放污染物的质量和数量征收费用。

该手段是环境收费中应用最多的一种。如水污染物排放收费、大气污染物排放收费、噪声污染收费等。排污收费在具体操作上一般有两种做法：一是超标收费，即只对超过国家规定排污标准的排污行为收费。排污标准可以按照污染物在环境中残留时间的长短和对环境的损害程度确定，也可以按照污染物的数量和浓度确定。二是排污收费，即无论污染物的数量多少和浓度大小，对所有排污行为一律收费。排污收费体现了"污染者付费"的思想，其目的是通过经济杠杆作用促使污染者控制污染排放。这一制度下，排污者需为排污行为付费，这给排污者施加了经济刺激，能够提高排污者减少污染排放的积极性。同时，收费形成的专项资金可用于污染消减技术的研究或已有污染的治理，为污染控制提供经济支持。

（2）产品收费

产品收费是对那些在制造过程或消费过程中产生污染或需要处理的产品进行收费或课税。这项收费通过提高产品的价格实现。产品收费的对象可以是产品的某些特性（如矿物油中的含硫量）或产品本身（如对煤收费）。产品收费有两个作用：通过产品价格的上升，限制这类产品的生产与消费，刺激污染者采用替代物和进行技术改革生产污染小的产品；可以筹集资金，作为污染防止或者治理措施的资金来源。产品收费的目的是使那些对于环境友好的产品获得更为有利的价格。产品收费比较适用于那些具有扩散性和难以监测的污染问题，而对集中的污染源并不适用。目前，国外产品收费的应用范围比较广泛，包括汽车、化石燃料、电池、产品包装材料、不可回收容器、杀虫剂和化肥等。

（3）使用者收费

使用者收费是指在污染物集中处理或共同治理过程中，向污染物的收集、治理设施的使用者收取费用。收费标准一般根据使用者排入设施的污染物的数量和质量制定；收费费率根据其处理成本确定。使用者收费主要有以下两种方式：一是对居民或商业的生活污水进行收费，费率依据污水处理厂和泵站管网的运行费用而制定。这种类型的使用者收费对废水排放的影响是间接的，主要是通过降低水耗来达到减少污水排放的目的。二是针对小工业企业，综合考虑其排放污水的体积和污染物的浓度确定不同类型的污水收费标准。即按照排放的水量、水质进行收费。另外，经济合作与发展组织国家对城市居民、商业活动产生的垃圾也实施使用者收费制度，其费率是根据垃圾收集和处理成本确定，通常收费采用统一的费率，与其产生的垃圾量无关。目前美国、英国等国家的一些城市正在尝试把收费与实际产生的垃圾数量结合起来，即采取计量收费的方式。

（4）管理收费

管理收费是指管理对象向公共机构获取服务而支付的费用，如化学产品注册管理收费。这种收费应用不多，仅瑞典、比利时、丹麦、挪威和荷兰有管理收费的报道，中国目前实行的有毒化学品进出口登记管理费就属此列。

2. 环境税收

环境税收又称生态税收、绿色税收，是许多国家在环境管理中采用的经济手段。广义的环境税收包括与环境和资源有关的税收和优惠、环境收费和消除不利于环境的补贴等。狭义的环境税收主要是指对开发、保护和使用环境资源的单位和个人，按其对环境资源的开发利用、污染、破坏和保护程度进行征收或减免的一种税收。

按照课税客体的不同，环境税可以分为两类：一类是环境污染税，即对污染物或排污行为进行征税；另一类是环境资源税，即对稀有资源利用、破坏自然资源的行为征税。而从各国的税收实践看，环境税收主要包括三种类型：以直接排放到环境中污染物的数量和质量为标准征收的税收，即排污税，如污水税、噪声税、垃圾税、二氧化硫税和废物税等；对产生环境影响的商品和服务征收的税收，即产品税或原料税，如能源税、碳税、汽车税、化肥税、农药税和一次性用具税等；对开发和使用自然资源而征收的税收，即资源税，如石油税、煤炭税、有色金属税、水资源税和盐税等。

从可持续发展的角度看，环境税收是国家在环境管理中所运用的重要经济激励工具，其实质是建立一种经济利益刺激机制，通过发挥税收的行为激励和资金筹集双重职能，使环境污染和生态破坏的社会成本内化到生产成本和市场价格中去，再通过市场分配资源，最终实现控制环境污染和改善环境质量的目标。

环境税收是各种经济手段中最纯粹的一种市场经济手段。同其他经济手段相比，它的应用范围更广，几乎可以覆盖所有与环境有关的问题，在选择基准和征收额度方面，也具有更大的灵活性。

3. 补贴

补贴是各种形式财政补助的总称，一般是指政府及其纳税者为实际或潜在的污染者提供财务刺激，其目的是促使污染者改变损害环境的活动，减少对环境的污染，或者帮助那些在执行特殊环境要求中有困难的企业。通常采取以下几种形式：补助金，即污染者因采取一定措施降低污染而得到的财政补助；长期低息贷款，即提供给采用防治污染措施的生产者的低于市场利率的贷款；减免税，即为了刺激污染治理、保护环境的目的而采用的加快折旧、减征、免征或回扣税金等经济手段。

补贴是出于预防和治理的需要，对环境管理中的薄弱环节进行资助。但并不是所有的补贴都对环境有正面的影响，有时补贴会造成价格上的扭曲，影响资源的合理配置、开发和利用。目前，补贴主要应用在两个方面：一是补偿受税收影响的生产者和消费者；二是鼓励开发和推广某些环境友好的产品技术。但由于补贴有时存在消极作用，因此，取消补贴逐渐被各国所认同。

4. 押金-退款

押金-退款制度是指对有潜在污染的产品征收的一项额外费用。如果通过回收这些产品或把它们的残余物送到收集系统而能够避免污染，就将押金进行返还。押金-退款制度的实质是鼓励具有潜在污染性商品的生产者和使用者安全地处置相应商品。

从实施效果看，押金-退款制度具有较好的环境效益和管理效益，它不仅减少了随意丢弃现象，同时还起到了保护和回收资源、节约能源等作用。押金-退款制度的局限性是仅适用于那些耐用和可循环使用的，并在使用过程中不会消耗掉或消失掉的产品或物质。这项制度的初期仅出于经济上的考虑，如回收金属罐、玻璃瓶等。瑞典和挪威分别于1976年和1978年出于环境方面的考虑，实施了废旧汽车的押金制。此后，各国相继采用该制度回收废旧电池、汽车轮胎和啤酒瓶等固体废弃物，并取得了很好的环境效益。由于押金-退款制度是防止污染的有效手段，因此，该制度被许多发达及发展中国家广泛采用，并被认为是具有良好发展前景的经济手段。

5. 排污权交易

排污权交易又称排污许可证交易，是指在某一地区，根据环境质量控制标准预先确定各污染源的允许排放水平，形成了"污染权"产品的稀缺性市场，当某排放者排放水平低于允许排放水平时，该企业就可以把它的富余排放量（允许排放量减去实际排放量）出售给另一个企业或进入交易市场进行交易，从而使另一个企业获取比原来允许排放量更多的排放权。它是把环境容量转化为商品，通过出卖环境的纳污能力，并将其纳入价格机制的一种环境经济手段。排污权交易可以在公司内部、公司间或地区间进行。目前，最成功的是美国的酸雨计划中的二氧化硫排放交易制度。由于排污权交易与污染者付费原则一致性很强，而且在促进经济增长的同时能以最低费用消减到规定的污染物排放水平，具有较高的经济效率，因此，排污权交易是一项能适应向反强制手段方向发展的经济手段。

思政小结

资源环境是人类赖以生存和发展的物质基础，没有资源环境就没有人类的存在和发展，地球既是资源环境的载体，也是人类生活的载体。地球上的各种自然因素的总和构成环境资源，正是因为资源环境的存在才孕育出了地球上唯一具有思维能力的高级动物——人类。在自然界中人类不可能独善其身，孤立地存在。人类与资源环境可谓共生共荣、息息相通。

在资源环境问题上，人类当前的利益、价值与长远的、子孙未来的利益、价值难免会发生冲突，资源环境伦理要求这种冲突发生时，我们要兼顾当地人与后代人的利益，对当地人与后代人的价值予以同等的重视。甚至应该对子孙后代的利益和价值予以更多的考虑，并从后代人的立场上对我们当前的资源环境行为作出道德判断。在处理资源环境问题时，要考虑责任原则、节约原则、慎行原则，必须重视和加强资源环境管理。科学的资源与环境管理也是落实习近平生态文明思想和实现可持续发展的主要途径之一。

课后习题

1. 简述资源与环境管理的内容及其特点。
2. 资源与环境管理的理论基础有哪些？
3. 简述资源与环境保护法的特征。
4. 列举资源与环境管理的相关制度。
5. 什么是环境管理的经济手段？其类型有哪些？

10 "双碳"目标与新材料发展

> **教学目标**
>
> **教学要求**：了解"双碳"目标下产业转型发展的方向及相关举措，了解工业绿色低碳发展的相关背景及现状，掌握支撑绿色低碳发展的新材料政策、产业链结构和发展现状。
> **教学重点**："双碳"背景下新材料的产业链结构。
> **教学难点**：绿色低碳产业及相关新材料的内涵及应用。

2020 年 9 月 22 日，习近平主席在第七十五届联合国大会一般性辩论上代表中国政府和人民向国际社会郑重承诺，"中国将提高国家自主贡献力度，采取更加有力的政策和措施，二氧化碳排放力争于 2030 年前达到峰值，努力争取 2060 年前实现碳中和"。碳达峰碳中和是党中央经过深思熟虑作出的重大战略决策，事关中华民族永续发展和构建人类命运共同体，受到全社会的高度关注。本章首先对"双碳"目标下的产业转型发展进行详细介绍，之后详细阐述了"双碳"目标下新材料的发展方向，着重分析了新能源材料、新型绿色建筑材料及先进化工新材料的产业布局及发展动态。

10.1 "双碳"目标下的产业转型发展

党的二十大报告从推动绿色发展，促进人与自然和谐共生，助力实现中国式现代化的高度，就积极稳妥推进碳达峰碳中和作出新的部署。要求立足我国能源资源禀赋，坚持先立后破，有计划分步骤实施碳达峰行动，强调要统筹产业结构调整、污染治理、生态保护、应对气候变化，协同推进降碳、减污、扩绿、增长，推进生态优先、节约集约、绿色低碳发展，积极参与应对气候变化全球治理。

"碳达峰、碳中和"是当前及今后几十年我国绿色低碳发展转型面临的重大课题。首先，要保证经济增长，社会稳定繁荣，能耗是刚性的，以煤为主的能源体系是中国的基本国情，决定了中国实现碳中和的艰巨性。其次，中国提出用 30 年时间达到碳中和，意味着 2030 年至 2060 年，每年需减碳 3 亿 t 左右，减碳的强度和速度前所未有。在这样的情况下，要积极稳妥实现"碳达峰、碳中和"目标，其路径探索极其重要，总原则是社会总成本最低。现在政治家、企业家和学者都在积极探索中国实现碳中和的路径，全球也在关注着我们。

实现"碳达峰、碳中和"是一场广泛而深刻的经济社会系统性变革。中央反复强调实现"碳达峰、碳中和"目标，习近平总书记对"碳达峰、碳中和"目标高度重视，提出了对构建绿色低碳的产业体系的新要求。要坚决遏制"两高"项目盲目发展，升级改造传统产业,加快发展战略性新兴产业,打造绿色低碳现代服务业体系。同时,要加强区域协同和产业布局,深入推进区域协调发展战略。

10.1.1　构建绿色低碳的产业体系新要求

党的十八大以来,在习近平生态文明思想引领下,中国贯彻新发展理念,将应对气候变化摆在国家治理更加突出的位置,不断提高碳排放强度削减幅度,不断强化自主贡献目标,以最大限度提高应对气候变化力度,把碳达峰、碳中和纳入生态文明建设,推动经济社会发展全面绿色转型,建设人与自然和谐共生的现代化。2021年9月22日,《中共中央　国务院关于完整准确全面贯彻新发展理念做好碳达峰碳中和工作的意见》提出,"到2025年,绿色低碳循环发展的经济体系初步形成""到2060年,绿色低碳循环发展的经济体系和清洁低碳安全高效的能源体系全面建立"的阶段性目标。全面建立绿色低碳循环发展的经济体系的关键是构建绿色低碳循环发展的产业体系,实现以生产环节绿色化、低碳化、循环化为基础的社会活动链条和经济发展系统的全面绿色转型。加快构建绿色低碳的产业体系与经济社会发展全面绿色转型有着内在的密切联系。加快构建绿色低碳循环发展的产业体系是全面建立绿色低碳循环发展经济体系的核心任务,是推动经济社会发展全面绿色转型、重塑经济发展新优势、形成可持续发展新动力、开拓高质量发展新局面的重要举措,更是2060年前实现碳中和目标的基础和保障。

构建绿色低碳循环产业体系是碳中和目标下实现高质量发展的必要保证。习近平总书记关于"碳达峰、碳中和"目标的重要论述,就是要立足新发展阶段,贯彻新发展理念,构建新发展格局,坚持系统观念,处理好发展和减排、整体和局部、短期和中长期的关系,把碳达峰、碳中和纳入经济社会发展全局,以经济社会发展全面绿色转型为引领,以能源绿色低碳发展为关键,以确保如期实现碳达峰、碳中和。以创新、协调、绿色、开放、共享为核心的新发展理念,是永续发展的必要条件和人民对美好生活追求的重要体现,也是应对气候变化问题的重要遵循。绿水青山就是金山银山,尊重自然、顺应自然、保护自然就是实践新发展理念的理念先行。我国站在对人类文明负责的高度,积极应对气候变化,构建人与自然生命共同体。应对气候变化推动形成人与自然和谐共生的新发展格局,代表了全球绿色低碳转型的大方向。中国摒弃损害甚至破坏生态环境的发展模式,顺应当代科技革命和产业变革趋势,抓住绿色转型带来的巨大发展机遇,以创新为驱动,大力推进经济、能源、产业结构转型升级,推动实现绿色复苏发展,让良好生态环境成为经济社会可持续发展的支撑。

构建绿色低碳循环产业体系是共建人类命运共同体的关键抓手。在实现碳中和目标的严峻形势下,必须依靠全面重构以绿色低碳循环为特征的新型产业体系,形成推动绿色低碳循环发展的系统动力,才能有效推动经济发展方式产生变革。我国已经成立了中央层面的碳达峰、碳中和工作领导小组,组织制定并将陆续发布"1+N"政策体系。"1"是中国实现"碳达峰、碳中和"的指导思想和顶层设计,"N"是重点领域和行业实施方案,包括能源绿色转型行动、工业领域碳达峰行动、交通运输绿色低碳行动、循环经济降碳行动等。坚决遏制高耗能、高排放行业盲目发展,推动能源、钢铁等传统产业优化升级。发展新一代信息技术、高端装备、新材料、生物、新能源、节能环保等战略性新兴产业,发展智能制造与工业互联网,努力构建高效、清洁、低碳、循环绿色制造体系。气候变化给各国经济社会发展和人民生命财产安全带来严重威胁，应对气候变化关系最广大人民的根本利益。面对全球气候挑战，人类作为一荣俱荣、一损俱损的命运共同体，应该携手团结、推进合作。这是各国人民的共同期待，也是中国为人类发展提供的新方案。减缓与适应气候变化不仅是增强人民群众生态环境获得感的迫切需要，而且可以为人民提供更高质量、更有效率、更加公平、更可持续、更为安全的发展空间。我国坚持人民至上、生命至上，充分考虑人民对美好生活的向往、对优良环境的期待、对子孙后代的责任，探索应对气候变化和发展经济、创造就业、消除贫困、保护环境的协同增效，在发展中保障和改善民生，在绿色转型过程中努力实现社会公平正义，增加人民获得感、幸福感、安全感。

构建绿色低碳循环产业体系是实现减污降碳的重要手段。大力推进"碳达峰、碳中和"，实现减污降碳协同增效。实现"碳达峰、碳中和"是我国解决资源环境约束突出问题、实现中华民族永续发展的必然选择，也是对世界的庄严承诺。将"碳达峰、碳中和"纳入新发展格局，必须以经济社会发展全面绿色转型为引领，实现质量协同增效。"碳达峰、碳中和"的目标建设对经济结构、能源结构、交通运输结构和生产生活方式都会产生深远的影响，有利于倒逼和推动经济结构绿色转型，助推高质量发展；有利于减缓气候变化带来的不利影响，减少对人民生命财产和经济社会造成的损失；有利于推动污染源头治理。我国把握污染防治和气候治理的整体性，以结构调整、布局优化为重点，以政策协同、机制创新为手段，推动减污降碳协同增效一体谋划、一体部署、一体推进、一体考核，协同推进环境效益、气候效益、经济效益多赢，走出一条符合国情的绿色低碳发展道路。

10.1.2 坚决遏制"两高"项目盲目发展

实现碳达峰、碳中和是我国向世界作出的庄严承诺。兑现这项承诺时间紧、任务重，我国面临的能源和产业转型任务极为艰巨。当前，我国产业结构一直在调整，但问题依旧存在，结构性污染问题依然突出。2021年是"十四五"开局之年，全国各地为实现碳达峰、碳中和目标积极采取行动，但同时也暴露出"两高"项目盲目扩张的问题。一些地方"两高"项目上马冲动、管控不严，去产能工作不严不实，借碳达峰来"攀高峰、冲高峰"，发展高耗能产业的冲动强烈，严重影响了碳达峰目标的实现和区域环境质量的改善。

"十四五"规划和2035年远景目标纲要提出，要坚决遏制"两高"项目盲目发展，推动绿色转型实现积极发展。"十四五"时期是实现2030年前二氧化碳排放达峰目标、持续改善环境质量的关键时期，要把实现减污降碳协同增效作为促进经济社会发展全面绿色转型的总抓手，不符合要求的高耗能、高排放项目要坚决拿下来。严格控制"两高"项目盲目发展是实现碳达峰、碳中和目标的必然要求，也是推动绿色转型低碳发展的必由之路。如果任由"两高"项目盲目发展，将会直接影响产业结构优化升级和能源结构调整，直接影响"碳达峰、碳中和"目标的如期实现。

正确处理好"增量和存量"的关系。我国工业二氧化碳排放量占全国总排放量的80%左右，火电、钢铁、水泥、有色、石化、化工、煤化工等重点行业又占其中的80%以上，是实现"双碳"目标的重点。一方面，上述"两高"行业确实单体能耗高、碳排放量大，但又都是不可或缺的重要基础产业，而新上项目的技术工艺往往处于本行业先进水平，如果把"降耗减碳"的发力点大部分放在控制增量上，实质上是保护"落后"生产力，一定程度上阻碍了生产力发展；另一方面，现有存量"两高"项目以及其他行业，点多面广且有很大的技术进步空间，更应作为"降耗减碳"的重点，以腾出发展空间给新项目、好项目，进而推动全产业提质增效。因此，总体上既要控"增量"，更要减"存量"，同时区别对待整体行业和个体项目；在当前有序控制增量的同时，更要加快存量改造升级，把握窗口时间、争取发展空间。

做好"两高"项目管理工作。对"两高"项目实行碳排放权总量控制、倍量交易和区域调控等，并对重点行业实行"只出不进"，防止出现区域和企业"越有钱越能买到排放权"的情况，促进产业布局优化、加快结构调整。进一步扩大交易行业范围，实现"两高"项目全覆盖，并允许跨区域、跨行业流转，防止交易碎片化。

健全碳配额管理机制。改革当前按照"自下而上"方法，即由地方逐级核算重点排放单位配额数量，加总形成行政区域配额总量基数的方式，以碳排放监测统计核算体系为依托，以碳达峰碳中和总体目标为依据，全面摸清全国碳排放现状和控制目标，由国家层面统一分解下达各省份碳配额总量，同步建立"两高"项目等各类重点碳排放行业全口径管理台账，有的放矢精准管理，由上而下扁平化推进碳减排工作，增强碳配额管理体系对碳减排的刚性约束力。

优化资金投入机制。针对碳达峰过程中，因限制"两高"项目而造成的地方财政收入减少等情况，可以采取加大财政转移支付、生态补偿等方式。同时，分阶段、渐进式征收碳税，加强碳税与碳排放权交易市场联动，税率参照碳市场价格分档确定，对碳税收入实行专款专用，专门用于低碳科技发展与项目投资建设；辅以节能降碳、资源综合利用等税收优惠政策，更好发挥税收对市场主体绿色低碳发展的促进作用。

10.1.3 升级改造传统产业

实现"碳达峰、碳中"和目标，根本上要依靠经济社会发展全面绿色转型。作为中国国民经济的主导产业，推动工业绿色低碳循环发展是实现"碳达峰、碳中和"目标的本质要求，也是解决中国资源环境生态问题的基础之策。要下大气力推动钢铁、有色、石化、化工、建材等传统产业优化升级，调整传统工业行业结构，严格能源消耗总量和强度"双控"，加快工业领域低碳工艺革新和数字化转型。

推动高耗能行业产量尽快达峰。贯彻落实新发展理念，推动构建"双循环"发展新格局，严控高耗能行业新增产能，扎实推进钢铁、石化、化工等传统的高耗能行业的绿色化改造，加快高耗能行业的转型升级。同时，随着全球的低碳转型，中国高耗能产品出口面临碳关税征收导致竞争力不足的问题，需要建立绿色贸易体系，大力发展高质量、高附加值的绿色产品贸易，需从严控制高污染、高耗能产品出口，推动国际贸易高端化发展，实现国内国际双循环相互促进。尽快制定电力、钢铁、水泥、有色、石化、煤化工等重点行业碳达峰行动方案和路线图，明确行业达峰时间和达峰排放量，制定相关配套政策工具和手段措施，推动重点行业碳排放尽早达峰。在电力、钢铁、水泥等高碳排放行业开展碳排放总量控制，在排污许可证制度基础上探索试点碳排放许可制度。

统筹低碳转型与工业化、城镇化进程。一方面，抓住中国正逐步从工业化中期向后期转变过程中生产要素组合方式和增长动能发生重大变化的机遇，推动经济绿色低碳转型，走好新型工业化道路；另一方面，抓住产业发展推动和消费升级推动城镇化加速的新机遇，完善绿色基础设施建设，同步加大对居民节约绿色消费习惯的培养和引导，推动全社会绿色低碳转型，加快城镇化进程。

制定出台制造业稳定发展支持政策和保障机制。在促进工业低碳转型中，发达国家普遍采用财税激励手段确保制造业稳定发展。美国通过减税的方式以鼓励企业进行节能和绿色低碳发展；日本对于采购节能低碳设备的企业给予税收减免，并对节能改造项目予以财政补助，同时安排了专项资金支持节能技术的研发；德国为保障制造业比重稳定，赋予制造业比民生领域更低的用能成本。借鉴发达国家对制造业绿色低碳发展转型的相关做法，中国可以根据不同行业的用能成本负担，适时出台税收抵免等优惠政策。同时，要重视完善就业保障和财政转移机制，对重点区域和行业进行补贴，推进制造业绿色转型、可持续发展。

10.1.4　加快发展战略性新兴产业

要紧紧抓住新一轮科技革命和产业变革的机遇，发展新一代信息技术、高端装备、新材料、生物、新能源、节能环保等战略性新兴产业，发展智能制造与工业互联网，努力构建高效、清洁、低碳、循环绿色制造体系。支持低碳发展创新可以在国际竞争中保持主动性，未来中国能否在低碳领域处于世界发展前列，很大程度上取决于技术创新能力。

化石能源一直以来都是我国能源提供的基石，无法在短期内全面被替代，因此，在全面考虑资源禀赋、经济发展等要素的基础上，逐步实现以新能源为基础的低碳化发展模式，是符合我国当前基本国情、基本能情的必然选择。

随着低碳技术的创新和成果转化，"双碳"目标将在未来催生百万亿数量级的绿色低碳产业和市场，带来广阔投资机会。既有传统制造业高端化、智能化、绿色化改造机会，又有培育战略性新兴产业、发展新业态新模式机会，相应新材料、新技术、新工艺、新装备的发展潜力巨大，需要进行长期大规模的绿色投资。特别是在许多赛道将出现"换道超车"的难得机会，有利于不断推动制造强国建设取得新进展、实现新突破。截至 2022 年 4 月，我国新能源汽车保有量达 891.5 万辆，占比 2.9%，如果这个比例提高到 30% 甚至 50%，将成为巨大的增长源。

在全球能源转型、实现碳中和过程中，氢能承担着不可替代的重要角色。氢能是未来零碳能源体系中至关重要的组成部分，是目前唯一大规模跨季节存储可再生能源的手段。其中，绿氢是诸多行业深度脱碳的唯一手段，包括以石化、化工、钢铁为代表的工业领域，以冷暖供应为代表的建筑行业以及以重卡、航运和航空为代表的交通行业。可再生能源成本下降、绿氢制备应用技术进步和全球"双碳"转型要求，推动绿氢快速发展。欧盟、美国、德国、英国、日本、韩国等主要经济体纷纷推出氢能发展战略。我国具有良好制氢基础和大规模应用市场，氢能产业呈现积极发展态势。2020 年是我国氢能产业发展的重要年份。氢能首次写入《中华人民共和国能源法》（征求意见稿），从法律上正式步入能源体系。随着"双碳"目标和"1+N"体系确立，我国氢能规划从以燃料电池为主，向能源、工业、建筑等多领域拓展。2022 年，国家发展改革委、国家能源局联合印发《氢能产业发展中长期规划》（2021—2035 年），从战略层面对氢能产业发展进行了顶层设计，即从生产端：氢能是未来国家能源体系的重要组成部分；从消纳端：氢能是用能终端实现绿色低碳转型的重要载体；从产业端：氢能产业是战略性新兴产业和未来产业重点发展方向。2020 年启动的燃料电池示范城市群申报工作，进一步推动了氢燃料电池汽车行业发展。从各城市群发布规划来看，北京、上海、山东、内蒙古等 11 个重点省（区、市）将在 2025 年实现共计超过 8 万辆燃料电池汽车的应用推广。2021 年我国氢燃料电池汽车年销售 1881 辆，建成加氢站 264 座。

近年来，我国光伏制造技术获得了重大突破、快速迭代，量产单晶硅、多晶硅电池平均转换效率不断提高，分别达到 22.8% 和 20.8%，已领先全球；与此同时，成本同步降低，光伏电池组件成本下降超过 90%，2021 年我国占据全球市场份额超过 70%。据 IEA 估计，为实现可再生能源转型目标，到 2030 年太阳能电池板产能需增加一倍，行业新增投资达 1200 亿美元，从业人员翻一番至 100 万人。如世界其他地区加大投资，拓宽供应链，将能带来更大机会。

生物质能是自然界中植物提供的能量，植物光合作用可将太阳能贮存在生物质之中。生物质能是利用历史最为久远的能源，最初的利用方式为直接燃烧。生物质能的来源有两大类，一是植物燃料，包括柴草、树叶、作物秸秆；二是动物粪便，部分农业废弃物、林业剩余物、家庭生活垃圾、人畜粪便等有机废弃物以及工业及城市有机废弃物也被用作燃料。虽然我国西南地区、东北、山东等地是生物质能资源丰富区域，但是生物质能利用的产业化水平并不高。

核能也称原子能，是原子核结构发生变化时释放出来的巨大能量，包括裂变能和聚变能两种主要形式。目前核能发电利用的是裂变能。要时刻记住日本福岛核事故教训，在安全、技术、管理方面严格把关，保证核能的安全、高效供给。除此之外，培养备灾管理能力，做好风险对冲和能源储备设计。2019 年，中国核电消费量为 74170.40 亿 kW·h，占全球消费总量的 12.5%，居世界核电第三位；同比增长 18.2%，是全球核能大国中增速最快的国家；但核能在中国一次能源结构中占比仅 2.19%。2021 年 8 月 31 日，国家能源局发布落实中央生态环境保护督察报告反馈问题整改方案，其中提出：切实做好核电厂址保护，在确保安全的前提下积极有序推进沿海核电建设。未来几年内，中国核能的核心任务是沿小型反应堆、可控核聚变和低能核聚变 3 个方向的多条技术路线加快技术突破和商业化。

10.2 "双碳"目标下新材料的发展方向

低碳经济是以低能耗、低污染、低排放为基础的经济模式，低碳经济主要从两个方面带动实体经济的发展，一个是激发新能源产业的活力，另一个是对传统产业的低碳化转型升级。新能源产业快速发展面临一系列材料"卡脖子"关键问题，新材料的发展是传统产业提升能效和降低排放的基础，"双碳"目标更是为我国新材料产业的转型发展提供了动力和舞台。

新材料指新近研究成功或正在研制中的高性能结构材料和具有特殊性质的功能材

料。作为当今材料科技发展最活跃的产业领域之一,新材料产业已成为决定一国高端制造及国防安全的关键因素,是支撑新兴产业发展的基础性产业。全球新材料产业规模不断扩大且维持稳中有升的发展态势,2010—2019 年,全球新材料产业规模从 4000 亿美元增加到 2.8 万亿美元,平均增长率近 10%。长期以来,新材料产业的创新主体主要是美国、日本和欧洲众发达国家,各地区的大型跨国公司在经济实力、研发能力、核心技术等方面居全球垄断地位;中国、韩国、俄罗斯占据全球第二梯队,我国的半导体照明、稀土永磁材料等在全球具有一定的优势和市场;除了巴西和印度等少数国家,大多数发展中国家的新材料产业仍处于起步阶段,地区差异日益明显。

10.2.1 我国新材料产业节能降碳相关政策

从全球新材料产业发展上看,世界各国、组织都在积极地将新材料的发展与绿色、低碳经济结合起来。各国、组织高度重视新材料与资源、环境和能源的协调发展,大力推进与绿色发展密切相关的新材料、技术、产品开发与应用。美国在新能源材料、轻合金、氢燃料电池、纳米材料、生物材料、节能材料等新材料领域进行了规划和布局;欧盟将催化剂、光学材料、光电材料、生物医学材料等列为十大重点领域;德国和英国在清洁能源和产业低碳化方面卓有成效,其新材料发展也从新能源材料研发和满足低碳产业化的需求等方面制定战略。各国、组织在新材料领域战略计划中关于节能降碳重点方向的总结如表 10-1 所示。

表 10-1 国外新材料产业节能降碳方向政策总结

国家、组织	战略计划	重点领域
美国	《光伏建筑物计划》《先进汽车材料计划》《国家纳米计划》《氢燃料电池研究计划》《2011 关键材料战略》《材料基因组计划》等	新能源材料、推进系统材料、汽车轻量材料、纳米材料、储氢材料、清洁能源材料、生物材料、光电材料、节能材料、轻质结构材料等
欧盟	《地平线 2020 计划》《能源 2020 战略》《尤里卡计划》《第七科技框架计划》等	催化剂、光学材料、光电材料、磁性材料、仿生学、生物医学材料、智能纺织材料等
日本	《第五期科学技术基本计划》《纳米材料计划》《超级钢铁材料开发计划》等	工程塑料、高性能碳纤维材料、汽车钢铁、轻合金、非晶合金、节能环保材料等
德国	《能源战略 2050:清洁可靠和经济的能源系统》《工业 4.0》《纳米技术政府市场计划》等	可再生能源材料、生物材料、电动汽车相关材料等
英国	《低碳转型计划》《英国可再生能源发展路线图》《英国工业 2050》	低碳产业相关材料、高附加值材料、生物材料、海洋材料等

近年来,我国国内产生了若干具有创新能力、核心技术、销售收入超过百亿元的新材料龙头企业,建成了一批主业突出、配套齐全、产值超过 300 亿元的新材料产业集群。但是,在信息显示、运载工具、能源动力、高档数控机场和机器人五大领域所常用的 244 种关键材料中,我国仅有 13 项材料国际领先、39 项材料国际先进。我国是材料

大国，各领域均有建树，材料体系完整；但我国不是材料强国，产业基础能力不足，新材料核心技术尚需逐一突破。

低碳经济是可持续发展的内在需求，我国对绿色、低碳新材料的需求会愈加强烈。"十二五"以来，我国政府高度重视新材料产业发展，出台了一系列新材料发展规划（表10-2）。我国早期的冶金、化工等行业是以牺牲生态环境为代价实现高速发展，能耗高、污染大、生态欠账多。2014年，发展改革委、财政部和工业和信息化部发布《关键材料升级换代工程实施方案》，至此我国开始在新材料发展规划中针对节约能耗和绿色发展提出明确的目标和方向。我国将新材料定义为先进基础材料、关键战略材料和前沿基础材料。根据国家规划指示，与节能、减排、绿色相关的新材料领域主要包括轻合金、绿色建筑材料、生物材料、先进化工材料、新能源材料、耐热材料等。

表10-2 近10年中国新材料产业节能降碳重点方向总结

时间	发展规划	节能降碳重点领域
2014年10月	《关键材料升级换代工程实施方案》	锂离子动力电池材料、信息功能材料、海洋工程材料、节能环保材料、先进轨道交通材料等
2016年4月	《关于加快新材料产业创新发展的指导意见》	精细磷化工、特种陶瓷、新型墙体、高纯石墨碳材、人造宝石、有机硅、石头纸、玄武岩纤维、碳化硅新型不定型耐火材料和纤维、硅藻土、高岭土等新型无机非金属功能材料
2017年1月	《新材料产业发展指南》	轻合金：高强铝合金、高韧钛合金、镁合金等有色金属材料；化工材料：高端聚烯烃、特种合成橡胶及工程塑料、生物可降解材料 先进建筑材料；战略性前沿材料：石墨烯、增材制造材料、纳米材料、超导材料等； 新能源材料：镍钴锰酸锂/镍钴铝酸锂、富锂锰基材料和硅碳复合负极材料、储氢材料、质子交换膜、极板材料； 节能材料：稀土发光材料、耐火材料、生物可降解材料
2019年12月	《重点新材料首批次应用示范指导目录（2019年版）》	无氯氟聚氨酯化学发泡剂、PEEK工程塑料、LCP工程塑料、热塑性塑料等先进化工材料、防腐涂层、耐热材料、铜铟镓硒太阳能发电组件、碲化镉发电玻璃、高硅氧玻璃纤维制品、汽车尾气催化剂、海洋微生物清洁节能剂、气凝胶等
2020年9月	《节能与新能源汽车产业发展规划》	电池正负极材料、高性能镁铝合金、纤维增强复合材料、低成本稀土永磁材料、储氢材料等
2021年10月	《2030年前碳达峰行动方案》	气凝胶、低碳混凝土等建筑材料；可再生有色金属；碳纤维、特种钢材等基础材料
2021年10月	《关于完整准确全面贯彻新发展理念做好碳达峰碳中和工作的意见》	建筑材料、低碳零碳负碳和储能新材料、气凝胶等建筑材料

10.2.2 新材料重点领域发展分析

新能源材料的开发促进了新能源系统的诞生，新能源材料的使用直接影响着新能源系统的运行效率、投资与运行成本。新能源材料是新能源产业发展的基础，加速突破新能源材料关键技术成为当务之急。全球源自建筑建造和运营的二氧化碳排放占全球与能源相关碳排放的比重超过60%，建筑领域是实现整体碳达峰的关键一环。随着绿色建材评价标识工作的深入开展，加快将绿色建材相关要求纳入绿色建筑的政策和标准中，实现上下游的实际联系，必将促成绿色建筑倒推绿色建材的互动发展模式。在低能耗和低碳排放的约束条件下，"双碳"战略为化工新材料产业带来技术驱动力，压缩落后产能，鼓励新型工艺，倒逼环保和低碳排放新材料取代高排放、高能耗旧材料，扩大了现有化工新材料的应用需求。

10.2.2.1 新能源材料

在全球碳中和大背景下，能源格局从化石能源占绝对主导朝着低碳多能融合方向转变。随着我国承诺"双碳"目标，政府对可再生能源发电和储能技术开发日益重视，先后出台了一系列政策，启动重大研发项目开展技术研究，并部署了一大批可再生能源发电、分布式能源、储能等类型的示范工程。新能源材料定义为支撑新能源发展的、具有能量贮存和转换功能的功能材料或结构功能一体化材料。新能源材料根据应用领域可分为储能材料、光伏材料、电池材料、新能源汽车材料等（图10-1）。

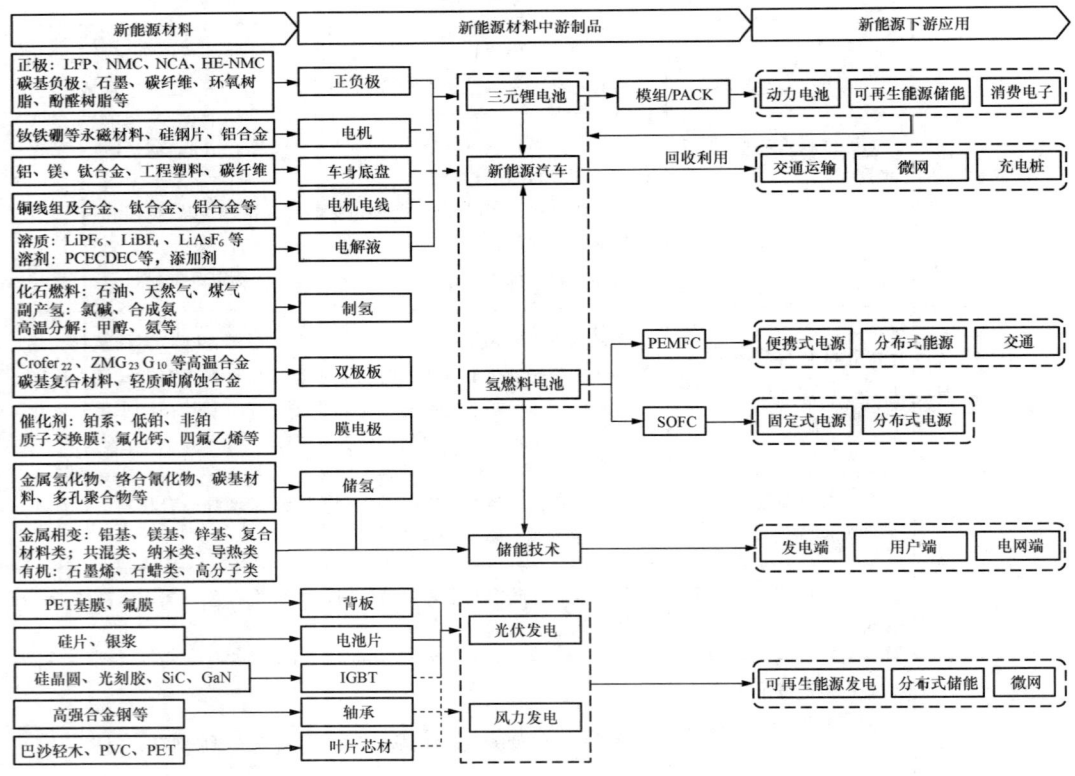

图10-1 新能源材料产业链图谱

新能源汽车是低碳经济中最基本的消费品,同时也很有潜力在能源互联互通的"能源互联网"时代成为基本的能源传输单位。新能源汽车推动了整个汽车行业使用轻合金替代传统钢材实现轻量化,镁、铝、钛及其合金在汽车、舰船、航空航天等领域都是最理想的轻量化结构材料。相比传统交通工具,新能源汽车使用的铜线组超过传统汽车4倍,超过90kg铜/车。铜线组在光伏、海上风电等新能源基础设施中的用量也十分可观。拥有高于钐钴永磁材料的磁性能和低于稀土永磁材料的价格,钕铁硼永磁材料被应用于更轻、更小、更高效的新能源汽车永磁同步电机和其他零件中,单车消耗量达到2.5kg以上。2020年全国新能源汽车累计消耗钕铁硼超过3400t,钕铁硼永磁材料在节能电梯、直驱风力发电机、变频空调等节能领域也有应用。

储能系统作为能量存储和转化设备,是解决可再生能源不稳定性的关键技术。储能技术分为物理储能和化学储能,物理储能的技术相对成熟,相变储能材料是脱碳化时代的重点发展方向之一。相变材料的种类繁多,按照材料结构分类,可分为有机相变材料、无机相变材料与金属材料。目前,相变储能在实际应用中存在着使用寿命不理想、与载体复合机制不明导致储能效果不佳、相变温度导致使用环境受限等技术难题。化学储能包含电池储能和超级电容储热,电池储能相较于其他技术,受地理环境影响小,电能储存、释放、调度调控更灵活。随着使用成本、能量密度、安全可靠等关键技术问题得到逐步解决,电池将成为储能新增装机的主流,发展前景广阔。

当前电池技术的能量密度无法支撑未来数百亿瓦时的储能需求,先进锂离子电池将只是能量存储的一个过渡性解决方案,开发来源丰富且可循环使用的燃料电池储能技术,将其作为传统电池持久、安全的补充方案是非常必要的。质子交换膜燃料电池(PEMFC)技术具有工作温度低、启动速度快、环境友好等优点,是当前应用最广的燃料电池。目前,PEMFC的研究重点为具有更高催化活性、更低成本的新膜电极材料,包括低铂系和非铂系电极。对比PEMFC的高成本、低能量密度不足,固体氧化物燃料电池(SOFC)具有发电效率高、燃料适应性强、几乎没有颗粒物/NO_x/SO_x排放、可实现热点连供等优点。SOFC的工作温度区间为650~800℃,可使用廉价的氧化物电极代替昂贵的贵金属催化剂,但较高的工作温度对电池结构材料的综合性能提出了很大的挑战。国产连接体材料在使用寿命和综合性能上较德国、日本进口材料都有不小的差距,价格更是相差数十倍,这大幅提高了国产SOFC的制造成本。

10.2.2.2 新型绿色建筑材料

新型绿色建筑材料一般定义为采用清洁生产技术,不用或少用天然资源和能源,大量使用工农业或城市固态废弃物生产的,无毒、无污染、低排放、易回收的环境和人体健康友好型建筑材料。"双碳"目标对高能耗、高排放的建筑行业节能环保工作提出了更高的要求,进一步提升建筑材料绿色化水平是建筑材料领域科学研究和产业发展的重要方向。新型绿色建筑材料主要包括水泥、混凝土、绿色墙体材料、保温隔热材料以及绿色装饰材料等,其产业链结构如图10-2所示。

水泥是土木工程中最重要的建筑材料,其生产过程排放的温室气体占全产业温室气体总排放量的7%,属于温室气体排放重点监控行业之一。降低单位水泥生产碳排放是降低水泥产业温室气体总排放的唯一路径。在水泥中掺入粉煤灰、矿渣、硅灰等辅助性胶凝材料取代部分熟料,能够有效降低水泥碳排放。面对因钢铁煤炭产业大幅减产导致

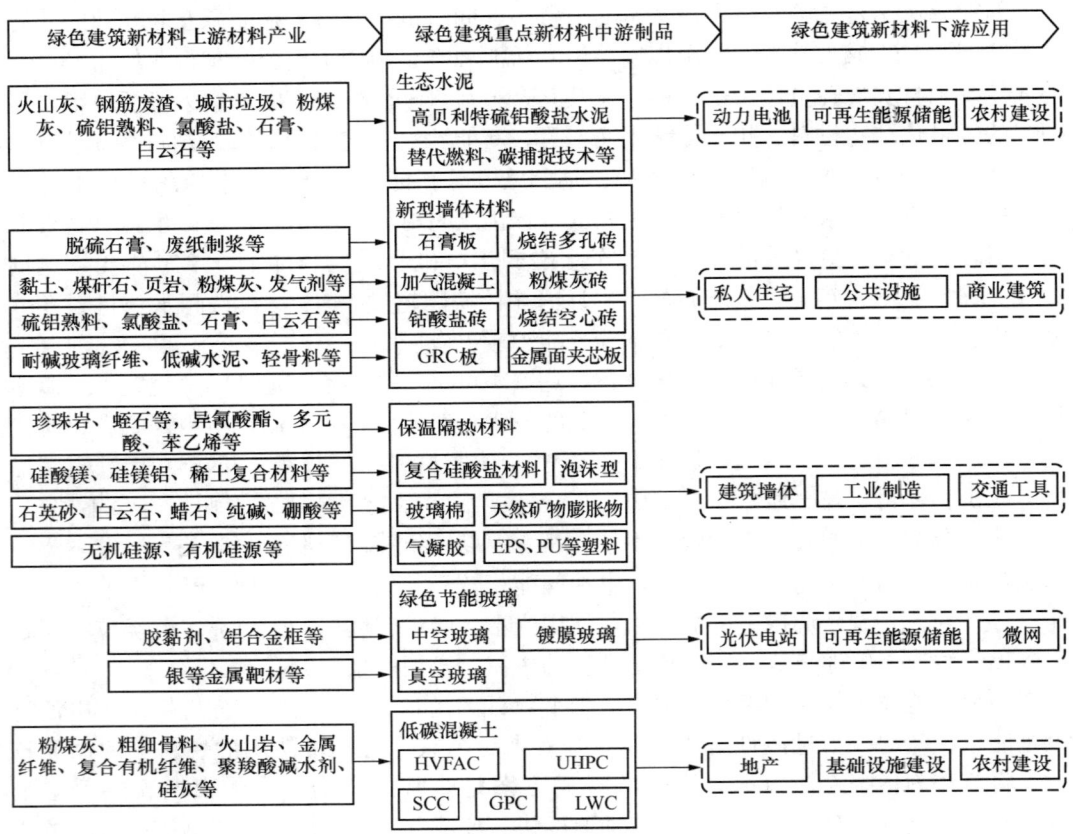

图 10-2 新型绿色建筑材料产业链图谱

辅助性凝胶材料产能告急的困境，国内外研究机构正在探索如脱硫石膏、建筑垃圾细粉、赤泥等固废，天然火山灰、石灰石粉、钢铜渣等新型辅料。硫铝酸盐生产中碳排放较硅酸盐水泥更低，高贝利特硫铝酸盐水泥等特种水泥有望取代或部分取代硅酸盐水泥熟料的胶凝材料体系。

降低混泥土生产和服役过程中碳排放的方法主要有减少混泥土中熟料和胶凝材料的使用量、利用固体废弃物原材料、提升混凝土寿命、提高混凝土二氧化碳吸附等。目前，低碳混凝土一般通过提高粉煤灰掺入量（HVFAC），或加入流变调控聚合物外加剂、微纳米降黏材料、无机膨胀材料、有机减缩外加剂等制成超高性能混凝土（UHPC）、超高强度混凝土（UHSC）、自密实混凝土（SCC）、低聚物混凝土（GPC）等。

绿色墙体材料、保温隔热材料以及绿色装饰材料等也是绿色建筑材料的重点发展方向。新型绿色墙体材料具有自重轻、隔声效果好、节能效果好、经济实惠等特点，一般选择粉煤灰、矿渣灰及混凝土空心砌块等作为墙体的环保材料。气凝胶、复合硅酸盐、天然矿物膨胀物等是绿色低碳的保温隔热材料，气凝胶的多孔结构让其拥有多倍于传统玻璃纤维或泡沫绝缘材料的隔热能力。真空玻璃有传统玻璃无法比拟的优势，其使用寿命远远长于普通玻璃，并且其隔热、隔声、保温效果非常好，可以充分利用太阳光等自然光线来调节室内温度,达到绿色节能效果。可循环利用、自修复、自监测等类型智能建筑材料也是未来的重要发展方向。

10.2.2.3 先进化工新材料

先进化工是国民经济的重要基础性、先导性产业,技术含量和附加值高,是推动我国由石油化工大国向强国跨越的重点关键领域,也是化工行业转型升级的重要方向。我国化工材料产业发展呈现几个特点,一是发展快、需求量高;二是产业配套能力不足,化工基础原材料质量不稳定;三是自主创新能力不足,原材料、高端产品、核心技术装备大量依赖进口。如图10-3所示,聚碳酸酯、聚氨酯、高端聚烯烃、橡胶、石墨烯等化工材料被大量用于我国制造业,也是诸如光伏、储能、新能源等绿色新兴产业的重要原材料。

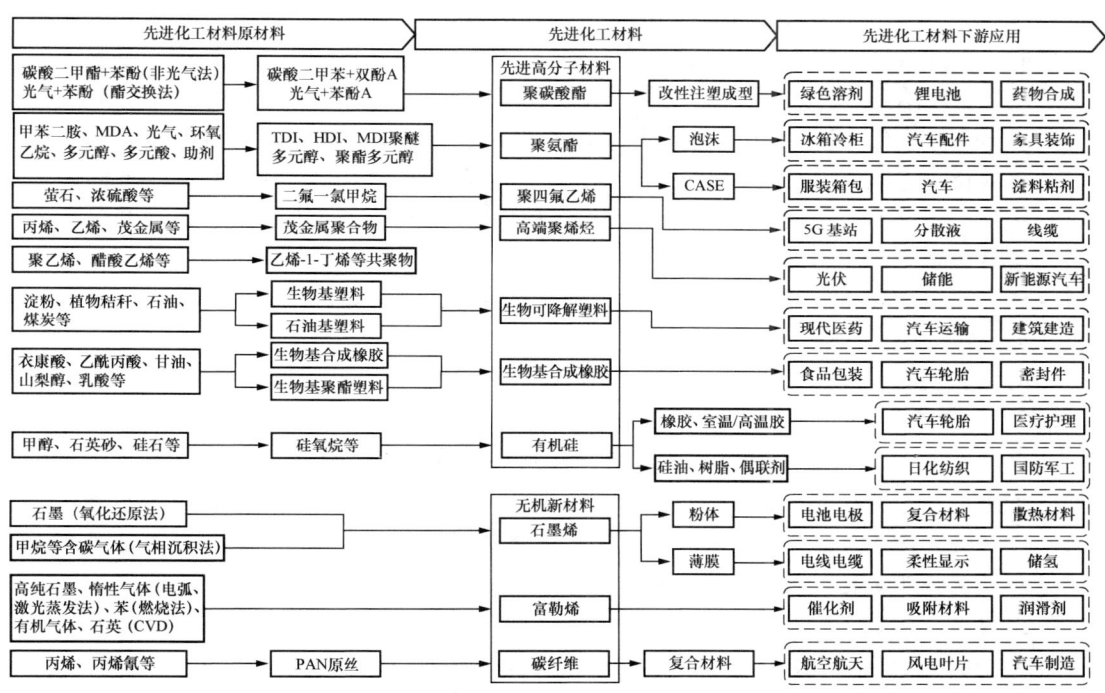

图 10-3 先进化工新材料重点方向产业链图谱

因耐冲击、高耐热、高透明等特性,聚碳酸酯在电子电器、光学薄膜、汽车等主力市场应用持续上升,2019年其消费量达到230万t,同比增速超过22%,同时其在绿色溶剂、非光气聚碳、非光气聚氨酯、新能源锂电、绿色药物合成等绿色新兴领域还有很大的拓展空间。我国聚碳酸酯对外依存度超过65%,其上游苯酚、丙酮、双酚A产业国内产能有待继续扩张。"双碳"目标为聚氨酯保温材料、涂料、复合材料、胶黏剂、弹性体等带来新的发展机遇,我国聚氨酯主要原材料产能均超过全球产能的1/3,制品产值为3200亿元,在建材、氨纶、合成革和汽车等领域其下游产品的产量均居世界第一。聚四氟乙烯(PTFE)树脂是目前介电常数最低的高分子材料,广泛用于制备5G基站覆铜板,同时也是全球消费量占比超过一半的含氟聚合物,未来在线缆和节能环保领域的应用会持续加大。PTFE的产能占全球40%以上,但是以注塑型中低端产品为主，高端化、高附加值是我国 PTFE 及聚氨酯产业的发展方向。光伏、储能膜、新能源汽车等新兴市场对我国聚烯烃产业提出了高端化需求，我国聚烯烃产品以中低端通用料为主，高端产品以及生产技术严重依赖进口，产品自给率仅为 44%，生产工艺依存度已超过 90%。"双碳"目标为橡胶产业同样带来了新的机遇，即再生橡胶、天然橡胶和生物基合成橡胶。目前，国外的生物基合成橡胶体系已经发展到第三代，在全球低碳经济时代将有很大的市场潜力。

石墨烯是目前自然界最薄、强度最高、导电导热性能最强，同时兼备很好塑性的一种新型纳米材料，石墨烯、富勒烯、碳纤维等无机化工新材料被广泛用作各类轻量复合材料、绿色建筑材料添加剂，同时还是电池电极、光电元件、污染治理、氢气储存、高性能功能材料等绿色新兴产业的重要原材料。中国在石墨烯科学研究和产业化方面已经走在世界的前列。2020 年，中国大陆发表的石墨烯论文数量占全球同类论文的比重超过 3 成；中国石墨烯相关专利申请占全球同类专利申请的比重接近 7 成；中国石墨烯企业总数量已经达到 1.2 万家，全国各地建立了 29 个石墨烯产业园、54 家石墨烯研究院、8 个石墨烯创新中心，但重复建设现象严重，且未能和当地产业充分结合；石墨烯产业化创新主力依靠以材料生产为主的中小企业，高价值应用（光电器件、半导体、集成电路等）研究不足，近 8 成石墨烯下游产品集中在石墨烯加热器、理疗、可穿戴产品、涂料、导电添加剂等中低端领域，技术门槛低、产品附加值低、高成本等因素导致行业整体亏损，盈利模式尚需进一步探索，全产业链生态体系脆弱。

思政小结

中国能否在 36 年后高质量如期实现"碳达峰、碳中和"总体目标，与工业领域转型升级的质量与进程密切相关。中国工业只有坚持并发扬绿色低碳发展理念，明确并树立以"双碳"愿景为主导思想的大局观、发展观、战略观，才能不断深入地推进工业领域绿色低碳转型发展，向全面绿色低碳转型目标持续前进。

2022 年，我国太阳能电池组件占全球市场份额超过 80%，新增光伏装机量占全球比重达 45%。中国新能源汽车销量达 567 万辆，超过全球总交付量的一半。中国工业绿色发展成果为全球降低碳排放提供了绿色技术、绿色能源、绿色产品等重要支撑。而作为支撑工业绿色低碳发展的新材料，在新一轮工业革命中发挥着至关重要的作用。与其他国家相比，我国新材料产业发展具有资源优势和市场优势。许多地区的新材料产业发展较快，一些领域已经形成一定的产业规模和集群效应。但目前我国新材料产业普遍存在产品低端，高附加值的产品和技术非常匮乏，多项"卡脖子"关键技术尚需突破，各领域顶级团队和高端人才储备不足，配套支撑不足，技术成果转化效率低等问题。"双碳"大目标为我国新材料产业的整备前行提供了很好的机会，同时也非常需要政府、企业及科研院所的共同努力，只有深入分析中国新材料产业发展需求、现状和技术方面存在的瓶颈，并及时采取有效措施，才能提升新材料产业的技术水平，促进新材料产业向高质量方向发展，推动中国由工业大国向工业强国转型，为低碳经济发展创造更为有利的条件。

课后习题

1. 简述"双碳"目标下,如何进行产业发展转型。
2. 简述新材料的概念并列举几种新能源领域的材料。
3. 简述新材料在工业绿色低碳转型中的作用。
4. 试述"双碳"目标背景下,我国新材料发展面临的问题及改进措施。

参考文献

[1] 汪信砚. 共谋全球生态文明建设——习近平生态文明思想的一个重要理念[J]. 新文科教育研究，2022，4：5-12.

[2] 唐辉，杨海莺. 论"五位一体"总体布局中的生态文明建设——学习习近平生态文明思想[J]. 社会主义研究，2022，5：9-16.

[3] 张文晓. 改革开放以来中国共产党生态文明建设思想发展历程——以八次党代会报告文本为视角[J]. 攀登，2020，39(2)：25-29.

[4] 王敏晰. 生态文明与资源循环利用[M]. 北京：社会科学文献出版社，2021.

[5] 韩欲立. 可持续发展与生态文明[M]. 天津：天津人民出版社，2019.

[6] 周全，潘若曦，董战辉，等. 中国落实《2030年可持续发展议程》进展分析[J]. 生态经济，2020，36(10)：179-184.

[7] 王文军. 可持续发展经济学[M]. 西安：西北农林科技大学出版社，2019.

[8] 钱晓良，刘石明. 环境材料[M]. 武汉：华中科技大学出版社，2006.

[9] 黄占斌，马妍，贾建丽，等. 环境材料学[M]. 北京：冶金工业出版社，2017.

[10] 陈庆华，肖良建，肖荔人，等. 环境友好材料[M]. 北京：科学出版社，2010.

[11] 翁端，冉锐，王蕾. 环境材料学[M]. 北京：清华大学出版社，2011.

[12] 康艳兵，熊华文，吕斌. 资源循环利用效率：目标、途径与措施[M]. 北京：中国发展出版社，2020.

[13] 路贵民，刘程琳. 矿产资源概论[M]. 北京：科学出版社，2022.

[14] 陈莎，刘尊文. 生命周期评价与Ⅲ型环境标志认证[M]. 北京：中国质检出版社，2013.

[15] 李建强，徐哲，向军辉. 资源环境与过程工程[M]. 北京：科学出版社，2014.

[16] 刘维平. 资源循环利用[M]. 北京：化学工业出版社，2009.

[17] 中华人民共和国自然资源部. 中国矿产资源报告[R]. 北京：地质出版社，2022.

[18] 中华人民共和国生态环境部. 中国生态环境状况公报[R]. https://www.mee.gov.cn/hjzl/sthjzk/zghjzkgb/，2022.

[19] 张照志，李厚民，潘昭帅，等. 新发展阶段中国矿产资源国情调查与评价现状及其技术体系[J]. 中国矿业，2022：31(2)：21-27.

[20] 夏超波. 土壤污染现状调查与环境保护[J]. 皮革制作与环保科技，2022，3(21)：29-31.

[21] 张宇. 浅析大气污染现状及防治措施[J]. 清洗世界，2021，7：90-91.

[22] 杜明虹，李启蓝. 水环境污染现状及治理对策分析[J]. 化工管理，2021，6：129-130.

[23] 朱庆星，李小凡，陈千. 固体废弃物处理及综合利用策略[J]. 化工管理，2023，32：61-63.

[24] 庞震. 固体废弃物的危害与环保治理技术分析[J]. 工程建设与设计，2023，18：95-97.

[25] 曹晓明，班华，高明星. 包钢U76CrRE钢轨生命周期评价[J]. 包钢科技，2019：45(2)：30-32.

[26] 刘昱彤. 高纯镁砂生命周期环境影响评价[D]. 大连：大连理工大学，2021.

[27] 杨楠，李艳霞，赵盟，等. 水泥熟料生产企业CO_2直接排放核算模型的建立[J]. 气候变化研究进展，2021，17(1)：79-87.

[28] 张卓然，林勤保，肖梓扬. 一次性纸杯生产过程的环境影响评价[J]. 包装工程，2022，43

(13)：275-281.
[29] 平旭彤. 浅析生命周期评价软件 eBalance 的使用[J]. 科技创新与应用，2015，23：27-28.
[30] 翟一杰，张天柞，申晓旭，等. 生命周期评价方法研究进展[J]. 资源科学，2021，43(3)：446-455.
[31] 王赛赛，吴雄英，丁雪梅. 三种 LCA 核算软件对印花布碳足迹核算的比较[J]. 印染，2014，18：41-44.
[32] 王倩，张玲玲，苍大强. 基于 GaBi 软件的钢铁工业球团工艺 LCA 生命周期评价[J]. 冶金能源，2017，36(5)：3-6.
[33] 金栖凤. GaBi 软件在环境影响评价中的应用[D]. 苏州：苏州科技大学，2015.
[34] ROVELLI D, BRONDI C, ANDREOTTI M, et al. A modular tool to support data management for LCA in industry：methodology, application and potentialities[J]. Sustainability, 2022, 14(7)：3746.
[35] ZHANG J, QIAN X M, FENG J, et al. A comparative study of carbon emission of wormwood viscose fiber and flax fiberfor the production of antibacterial nanofibers based on GaBi software[J]. Nanoscience and Nanotechnology Letters, 2020, 12(9)：1144-1149.
[36] 谢明辉，满贺诚，段华波，等. 生命周期影响评价方法及本地化研究进展[J]. 环境工程技术学报，2022，12(6)：2148-2154.
[37] 陆钟武. 工业生态学[M]. 北京：科学出版社，2009.
[38] 袁增伟，毕军. 产业生态学[M]. 北京：科学出版社，2010.
[39] 保罗·汉斯·布鲁纳，赫尔穆特·莱希伯格. 物质流分析的理论与实践[M]. 刘刚，楚春礼，译. 北京：化学工业出版社，2010.
[40] 张紫琦. 基于物质流分析的重庆市环境可持续发展研究[D]. 北京：中国地质大学(北京)，2020.
[41] 谷平华，刘志成. 基于物质流分析的区域工业生态效率评价[J]. 经济地理，2017，37(4)：141-148.
[42] 党春阁，王璠，赵志远，等. 基于黄磷生产工艺的磷物质流分析及磷污染减排对策[J]. 环境工程技术学报，2020，10(6)：1007-1011.
[43] 党春阁，周长波，吴昊，等. 重金属元素物质流分析方法及案例分析[J]. 环境工程技术学报，2014，4(4)：341-345.
[44] 张玲，袁增伟，毕军. 物质流分析方法及其研究进展[J]. 生态学报，2009，29(11)：6189-6198.
[45] 李雪. 中国钢铁物质流综合分析[D]. 沈阳：东北大学，2015.
[46] WANG Y S, MA H W. Analysis of uncertainty in material flow analysis[J]. Journal of Cleaner Production, 2018, 170：1017-1028.
[47] JAIN K P, PRUYN J F J, HOPMAN J J. Material flow analysis (MFA) as a tool to improve ship recycling[J]. Ocean Engineering, 2017, 130：674-683.
[48] 郝士明. 材料图传——关于材料发展史的对话[M]. 北京：化学工业出版社，2014.
[49] 胡珊，李珍，谭劲，等. 材料学概论[M]. 北京：化学工业出版社，2012.
[50] 李素芹，苍大强，李宏. 工业生态学[M]. 北京：冶金工业出版社，2007.
[51] 聂祚仁，王志宏. 生态环境材料学[M]. 北京：机械工业出版社，2004.
[52] 杨京平，田光明. 生态设计与技术[M]. 北京：化学工业出版社，2006.
[53] 梁金生，王菲. 生态环境功能材料[M]. 北京：化学工业出版社，2023.
[54] 张妍. 产业生态学[M]. 北京：化学工业出版社，2022.

[55] 孙博学，刘骁，龚先政，等. 汽车用金属材料的生态设计实践[J]. 中国材料进展，2016，35(3)：197-203.

[56] 高思雯. 新能源汽车电池负极材料的生态设计及应用[D]. 北京：北京工业大学，2020.

[57] 夏长龙，赵跃. 新型生态建筑材料在建筑设计中的应用研究[J]. 建筑建材，2023，9：118-120.

[58] LAZAREVA E A，LAZAREVA G Y，TYSHLANGYAN Y S，et. Glass and glass materials for environmental design objects[J]. Glass Physics and Chemistry，2022，48(5)：444-459.

[59] BRIONES-LLORENTE R，BARBOSA R，ALMEIDA M，et. Ecological design of new efficient energy-performance construction materials with rigid polyurethane foam waste[J]. Polymers，2020，12(5)：1048.

[60] 牛启桂. 清洁生产理论、方法与案例分析[M]. 济南：山东大学出版社，2021.

[61] 奚旦立，徐淑红，高春梅. 清洁生产与循环经济[M]. 2版. 北京：化学工业出版社，2013.

[62] 雷兆武，薛冰，王洪涛. 清洁生产与循环经济[M]. 北京：化学工业出版社，2017.

[63] 曲向荣. 清洁生产与循环经济[M]. 北京：清华大学出版社，2011.

[64] 渠开跃，吴鹏飞，吕芳. 清洁生产[M]. 2版. 北京：化学工业出版社，2017.

[65] 王丽萍，田立江，周敏. 清洁生产理论与工艺[M]. 徐州：中国矿业大学出版社，2010.

[66] 葛光蕊. 钢铁企业清洁生产评价系统的设计与实现[D]. 哈尔滨：哈尔滨工业大学，2016.

[67] 景小学. 某工业制造企业清洁生产审核实践研究[D]. 上海：上海交通大学，2014.

[68] 王甜甜. 清洁生产审核方法在铸造企业的应用研究[D]. 大连：大连交通大学，2019.

[69] 胡茂杰，蒋豫. 某化工企业清洁生产审核实践[J]. 山西化工，2022，8：167-169.

[70] 段海洋，王毅. 钢铁冶金清洁生产新工艺探索[J]. 中国金属通报，2021，6：25-26.

[71] 周扬，李盈语，严彬. 我国钢铁行业清洁生产评价体系发展历程探讨[J]. 能源环境保护，2021，35(1)：43-48.

[72] 施永杰. 钢铁行业清洁生产分析[J]. 工程技术与应用，2020，18：39-40.

[73] JACKSON M J，ROBINSON G M，WHITT M D，et. Achieving clean production with nano-structured coated milling tools dry machining low carbon steel[J]. Journal of Cleaner Production，2023，422：138523.

[74] GONG B G，GUO D D，ZHANG X Q，et al. An approach for evaluating cleaner production performance in iron and steel enterprises involving competitive relationships[J]. Journal of Cleaner Production，2017，142：739-748.

[75] 张震斌，杜慧玲，唐立丹，等. 环境材料[M]. 北京：冶金工业出版社，2012.

[76] 冯奇，马放，冯玉杰，等. 环境材料概论[M]. 北京：化学工业出版社，2007.

[77] 左铁镛，聂祚仁. 环境材料基础[M]. 北京：科学出版社，2002.

[78] 张增志. 环境工程材料[M]. 北京：中国铁道出版社，2018.

[79] 赵景联，刘萍萍. 环境修复工程[M]. 北京：机械工业出版社，2020.

[80] 赵景联，史小妹. 环境科学导论[M]. 2版. 北京：机械工业出版社，2016.

[81] 李增新，薛淑云，陈东辉. 新型生态环境替代材料[J]. 化学教育，2005，9：9-12.

[82] 龚会琴. 环境矿物材料在土壤环境修复中的应用研究进展[J]. 南方农业，2021，15(15)：190-191.

[83] 刘爽，梁瀚颖，刘雪松，等. 2020年环境材料与技术热点回眸[J]. 科技导报，2021，39(1)：174-184.

[84] 廖润华，梁华银，鲁荞，等. 环境治理功能材料 M]. 北京：中国建材工业出版社，2017.

[85] 刘转年. 环境污染治理材料 M]. 北京：化学工业出版社，2013.

[86] 张晓晖. 新型环境净化功能材料 M］. 北京：中国地质大学出版社，2015.
[87] 李永峰，陈红. 现代环境工程材料 M］. 北京：机械工业出版社，2012.
[88] 吕金梅，陈希，卢红波，等. 无铅焊料合金研究现状[J]. 云南冶金，2022，51(6)：99-105.
[89] 邓正平，田志斌，詹益腾，等. 代六价铬电镀现状及趋势[J]. 电镀与涂饰，2020，39(7)：440-443.
[90] 马睿文，马西涛，王迎欣，等. 不同热稳定剂复配体系对 PVC 热稳定性的影响[J]. 江西化工，2023，4：71-74.
[91] 阎伍玖，桂拉旦，桂清波. 资源环境与可持续发展[M]. 北京：经济科学出版社，2013.
[92] 袁晓宝，刘雅婷，陈妮，等. 绿色包装材料研究进展[J]. 包装工程，2022，43(7)：87-94.
[93] 王滢. 可降解材料在包装设计中的应用探讨[D]. 武汉：湖北工业大学，2017.
[94] 但年华，刘新华，但卫华，等. 医用仿生材料的研究进展及其发展趋势[J]. 生物医学工程与临床，2015，19(1)：84-89.
[95] 王立久，刘岩. 生态建筑材料[J]. 建材技术与应用，2014，4：13-15.
[96] 刘林，王凯丽，谭海湖，等. 中国绿色包装材料研究与应用现状[J]. 包装工程，2016，37(5)：24-29.
[97] 阎伍玖，桂拉旦，桂清波. 资源环境与可持续发展[M]. 北京：经济科学出版社，2013.
[98] 杨雪锋，王军，李玉文，等. 资源与环境管理概论［M］. 北京：首都经济贸易大学出版社，2012.
[99] 李北罡，付渊. 资源环境学[M]. 武汉：武汉大学出版社，2016.
[100] 周启星. 资源循环科学与工程概论[M]. 北京：化学工业出版社，2013.
[101] 张雪英，仲兆祥. 资源环境与可持续发展[M]. 北京：电子工业出版社，2021.
[102] 陈迎. "双碳"目标与绿色低碳发展十四讲[M]. 北京：人民日报出版社，2023.
[103] 潘科，徐海涛，冯祥奕. "双碳"目标下我国新材料重点方向发展研究[J]. 信息通信技术与政策，2022，3：74-80.
[104] 屠海令，马飞，张世荣，等. 我国新材料产业现状分析与前瞻思考[J]. 稀有金属，2019，43(11)：1124-1130.
[105] 罗贞礼. 新材料产业的阶段演进与低碳经济的耦合效应[J]. 重庆社会科学，2011，(5)：47-53.
[106] 李丹，肖劲松. 中美新材料产业政策体系对比[J]. 中国工业和信息化，2019，(5)：12-16.
[107] 吉力强，陈明昕，顾虎，等. 轻稀土资源现状及在新能源汽车领域的应用[J]. 中国稀土学报，2020，38(2)：129-138.
[108] 张雷. 我国聚碳酸酯发展新趋势[J]. 化学工业，2021，39(1)：35-44.
[109] 刘云，王小黎，闫哲. 专利质量测度及区域比较研究—以我国石墨烯产业为例[J]. 科学学与科学技术管理，2019，40(9)：18-34.